高等学校土建类专业应用型本科系列教材

土力学与基础工程

主　编　王有凯
副主编　陈昌禄　万凤鸣

武汉理工大学出版社
·武汉·

内容提要

本书是根据全国高等学校土木工程专业指导委员会对土木工程专业的培养要求和目标，结合土力学与基础工程学科近年来国内外的发展以及应用型本科院校教学的实际情况而编写的。本书系统阐述了土力学的基本理论，介绍了地基基础的基本原理。全书共分12章，包括绪论、土的物理性质及工程分类、土的渗透性及渗流、土中应力、土的压缩性及地基沉降量计算、土的抗剪强度、土压力理论、地基承载力、土坡稳定性分析、浅基础设计、桩基础及其他深基础、地基处理。本书内容简明扼要、重点突出、图文并茂，在强调基本原理的应用的同时，加强分析与处理具体问题的能力。

本书除可作为各类应用型本科院校土建、交通、地质、冶金、石油、农业、林业等相关专业的教材或教学参考书外，还可供其他相关专业和工程技术人员参考使用。

图书在版编目(CIP)数据

土力学与基础工程/王有凯主编．—武汉：武汉理工大学出版社，2012.1重印
ISBN 978-7-5629-3205-5

Ⅰ.①土… Ⅱ.①王… Ⅲ.①土力学-高等学校-教材 ②基础(工程)-高等学校-教材
Ⅳ.①TU4

中国版本图书馆CIP数据核字(2010)第129473号

项目负责人：王利永　　责任编辑：王利永
责任校对：张明华　　装帧设计：许伶俐
出版发行：武汉理工大学出版社
地　　址：武汉市洪山区珞狮路122号
邮　　编：430070
网　　址：http://www.techbook.com.cn
经　销　者：各地新华书店
印　刷　者：京山德兴印刷有限公司
开　　本：787×1092　1/16
印　　张：18.5
字　　数：462千字
版　　次：2010年7月第1版
印　　次：2012年1月第2次印刷
印　　数 3001～6000册
定　　价：32.00元

出版说明

近年来，随着我国高等教育事业的快速发展，独立学院和民办高校已经成为高等教育的一个重要组成部分，其发展速度与办学规模呈现出前所未有的势头。与此同时，独立学院和民办高校的办学方向、专业设置、人才培养目标、人才培养途径和方式、教学管理制度等进一步明确与规范，以及市场需求赋予独立学院和民办高校一些新的发展思路与特点，独立学院和民办高校改革教学内容，探索新的教学方法，整合各校教师资源，编写优质、适用的教材就成了刻不容缓的任务。

武汉理工大学出版社一贯坚持为高校的教学、科研工作服务的办社宗旨，以组织、出版反映我国高等教育教学改革阶段性成果的精品教材、教学参考书为己任。通过广泛调查研究，在武汉地区独立学院和民办高校的积极倡导与支持下，得到了全国30余所独立学院和民办高校的热情参与，我们决定组织编写出版一套代表当前独立学院和民办高校教学水平，反映阶段性教学改革成果并适合独立学院和民办高校教学需要的土建类专业应用型本科系列教材。

本系列教材编写的指导思想是：

1. 依据独立学院和民办高校土建类本科各专业的培养目标和培养方案，系列教材应立足于面向市场培养高级应用型专门人才的要求。

2. 教材结构体系要合理。要善于学习和借鉴优秀教材，特别是国内外精品教材的写作思路、写作方法和章节安排，使教材结构合理、重点突出、通俗易懂，便于自学。

3. 教材内容要有创新，要注意相关课程的关联性。对于知识更新较快的学科，要将最新的学科知识和教学改革成果体现在教材中，既要兼顾学科的系统性，又要强调学科的先进性。

4. 知识体系要实用。以学生就业所需的专业知识和操作技能为着眼点，在适度的基础知识与理论体系覆盖下，着重讲解应用型人才所需的内容和关键点，突出知识的实用性和可操作性。

5. 重视实践环节，强化案例式教学和实际操作的训练。教材中要融入最新的实例及操作性较强的案例，通过实际训练加深对理论知识的理解。实用性和技巧性强的章节要设计相关的实践操作案例。同时，习题设计要多样化、具备启发性，题型要丰富。

6. 相关内容要力争配套。即理论课教材与实验课教材要配套；理论课教材与习题解疑要配套；理论课教材与多媒体课件要配套；教材与案例化素材要配套。

7. 坚持质量第一。

为了贯彻以上指导思想，我们组建了由具有丰富的独立学院和民办高校教学经验及较高学术水平的院（系）领导、教授、骨干教师组成的编委会，由编委会研究提出本系列教材的编写指导思想，并推荐作者。

新形势下的高等教育正在经历前所未有的变革和发展，我社将秉承为高校教学、科研服务的宗旨，以服务于学校师资队伍建设、教材建设为特色。我们愿与各位教师真诚合作，共同努力，为新世纪的高等教育事业作出更大的贡献。

武汉理工大学出版社

2008年12月

前　言

“土力学与基础工程”是高等院校土木工程专业一门重要的技术基础课程，广泛应用于建筑、交通、水利、港口等工程领域。随着科学技术的不断发展和超高层建筑与重型设备厂房的增多，土力学理论与基础工程技术显得更为重要。因此，本课程是各有关专业的大学生和工程技术人员必须掌握的一门专业课程。

本书是根据高等学校土建类专业应用型本科人才培养的教学要求，结合应用型本科院校教学的实际情况编写的。为了加强学生对土力学与基础工程基本原理、基本理论、基本方法的理解和应用，进一步培养和训练学生分析问题、解决问题的能力，每章均设置有一定量的例题、思考题与习题。

全书共分 12 章，由河南理工大学王有凯担任主编，河南理工大学陈昌禄、湖北工业大学商贸学院万凤鸣担任副主编。具体编写分工如下：河南理工大学王有凯（第 1、6 章）、河南理工大学王辉（第 2、10 章）、河南理工大学陈昌禄（第 3、7 章）、华中科技大学武昌分校凌平平（第 4 章）、湖北工业大学商贸学院万凤鸣（第 5、12 章）、河南理工大学冯文娟（第 8、11 章）、武汉科技大学中南分校侯琴（第 9 章）。全书由陈昌禄负责统稿审核。

本书的编写借鉴了诸多前辈的成果和智慧，融汇了编者多年的教学经验，也吸取了同类教材的优点，在内容取舍、编写顺序等方面做了精心的安排。对书中所引用文献和研究成果的诸多作者表示诚挚的谢意，对在编写过程中各作者及作者单位的大力支持和帮助表示感谢。

由于编者水平有限，书中难免存在错误和不妥之处，敬请广大读者不吝赐教和批评指正，以便再版时加以修改、充实和提高。

编　者

2010 年 3 月

目　录

1 绪　论

1.1 土力学、地基与基础

任何建筑物都是建造在地球上的，建筑物的全部荷载都是由地球的表面地层来承担，这里所说的建筑物不仅指一般的住宅、办公楼和厂房等，而且泛指桥梁、码头、水电站、高速公路等工程结构，还包括穿越土层的隧道或地下结构物，以及用土作为材料建造的大坝或路堤等土工构筑物。承受这些建筑物荷载的地层称为地基(图 1.1)，与地基接触并传递荷载给地基的结构物称为基础。通常来讲，地基又可分为土基和岩基。在平原地区，由于基岩埋藏较深，地表覆盖土层较厚，因此一般建筑物都是修建在土构成的地基之上，这种地基成为土基。相反，在丘陵或山区，基岩埋藏较浅或裸露于地表，此时的建筑物一般建造在由岩石构成的基础之上，这种地基称为岩基。本课程仅限于讨论土基的问题。

广义地说，基础工程这一学科领域不仅将土作为地基来研究，还包括了将土作为工程结构物的环境介质以及作为土工构筑物材料在内的工程问题，亦即几乎包括了人类所有的工程活动赖以存在的全部与土有关的工程技术问题。

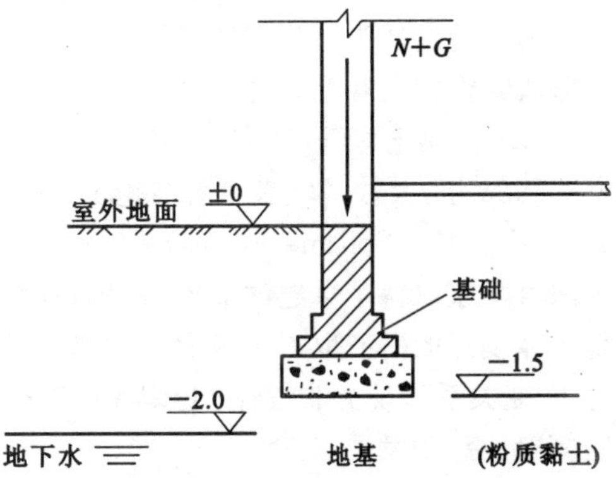

图 1.1　建筑物地基与基础

基础的作用是将建筑物的全部荷载传递给地基，并保证上部结构的安全和稳定。为了保证安全，地基必须满足以下强度和变形两方面的要求：

(1) 地基土必须有一定的承载能力，且必须稳定。在建筑物使用期间，不仅要求作用在地基上的荷载不超过地基的承载能力，保证地基不发生整体强度破坏或失稳，而且要求地基不发生开裂、滑动和塌陷等灾害现象。

(2) 地基的变形不得超过建筑物的容许变形。保证建筑物不因地基变形而发生开裂、损坏或影响正常使用。

地基与基础的勘察、设计与施工是工程建设的关键阶段，整个工程的成败在很大程度上取决于基础工程的质量和水平。地基基础又是隐蔽工程，施工条件极为复杂，影响工程质量的因素很多。基础工程的造价占整个工程造价的很大比例，在地质条件复杂地区，这一比例可达20%～30%，因此节约建设资金的潜力很大。如果盲目提高安全度，有时多花费建设资金也不一定不能收到良好的效果。因此，具有丰富工程经验的工程技术人员都十分重视地基与基础的勘察、设计和施工阶段的工作。要求从事土木、水利等工程领域工作的人员必须掌握土力学与基础工程的理论知识和实际技能，才能真正正确地解决工程中的地基基础技术问题。

1.2 本学科的发展概况

古今中外的宏伟土木工程，如我国的万里长城、大行宫殿、京杭大运河、开封塔、赵州桥等，国外的如古埃及金字塔、印度佛加大佛塔、法国艾菲尔铁塔、古罗马桥梁工程等，屹立至今，均体现了古代劳动人民丰富的土木工程经验，同时也反映了土力学与基础工程学科的发展。

土力学的发展可以划分成以下三个历史时期。

(1) 萌芽期(1773—1923)

土力学的发展当以库伦(C. A. Coulomb)首开先河。1773 年发表了论文《极大极小准则在若干静力学问题中的应用》，介绍了刚滑楔体理论计算挡土墙墙背侧压力的计算方法，为今后的土体破坏理论奠定了基础。但是在此后漫长的 150 年中，研究工作只是个别学者在进行探索，而且只限于研究土体的破坏问题，其中最具代表性的是 1857 年英国科学家朗肯(Rankine)的土压力理论和瑞典科学家裴德逊(Petterson)提出的滑坡稳定分析圆弧法，后经费伦纽斯(W. Fellenius)改进并在世界各国得到普遍应用，被土力学之父太沙基(Terzaghi)认为是现今岩土工程的一个里程碑。

随着 20 世纪高层建筑物的大量涌现，沉降问题开始呈现，与土力学紧密相关的学科——弹性力学的发展为沉降问题的研究提供了必要的手段，从而为太沙基(Terzaghi)开创的土体变形研究提供了客观条件。

(2) 古典土力学(1923—1963)

1923 年，太沙基发表了著名论文《粘土中动水应力的消散计算》，随后在 1925 年出版了著名的《土力学》(Soil mechanics)，从此标志着土力学成为一门独立的学科。在这一阶段期间，各国科学家取得了卓越的成果，特别是随着弹性力学的研究成果被大量应用到土的研究中，使得土体变形的研究取得了很大的进步。伦杜利克(Rendulic，1936)发现了土的剪胀性、土的应力-应变关系呈现为非线性、土具有加工硬化或软化等性质。此后，关于土力学的论著如雨后春笋般地蓬勃发展。

纵观古典土力学的发展，可以归结为一个原理和两个理论，即有效应力原理、以弹性介质和弹性多孔介质为出发点的变形理论和以刚塑体模型为出发点的破坏理论(极限平衡理论)。在变形理论方面，比奥(Boit，1956)固结理论已经完全解决。但对于破坏理论，由于土体既不是理想弹性体，也不是理想刚塑性体，故极限平衡理论存在诸多不足，故后来学者们基于考虑土体两个基本特性(压硬性和剪胀性)的现代土力学研究在 20 世纪 50 年代初开始了。

(3) 现代土力学(1963～现在)

虽然在 20 世纪 50 年代已有人对塑性理论应用于土力学的可能性进行过探索，但直到 1963 年，英国科学家罗斯科(Roscoe)发表了著名的剑桥模型，才提出第一个可以全面考虑土的压硬性和剪胀性的数学模型，从而开启现代土力学的先河。此后，现代土力学在非线性模型、弹塑性模型、非饱和固结理论、砂土液化理论、细观土力学等方面都取得了重要进展。我国学者黄文熙 1945 年在中央水利实验处创建了第一个土工实验室，1983 年，黄文熙院士出版了在土力学界影响较大的专著《土的工程性质》，该书系统地介绍了各种土的本构模型的理论和研究成果。此后，钱家欢、殷宗泽教授出版了《土工原理与计算》，全面总结了土力学的新发展，两本专著均成为许多高校研究生的高等土力学经典教材。

1.3 本课程的内容、要求和学习方法

土力学与基础工程是工科院校土木工程专业的必修课程之一，它有两个重要的部分组成，一部分是有关土的物理力学性质以及土的强度理论、渗透理论和变形理论的知识，即解决土力学各种课题的基本理论和试验研究方法；另一部分是关于地基基础设计与施工的知识，即基础工程学的内容。前者为工程问题提供试验方法和理论基础，后者具有极强的技术性与应用性。因此，本课程是理论性和实践性都比较强的一门课程。

土力学是以土为研究对象的学科，作为力学的一个分支有其自己的特性。因为土是岩石经过物理、化学及生物分化后，崩解、破碎、变质，又经过各种自然力搬运，在新环境下堆积或沉积下来的松散颗粒的堆积物。在不同地区、不同深度、不同地点，土的工程性质千差万别，导致土的易变性，所以这门学科本身就具有挑战性、创造性、开拓性。土力学研究的内容是通过研究土的微观结构、组成及物理力学性质，来进一步认识土在外部荷载、水等外界因素的作用下土体中的应力、应变、强度、稳定性及渗流规律的一门学科，所以土力学是一门既有系统理论又有较强实践性的专业基础课程。它广泛应用于交通、水利、岩土、铁道、国防、桥梁等地基基础工程中。利用土力学基本理论、基本方法可以对土工结构物进行计算、分析、设计，甚至去解决工程实际中的各种问题，因此学好这门课具有重要的意义。

土的碎散、多相的组成和作为地质历史的产物，使其力学性质极为复杂，这种复杂性决定了土力学与其他力学学科不同。土力学是一门技术性强、实用性强的工程技术基础学科，既有较强的理论，又和工程和生产实践密切联系。土的主要特点之一是多样性。由于受成土体母岩、风化作用、沉积历史、地理环境和气候条件等多重因素影响，土的种类繁多，分布复杂，性质各异。土的另一个主要特点是易变性。土的工程性质经常受到外界温度、湿度、压力等的影响而发生显著变化。本课程涉及工程地质学、弹-塑性理论、流变理论、地下水动力学、计算机及数值计算方法等多个学科领域的知识，因此土力学的首要特点是内容广泛，综合性强，实践性强。

基础工程是土木工程学科的一个重要分支，是将土力学知识应用于基础工程设计的一门专业课。它以材料力学、钢筋混凝土结构、砌体结构和施工技术等课程为前导，以我国现行《建筑地基基础设计规范》(GB50007-2002)为依据，全面讲述如何进行基础的设计和计算，既具实用性，又有理论指导，属于应用学科。

土力学是基础工程设计和施工技术的理论基础，而基础工程则是土力学与结构工程密切结合的结果。它们二者构成本课程的完整体系，包括土的工程性质指标的试验与设计参数的确定方法，土的渗透、变形和强度稳定性的计算原理，地基基础的设计与施工方法三个主要部分。

对于初学者来说，掌握一些学习土力学的方法，可以获得事半功倍的效果。首先，着重搞清基本概念，掌握基本计算方法。土力学与基础工程的每一章都有一些重要而基本的概念和相应的计算方法，应在理解的基础上掌握并运用到基础设计中。其次，在学习中以土的基本物理性质为基础，自始至终抓住土的变形、强度和稳定性问题这一重要线索，并特别注意认识土的多样性和易变性等特点，找出各章的内在联系，做到融会贯通。最后，在掌握基本原理的同时，还要注意它们的基本假设和适用条件。

2 土的物理性质及工程分类

学习要点

本章主要介绍土的形成、组成以及其基本性质，是学习本课程的基础内容。重点介绍土的三相比例指标、物理状态指标、压实性，最后介绍土的工程分类，即：

(1) 了解土的成因、组成、结构和构造；

(2) 掌握土的级配特征，了解土的矿物成分的特点；

(3) 掌握并熟练运用土的三相指标的计算；

(4) 掌握土的各项物理性质指标；

(5) 了解土的压实原理；

(6) 熟悉土的工程分类。

重点和难点

(1) 土的三相指标；

(2) 土的物理性质。

2.1 概　　述

地球表面的岩石经风化、剥蚀成岩屑，又经搬运、沉淀而成的沉淀物，年代不长，未压紧硬结成岩石之前，呈松散状态，称为第四纪沉积物，即土，或称天然土。一般认为，土是固体颗粒、水和气体的三相集合体。除此之外，尚有如粉煤灰、矿渣等工业废料及污染土等称为人造土。天然土是土力学的主要研究对象，为方便起见，以下将天然土简称为土。

2.2 土的成因和组成

2.2.1 土的形成

2.2.1.1 风化作用

地表或接近地表的岩石，在漫长的地质历史时期长期暴露于自然环境中，受各种各样的自然力作用，在原地发生崩解或蚀变，这就是岩石的风化。岩石风化是岩石形成土的第一步。风化作用一般包括以下三种类型：

(1) 物理风化

岩石中发生的只改变颗粒的大小与形状，而不改变原来的矿物成分的变化过程称为物理风化。物理风化一般包括岩石在经受风、霜、雨、雪等自然力的影响下而发生的破碎作用，以及由周围环境的温度和湿度变化而引起的不均匀膨胀与收缩而产生的碎裂作用等。

(2) 化学风化

岩石与周围环境中的水、氧气和二氧化碳等物质的长时间接触，其内部的化学成分逐渐发生变化，从而导致其组成矿物成分发生变化，这一过程称为化学风化。常见的化学风化包括水解作用、水化作用、氧化作用、溶解作用和碳酸化作用等。由化学风化而产生的一些新的矿物成分称为次生矿物。

(3) 生物风化

动植物和人类活动对岩石的破坏作用称为生物风化。例如，树在岩体缝隙中生长时根的生长使岩石缝隙扩展开裂；人类开采矿山、修建道路时对周围岩土体的开挖破碎等。生物风化的方式又可分为物理生物风化和化学生物风化两种形式。

2.2.1.2　土的成因类型

岩石经风化作用破碎成岩屑或细小颗粒后，或未经搬运残留在原地，或受自然力的作用搬运到远近不同的地点沉积下来，前者称为残积土，后者称为运积土。根据搬运动力和沉积环境不同，运积土又可分为坡积土、洪积土、冲积土、风积土、淤积土和冰积土等几种类型。

(1) 残积土

岩石风化后产生的碎屑物质，颗粒较小的部分被降水带走，颗粒较大的部分滞留在原地，滞留在原地的风化碎屑物质即残积土。残积土的特征很大程度上取决于母岩的性质，二者的矿物成分相差不大，且残积土与基岩之间没有明显的界限，往往与强风化层很难区分。残积土未经搬运，土颗粒未被磨圆和分选，颗粒表面粗糙、多棱角、粗细不均、无层理构造，土体孔隙较大，均匀性也较差。一般分布在较广阔的分水岭上部、平缓的山坡或相对低洼的地带，如图 2.1所示。

(2) 坡积土

斜坡或山坡上的碎屑物质，在水流或重力作用下，运移至坡体较平缓处或山麓堆积而成的土称为坡积土。这类土由于搬运距离很短，颗粒分选性和磨圆度较差，土质不均匀，厚度变化较大。尤其是新近堆积的坡积土，土质疏松，压缩性高。其矿物成分与下卧基岩没有直接关系，主要分布在坡腰或坡脚，上部与残积土相接，如图 2.2 所示。

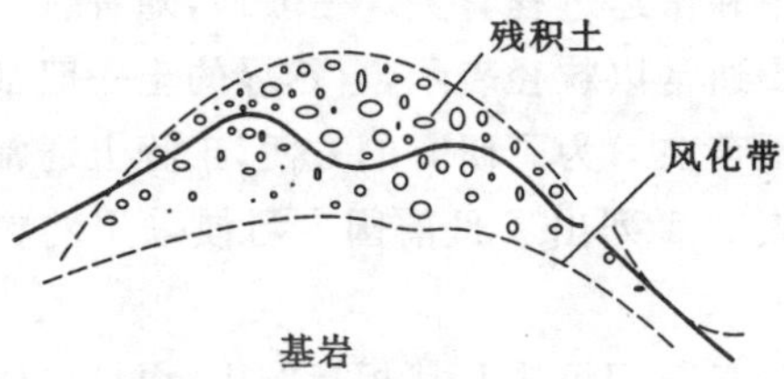

图 2.1　残积土断面示意图

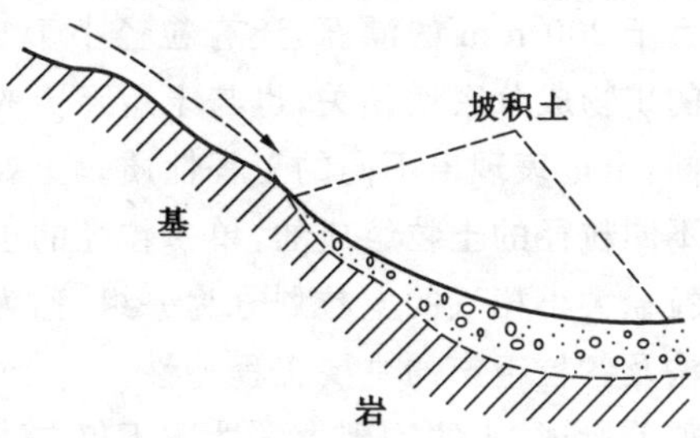

图 2.2　坡积土断面示意图

(3) 洪积土

山区地带的碎屑物质，由暂时性洪流携带，沿河谷或沟口外平缓地带堆积而成的土称为洪积土。这类土随离山远近有一定分选性，颗粒有一定的磨圆度。由于洪流常常是周期性产生的，且每次大小并不一样，故每次堆积物的性质也不相同。洪积土常常有不规则的交错的层理构造，如具有夹层、透镜体等，造成洪积物土质不均匀。

(4) 冲积土

河流搬运的碎屑物质,在开阔的河流或河谷出口处堆积形成的土以及三角洲的土称为冲积土。这类土经过长距离的搬运,颗粒具有较好的分选性和磨圆度。由于水量和流速不同,冲积土常形成砂层和黏性土层交叠的地层。而且,在正常流量时河流仅在河床流动,洪水期携带大量泥沙的洪水泛滥于河床两侧的漫滩。山区河流坡降大,流速急,漫滩范围小;平原河流坡降小,流速慢,漫滩范围大。山区河流和平原河流的这种差异性造成了山区河谷冲积土和平原河谷冲积土性质的差异:前者粒径较大,后者颗粒细小。

(5) 风积土

干旱地区的岩层风化碎屑物质或第四纪松散土,经风力搬运至异地降落堆积而形成的土称为风积土。这类土颗粒磨圆度和分选性好,常见的有风成砂和风成黄土。

(6) 淤积土

在缓慢水流或静水条件下沉积,后又经生物化学作用形成的土称为淤积土。根据沉积的具体条件不同,淤积土可分为湖泊沉积土和海相积土。这类土除了含大量细微颗粒外,常伴有生物化学作用所形成的有机物,成为具有特殊性质的淤泥或淤泥质土。

(7) 冰积土

由冰川或冰水夹带搬运所形成的沉积物称为冰积土。冰川活动具有极大的搬运作用,而沉积过程是在融化过程中发生的。冰川沉积土的特性取决于被搬运土的类型、搬运距离、坡度、动水力等因素。根据冰川环境不同,冰川沉积土又可分为冰川沉积土、冰川-河流沉积土和冰川-湖泊沉积土。这类沉积物颗粒粗细变化大,土质不均匀。

2.2.2 土的组成

如上所述的各种土,虽然其形成条件不同,但它们均是松散颗粒的集合体,是固相、液相和气相三部分所组成的三相体系,而三相之间的数量上的比例关系和相互作用决定着土的物理力学性质。

2.2.2.1 土中固体颗粒

自然界中的土的固体部分是由无数大小不同的土粒混合而成,其颗粒相差悬殊。例如:有粒径大于 200 mm 的漂石,还有粒径小于 0.005 mm 的黏粒。造成颗粒大小悬殊的原因主要与土的矿物成分密切相关,也与土所经历的风化作用和搬运过程有关。一般地,随着颗粒大小的不同,土也表现出不同的工程性质。土颗粒的大小通常以粒径表示,自然界的土一般都是由各种不同粒径的土粒组成的,单一粒径的土可以说不存在。为了研究的方便,工程上通常把性质和粒径大小相近的土粒划分为一组,称为粒组。表 2.1 列出了目前国内习惯采用的粒组划分方法及各粒组土的主要工程特性。

如前所述,土的物理力学性质不仅取决于固、液、气三相组成及其相互作用,而且也取决于固体颗粒的大小、形状、矿物成分及各粒径的相对含量,即土中各粒组的含量占土样总质量的百分数。土中各种不同的粒组土粒的质量相对含量称为土的级配。土的级配好坏将直接影响到土的工程性质,级配良好的土,压实后能得到较高的密实度,因而其强度高;反之,级配不良的土,其压实密度小,强度也低。

表 2.1　土粒粒组划分

粒组	颗粒名称		粒径 d 的范围(mm)	一般特征
巨粒	漂石(块石)		$d>200$	透水性很大,无黏性,无毛细水
	卵石(碎石)		$60<d\leqslant 200$	透水性大,无黏性,毛细水上升高度不超过粒径大小
粗粒	砾类	粗砾	$20<d\leqslant 60$	易透水,当混入云母等杂质时透水性减小,而压缩性增加;无黏性,遇水不膨胀,干燥时松散;毛细水上升高度不大,随粒径变小而增大
		中砾	$5<d\leqslant 20$	
		细砾	$2<d\leqslant 5$	
	砂类	粗砂	$0.5<d\leqslant 2$	透水性小;湿时稍有黏性,遇水膨胀小,干时稍有收缩;毛细水上升高度较大较快,极易出现冻胀现象
		中砂	$0.25<d\leqslant 0.5$	
		细砂	$0.075<d\leqslant 0.25$	
细粒	粉粒		$0.005<d\leqslant 0.075$	透水性很小;湿时有黏性、可塑性,遇水膨胀大,干时收缩显著;毛细水上升高度大,但速度较慢
	黏粒		$d\leqslant 0.005$	

测定土中各粒组颗粒质量所占该土总质量的百分数,以及确定粒径分布范围的试验称为土的颗粒分析试验。通过试验可以确定土的颗粒级配情况,以便进行土的工程分类,判别土的工程性质。常见的试验方法有筛析法和水析法两种,后者又称沉降分析法。筛析法适用于粒径小于或等于 60 mm,大于 0.075 mm 的土;水析法适用于粒径小于 0.075 mm 的土。当土内兼有大于或小于 0.075 mm 的土粒时,应配合使用这两种方法,即当大于 0.075 mm 的颗粒超过式样总质量的 10%时,应先进行筛析法试验,然后经过洗筛并过 0.075 mm 筛,再用密度计法或移液管法进行试验。

① 筛析法

筛析法是利用《土工试验方法标准》(GB/T 50123—1999)规定的孔径由大到小的两套标准筛。粗筛孔径为(mm):60、40、20、10、5、2;细筛孔径为(mm):2、1、0.5、0.25、0.075。实验时将按规定方法取得的一定质量的干试样放入按孔径从大到小依次叠好的最上面一层筛中,置振筛机上充分振摇后,称出留在各级筛上的土粒的质量,计算出各粒组的质量相对含量及小于某一粒径土粒的质量百分含量。

② 水析法

水析法适用于分析颗粒粒径小于 0.075 mm 的细颗粒土。斯托克斯(Stokes)定律假定:a. 颗粒是球形的;b. 颗粒周围的水流是线流;c. 颗粒大小要比分子大得多。在此基础上,斯托克斯定律认为,球状的细颗粒在水中的下沉速度与颗粒直径的平方成正比,因而可以利用不同粒径的土在水中下沉速度不同的原理,将粒径小于 0.075 mm 的细颗粒土进一步分组。水析法正是基于这种原理,按各粒径在悬液中不同的下沉速度进行粒径分组。密度计法和移液管法是实验室中常用的两种方法。

由于土中粒径小于 0.075 mm 的细小颗粒通常呈针状或片状,所以由水析法求得的颗粒并不是实际的土粒尺寸,而是与实际土粒在液体中具有相同沉降速度的理想球体的直径,即水力当量直径或称名义粒径。试样颗粒的当量粒径 d 可由下式计算:

$$d=\sqrt{\frac{1800\times10^4\cdot\eta}{(G_s-G_{wT})\rho_{wT}g}\cdot\frac{L}{t}} \tag{2.1}$$

式中 d——试样颗粒当量粒径；

η——水的动力黏滞系数（$\times10^{-6}$ kPa·s）；

G_{wT}——T ℃时水的相对密度；

G_s——土粒相对密度；

ρ_{wT}——4 ℃时纯水的密度（g/cm³）；

L——某一时间内的土粒沉降距离（cm）；

t——沉降的时间（s）；

g——重力加速度（cm/s²）。

2.2.2.2 颗粒级配曲线

根据颗粒分析试验结果，可以绘制出颗粒级配曲线，用以反映土的颗粒级配。颗粒级配曲线的横坐标为粒径（由于土粒粒径的值域很宽，因此采用对数坐标表示）；纵坐标为小于（或大于）某粒径的土粒（累计）百分含量，如图 2.3 所示。根据粒径累计曲线的坡度可以大致判断土粒均匀程度或级配是否良好。如果曲线较陡，表示粒径大小相差不多，土粒较均匀，级配不良；反之，曲线平缓，则表示粒径大小相差悬殊，土粒不均匀，级配良好。因此，该曲线特别适用于几种土粒级配好与差的相对比较。在分析级配曲线时，常用到 d_{10}、d_{30}、d_{60} 三个特征粒径指标，其中：

d_{10}——小于该指标粒径的土粒质量百分含量为 10%，称为有效粒径（此处可阐明其物理意义）；

d_{30}——小于该指标粒径的土粒质量百分含量为 30%，称为连续粒径；

d_{60}——小于该指标粒径的土粒质量百分含量为 60%，称为限制粒径。

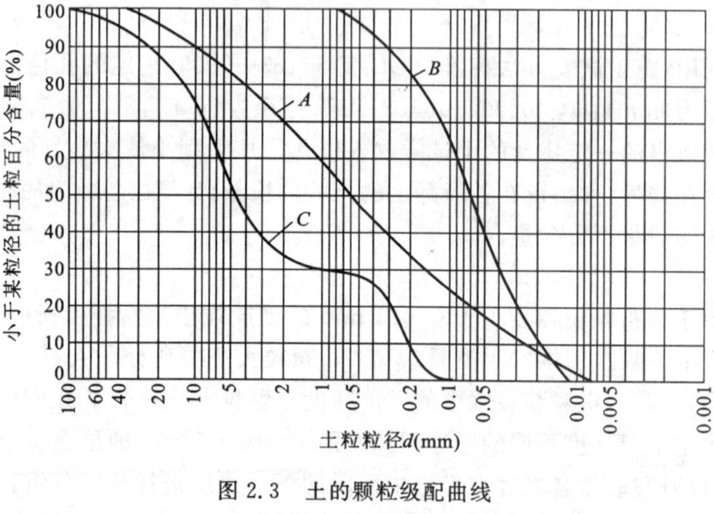

图 2.3 土的颗粒级配曲线

注：图中 A、B、C 分别表示三种不同土样的级配曲线

根据上述三个指标粒径可以定义反映颗粒级配的两个定量指标，即不均匀系数 C_u 及曲率系数 C_c，其表达式分别为：

$$C_u = \frac{d_{60}}{d_{10}} \tag{2.2}$$

$$C_c = \frac{d_{30}^2}{d_{60} \cdot d_{10}} \tag{2.3}$$

不均匀系数 C_u 反映大小不同粒组的分布情况，即土颗粒大小的不均匀程度。C_u 越大，表示土颗粒的分布范围越广，即土颗粒分布越不均匀，表明其级配越好。曲率系数 C_c 描述的颗粒级配曲线的曲率情况，即曲线分布的整体形态，反映了限制粒径 d_{60} 与有效粒径 d_{10} 之间的各粒组含量的分布情况，它也是描述级配好坏的重要指标。

2.2.2.3 土中水

(1) 土中水的形态

土中水可以处于液态、固态或气态。土中细粒愈多，即土的分散度愈大，土中水对土的性质影响也愈大。一般液态的土中水可视为中性、无色、无味、无臭的液体，在 4 ℃时其密度为 1000 kg/m³。但存在于土粒矿物的晶体格架内部或是参与矿物构造中的水称为矿物内部结合水，它只有在比较高的温度(一般为 80～680 ℃，随土粒的矿物成分不同而异)下才能转化为气态水而与土粒分离。从土的工程性质上分析，可以把矿物内部结合水当做矿物颗粒的一部分。

存在于土中的液态水可分为结合水和自由水两大类，如表 2.2 所示。实际上，土中水是成分复杂的电解质水溶液，它与土粒有着复杂的相互作用，土中水存在于不同作用力之下会处于不同的状态。

表 2.2 土中水的分类

水的类型		主要作用力
结合水		物理化学力
自由水	毛细水	表面张力及重力
	重力水	重力

① 结合水

当土粒与水相互作用时，土粒会吸附一部分水分子，在土粒表面形成一定厚度的水膜，称为结合水。事实上，它是受到电分子吸引力而吸附于土粒表面的土中水，或称吸附水。根据吸附力的强弱，结合水进一步可分为强结合水和弱结合水。

强结合水受到的电分子吸引力可高达几千甚至几万个大气压，使水分子和土粒表面牢固地黏结在一起，其性质接近于固体。强结合水的冰点很低，沸点较高，−78 ℃才结冰，在温度达到 150 ℃以上时才可被蒸发，且不能传递水压力。

弱结合水也称为薄膜水，由于距颗粒表面较远，电分子力对它作用较小，呈黏滞状态，不能传递压力，也不能在孔隙中自由流动，但它可以受电场引力的作用从水膜厚的地方向水膜薄的地方转移。弱结合水的存在，使土具有塑性、黏性，影响土的压缩性和强度，并使土的透水性变小。

② 自由水

离开土颗粒表面较远，不受土颗粒电分子引力作用，且可自由移动的水称为自由水。它的性质和普通水没有差别，能传递静水压力，冰点为 0 ℃，有溶解能力。自由水又可分为毛细水和重力水两种。

a. 毛细水

土体内部存在着互相贯通的弯弯曲曲的孔道，这些孔道可以看成是许多形状不一、大小不同、彼此连通的毛细管。由于水分子和土粒分子之间的吸附力及水、气界面上的表面张力，地下水将沿着这些毛细管被吸引上来，在地下水位以上形成一定高度的毛细水带，这一高度称为毛细水上升高度。它与土中孔隙的大小和形状、土粒的矿物成分以及水的性质有关。一般认为，土颗粒越细，其间的孔道就会更细，毛细水上升越高。如黏性土的毛细水上升较高，可达数米；而对土中孔隙较大的粗粒土，毛细作用几乎不存在。在毛细水带内，只有靠近地下水位的一部分土的孔隙才被认为是被水充满的，这一部分就称为毛细水饱和带，如图 2.4 所示。在毛细水带内，由于水、气界面上弯液面和表面张力的存在，使水内的压力小于大气压力，即水压力为负值。

毛细水除存在于毛细水上升带内外，也存在于非饱和土的较大孔隙中。在水、气界面上，由于弯曲液面表面张力的存在，以及水与土粒表面的浸润作用，孔隙水的压力也将小于孔隙内的大气压力，于是，沿着毛细弯液面的切线方向，将产生迫使相邻土粒挤紧的压力，这种压力称为毛细压力，如图 2.5 所示。毛细压力的存在，使水内的压力小于大气压力，即孔隙水压力为负值，增加了粒间错动的阻力，使得湿砂具有一定的可塑性，并称为“似黏聚力”现象。毛细压力呈倒三角分布，在水、气界面处最大，自由水位处为零，因此，在完全浸没或完全干燥条件下，弯液面消失，毛细压力变为零，饱和的砂也就不具有“似黏聚力”现象了。

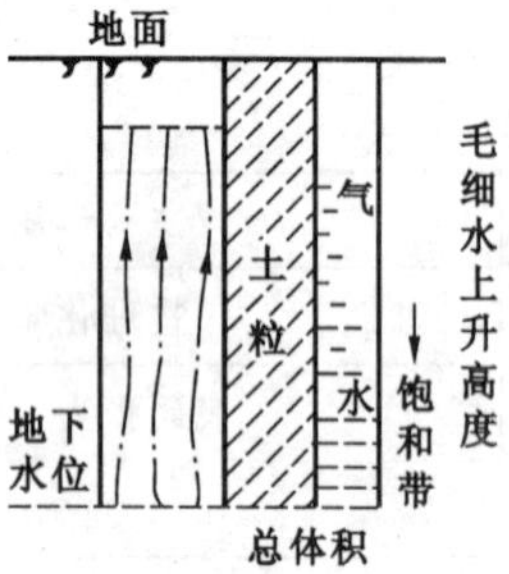

图 2.4　毛细水示意图

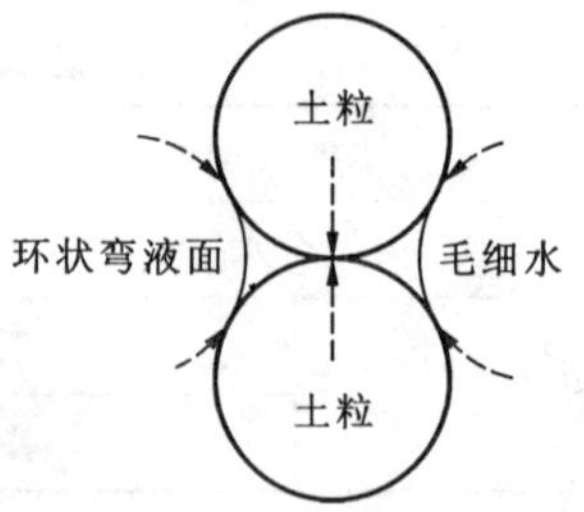

图 2.5　毛细水压力示意图

在工程中，毛细水的上升高度和速度对于建筑物地下部分的防潮措施和地基土的浸润、冻胀等有重要影响。此外，在干旱地区，地下水中的可溶性盐随毛细水上升后不断蒸发，盐分便积聚于靠近地表处而形成盐渍土。

盐渍土是一种土层内含有石膏、芒硝、岩盐（硫酸盐或氯化物）等易溶盐且其含量大于0.5%的土。这种土具有溶陷性、膨胀性和腐蚀性，其地基承载力随着季节和气候的变化有较大变化。在干燥时盐分呈结晶状态，地基承载力较高；一旦浸水后，晶体溶解变为液体，承载力降低，压缩性增大。另外，土中含硫酸盐类结晶体，结晶时体积膨胀，溶解后体积缩小，易使地基土的结构破坏，强度降低并形成松胀盐土。而且，由于盐类遇水溶解，容易使地基产生溶蚀现象，降低地基的稳定性。在天然状态下，盐渍土为很好的地基，一旦因自然条件改变就会产生严重的溶陷、膨胀和腐蚀，使建筑物产生裂缝、倾斜或结构被腐蚀破坏。

b. 重力水

在重力势能作用下能在土中流动的自由水称为重力水。它与普通水一样，具有溶解能力，能传递静水和动水压力，对土颗粒具有浮力作用。它能溶蚀或析出土中的可溶性盐类，改变土的工程性质。当它在土孔隙中流动时，对所流经的土体有动水力作用。

值得注意的是，水是三相土的重要组成部分，一般认为它不能承受剪力，但能承受压力和一定的吸力；同时，由于水的压缩性很小，在通常所遇到的压力范围内，它的压缩量可以忽略不计。因而，地基土的压缩量通常是地基土中空隙部分的压缩量，由于土中的这些空隙通常被水和空气所充填，所以在排水条件下地基土的压缩过程就是土中水逐渐排出的过程，这个过程称为土的固结。

(2) 黏土颗粒与水的相互作用

① 黏土矿物的结构特征

黏土颗粒的成分主要有黏土颗粒和其他化学胶结物或有机物质。其中，对黏性土性质影响较大的是黏土矿物的晶体结构特征。黏土矿物的基本结构一般由如图 2.6 所示的两个基本结构单元构成：一个是硅氧四面体，是由一个居中的硅原子和在角点的四个氧原子组成；另一个为铝氢氧八面体，有一个居中的铝离子和六个在角点的氢氧离子组成。四面体和八面体的堆叠组合使得大多数黏土矿物具有形态各异的层状结构。蒙脱石、伊利石和高岭石是其中的典型代表。

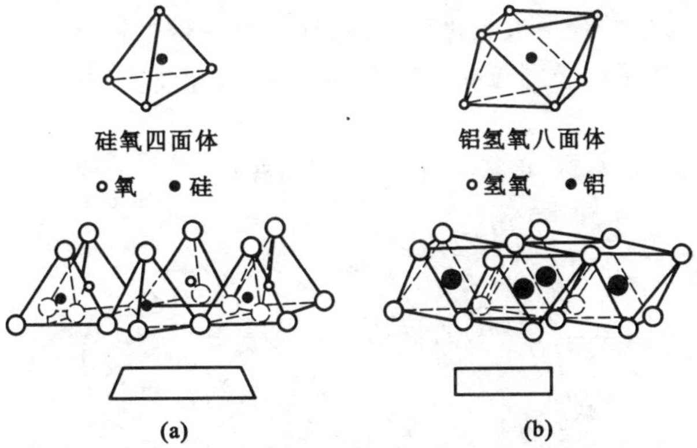

图 2.6 黏土矿物晶片

(a) 硅氧晶片；(b) 铝氢氧晶片

蒙脱石的结构单元是由两个四面体晶片中间夹一个八面体晶片叠堆而成，如图 2.7(a)所示。一般被称为 2∶1 型结构单元层，通俗地讲也可以称为三层结构。由于晶胞的两个面都有氧原子，其间没有氢键，因此联结很弱，水分子可以进入晶胞之间，使得晶胞之间的距离增大，甚至会完全分散为单晶胞。因此，当土中蒙脱石含量较大时，土体将具有显著的吸水膨胀和脱水收缩特性。

伊利石的晶胞构造与蒙脱石相似，同属 2∶1 型结构单元层，但伊利石在四面体片的 Si^{4+} 被 Al^{3+} 和 Fe^{3+} 所取代，因而在相邻晶胞间嵌有一价钾原子(K^+)以补偿晶胞间正电荷的不足，如图 2.7(b)所示。所以，伊利石的晶胞结构不像蒙脱石那样活动，其膨胀性和收缩性也较蒙脱石小。

高岭石的晶格是由一个四面体晶片和一个八面体晶片重复叠堆而成，如图 2.7(c)所示，称为 1∶1 型结构单元层，通俗地叫二层型。晶胞的一面为氢氧键，另一面为氧原子，晶胞间的联结是氢键，联结能力较强。因此，晶胞之间的距离不易改变，水分子难以进入，故高岭石的亲水性比伊利石还小。

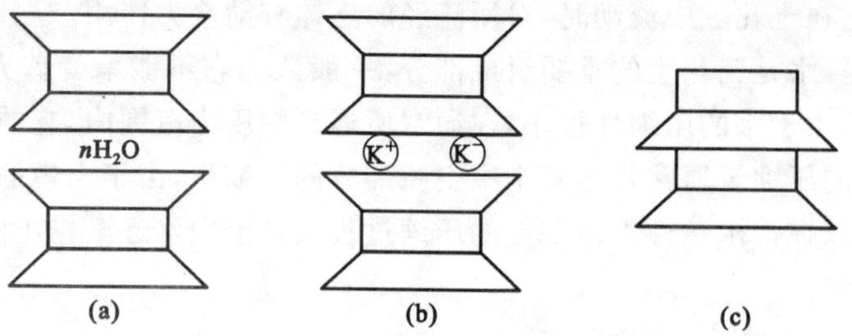

图 2.7　黏土矿物构造单元示意图

(a) 蒙脱石;(b) 伊利石;(c) 高岭石

② 黏土颗粒与水的相互作用

早在 1809 年诺伊斯就发现黏土颗粒表面有带电现象，进一步的研究表明：黏土颗粒带电的原因主要是由晶体边缘的离子键遭受破坏而形成的电荷不平衡、同晶置换作用、水化离解作用及颗粒表面的选择性吸附作用等造成的。颗粒越细，比表面积越大，表面能也就越明显。

黏土颗粒表面的带电粒子在黏土颗粒表面形成电场。水分子是极性分子，氢原子一端显示正电荷，氧原子一端显示负电荷，在电场作用下具有定向排列的特性。同时，溶解于水中的某些带电阳离子极易与之结合形成水化离子。因此，水在带电固体颗粒之间受到表面电荷电场作用，水分子和水化离子向土颗粒周围聚集、定向排列，形成双电层，如图 2.8 所示。

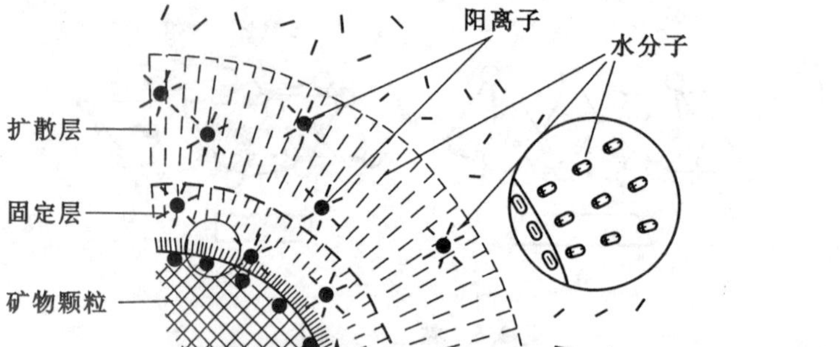

图 2.8　矿物颗粒与水分子相互作用示意图

土粒周围水溶液中的阳离子，一方面受到土粒所形成的电场的静电引力作用，另一方面又受到布朗运动的扩散力作用。在靠近土粒表面处，静电引力最强，水化离子和极性水分子牢固地吸附在颗粒表面，具有极强的定向性，形成固定层，也就是结合水中的强结合水；在强结合水外围静电引力较小，水化离子和极性水分子定向性变弱，活动性较强，结合水增大，形成扩散层，即结合水中的弱结合水。由于固定层和扩散层所含阳离子与土粒表面负电荷的电位相反，故称为反离子。该反离子层与土粒表面负电荷一起构成双电层（反离子层是外层，土粒表面负电荷是内层）。

水溶液中阳离子的价位越高，它与土颗粒之间的静电引力就越强，平衡土粒表面负电荷所需阳离子和水化离子的数目就会越少，相应的扩散层厚度就会越小。工程上，常用这种原理来改良土壤，例如用三价或二价的阳离子 Fe^{3+}、Al^{3+}、Ca^{2+}、Mg^{2+} 等处理黏土，使扩散层中高价离子的比例增加，扩散层变薄，从而增加土的强度和稳定性，减少土体遇水膨胀和失水干缩的危害。

2.2.2.4　土中气体

土中孔隙未被水充填部分一般认为会被气体占据，因此土中气体含量的多少取决于土中孔隙的体积被水的充填程度。

土中的气体有封闭气体和游离气体两种。游离气体通常存在于近地表的包气带中，与大气相通，并随外界条件改变与大气有交换作用，处于动态平衡状态，它一般对土的性质影响较小。封闭气体呈封闭状态，存在于土的孔隙中，与大气隔绝。当黏性中存在大量封闭气体时，对土的性质影响较大：一方面，当土层受压缩荷载作用时，体积变小，撤销荷载后，体积又会膨胀，使土体的弹性增加，不易压实；另一方面，封闭气体具有一定的压力，会阻止水的通过，从而导致土的透水性降低。

此外，在淤泥和泥炭质土等有机土中，由于微生物的分解作用，土中有时蓄积某些有毒气体和可燃气体，例如一氧化碳、甲烷及硫化氢等。若这些气体长期被埋藏于较深的土层中且含量很高，一旦在地下工程开挖时被释放，就会对人的生命安全产生严重危害。因此，地下工程开挖过程中要加强通风保障。

2.2.3　土的结构与构造

2.2.3.1　土的结构

土的结构是指土的组成物质，主要是土粒，也包括空隙的空间排列及相互联结特征。它对土的物理力学性质有重要的影响。

土的结构包含微观结构和宏观结构两层概念。土的微观结构，常简称为土的结构，或称为土的组构，是指土粒的原位集合体特征，是由土粒单元的大小、矿物成分、形状、相互排列及其联结关系、土中水的性质及孔隙特征等因素形成的综合特征，通常用光学显微镜、电子显微镜才能观察到。土的宏观结构，常称之为土的构造，是同一土层中的物质成分和颗粒大小等都相近的各部分之间的相互关系的特征，表征了土层的层理、裂隙及大孔隙等宏观特征，通常用肉眼即可观察到。

一般认为土的结构包括以下几种类型：

(1) 单粒结构

单粒结构是碎石、砂砾等粗粒土在沉积过程中形成的代表性结构。由于碎石、砂砾等粒径较大，其比表面积小，在沉积过程中粒间力的影响与其重力相比可以忽略不计，即土粒在沉积过程中主要受重力控制。当土粒在重力作用下下沉时，一旦与已沉稳的土粒相接触，就滚落到平衡位置形成单粒结构。根据其矿物成分、颗粒形状、级配状况、沉积环境和排列特征等，单粒结构又可分为紧密和疏松两种情况，如图 2.9(a)所示。一般认为在较大的静荷载作用下，尤其是动荷载作用下，疏松的单粒结构会趋于紧密。浑圆的颗粒组成的砂土比带有棱角的颗粒紧密些，而片状矿物组成的砂土则较为疏松。

(2) 蜂窝结构

当土颗粒较细(一般认为粒径在0.002～0.02 mm范围)时，在水中单个下沉碰到已沉积的或正在下沉过程中的土粒，由于土粒之间的引力大于土粒自重，则下沉的土粒被吸附而影响其下沉过程，后续下沉的细粒如此依次累积，逐渐形成具有很大孔隙的蜂窝状结构，如图2.9(b)所示。

虽然具有蜂窝结构的土有很大孔隙，但由于弓架作用和一定程度的粒间联结，使其可以承担一定应力水平的静力荷载。然而，当其承受高应力水平的静荷载尤其是动力荷载时，其结构将被破坏，并可导致较大的地基变形。

(3) 絮状结构

由于极细小的土颗粒(粒径小于0.005 mm)在缓慢水流中常处于悬浮状态，当悬浮液的介质发生变化，比如细小颗粒被带到电解质含量较高的海水中，土粒在水中作杂乱无章的运动时一旦相互接触，粒间力表现为净引力，彼此容易结合在一起逐渐形成小链环状的土粒集合体，使质量增大进而下沉。下沉过程中，当一个小链环碰到另一个小链环时相互吸引，不断扩大形成大链环，称为絮状结构，又称二级蜂窝结构。由于土粒的角、边常带正电荷，面带负电荷，因此角、边与面接触时净引力最大，所以絮状结构的特征表现为土粒之间以角、边与面的接触或边与边的搭接形式为主，如图2.9(c)所示。这种结构的土粒呈任意排列，具有较大的孔隙，因此其强度低，压缩性高，对扰动比较敏感，在压缩环境下，该类土常有较大的压缩变形，土粒间的联结强度会由于固结而增大。

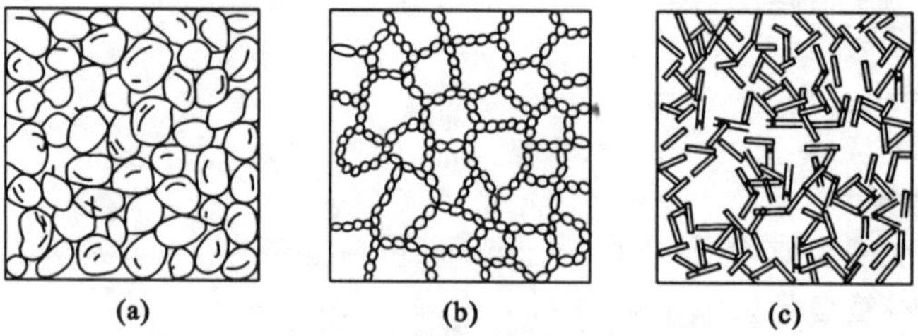

图2.9　土的结构示意图

(a) 单粒结构；(b) 蜂窝结构；(c) 絮状结构

自然界中沉积土的结构极其复杂。通常土粒总是成团存在，称为粒团。粒团及土粒的排列，可能是任意也可能是定向排列，由于粒团及粒团内的土粒排列方式上的差异，土体将呈现不同的各向异性。一般说来，上述三种结构中，呈现密实的单粒结构的土，由于其土粒排列紧密，在动、静荷载作用下都不会产生较大的沉降，所以强度较大，压缩性小，一般是良好的天然地基。而疏松状态下单粒结构、蜂窝结构及絮状结构的土，其骨架是不稳定的，当受到震动及其他外力时，天然结构易遭到破坏，其强度降低，引起土的很大变形，因此，这种土层如作为建筑物的地基或路基，一般应进行必要的处理。

2.2.3.2　土的构造

土的构造即土层在空间的赋存状态，主要表现为土层的层理、裂隙、孔洞等宏观特征。土的构造一般有以下几种：

(1) 层状构造

土粒在沉降过程中，由于不同阶段沉降的物质成分、颗粒大小和颜色不同，它们沿竖向呈现的层状特征，称为层状构造。常见的有水平层状构造和带有夹层、尖灭和透镜体等的交错层理构造，如图 2.10 所示。

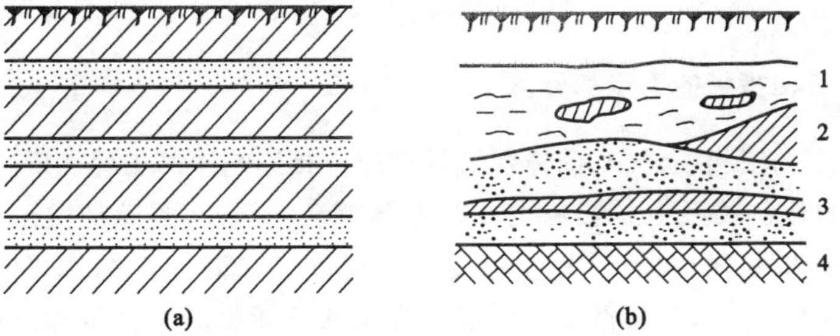

图 2.10　层状构造

(a) 水平层理；(b) 交错层理

1—淤泥夹黏土透镜体；2—黏土尖灭；3—砂土夹黏土层；4—基岩

(2) 分散构造

在颗粒搬运和沉积过程中，经过分选的卵石、砾石、砂等，沉积厚度往往较大，其间没有明显的层理，呈现分散构造，如图 2.11 所示。具有分散构造的土层中各部分土粒无明显差异，分布均匀，各部分性质接近，在研究对象相对于土颗粒本身较大时，可作为各向同性体来考虑。

(3) 裂隙构造

在裂隙构造中，土体被许多不连续的小裂隙所割裂，裂隙内部往往被各种盐类沉淀物所充填，如图 2.12 所示。土的裂隙性是土的构造的另一特征，如黄土的柱状裂隙、膨胀土的收缩裂隙等。裂隙的存在大大降低了土体的局部强度，损害了土的均质性，成为软弱面或软弱带，对工程不利，往往成为工程结构或土体边坡失稳的控制性因素。此外，土体中的包裹物如腐殖物、贝壳、结核体等，以及虫洞或者墓穴等天然或人为的孔洞存在，也是造成土体不均质的原因。

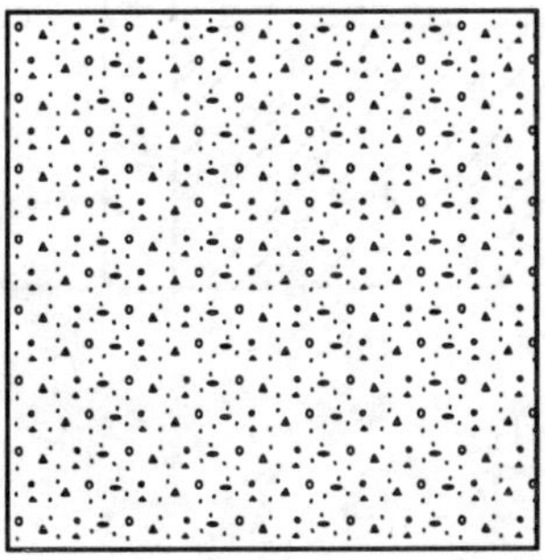

图 2.11　分散构造

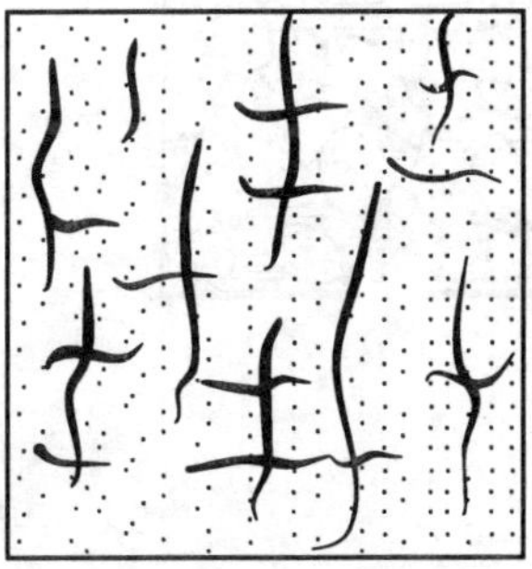

图 2.12　裂隙构造

2.3　土的物理性质指标

2.3.1　土的三相组成

一般认为土是由固体颗粒、液体水和气体三者组成的三相体。土的三相组成物质的性质、相对含量以及土的结构构造等各种因素，必然在土的重度、密实度、干湿软硬状态等一系列物理性质和状态上有所反映。因此，可以说土的固相、液相和气相三相各自在体积和质量上所占的比例及其相互作用将影响土的物理力学性质，成为评价土的工程性质的最基本的物理性质指标。

2.3.2 土的三相指标的测定和计算

如前所述，在土的三相组成中，固体颗粒的性质直接影响土的工程性质。但是，同一种土，它的三相在量上的比例关系也是影响土性的重要因素。例如，同样是粗粒土，密实时强度较高，松散时强度就会低一些；而细粒土，含水少时呈坚硬或硬塑状态，含水多时就会软一些。土的三相在体积或质量上的大小比例关系通常称为土的三相物理性质指标。这些指标有多个，它们可以从不同的侧面反映土的性质，本节将介绍这些指标的测定及相关的计算。

2.3.2.1 土的三相草图

天然的土样，其三相的分布通常是分散的，即土中的液体水和气体充满着固体颗粒之间的空隙，如图 2.13(a)所示。为了在理论研究中使问题简单化，以获得更清楚的概念，可以人为地把土的三相分别集中起来，用如图 2.13(b)所示的三相草图来抽象地表示其构成。在三相草图中，左侧符号表示三相组成的质量，右侧符号表示三相组成的体积。由于土中气体的质量相对很小，通常可以忽略不计，于是土样的总质量可表示为：

$$m = m_s + m_w \tag{2.4}$$

式中 m_s——土样中固体颗粒的质量；

m_w——土样中液体水的质量。

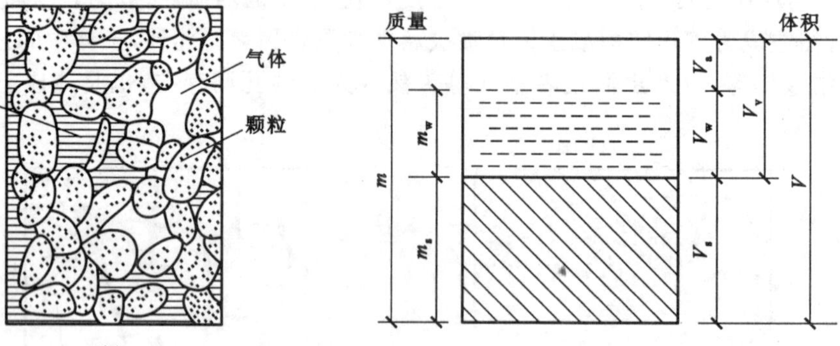

图 2.13 土的三相组成

(a) 土的三相组成示意图；(b) 土的三相图

土样的总体积可表示为：

$$V = V_s + V_v = V_s + V_w + V_a \tag{2.5}$$

式中 V_s——土样中固体颗粒的体积；

V_v——土样中孔隙部分的体积，该体积被液体水和气体所充填；

V_w——土样中液体水的体积；

V_a——土样中气体的体积。

由式(2.4)、式(2.5)和三相草图可知，在体积、质量这些量中，独立的量只有 V_s、V_w、V_a、m_s 和 m_w 5 个。这里，水的重度 γ_w 是已知的，所以 $m_w = V_w\gamma_w/g$，即上述 5 个量中真正独立的仅有 4 个。此外，对于理想的均质土样而言，这些量的比例关系和土本身的性质有关，而与所取土样量的多少无关，所以研究时一般习惯取一定量的土样来分析，如取 $V=1\ m^3$ 或 $V_s=1\ m^3$ 或 $m=1$ kg 等，这样等于又取消了一个未知量。由此可见，对于一定数量的三相土体，只要知道相关体积和质量中的任意 3 个独立的量，其余的体积和质量均可通过三相草图求出。

2.3.2.2 三个实测物理性质指标

土的重度、含水量和土粒相对密度称为实测物理性质指标，它们可以在实验室内直接测定，这 3 个指标也称为土的三相基本物理指标。

(1) 重度 γ 和密度 ρ

单位体积土的重量称为重度(Unit Weight)，表示为：

$$\gamma=\frac{W}{V} \tag{2.6}$$

式中 W——土的重量(kN)；

V——土的体积(m^3)。

由式(2.6)可以看出，土的重度 γ 实际上为天然重度，与之对应的尚有土的干重度 γ_d 和土的饱和重度 γ_{sat} 等概念，将在后边文中阐述。

在土力学的运算中，常常还会用到密度的概念，其国际单位是 kg/m³，可表示为：

$$\rho=\frac{m}{V}=\frac{W}{gV}=\frac{\gamma}{g} \tag{2.7}$$

式中 m——土样的总质量(kg)；

g——重力加速度，取 9.8 m/s²。

由式(2.7)可以得出重度的计算公式为：

$$\gamma=\rho g \tag{2.8}$$

土力学计算中，水的重度 γ_w 常取 10 kN/m³ 或 9.8 kN/m³，而天然状态下土的重度 γ 的变化范围一般为 16～22 kN/m³。

(2) 含水量 w

土中水的质量占土中固体颗粒质量的百分比称为土的含水量(Water Content)，表示为：

$$w=\frac{m_w}{m_s}\times 100\% \tag{2.9}$$

土的含水量常用烘箱烘干的方法测定。

(3) 土粒相对密度(土粒比重) G_s

土中固体颗粒的质量与同体积 4℃ 时的纯水质量的比值称为土粒相对密度(Specific Gravity of Soil Particle)，表示为：

$$G_s=\frac{m_s}{V_s\rho_{w1}}=\frac{\rho_s}{\rho_{w1}} \tag{2.10}$$

式中 ρ_s——土粒密度，为土粒质量 m_s 和土粒体积 V_s 的比值(g/cm³)；

ρ_{w1}——纯水在 4℃时的密度，一般取 1 g/cm³。

土粒比重 G_s 常用比重瓶法测定，由试验测定的比重值代表整个试样内所有土粒比重的平均值。G_s 是一个无量纲的参数，称为土粒相对密度，其数值大小取决于土粒的矿物成分和土颗粒粒径的大小。不同土的土粒相对密度常见平均值变化范围如表 2.3 所示。若土中含有有机质和泥炭，其相对密度会明显地降低。

表 2.3 土粒相对密度常见范围

土的名称	砂土	粉土	黏性土		有机土	泥炭
			粉质黏土	黏土		
土粒相对密度 G_s	2.65～2.69	2.70～2.71	2.72～2.73	2.74～2.76	2.4～2.5	1.5～1.6

2.3.2.3 土的其他物理性质指标

(1) 孔隙比 e

土中孔隙部分体积与土中固体颗粒体积的比值称为土的孔隙比，表示为：

$$e=\frac{V_v}{V_s} \tag{2.11}$$

(2) 孔隙率 n

土样中孔隙部分的体积与土样总体积的百分比值称为土的孔隙率，表示为：

$$n=\frac{V_v}{V}\times 100\% \tag{2.12}$$

由式(2.11)和式(2.12)可知孔隙比 e 和孔隙率 n 之间具有如下关系：

$$n=\frac{V_v}{V}=\frac{V_v}{V_s+V_v}=\frac{\frac{V_v}{V_s}}{\frac{V_s}{V_s}+\frac{V_v}{V_s}}=\frac{e}{1+e} \tag{2.13}$$

相应的则有：

$$e=\frac{n}{1-n} \tag{2.14}$$

(3) 饱和度 S_r

土中水的体积与孔隙部分体积的百分比值称为土的饱和度，表示为：

$$S_r=\frac{V_w}{V_v}\times 100\% \tag{2.15}$$

(4) 干密度 ρ_d 和干重度 γ_d

在土木工程的许多问题中，比如衡量路基土的压实程度时，依据扣除水后单位体积干土的质量或重度显得更方便。定义单位体积土体水分被完全排出后干土的质量为土的干密度，即：

$$\rho_d=\frac{m_s}{V} \tag{2.16}$$

相应的，定义 $\gamma_d=\rho_d g$ 为土的干重度。天然状态下土的干重度 γ_d 的变化范围为 13～20 kN/m^3。

(5) 饱和重度 γ_{sat}

土的孔隙完全充满水时单位体积土的重度称为土的饱和重度 γ_{sat}，表示为：

$$\gamma_{sat}=\frac{m_s+V_v\rho_w}{V}g \tag{2.17}$$

土的饱和重度 γ_{sat} 的变化范围为 18～23 kN/m^3。

(6) 浮重度 γ'

位于地下水位面以下的土会受到浮力的作用，此时土的有效重度称为土的浮重度 γ'，数

值上土的浮重度 γ' 等于土的饱和重度与水的重度的差值，即：

$$\gamma'=\gamma_{sat}-\gamma_w \tag{2.18}$$

土的浮重度 γ' 的变化范围通常为 8～13 kN/m³。

2.3.3 土的三相指标换算

指标换算就是由已知的指标推求其他相关的未知指标的过程。

假设通过试验已经确定了土的天然重度 γ、含水量 w 及土颗粒比重 G_s 3 个基本物理性质指标（也称实测指标），然后便可以利用三相草图求解其余 6 个物理性质指标 e、n、S_r、γ_d、γ_{sat}、γ'。

指标换算的基本思路是：先求解三相草图上的全部质量和体积（用 γ、w、G_s 表示），再依据其余 6 个指标的定义求解其表达式。因为土样的性质与研究时所取土样的体积无关，所以可以假定土粒部分所占的体积 $V_s=1$ 或者所取土样的体积 $V=1$，计算中，一般认为水的重度 γ_w 是已知量。

用已知指标表示草图上的质量和体积。

由 $G_s=\dfrac{m_s}{V_s\rho_{w1}}$，$V_s=1$ 得：

$$m_s=G_s\rho_{w1}=\frac{G_s\gamma_w}{g} \tag{2.19}$$

又由于 $w=\dfrac{m_w}{m_s}\times100\%$，则有：

$$m_w=wm_s=\frac{wG_s\gamma_w}{g} \tag{2.20}$$

一般的 $m_a\approx0$，所以：

$$m=m_w+m_s=\frac{G_s\gamma_w+wG_s\gamma_w}{g}=\frac{1+w}{g}G_s\gamma_w \tag{2.21}$$

至此，三相草图左侧 3 个质量物理指标均已全部表示出来。

由 $\gamma=\dfrac{mg}{V}$ 及 $m=\dfrac{1+w}{g}G_s\gamma_w$ 可以推出：

$$V=\frac{mg}{\gamma}=\frac{(1+w)G_s\gamma_w}{\gamma} \tag{2.22}$$

同样可推导出：

$$V_w=\frac{m_wg}{\gamma_w}=\frac{wG_s\gamma_w}{\gamma_w}=wG_s$$

所以

$$V_a=V-V_s-V_w=\frac{(1+w)G_s\gamma_w}{\gamma}-1-wG_s$$

$$V_v=V_a+V_w=\frac{(1+w)G_s\gamma_w}{\gamma}-1 \tag{2.23}$$

至此，三相草图右侧 3 个体积物理指标也都全部表示出来。

事实上，土的全部 9 个物理指标（γ、w、G_s、e、n、S_r、γ_d、γ_{sat}、γ'）中只有 3 个是相互独立的，只要知道其中相互独立的 3 个指标，其余指标就可以用它们表示出来。这说明，土的 9 个物理指标之间存在内在的关联性，它们从不同的侧面反映了土的性质。

如前所述，在上述推导过程中，一般有两种方法。

一种是假设土样中的固体颗粒部分的体积 $V_s=1$，如图 2.14 所示，则有：

$V_v=V_s e=e,\quad V_w=V_v S_r$

$\gamma=\dfrac{mg}{V}=\dfrac{(m_s+m_w)g}{V}=\dfrac{G_s\gamma_w+wG_s\gamma_w}{1+e}=\dfrac{(1+w)G_s\gamma_w}{1+e}$

$\gamma_d=\dfrac{m_s g}{V}=\dfrac{G_s\gamma_w}{1+e},e=\dfrac{G_s\gamma_w}{\gamma_d}-1$

$S_r=\dfrac{V_w}{V_v}=\dfrac{wG_s}{e}$ 或 $S_r e=wG_s$

另一种是假设土样的体积 $V=1$，如图 2.15 所示，则有：

$$V_v=n,\quad V_s=1-n$$

而 $n=\dfrac{e}{1+e}$，所以有：

$$V_v=\frac{e}{1+e},V_s=\frac{1}{1+e}$$

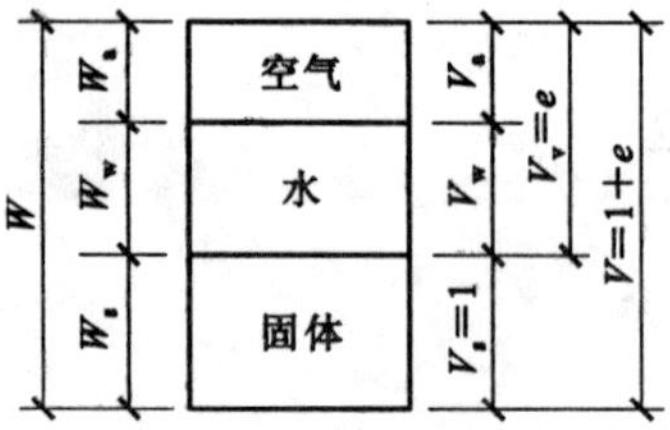

图 2.14　土的三相图(假设 $V_s=1$)

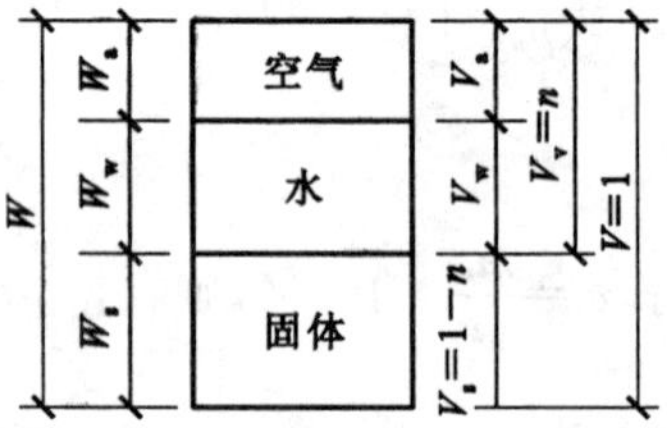

图 2.15　土的三相图(假设 $V=1$)

熟练之后，土的三相指标的关系推导就没有必要按照以上的假定进行了。为应用方便，现把常用的土的三项指标之间的换算关系列成表 2.4 所示。

表 2.4　常见三相比例指标换算关系式

名称	符号	换算公式	名称	符号	换算公式
重度	γ	$\gamma=\dfrac{(1+w)G_s\gamma_w}{1+e}$	含水量	w	$w=\left(\dfrac{\gamma}{\gamma_d}-1\right)\times100\%$
密度	ρ	$\rho=\rho_d(1+w)$			
干重度	γ_d	$\gamma_d=\dfrac{\gamma}{1+w}$	孔隙比	e	$e=\dfrac{n}{1-n},e=\dfrac{wG_s}{S_r}$
干密度	ρ_d	$\rho_d=\dfrac{\rho}{1+w}$			
饱和重度	γ_{sat}	$\gamma_{sat}=\dfrac{G_s+e}{1+w}\gamma_w$	孔隙率	n	$n=\dfrac{e}{1+e}$
有效重度	γ'	$\gamma'=\gamma_{sat}-\gamma_w$	饱和度	S_r	$S_r=\dfrac{wG_s}{e}$

【例 2.1】　一原状土样的实验结果为：天然重度 $\gamma=16.37\ kN/m^3$，含水量 $w=12.92\%$，土粒相对密度 $G_s=2.67$。试求其余 6 个物理性质指标。

【解】　令土样中固体颗粒部分的体积 $V_s=1\ m^3$，绘制三相计算草图，如图 2.16(a)所示。则土粒部分重

$$W_s = V_s G_s \gamma_w = 1 \times 2.67 \times 10 = 26.7\ \text{kN}$$

液体水重

$$W_w = W_s w = 26.7 \times 12.92\% = 3.45\ \text{kN}$$

液体水体积

$$V_w = \frac{W_w}{\gamma_w} = \frac{3.45}{10} = 0.345\ \text{m}^3$$

土样总重

$$W = W_s + W_w = 26.7 + 3.45 = 30.15\ \text{kN}$$

土样总体积

$$V = \frac{W}{\gamma} = \frac{30.15}{16.37} = 1.84\ \text{m}^3$$

孔隙部分体积

$$V_v = V - V_s = 1.84 - 1 = 0.84\ \text{m}^3$$

气体部分体积

$$V_a = V_v - V_w = 0.84 - 0.35 = 0.49\ \text{m}^3$$

至此，三相草图中质量和体积已全部求出，据此可得出：

孔隙比

$$e = \frac{V_v}{V_s} = 0.84$$

孔隙率

$$n = \frac{V_v}{V} = \frac{0.84}{1.84} = 45.6\%$$

饱和度

$$S_r = \frac{V_w}{V_v} = \frac{0.345}{0.84} = 41.1\%$$

干重度

$$\gamma_d = \frac{W_s}{V} = \frac{26.7}{1.84} = 14.51\ \text{kN/m}^3$$

饱和重度

$$\gamma_{sat} = \frac{V_v \gamma_w + W_s}{V} = \frac{8.4 + 26.7}{1.84} = 19.08\ \text{kN/m}^3$$

浮重度

$$\gamma' = \gamma_{sat} - \gamma_w = 19.08 - 10.00 = 9.08\ \text{kN/m}^3$$

由以上计算结果可以看出 $\gamma_{sat} > \gamma > \gamma_d > \gamma'$，这种关系不是偶然的关系，而是代表了土的物理性质指标间的一般规律。特别的，对于饱和土样，有 $\gamma_{sat} = \gamma$；对于干土样，有 $\gamma = \gamma_d$。

在以上计算过程中，如果令土样总体积 $V = 1\ \text{m}^3$，则土样中固体颗粒、液体水和气体三相的体积和质量将会发生变化，但其相对比例关系不会发生改变。也就是说，对于认为均质的土样而言，其重度 γ、含水量 w、颗粒相对密度 G_s、孔隙比 e、孔隙率 n、饱和度 S_r、干重度 γ_d、饱和重度 γ_{sat}、浮重度 γ' 等不会随土样的大小变化而发生变化。计算结果列于图 2.16(b)中，计算过程请同学们作为练习进行推导。

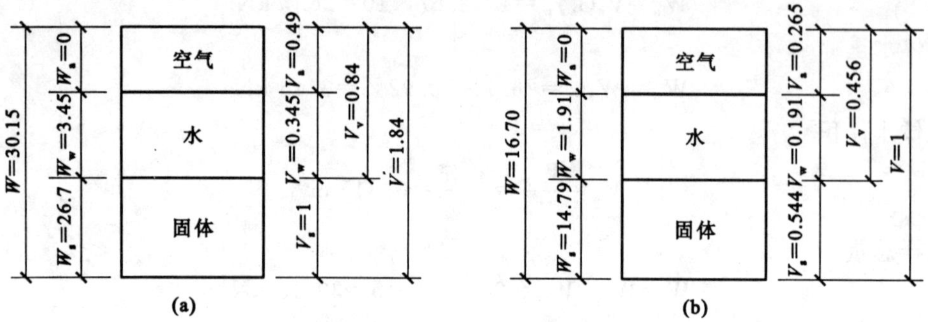

图 2.16 例 2.1 图

2.4 无黏性土的物理特性

2.4.1 无黏性土的密实度

无黏性土指碎石土、砂土等单粒结构的土。处于密实状态下的无黏性土,土颗粒相对含量高,结构较稳定,压缩性小,强度较大;处于松散状态下的无黏性土,土颗粒相对含量低,压缩性高,作为建筑物地基稳定性差,强度较低。这种反应无黏性土颗粒的密实程度的物理量称为密实度。可见,密实度是反映无黏性土工程性质的主要指标。

2.4.2 无黏性土的密实度指标的测定

确定无黏性土的密实度一般采用以下三种方法确定:

(1) 采用天然状态下的孔隙比 e 来确定

孔隙比在三相比例指标中,是用土样中空隙部分的体积占固体颗粒部分体积的比值来表示土的密实度的指标。因此,用孔隙比确定无黏性土的密实度简单明了,应用方便。对于粒径分布(级配)相同的两个土样 A、B 而言,若其孔隙比 e 之间存在 $e_A \leqslant e_B$,则可以认定土样 A 的密实度大于土样 B。但如果两个土样级配情况不同,比如土样 A 的级配优于土样 B,同样存在 $e_A \leqslant e_B$ 时,就很难确定它们中哪个土样更密实一些,因为它们作为级配不同的两个土样,其最密实状态对应的孔隙比 e_{Amin}、e_{Bmin} 并不相等。可能存在 $e_A \leqslant e_B$,但 $e_A - e_{Amin} \geqslant e_B - e_{Bmin}$ 的情况。因此应用中往往出现不同级配的砂土,虽具有相同的孔隙比,其密实度却完全不同,如对于级配不良砂土,已达密实状态;但对级配良好的砂土,仍处于中密或疏松状态,所以此方法明显的缺点就是没有考虑颗粒级配的影响。

(2) 采用相对密实度(D_r)确定

工程上为了更好地表明无黏性土所处的密实状态,采用将现场土的孔隙比 e 与该种土能达到最密实时的孔隙比 e_{min} 和最疏松时的孔隙比 e_{max} 对比的办法,来评价土的密实度,这种衡量密实度的指标称为相对密实度(D_r),表示为:

$$D_r = \frac{e_{max} - e}{e_{max} - e_{min}} \tag{2.24}$$

式中 e——土样在天然状态下的孔隙比;

e_{max}——土样在最疏松状态下的孔隙比,即最大孔隙比,测定的方法是将松散的风干土样通过长颈漏斗轻轻地倒入容器，避免重力冲击，求得土的最小干密度再经换算得到；

e_{min}——土样在最密实状态下的孔隙比，即最小孔隙比，测定的方法是将松散的风干土样装在金属容器内，按规定方法振动和锤击，直至密度不再提高为止，求得最大干密度后经换算得到。

显然，$D_r=0\sim1$。D_r 值越大，土越密实。工程上常依据所取代表性土样相对密度对其进行分类：

$1\geqslant D_r>0.67$ 密实的

$0.67\geqslant D_r>0.33$ 中密的

$0.33\geqslant D_r>0$ 松散的

必须指出，目前虽然已有一套测定最大孔隙比和最小孔隙比的试验方法，而且用相对密实度判断砂土的密实度在理论上较完善，但实用中仍有困难。主要是在实验室条件下测定理论上的 e_{max} 和 e_{min} 十分困难，在静水中很缓慢沉积形成的土，孔隙比有时可能比实验室测得的 e_{max} 还大；同样，在漫长的地质年代中，受各种自然力作用堆积形成的土，其孔隙比有时可能比实验室能测得的 e_{min} 还小。另外，地下水位以下的砂土，由于取样困难，其天然孔隙比很难准确测定。

(3) 采用现场标准贯入试验锤击数(N)确定

工程实践中较普遍采用标准贯入锤击数 N 来划分无黏性土的密实度。标准贯入实验是在现场用规定质量(63.5 kg)和落距(76 cm)的锤，把一标准贯入器打入土中，记录贯入 30 cm 深度所需的锤击数 $N_{63.5}$(简记为 N)的一种原位测试方法。根据 N 的大小，砂土的密实度可划分为松散、稍密、中密、密实四种，如表 2.5 所示。

表 2.5　砂土的密实度

砂土的密实度	密实	中密	稍密	松散
标准贯入锤击数 N	$N>30$	$15<N\leqslant30$	$10<N\leqslant15$	$N\leqslant10$

对于碎石土，土颗粒很粗，不易取得原状土样，也难于把贯入器打入土中，《建筑地基基础设计规范》(GBJ 7—1989)采取野外鉴别方法，根据其骨架颗粒含量及排列、可挖性、可钻性来鉴别其密实度。将碎石土划分为密实、中密、稍密和松散四种密实度，具体划分标准如表 2.6 所示。

表 2.6　碎石土的野外鉴别

密实度	骨架颗粒含量和排列	可挖性	可钻性
密实	骨架颗粒含量大于总重的70%，呈交错排列，连续接触	锹镐挖掘困难，用撬棍方能松动，井壁一般稳定	钻进极困难，冲击钻进时，钻杆、吊锤跳动剧烈，井壁较稳定
中密	骨架颗粒含量等于总重的60%～70%，呈交错排列，大部分接触	锹镐可以挖掘，井壁有掉块现象，从井壁取出大颗粒处，能保持颗粒凹凹形状	钻进较困难，冲击钻进时，钻杆、吊锤跳动不剧烈，井壁有坍塌现象
稍密	骨架颗粒含量等于总重的55%～60%，排列混乱，大部分不接触	锹可以挖掘，井壁易坍塌，从井壁取出大颗粒后，砂土立即坍塌	钻进较容易，冲击钻进时，钻杆稍有跳动，孔壁易坍塌
松散	骨架颗粒含量小于总重的55%，排列十分混乱，绝大部分不接触	锹易挖掘，井壁极易坍塌	钻进很容易，冲击钻进时，钻杆无跳动，孔壁极易坍塌

表 2.6 中的描述多为定性描述，跟描述者的本人的经验、经历等有一定的关系，不同的人对同一种现象的描述可能不尽相同。为定量地对碎石土的密实度进行界定，铁道部第二勘测设计院等进行了大量的数据筛选和比对工作，对平均粒径小于或等于 50 mm 且最大粒径大于 100 mm的卵石、碎石、圆砾、角砾等碎石土重型圆锥动力触探锤击数 $N_{63.5}$ 与其密实度之间的关系进行总结，《建筑地基基础设计规范》(GB 50007—2002)将这一成果归纳为表 2.7。

表 2.7 碎石土的密实度

重型圆锥动力触探锤击数 $N_{63.5}$	密实度	重型圆锥动力触探锤击数 $N_{63.5}$	密实度
$N_{63.5} \leqslant 5$	松散	$10 < N_{63.5} \leqslant 20$	中密
$5 < N_{63.5} \leqslant 10$	稍密	$N_{63.5} > 20$	密实

注：① 本表适用于平均粒径小于或等于 50 mm 且最大粒径不大于 100 mm 的卵石、碎石、圆砾、角砾。

② 表内 $N_{63.5}$ 为经综合修正后的平均值。

【例 2.2】 某砂层的天然重度 $\gamma = 17.5\ \text{kN/m}^3$，含水量 $w = 10\%$，土粒相对密度为 $G_s = 2.65$。最小孔隙比 $e_{\min} = 0.40$，最大孔隙比 $e_{\max} = 0.85$，问该土处于何种密实状态？

【解】 求土的天然孔隙比 e：

$$e = \frac{\gamma_w G_s (1 + w)}{\gamma} - 1 = \frac{1 \times 2.65 \times (1 + 0.1)}{1.75} - 1 = 0.667$$

求相对密实度 D_r：

$$D_r = \frac{e_{\max} - e}{e_{\max} - e_{\min}} = \frac{0.85 - 0.667}{0.85 - 0.40} = 0.41$$

$$0.33 < D_r < 0.67$$

故该砂层处于中等密实状态。

2.5 黏性土的物理特征

黏性土由于其颗粒细小，黏粒含量高。黏粒和土中水的相互作用，使得其物理状态与含水量关系非常密切。

同一种黏性土随着含水量的改变，将经历不同的物理状态。通常土中含水量很低时，土中水被紧紧吸着于土粒表面，成为强结合水。强结合水的性质接近于固态。因此，当土粒之间只有强结合水时，按结合水膜厚薄不同，土表现为固态或半固态，如图 2.17(a)所示。

若含水量增加，土粒周围的水膜加厚，除强结合水外还有弱结合水存在。在这种含水量下，土可被外力塑成任意形状而不断裂，外力去除后仍然保持所得的形状，如图 2.17(b)所示，土的这种性质称为可塑性，这种状态称为可塑状态。因此，弱结合水的存在是土具有可塑性的原因。土处在可塑状态的含水量变化范围，大体上相当于土粒所能够吸附的弱结合水的含量，这一含量的大小主要决定于土粒的比表面积和矿物成分。

当含水量继续增加，土中除结合水外，还含有相当数量的自由水。此时土粒被自由水隔开，土体不能承受任何剪应力，而处于流动状态，如图 2.17(c)所示。由此可见，黏性土的不同状态实际上是由其含水量决定的。

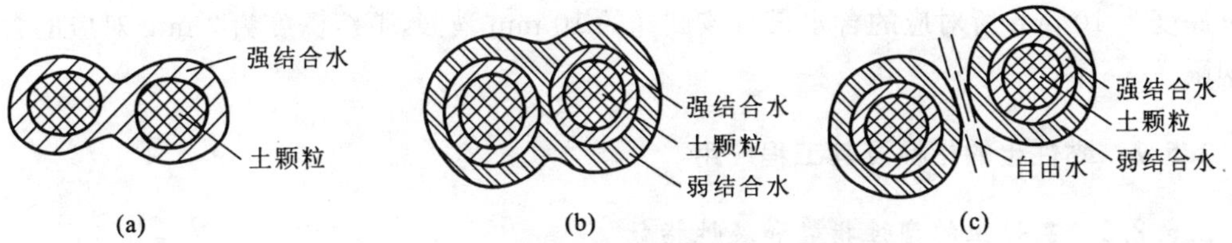

图 2.17　黏性土物理状态和含水量关系图

(a) 固态和半固态；(b) 可塑状态；(c) 流动状态

2.5.1　黏性土的界限含水量

如前所述，随着含水量的不同，黏性土的状态将发生改变。黏性土由一种状态转到另一种状态的临界含水量，称为界限含水量。界限含水量有三个，即液限、塑限和缩限。

黏性土由半固态转变为固态的界限含水量称为缩限，用 w_n 表示。土的缩限按下式计算：

$$w_n = w - \frac{V_0 - V_d}{m_d}\rho_w \times 100\% \qquad (2.25)$$

式中　w_n——土的缩限(%)；

w——制样时的含水率(%)；

V_0——湿试样的体积(cm^3)；

V_d——干试样的体积(cm^3)。

塑限是黏性土由半固态进入可塑状态的界限含水量，用 w_P 表示；液限是黏性土由可塑状态转化为流动状态的界限含水量，用 w_L 表示。

界限含水量与土粒组成、矿物成分、土粒表面吸附阳离子性质等有关，其大小反映了这些因素的综合影响，因而对黏性土的分类和工程特性的评价有着重要意义。

黏性土的界限含水量可通过相应的试验测定，其中缩限采用收缩皿试验测定，塑限与液限可以采用液限联合测定仪测定。塑限与液限也可分别采用传统的滚搓法和碟式液限仪测定。

根据《土工试验方法标准》(GB/T 50123—1999)，规定了采用液限联合测定仪进行液限和塑限的联合测定的方法，如图 2.18 所示。测定时，将调成不同含水量的土样先后装于盛土杯内，分别测定圆锥仪在 5 s 时的下沉深度。在双对数坐标纸下绘出圆锥下沉深度和含水量的关系直线，如图 2.19 所示，该直线上圆锥下沉深度为 17 mm 所对应的含水量为 17 mm 液限，

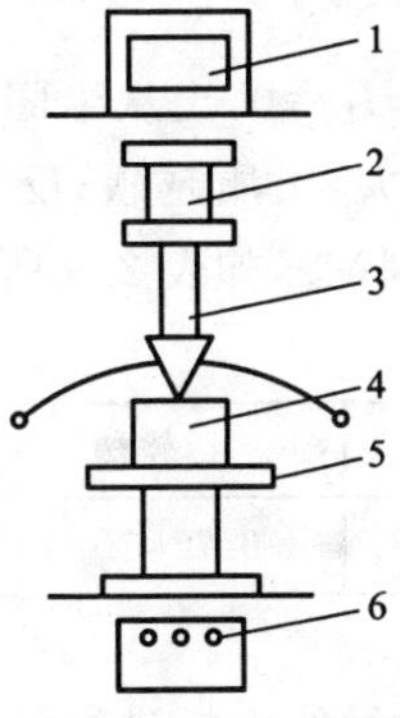

图 2.18　液、塑限联合测定仪示意图

1—显示屏；2—电磁铁；3—带标尺的圆锥仪；4—试样杯；5—升降座；6—控制开关

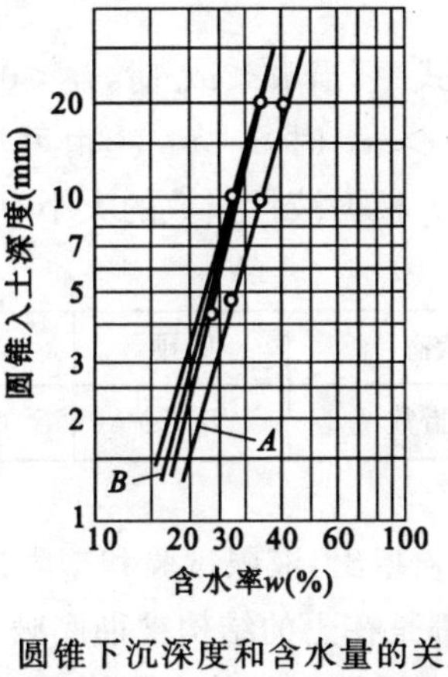

图 2.19　圆锥下沉深度和含水量的关系

下沉深度为 10 mm 所对应的含水量为该试样的 10 mm 液限，下沉深度为 2 mm 对应的含水量为塑限。

2.5.2 黏性土的指标及其工程应用

2.5.2.1 黏性土的塑性指数和液性指数

(1) 黏性土的塑性指数

液限和塑限分别是土处于可塑状态时的上限和下限含水量。为了表示黏性土处于可塑状态的含水量变化范围，引入塑性指数的概念，其值为土的液限与塑限的差值(数值除去%号)，用符号 I_p 表示：

$$I_p = w_L - w_p \tag{2.26}$$

土的塑性指数主要与土中粒径小于 0.005 mm 的黏粒含量、土中吸附水可能含量及吸附阳离子的浓度等有关。黏粒含量越高，其比表面积越大，结合水含量也越高，因而塑性指数也越大。若土中不含黏粒，则塑性指数为零，即无黏性。

由于塑性指数在一定程度上综合反映了影响黏性土特征的各种重要因素，因此工程上按塑性指数的大小对黏性土进行分类，详见表 2.8 所示。

表 2.8 黏性土状态的划分

土的名称	塑性指数 I_p
粉质黏土	$10 < I_p \leqslant 17$
粉土	$I_p > 17$

(2) 黏性土的液性指数

对同一种黏性土而言，土的含水量可以表示土的软硬程度。但对于两种性质不同的黏性土，当天然含水量相同时，所处的状态可能完全不同，原因是不同土的液限和塑限不同。因此，仅知道土的含水量时，还不能说明土所处的状态，而必须将天然含水量与其液限与塑限进行比较，才能确定黏性土的状态。为此工程上采用液性指数来判别黏性土的状态。

液性指数是土的天然含水量和塑限之差与塑性指数之比，用符号 I_L 表示，即：

$$I_L = \frac{w - w_p}{I_p} \tag{2.27}$$

上式中，当 $w < w_p$ 时，$I_L < 0$，土呈坚硬状态；当 $w = w_p$ 时，$I_L = 0$，土从半固态进入可塑状态；当 $w > w_L$ 时，$I_L > 1$，土由可塑状态进入流态。显然，I_L 越大，土质越软；反之，I_L 越小，土质越硬。根据液性指数的大小，可将黏性土的软硬划分为五种状态，如表 2.9 所示。

表 2.9 黏性土的稠度标准

状态	坚硬	硬塑	可塑	软塑	流塑
液性指数 I_L	$I_L \leqslant 0$	$0 < I_L \leqslant 0.25$	$0.25 < I_L \leqslant 0.75$	$0.75 < I_L \leqslant 1$	$I_L > 1$

必须指出，液限试验和塑限试验都是把试样调成一定含水量的土样进行的，也就是说 w_L 和 w_p 都是在土的结构被彻底破坏后测得的。因此，以上判别标准没有反映土的结构性影响，用来判断重塑土的状态比较合适，而对原状土则使测试结果对工程应用来说偏于安全。

【例 2.3】 某黏性土的天然含水量 $w=36.4\%$，液限 $w_L=41\%$，塑限 $w_p=26\%$，试求该土的塑性指数 I_p 和液性指数 I_L，并确定该土的状态。

【解】

$$I_p=w_L-w_p=41-26=15$$

$$I_L=\frac{w-w_p}{w_L-w_p}=\frac{36.4-26}{15}=0.69$$

据此可确定该土处于可塑状态。

2.5.2.2　黏性土的灵敏度和触变性

(1) 灵敏度：天然状态下的黏性土通常都具有一定的结构性，当受到外来因素的扰动时，这种结构性可能遭到破坏，导致土的强度降低和压缩性增大。土的结构性对其强度的影响，一般用灵敏度(S_r)来表示，定义为：

$$S_r=\frac{q_u}{q_{ur}} \tag{2.28}$$

式中　q_u——原状土的无侧限抗压强度(kPa)；

q_{ur}——重塑土的无侧限抗压强度(kPa)。

黏性土按灵敏度的大小可分为：

不灵敏土　$S_r\leqslant 2$；

中等灵敏土　$2<S_r\leqslant 4$；

灵敏土　$4<S_r\leqslant 8$；

极灵敏土　$S_r>8$。

在基础工程施工中，若遇到灵敏度较高的土，应特别注意保护基槽槽底土的原有状态，使其结构不受扰动，以避免地基强度降低。

(2) 触变性：当饱和黏性土结构受扰动时，其强度会降低，但静置一段时间后，强度又逐渐恢复的现象称为土的触变性。其原因是停止扰动后，黏性土中土粒、离子和水分子体系，逐渐达到了新的平衡状态。例如，在黏性土中打入预制桩时，由于冲击和振动作用，桩周土的结构受破坏，强度降低，使桩容易打入。打桩结束后，土的强度恢复，使桩的承载力提高。工程上，在进行单桩竖向静载荷试验时，开始时间应视桩周土的强度恢复而定，一般不少于 15 d，对于触变性强的饱和软黏土，一般不少于 25 d。

2.5.2.3　黏性土的活动度

黏性土的塑性指数与土中胶粒含量百分数的比值称为活动度(活性指数)A，即：

$$A=\frac{I_p}{P_{0.002}} \tag{2.29}$$

式中　I_p——黏性土的塑性指数；

$P_{0.002}$——粒径小于 0.002 mm 颗粒的重量占土总重量的百分比。

活动度反映黏性土中所含矿物的活动性。根据活动度的大小，黏性土可以分为如下 3 种：

非活性黏土　$A<0.75$；

正常黏土　$0.75\leqslant A\leqslant 1.25$；

活性黏土　$A>1.25$。

非活性黏土中的矿物成分以高岭石等吸水能力较差的矿物为主，而活性黏土矿物成分则以吸水能力很强的蒙脱石等矿物为主。

2.6 土的压实性

土木工程建设中，经常遇到填土的压实问题，如填土地基、路堤、土石坝等都是把土作为建筑材料经填筑压实而成的。对填料来说，此过程就是采用一定的压实方法（如碾压法和振动法）通过施加一定的压实功能把具有一定级配、含水量的松散的土压实至具有一定密实度的土体。由此，可以说，所谓土的压实性，是指土体在一定的压实能量作用下，土颗粒克服粒间的阻力，产生位移，使土中的孔隙减小、密实度增加的性质。

对土的压实性的研究是由室内或现场击实或碾压实验进行的。实践表明，不同种类的土其压实性质不同。

2.6.1 黏性土的压实性

2.6.1.1 击实试验

(1) 试验方法

细粒土的压实性可以在实验室或现场进行研究。实验室中，将某一土样分成6～7份，按照一定的区间间隔配成具有不同含水量的土样。将每份土样装入击实仪内，用完全相同的方法加以击实。击实后，测出压实土的含水量和干密度。然后以含水量为横坐标，干密度为纵坐标，绘制含水量-干密度关系曲线，该曲线也称为击实曲线，如图2.20所示。

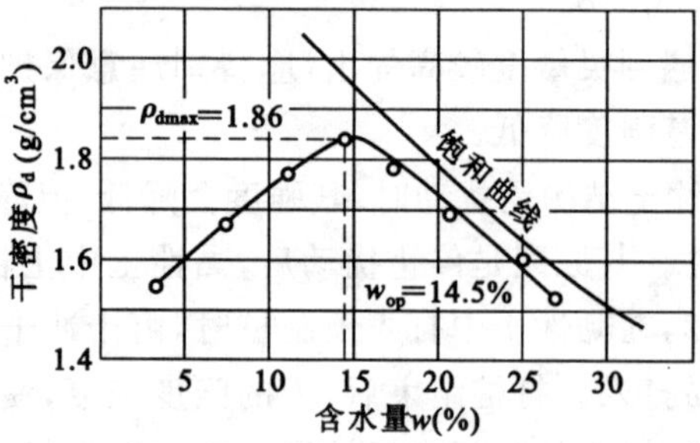

图2.20 黏性土含水量 w 和干密度 ρ_d 关系曲线

(2) 击实曲线与饱和曲线

在图2.20所示的击实曲线上，峰值干密度对应的含水量称为最优含水量 w_{op}，它表示在这一含水量下，以这种击实方法能够获得的最大干密度 ρ_{dmax}。由于对同一种土而言，干密度愈大，孔隙比就愈小，所以最大干密度相应于试验所达到的最小孔隙比。在某一含水量下，将土压到最密时，理论上就是将土中所有的气体都从孔隙中赶走，使土达到饱和。因此，将不同含水量所对应的土体达到饱和状态时的干密度关系曲线也绘于图2.20中，得到理论上所能达到的最大压实曲线，即饱和度为 $S_r=100\%$ 的压实曲线，也称饱和曲线。

按照饱和曲线，当含水量很大时，干密度很小。因为这时土体中很大的一部分体积都是水。若含水量很小，则饱和曲线上的干密度很大。当 $w=0$ 时，饱和曲线的干容重应等于土颗粒的相对密度。这显然是一种理想状态，除了变质岩石外，碎散的土的击实试验是无法完成的。

由图2.20可以看出，实验的击实曲线在峰值以右逐渐接近于饱和曲线，并且与它大致平行。在峰值以左，则两曲线差别较大，而且随着含水量减小，差值迅速增加。土的最优含水量的大小随土的性质而异，试验表明 w_{op} 约在土的塑限 w_p 附近。

2.6.1.2 影响黏性土压实性的因素

(1) 含水量的影响　击实曲线本身已直接说明了含水量对压实性质的影响。当含水量很小时，颗粒表面的水膜很薄，要使颗粒相互移动需要克服较大阻力，因而需要消耗很大的能量，这种阻力可能来源于毛细作用或者结合水的抗剪强度。随着含水量增加，水膜加厚，粒间阻力减小，颗粒容易移动。但是，当含水量超过最优含水量 w_{op} 以后，水膜继续增厚所引起的润滑作用已不明显，这时，土中剩余空气已经不多，并且处于与大气隔绝的封闭状态，封闭气体很难全部被消散，因此击实曲线不可能达到饱和曲线，即击实土不会达到完全饱和状态。实际工程中，由于黏性土的渗透性小，在击实或碾压的过程中，土中水来不及渗出，压实过程可以认为含水量保持不变，因此必然得到含水量愈高而压实干密度愈小的结果。

(2) 颗粒级配的影响　研究表明，通常级配良好的土，其最大的干密度大，而最优含水量低，这是因为级配良好的土有足够的细颗粒填充土中孔隙的缘故。

(3) 压(击)实功能的影响　压实功能是指压实每单位体积土所消耗的能量。击实试验中压实功能用 N_r 表示。

同一种土，用不同的功能击实，得到的击实曲线如图 2.21 所示。曲线表明，压实功能越大，得到的最优含水量越小，相应的最大干密度越大。所以，对于同一种土，最优含水量和最大干密度并不是恒定值，而是随着压实功能而变化的。从图中看出当含水量超过最优含水量以后，压实功能的影响随含水量的增加而逐渐减弱，击实曲线均靠近于饱和曲线。

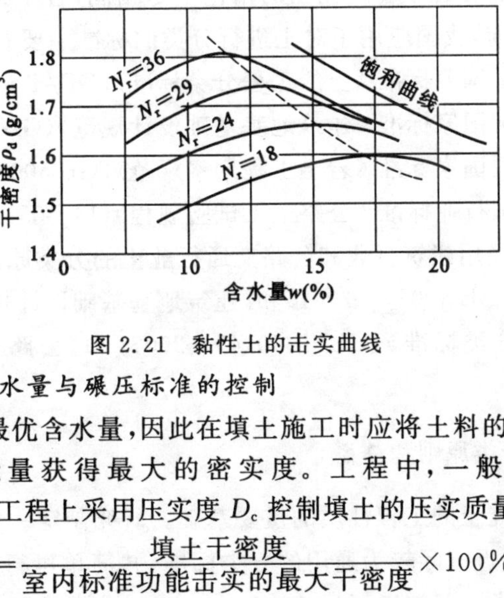

图 2.21 黏性土的击实曲线

2.6.1.3 黏性填土含水量与碾压标准的控制

由于黏性填土存在着最优含水量，因此在填土施工时应将土料的含水量控制在最优含水量左右，以期用较小的能量获得最大的密实度。工程中，一般选用的含水量控制在 $w_{op}\pm(2\sim3)\%$ 范围。通常工程上采用压实度 D_c 控制填土的压实质量。压实度的定义是：

$$D_c=\frac{\text{填土干密度}}{\text{室内标准功能击实的最大干密度}}\times100\% \tag{2.30}$$

我国土坝设计规范规定，Ⅰ、Ⅱ级土石坝，填土的压实度应达到 95%～98%，Ⅲ至Ⅴ级土石坝，压实度应为 92%～95%。《公路路基设计规范》(JTG D30—2004)规定对于填土地基，高速公路、一级公路压实度应不低于 96%，二级公路压实度应不低于 95%，三、四级公路压实度应不低于 94%。

2.6.2 无黏性土的压实性

试验表明，无黏性土如砂和砂砾等的压实性也与含水量有关，通常在完全干燥或者充分洒水饱和情况下容易压实到较大的干密度。潮湿状态，由于毛细压力增加了粒间的阻力，压实干密度显著降低。粗砂在含水量 4%～5%、中砂在含水量为 7%左右时，压实干密度最小，如图 2.22所示。所以，在压实砂砾时应充分洒水使土料饱和。

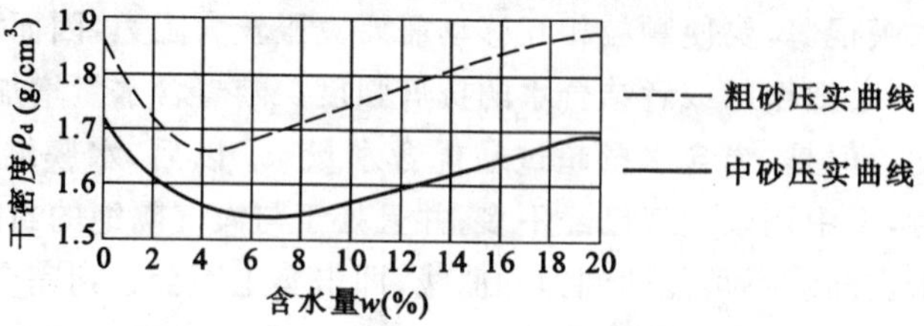

图 2.22　无黏性土的压实曲线

2.7　土的工程分类

自然界中土的种类很多，工程性质各异。为了便于研究和交流比较，需要对其进行分类，一般的，粗粒土按其粒径大小和颗粒级配划分，而黏性土则按其液塑限等主要特性指标进行分类。这是因为，粗粒土的性质主要取决于土的颗粒粒径大小及其级配情况，而细粒土的性质主要取决于土颗粒和水相互作用时的性态。需要指出的是土中有机质的含量对土的工程性质也有一定的影响。

由于土这种工程材料在各个行业充当的角色不尽相同，各个行业根据本行业的特点建立了各自的分类标准。目前，我国应用于对土进行分类的标准主要有以下几种：

(1) 中华人民共和国国家标准《土的工程分类标准》(GB/T 50145—2007)；

(2) 中华人民共和国国家标准《建筑地基基础设计规范》(GB 50007—2002)；

(3) 中华人民共和国国家标准《岩土工程勘察规范》(GB 50021—2001)；

(4) 中华人民共和国行业标准《公路土工试验规程》(JTJ 051—1993)。

本节将介绍工业与民用建筑行业和公路交通行业土的分类原则和基本方法。前者主要依据《岩土工程勘察规范》(GB 50021—2001)和《建筑地基基础设计规范》(GB 50007—2002)；后者主要依据《土的工程分类标准》(GB/T 50145—2007)和《公路土工试验规程》(JTJ 051—1993)。

2.7.1　土的工程分类原则和体系

土的工程分类是研究土的工程性质的重要基础。研究制定一个既反映我国土质条件和多年建设经验，又尽可能接近国际较为通用的分类标准，并简单可行的土的工程分类，是十分重要的。进行土的工程分类一般有以下目的：

(1) 根据土类，可以大致判断土的基本工程特性，并可结合其他条件评价地基土的承载力、渗透性、抗渗流与抗冲刷稳定性，在振动作用下的可液化性以及作为建筑材料的适宜性等；

(2) 根据土类，可以合理确定不同土的研究内容与方法；

(3) 当土的性质不能满足工程要求时，也需根据土类(结合工程特点)选择相应的改良与处理方法。

因此，土的工程分类应遵循以下原则：

(1) 工程特性差异性的原则。即分类应综合考虑土的强度与变形特性等各种主要工程特性,用影响土的工程特性的主要因素作为分类的依据,从而使所划分的不同土类之间,在其各主要的工程特性方面有较为显著的差别。比如粗粒土的性质主要取决于土的颗粒粒径大小及其级配情况,而细粒土的性质主要取决于土颗粒和水相互作用时的性态。

(2) 以成因、地质年代为基础的原则。因为土是地质历史的产物,土的工程性质受土的成因(包括形成环境)和形成年代影响。在一定的形成条件,并经过某些变化过程的土,必然有与之相适应的物质成分、土体结构以及一定的空间分布规律和土层组合,因而决定了土的工程特性;形成年代不同,则使土的固结状态和结构强度有显著的差异。

(3) 分类指标便于测定的原则。即采用的分类指标,既要综合反映土的基本工程特性,又要测定方法简便。如果分类指标的测定比直接测定土的工程性质参数还要繁琐,这个分类方法和分类指标就失去了其本身的意义。

土的上述工程分类标准,概括起来可归纳为两个体系:

(1) 建筑工程系统的分类体系　侧重于把土作为建筑地基和环境,故以原状土为基本对象。因此,对土的分类除考虑土的组成外,很注重土的天然结构性,即土的粒间连结性质和强度。例如我国国家标准《建筑地基基础设计规范》(GB 50007—2002)和《岩土工程勘察规范》(GB 50021—2001)的分类,另外,原苏联建筑法规(СНИП-15-74)的分类、美国国家公路协会(AASHO)分类以及英国基础试验规程(CP 2004,1972)分类等都属于这种分类体系。

(2) 材料系统的分类体系　侧重于把土作为建筑材料,用于路堤、土坝和填土地基等工程,故以扰动土为基本对象,对土的分类以土的组成为主,不考虑土的天然结构性。例如我国国家标准《土的工程分类标准》(GB/T 50145—2007)、公路行业标准《公路土工试验规程》(JTJ 051—1993)和美国材料协会的土质统一分类法(ASTM,1969)等都属于这种分类体系。

2.7.2　土的工程分类方法

2.7.2.1　*《建筑地基基础设计规范》和《岩土工程勘察规范》的分类*

该分类体系源于原苏联天然地基设计规范,结合我国土质条件和 40 多年实践经验,经改进补充而成。其主要特点是,在考虑划分标准时,注重土的天然结构连结的性质和强度与土的主要工程特性(变形和强度特征)之间的紧密联系。因此,首先考虑了按堆积年代和地质成因的划分,同时将某些特殊形成条件和特殊工程性质的区域性特殊土与普通土区别开来。在以上基础上,总体上再按颗粒级配或塑性指数分为碎石土、砂土、粉土和黏性土四大类,并结合堆积年代、成因和某种特殊性质综合定名。

这种分类方法简单明确,科学性和实用性强,多年来已被我国各工程界所熟悉和广泛应用。其划分原则与标准分述如下:

(1) 按堆积年代划分

① 老堆积土:第四纪晚更新世 Q_3 及其以前堆积的土层,一般呈超固结状态,具有较高的结构强度。

② 一般堆积土:第四纪全新世(文化期以前 Q_4)堆积的土层。

③ 新近堆积土:文化期以来新近堆积的土层 Q_4,一般呈欠压密状态,结构强度较低。

(2) 按地质成因划分

土按地质成因可分为残积土、坡积土、洪积土、冲积土、风积土、淤积土和冰积土等。

(3) 按有机质含量划分

可按表 2.10 分为无机土、有机质土、泥炭质土和泥炭。

表 2.10　土按有机质含量分类

分类名称	有机质含量 W_u(%)	现场鉴别特征	说　明
无机土	$W_u<5\%$	—	—
有机质土	$5\%\leqslant W_u\leqslant 10\%$	灰、黑色，有光泽，味臭，除腐殖质外尚含少量未完全分解的动植物体，浸水后水面出现气泡，干燥体积收缩	① 如现场能鉴别有机质土或有地区经验时，可不做有机质含量测定； ② 当 $w>w_L$、$1.0\leqslant e<1.5$ 时称淤泥质土； ③ 当 $w>w_L$、$e\geqslant 1.5$ 时称淤泥
泥炭质土	$10\%<W_u\leqslant 60\%$	深灰或黑色，有腥臭味，能看到未完全分解的植物结构，浸水体胀，易崩解，有植物残渣浮于水中，干缩现象明显	根据地区特点和需要可按 W_u 细分为： 弱泥炭质土($10\%<W_u\leqslant 25\%$)； 中泥炭质土($25\%<W_u\leqslant 40\%$)； 强泥炭质土($40\%<W_u\leqslant 60\%$)
泥炭	$W_u>60\%$	除有泥炭质土特征外，结构松散，土质很轻，暗无光泽，干缩现象极为明显	—

(4) 按颗粒大小、颗粒级配和塑性指数划分

① 碎石土：粒径大于 2 mm 的颗粒含量超过全重 50%的土。根据颗粒级配和颗粒形状，并按表 2.11 分为漂石、块石、卵石、碎石、圆砾和角砾。

表 2.11　碎石土分类

土的名称	颗粒形状	颗粒级配
漂石	圆形及亚圆形为主	粒径大于 200 mm 的颗粒超过全重的 50%
块石	菱角形为主	
卵石	圆形及亚圆形为主	粒径大于 20 mm 的颗粒超过全重的 50%
碎石	菱角形为主	
圆砾	圆形及亚圆形为主	粒径大于 2 mm 的颗粒超过全重的 50%
角砾	菱角形为主	

② 砂土：粒径大于 2 mm 的颗粒含量不超过全重 50%，且粒径大于 0.075 mm 的颗粒含量超过全重 50%的土。根据颗粒级配，并按表 2.12 分为砾砂、粗砂、中砂、细砂和粉砂。

表 2.12　砂土的分类

土的名称	颗 粒 级 配
砾砂	粒径大于 2 mm 的颗粒占全重的 25%～50%
粗砂	粒径大于 0.5 mm 的颗粒超过全重的 50%
中砂	粒径大于 0.25 mm 的颗粒超过全重的 50%
细砂	粒径大于 0.75 mm 的颗粒超过全重的 85%
粉砂	粒径大于 0.075 mm 的颗粒超过全重的 50%

③ 粉土：粒径大于 0.075 mm 的颗粒不超过全重的 50%，且塑性指数小于或等于 10 的土。根据颗粒级配(黏粒含量)按表 2.13 分为砂质粉土和黏质粉土。

④ 黏性土：塑性指数大于 10 的土。根据塑性指数 I_p 按表 2.14 分为粉质黏土和黏土。

表 2.13　粉土分类

土的名称	颗粒级配
砂质粉土	粒径小于 0.005 mm 的颗粒含量不超过全重 10%
黏质粉土	粒径小于 0.005 mm 的颗粒含量超过全重 10%

表 2.14　黏性土分类

土的名称	塑性指数
粉质黏土	$10<I_p\leqslant 17$
黏土	$I_p>17$

⑤ 具有一定分布区域或工程意义上具有特殊成分、状态和结构特征的土称为特殊性土，规范分为湿陷性土、红黏土、软土(包括淤泥和淤泥质土)、混合土、填土、多年冻土、膨胀土、盐渍土、污染土。其中在我国分布较广的特殊性土的工程特性可参阅相关书籍。

2.7.2.2　《土的工程分类标准》(GB/T 50145—2007)和《公路土工试验规程》(JTJ 051—1993)的分类

该分类体系源于美国卡萨格兰特(A. Casagrande，1948)的分类，之后流行于欧美一些国家的材料工程系统。从 20 世纪七八十年代开始我国学者结合国内实际应用情况对其进行了大量研究，制定了我国国家标准《土的分类标准》(GBJ 145—90)，之后结合工程实际又对其进行了修订，形成《土的工程分类标准》(GB/T 50145—2007)。《公路土工试验规程》(JTJ 051—1993)的分类方法很大程度上参考了上述国家标准并结合公路行业实际制定完成。其主要特点是首先将土粒划分为巨粒类土、粗粒类土和细粒类土三大类。粗粒类土分为砾类土和砂类土，其下再根据细粒含量和级配好坏细分；细粒类土则根据其在塑性图上的位置细分。此外，根据我国的实际情况，《土的工程分类标准》(GB/T 50145—2007)还对一些特殊土的分类作了规定。

《土的工程分类标准》(GB/T 50145—2007)对非特殊土的分类规定如下：

(1) 巨粒类土、砾类土和砂类土按粒组含量、级配指标(不均匀系数 C_u、曲率系数 C_c 和所含细粒的塑性高低)划分，见表 2.15、表 2.16、表 2.17 所示。

(2) 试样中细粒组含量不小于 50%的土为细粒类土。细粒类土应按以下规定划分：

①粗粒含量不大于 25%的土称细粒土。

② 粗粒含量大于 25%且不大于 50%的土称含粗粒的细粒土。

③ 有机物含量小于 10%且不小于 5%的土称有机质土。

其中，细粒土的分类应符合表 2.18 和图 2.23 的规定。

表 2.15　巨粒类土的分类

土类	粒组含量		土代号	土名称
巨粒土	巨粒($d>60$ mm)>75%	漂石含量大于卵石含量	B	漂石
		漂石含量不大于卵石含量	Cb	卵石
混合巨粒土	50%<巨粒含量<75%	漂石含量大于卵石含量	BSl	混合土漂石
		漂石含量不大于卵石含量	CbSl	混合土卵石
巨粒混合土	15%<巨粒含量<50%	漂石含量大于卵石含量	SlB	漂石混合土
		漂石含量不大于卵石含量	SlCb	卵石混合土

注：巨粒混合土可根据所含粗粒或细粒的含量进行细分。

表 2.16　砾类土的分类

土类	粒组含量		土代号	土名称
砾	细粒含量<5%	级配 $C_u \geqslant 5$，$C_c=1\sim3$	GW	级配良好砾
		级配不同时满足上述要求	GP	级配不良砾
含细粒土砾	5%≤细粒含量<15%		GF	含细粒土砾
细粒土质砾	15%≤细粒含量<50%	细粒组中粉粒含量不大于 50%	GC	黏土质砾
		细粒组中粉粒含量大于 50%	GM	粉土质砾

注：细粒粒组包括粉粒（0.005 mm<d≤0.075 mm）和黏粒（d≤0.005 mm）。

表 2.17　砂类土的分类（砾粒组≤50%）

土类	粒组含量		土代号	土名称
砂	细粒含量<5%	级配 $C_u \geqslant 5$，$1 \leqslant C_c \leqslant 3$	SW	级配良好砂
		级配不同时满足上述要求	SP	级配不良砂
含细粒土砂	5%≤细粒含量<15%		SF	含细粒土砂
细粒土质砂	15%≤细粒含量<50%	细粒为黏土	SC	黏土质砂
		细粒为粉土	SM	粉土质砂

表 2.18　细粒土的分类

土的塑性指标在塑性图中的位置		土代号	土名称
$I_p \geqslant 0.73(w_L-20)$ 和 $I_p \geqslant 7$	$w_L \geqslant 50$	CH	高液限黏土
	$w_L < 50$	CL	低液限黏土
$I_p < 0.73(w_L-20)$ 和 $I_p < 4$	$w_L \geqslant 50$	MH	高液限粉土
	$w_L < 50$	ML	低液限粉土

注：黏土至粉土过渡区（CL—ML）的土可按相邻土层的类别划分。

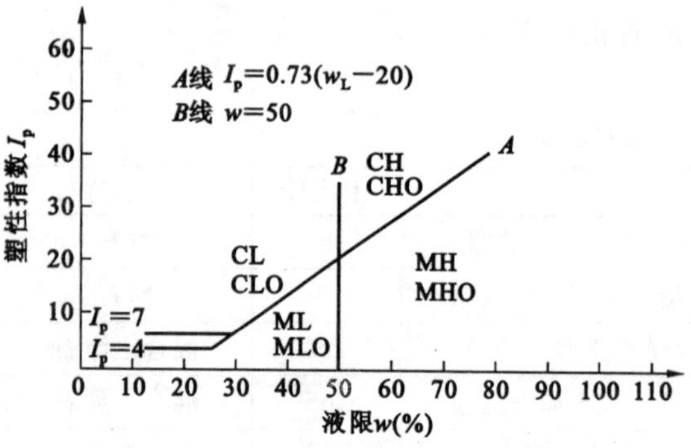

图 2.23　塑性图

对含粗粒的细粒土应根据所含细粒土的塑性指标在塑性图中的位置及所含粗粒类型，按以下规定划分：

① 粗粒中砾粒大于砂粒含量，称为含砾细粒土，应在细粒土代号后加代号 G；

②粗粒中砾粒不大于砂粒含量，称为含砂细粒土，应在细粒土代号后加代号 S；

③对有机质土，应在各相应土类代号之后加代号 O。

一般的，工程上作如下约定：当土的含量或指标等于界限值时，可根据使用目的按偏于安全的原则分类。

总结起来，《土的工程分类标准》(GB/T 50145—2007)对土的分类可表示为表 2.19。

表 2.19　土的分类

<table>
<tr><td rowspan="6">巨粒类土
巨粒组含量
>15%</td><td colspan="2" rowspan="2">巨粒含量>75%</td><td>漂石 B
漂石含量>卵石含量</td></tr>
<tr><td>卵石 Cb
漂石含量≤卵石含量</td></tr>
<tr><td colspan="2" rowspan="2">50%<巨粒含量≤75%</td><td>混合土漂石 BSl
漂石含量>卵石含量</td></tr>
<tr><td>混合土卵石 CbSl
漂石含量≤卵石含量</td></tr>
<tr><td colspan="2" rowspan="2">15%<巨粒含量≤50%</td><td>漂石混合土 SlB
漂石含量>卵石含量</td></tr>
<tr><td>卵石混合土 SlCb
漂石含量≤卵石含量</td></tr>
<tr><td rowspan="6">粗粒类土
粗粒组含量
>50%</td><td colspan="2" rowspan="3">砾
砾粒组含量>砂粒组含量</td><td>砾 G
细粒含量<5%</td></tr>
<tr><td>含细粒土砾
5%≤细粒含量<15%</td></tr>
<tr><td>细粒土质砾 GF
15%≤细粒含量<50%</td></tr>
<tr><td colspan="2" rowspan="3">砂
砂粒组含量>砾粒组含量</td><td>砂 S
细粒含量<5%</td></tr>
<tr><td>含细粒土砂 SF
5%≤细粒含量<15%</td></tr>
<tr><td>细粒土质砾 SC、SM
15%≤细粒含量<50%</td></tr>
<tr><td rowspan="9">细粒类土
细粒组含量
≥50%</td><td rowspan="7">细粒土
粗粒组含量≤25%</td><td rowspan="2">黏土
$I_p \geqslant 0.73(w_L-20)$ 和 $I_p \geqslant 7$</td><td>高液限黏土 CH
$w_L \geqslant 50\%$</td></tr>
<tr><td>低液限黏土 CL
$w_L < 50\%$</td></tr>
<tr><td rowspan="2">粉土
$I_p < 0.73(w_L-20)$ 和 $I_p < 7$</td><td>高液限粉土 MH
$w_L \geqslant 50\%$</td></tr>
<tr><td>低液限粉土 ML
$w_L < 50\%$</td></tr>
<tr><td>黏土或粉土
A 线以上和 $4 \leqslant I_p < 7$</td><td>黏土或粉土
CL—ML,ML—CL</td></tr>
<tr><td>有机质土
5%≤有机质含量 O_m<10%</td><td>有机质土
CHO,CLO,MHO,MLO</td></tr>
<tr><td colspan="2">有机质土
有机质含量 O_m≥10%</td></tr>
<tr><td rowspan="2">含粗粒细粒土
25%<粗粒组含量≤50%</td><td>含砾细粒土
砾粒组含量>砂粒组含量</td><td>含砾细粒土
CHG,CLG,MHG,MLG</td></tr>
<tr><td>含砂细粒土
砾粒组含量≤砂粒组含量</td><td>含砂细粒土
CHS,CLS,MHS,MLS</td></tr>
</table>

思考题与习题

2.1　某原状土样经试验测得体积 $V=100\ cm^3$，湿土的质量 $m=0.186\ kg$，烘干后的质量 $m_s=0.147\ kg$。土粒的相对密度为 2.7，试求该土的 w、γ、ρ、γ_d、e、S_r、γ'、γ_{sat}。

2.2　某住宅地基勘察中，由一个原状土试验测得：土的天然容重 $\gamma=18\ kN/m^3$，土粒相对密度 $G_s=2.7$，土的天然含水量 $w=18\%$，求其余六个指标：e、n、S_r、γ_d、γ_{sat}、γ'。

2.3　某砂土试样的天然含水量 $w=9.43\%$，天然容重 $\gamma=16.6\ kN/m^3$，相对密度为 2.70。把它放入容积为 1000 cm^3 的容器内击实后砂的质量为 1620 g，松散时砂的质量为 1450 g。试判断此砂土在天然状态时的相对密实度。

2.4　一体积为 100 cm^3 的原状土样，湿土质量为 0.18 kg，干土质量为 0.136 kg，土粒的相对密度 $G_s=2.69$，土样的液限 $w_L=37\%$，塑限 $w_p=22\%$，试求：

(1) 土样的塑性指数 I_p、液性指数 I_L，并确定该土的名称和状态。

(2) 若将土样压密，使其干密度 $\rho_d=1.61\ t/m^3$，此时土样的孔隙比减小多少？

3 土的渗透性及渗流

学习要点

土的渗透性是反映土的孔隙性规律的基本内容之一，其与土的强度、变形特性一起成为土力学的重要课题。

(1) 理解水头、压头、位头、水力坡降等概念；

(2) 理解并掌握土的渗透定律，了解渗透性指标的测定方法及影响因素；

(3) 熟悉成层土的渗透系数的计算；

(4) 掌握土的渗透力与渗透破坏的应用；

(5) 掌握有效应力原理及其应用。

重点和难点

(1) 土的渗透定律及其适用条件；

(2) 有效应力原理的应用；

(3) 土的渗透力及渗透破坏。

3.1 概　　述

土是由许多单个的土颗粒与充填在土颗粒之间的孔隙中的气和水所组成。土颗粒之间的孔隙在空间相互连通。当饱和土体中任意两点的孔隙水之间存在能量差时，水就会在孔隙中沿能量高的点向能量低的点流动。水在孔隙中流动的现象称为渗流，土具有被水等液体透过的性质称为土的渗透性。

在土木工程领域内，许多工程实践都与土中水的运动有关，如基坑开挖时的涌水量计算、堤坝地基的稳定性、对流砂等不良地质现象的防治等。以上问题可以通过研究水的渗透性得以解决。土中水的渗流对土的工程问题有很大影响，土的应力、变形、强度及稳定都与土中水的运动和渗流有关。

常见的渗流现象如图 3.1 所示。

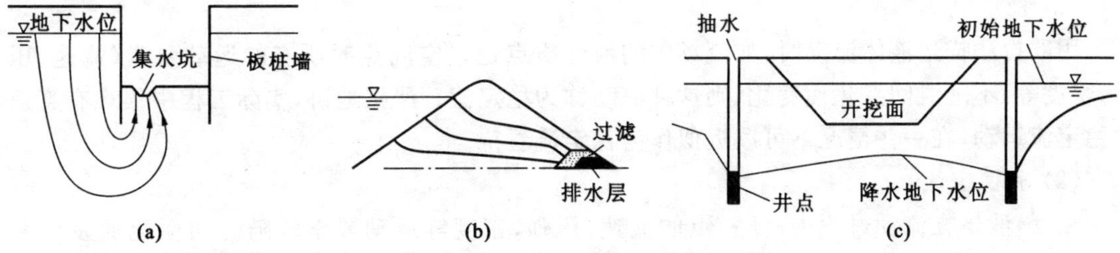

图 3.1　常见的渗流现象

(a) 围堰周围的渗流；(b) 坝体中的渗流；(c) 降水工程中的渗流

3.2 地下水运动的基本形式

描述液体运动的方法有拉格朗日法(Lagrange)和欧拉法(Euler),它们分别从不同的角度描述液体流动。拉格朗日法是以每个液体质点为研究对象,观察其运动轨迹、速度等运动状况,综合所有质点的运动,就可得到液体整体流动情况,这种方法也称为质点系法。拉格朗日法是通过跟踪每个质点的运动研究整体流动,物理概念清晰,简明易懂。但要描述液体流动中每个质点的运动,在数学上难以做到。在实际工程中通常更需了解液体质点在通过空间固定点时的运动情况。欧拉法是考察液体不同质点通过流场固定点时运动要素的变化规律,把质点通过各空间点的运动综合起来反映液体在流场的全部运动,因此,欧拉法称为流场法。

根据研究水体流动的不同方法,可以将地下水运动的方式按照流线形态(即欧拉法)和迹线形态(即拉格朗日法)两种方法进行分类。

3.2.1 按地下水的流线形态分类

所谓流线,就是指在某一时间点时,由流场中各质点的速度向量绘制的一条曲线。显然,流线是一个以时间变化的概念,它表示液体在流场内的瞬时运动情况,是欧拉法引出的概念。实际液体由于存在黏滞性而具有两种流动形态。

(1) 层流

层流是流体的一种流动状态,在水的流动过程中,水中质点形成的流线互相平行,各不相交,其质点沿着某一方向作平滑直线运动,这种流动称为层流或滞流,亦称为直线流动。水在圆管中流动时,流体的流速在管中心处最大,而近壁处最小。

(2) 紊流

相对"层流"而言,紊流是指流体从一种稳定状态向另一种稳定状态变化过程中的一种无序状态。此时液体质点作不规则运动,互相混掺,轨迹曲折混乱,流体流动时各质点间的惯性力占主要地位。

3.2.2 按迹线形态分类

用拉格朗日法研究液体运动可引出迹线的概念。把其一质点在连续的时间过程内所占据的空间位置连成线,就是迹线。迹线就是液体质点运动的轨迹。必须注意流线和迹线概念的区别:迹线是同一质点不同时刻位置连成的曲线;而流线则是同一时刻不同质点所组成的曲线,它给出该时刻不同流体质点的运动方向。

(1) 稳定流

用欧拉法描述液体流动时,如流场中的液体质点通过空间点时所有的运动要素(流速、压强、密度等)不随时间变化而变化,则这种流动称为稳定流。严格地讲,实际工程中很难有真正的稳定流运动,在一些情况下可以近似作为稳定流看待。

(2) 非稳定流

相反,液体在流动过程中,任一点的流速、压强、密度等运动要素均随时间变化而发生变化,则称这种流动为非稳定流。地下水的运动,在大多数情况下属于非稳定流运动。

水在土中流动时,由于土的孔隙很小,渗流过程中黏滞阻力很大,所以在多数情况下,水在土中的流动速度十分缓慢，属于层流范围。

3.3 土的渗透性与达西定律

3.3.1 水头及水力坡降

在研究水体流动时，常用水头的概念来研究水体流动中的能量。水头就是指单位水体所具有的能量。按照伯努利(D. Bernouli)能量方程，液体中一点的总水头 h，可用位置水头 z，压力水头 u/γ_w 和流速水头 $v^2/2g$ 之和表示，即：

$$h=z+\frac{u}{\gamma_w}+\frac{v^2}{2g} \tag{3.1}$$

将伯努利方程应用于研究土中水沿贯通的孔隙流动时，需要考虑流速水头 $v^2/2g$，但由于水在土中渗流时阻力较大，土中水的渗流流速一般较小，因而流速水头 $v^2/2g$ 也较小，对总水头 h 的计算影响较小，故通常将流速水头 $v^2/2g$ 忽略不计（例如，当土中水体流速为较大的 0.6 m/min时，流速水头仅为 0.000006 m，比通常量测的压头和水头小很多）。因此，一般将土中的渗流任一点的总水头简化为：

$$h=z+\frac{u}{\gamma_w} \tag{3.2}$$

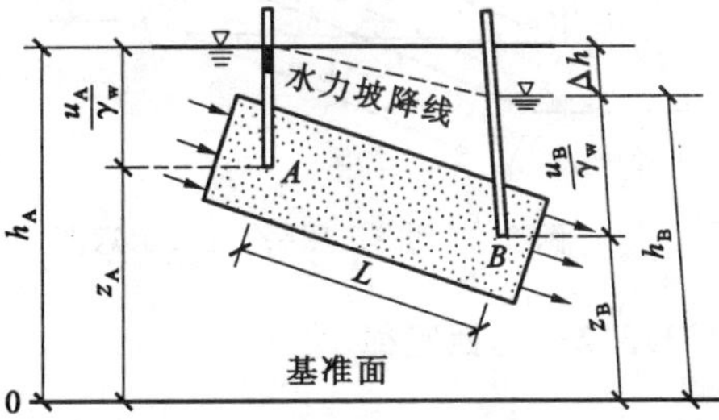

图 3.2 渗流中的位置水头、压力水头和总水头

土中水在经过 A、B 两点时，各种水头的相互关系如图 3.2 所示，此时，A、B 两点的总水头可表示为：

$$h_A=z_A+\frac{u_A}{\gamma_w} \tag{3.3}$$

$$h_B=z_B+\frac{u_B}{\gamma_w} \tag{3.4}$$

式中 z_A、z_B——A、B 两点相对于任意基准面的高度，代表单位水体所具有的位能，为位置水头；

u_A、u_B——A、B 两点的水压力，在土力学中称为孔隙水压力，表示单位水体所具有的压力势能；

u_A/γ_w、u_B/γ_w——A、B 两点孔隙水压力的高度，称为压力水头。

通常将位置水头和压力水头之和称为测压管水头。如图 3.2 所示，若将两根测压管分别安装在 A、B 两点时，测压管中的水面将会分别上升至(z_A+u_A/γ_w)和(z_B+u_B/γ_w)的高度。因此，在忽略渗流水头后，土中任一点的总水头实际上是以测压管水头代替的。

将 A、B 两点的测压管水头连接起来，可以得到测压管水头线。由于水在土体的流动过程中存在能量损失，表现在测压管水头上就是 A、B 两点的测压管水头差 Δh。如果将 A、B 两点的测压管水头差与 A、B 两点的长度 L 相比，则可以得到 A、B 两点间的水力坡降 i，即：

$$i=\frac{\Delta h}{L} \tag{3.5}$$

从式(3.5)可知，水力坡降指的是单位渗流长度的水头损失。

值得注意的是，饱和土体中任意两点发生渗流仅取决于两点的总水头差 Δh，与两点所处位置的高低无关，不是位置高的点的总水头一定大于位置低的点的总水头，如图 3.3 所示。

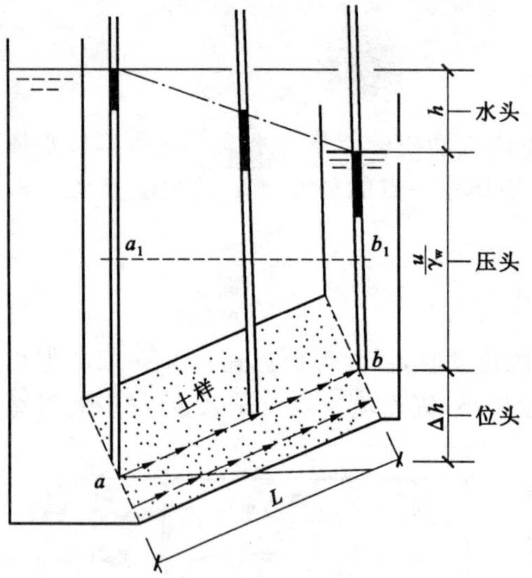

图 3.3　水头、压头、位头示意图

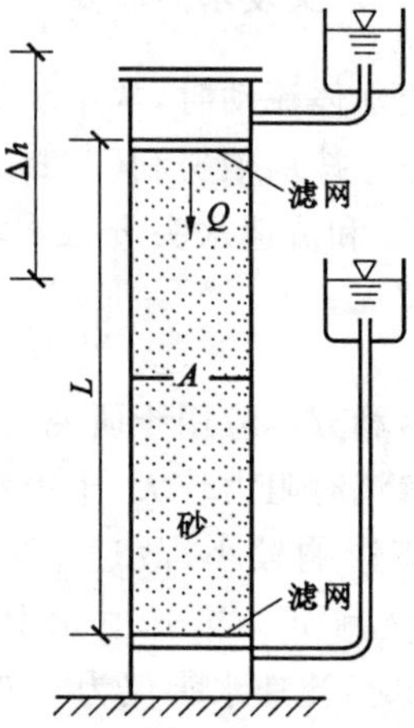

图 3.4　达西渗流试验

3.3.2　达西定律

1852 年到 1855 年期间，法国工程师达西(H. Darcy)为了研究水在砂土中的流动规律，进行了大量的渗流试验，得出了在层流条件下土中水渗透速度和水头损失之间关系的渗流规律，即达西定律。如图 3.4 所示，试验筒中部装满砂土，砂土试样长度为 L，截面积为 A，从试验筒顶部右端注水，使水位保持稳定，砂土试样两端各装一支测压管，测得前后两支测压管水位差为 Δh，试验筒右端底部留一个排水口排水。试验结果表明：在一定的时间段内，水从砂土中流过的渗流量 Q 与过水断面 A 和土体两端测压管中的水位差 Δh 成正比，与土体在测压管间的距离 L 成反比。则达西定律可表示为：

$$q=\frac{Q}{t}=k\,\frac{\Delta hA}{L}=kAi \tag{3.6}$$

$$v=\frac{q}{A}=ki \tag{3.7}$$

式中　q——单位时间渗流量(cm^3/s)；

v——过水断面平均渗透速度(cm/s)；

k——渗透系数(cm/s)，其物理意义表示单位水力坡降时的渗透速度。

式(3.6)或式(3.7)称为达西定律(Darcy's law)，是土力学的基石之一。值得注意的是，式(3.7)中的渗透速度 v 并不是土孔隙中水的实际平均流速，而是一种假想的平均流速，因为它假定水在土中的渗透是通过整个土体截面进行的，其中包括了土颗粒骨架所占的部分面积在内，故真实的过水断面面积应该小于整个断面面积，从而实际平均流速应该大于假想平均流速。由于土体中的孔隙形状和大小均十分复杂，要想真正确定某一具体位置的真实流速，无论理论分析还是实验方法都是很难做到的。下面所讲述的渗透速度均是指的式(3.7)中所指的这种假设平均流速。

3.3.3 达西定律的适用范围

研究表明，达西定律所表示渗透速度与水力坡降成正比关系是在特定的水力条件下的试验结果。随着渗透速度的增加，这种线性关系不再存在，因此达西定律应该有一个适用界限。试验资料表明，对于密实的黏土，只有当水力坡降达到某一数值、克服了吸附水的黏滞阻力以后，渗透才能发生，如图 3.5(a)所示。将这一开始发生渗透时的水力坡降称为黏性土的起始水力坡降 i_b，当水力坡降超过起始水力坡降后，渗透速度和水力坡降的规律还会偏离达西定律而呈非线性关系，如图 3.5(b)所示。为了实用方便，常用图 3.5(b)中的虚直线来描述黏性土的渗透速度与水力坡降的关系，即：

$$v=k(i-i_b) \tag{3.8}$$

式中 i_b——密实黏性土的起始水力坡降。

另外，试验也表明，在砾类土和巨粒土中，只有在小的水力坡降时，渗透速度与水力坡降才呈线性关系，而在较大的水力坡降下，水在土中的流动进入紊流状态，渗透速度与水力坡降呈非线性关系，此时达西定律不能适用，如图 3.5(c)所示。

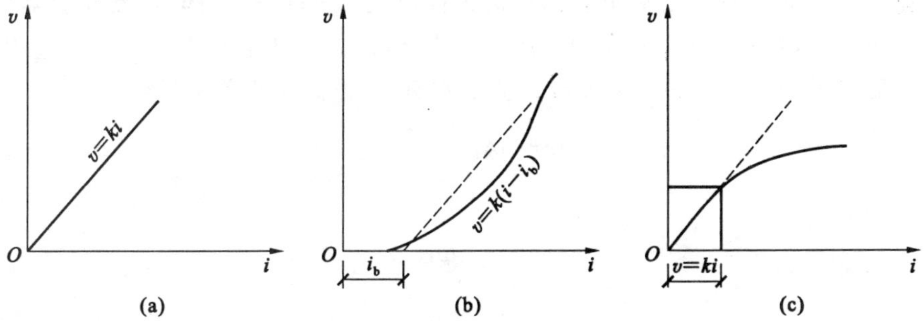

图 3.5 土的渗透速度和水力坡降的关系

实际上，水在土中的渗流服从达西定律存在一个界限问题。首先，讨论达西定律的上限值，如水在粗颗粒土中渗流时，随着渗透速度的增加，水在土中的运动状态可以分为层流、层流向紊流过渡、紊流三种状态。第一种情况(层流)时，达西定律是适用的，此时的雷诺数在1～10之间，此为达西定律适用的上限值。后边两种情况达西定律都将不适用。其次，在黏性土中，发生渗流的起始水力坡降即达西定律适用的下限值。

3.4 渗透系数及其测定

渗透系数是一个代表土的渗透性强弱的定量指标，也是渗流计算时所必须用到的一个基本参数。对于不同的土，渗透系数差别很大，如表 3.1 所示。因此，准确地测定土的渗透系数是一项十分重要的工作。

表 3.1　土的渗透系数

土类	k(cm/s)	土类	k(cm/s)
黏土	$<1.2\times10^{-6}$	中砂	$6.0\times10^{-3}\sim2.4\times10^{-2}$
粉质黏土	$1.2\times10^{-6}\sim6.0\times10^{-5}$	粗砂	$2.4\times10^{-2}\sim6.0\times10^{-2}$
粉土	$6.0\times10^{-5}\sim6.0\times10^{-4}$	砾砂、砾石	$6.0\times10^{-2}\sim1.8\times10^{-1}$
粉砂	$6.0\times10^{-4}\sim1.2\times10^{-3}$	卵石	$1.2\times10^{-1}\sim6.0\times10^{-1}$
细砂	$1.2\times10^{-3}\sim6.0\times10^{-3}$	漂石	$6.0\times10^{-1}\sim1.2\times10^{0}$

3.4.1　渗透系数的室内测定

室内测定土的渗透系数的仪器和方法较多，但从试验原理上大体可以分为常水头法和变水头法两种。常水头法一般用于渗透性较强的无黏性土，变水头法一般用于渗透性较弱的黏性土。

(1) 常水头试验法

常水头试验法就是在试验过程中保持水头为一常数，从而水头差也是常数。如图 3.6 所示，试验时，在截面面积为 A 的圆形容器中装入高度为 L 的饱和试样，不断向容器中加水，使其水位保持不变，水在水头差 Δh 作用下产生渗流，流过试样从桶底排出。试验过程中保持水头差 Δh 不变，测得在一定时间 t 内流经试验的水量 Q，根据达西定律可知：

$$Q=vAt=k\frac{\Delta h}{L}At$$

或

$$k=\frac{QL}{\Delta hAt} \tag{3.9}$$

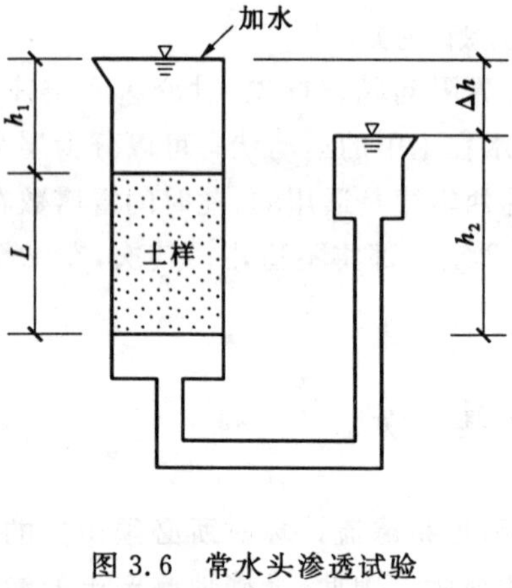

图 3.6　常水头渗透试验

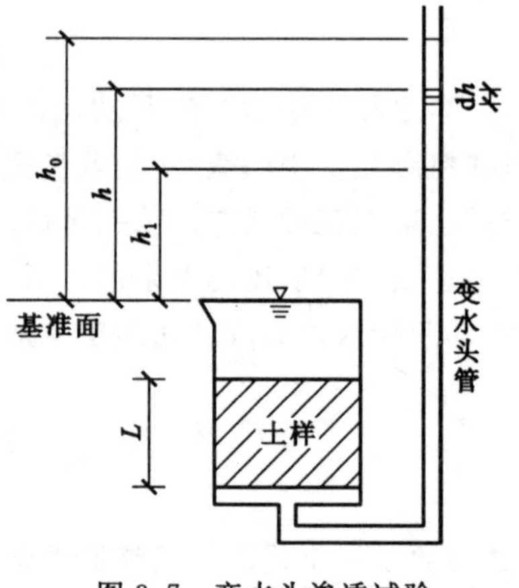

图 3.7　变水头渗透试验

(2) 变水头试验法

变水头试验装置如图 3.7 所示，水流从一根竖直的带有刻度的其断面面积为 a 的玻璃管和 U 形管自下而上流经断面面积为 A、长度为 L 的土样。试验过程中，随时间的变化，立管的水位不断下降，而装有土样的容器中的水位保持不变，从而作用于试样两端的水头差随时间而变化。试验时，将玻璃管充水至需要的水位高度后，开动秒表计时，测记起始时刻 t_0 的水头差

h_0，再经过时间 t_1 后，测记水头差 h_1。那么，在试验过程中，任意时刻 t 的水头差为 h，经过时间 dt 后，管中的水位下降 dh，则 dt 时间内流入试验的水量为：

$$dQ = -a dh$$

负号表示渗流量随 h 的减小而增加。

根据达西定律，dt 时间内流出试验的水量为：

$$dQ = kiA dt = k\frac{h}{L}A dt$$

根据水流连续条件，土样内流入水量应该等于流出水量，即：

$$-a dh = k\frac{h}{L}A dt$$

即

$$dt = -\frac{aL}{kA}\frac{dh}{h}$$

等式两边在 $t_0 \sim t_1$ 时间内积分，得：

$$\int_{t_0}^{t_1} dt = -\frac{aL}{kA}\int_{h_0}^{h_1}\frac{dh}{h}$$

有

$$t_1 - t_0 = -\frac{aL}{kA}\ln\frac{h_0}{h_1}$$

于是，可求得变水头的渗透系数为：

$$k = \frac{aL}{A(t_1 - t_0)}\ln\frac{h_0}{h_1} \tag{3.10}$$

试验过程中，一般选定记住不同的 h_0 和 h_1，分别测出它们各自对应的渗透系数，然后取平均值作为该土样的渗透系数。

室内测定渗透系数的优点是设备简单、花费较少，在工程中得到普遍应用。但是，土的渗透性与其结构构造有很大关系，而且实际土层中水平与垂直方向的渗透系数往往有很大差异；同时，由于取样时对土不可避免的扰动，一般很难获得具有代表性的原状土样。因此，室内试验测得的渗透系数往往不能很好地反映现场土的实际渗透性质，必要时可直接进行大型现场渗透试验。有资料表明，现场渗透试验值可能比室内小试样试验值大 10 倍以上，因此需引起足够的重视。

3.4.2 渗透系数的现场测定

在现场研究场地的渗透性、进行渗透系数测定时，常常用现场抽水试验或井孔注水试验的方法。下面主要介绍抽水试验的方法，注水试验与此类似。

现场抽水试验测定渗透系数，一般适用于均质粗粒土层，试验如图 3.8 所示。在现场打一口贯穿测定渗透系数为 k 的土层的试验井，并在距井中心一定距离处设置两个以上观测地下水位变化的观察孔，然后自井中以不变的速率进行抽水。抽水

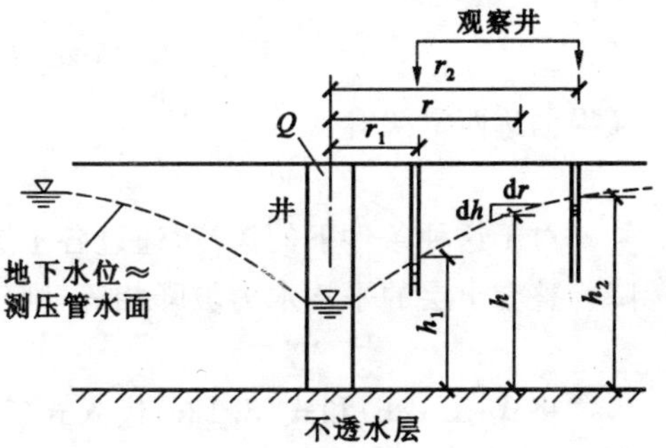

图 3.8 现场抽水试验示意图

时，井周围的地下水迅速向井中渗透，造成井周围的地下水位下降，形成一个以井孔为中心的降水漏斗。当渗流达到稳定后，若测得的抽水量为 Q，观测孔距井轴线的距离分别为 r_1、r_2，孔中的水位高度分别为 h_1、h_2，通过达西定律即可求出土层的平均渗透系数。

围绕井抽取一过水断面，该断面距井中心距离为 r，水面高度为 h，那么过水断面的面积为：

$$A=2\pi rh$$

设该过水断面上各处的水力坡降为常数，且等于地下水位线在该处的坡降，则：

$$i=\frac{\mathrm{d}h}{\mathrm{d}r}$$

根据达西定律，单位时间内井内抽出的水量为：

$$q=Aki=2\pi rhk\frac{\mathrm{d}h}{\mathrm{d}r}$$

即

$$q\frac{\mathrm{d}r}{r}=2\pi kh\mathrm{d}h$$

两边积分得：

$$q\int_{r_1}^{r_2}\frac{\mathrm{d}r}{r}=2\pi k\int_{h_1}^{h_2}h\mathrm{d}h$$

即可得渗透系数：

$$k=\frac{q\ln(r_2/r_1)}{\pi(h_2^2-h_1^2)} \tag{3.11}$$

3.4.3 成层土的等效渗透系数

天然沉积土往往是由渗透性不同的土层所组成的。对于与土层层面平行和垂直的简单渗流情况，当各土层的渗透系数和厚度为已知时，可求出整个土层与层面平行和垂直的平均渗透系数，并作为渗流计算的依据。

(1) 与土层层面平行的渗流情况

图 3.9(a)所示为在渗流场中截取的渗流长度为 L 的一段与层面平行的渗流区域。设各土层的水平向渗透系数分别为 k_{1x}、k_{2x}、k_{3x}、…、k_{nx}，厚度分别为 H_1、H_2、H_3、…、H_n，总厚度为 H。若通过各土层的单位面积渗流量分别为 q_{1x}、q_{2x}、q_{3x}、…、q_{nx}，则通过整个土层的总渗流量 q_x 为各土层渗流量之和，即：

$$q_x=q_{1x}+q_{2x}+q_{3x}+\cdots+q_{nx}=\sum_{i=1}^{n}q_{ix} \tag{3.12a}$$

又根据达西定律有：

$$q_x=k_xiH \tag{3.12b}$$

对于这种条件下的渗流，通过各土层相同距离的水头损失均相等。因此，各土层的水力坡降与整个土层的平均水力坡降相等，则任一土层的单位面积渗流量为：

$$q_{ix}=k_{ix}iH_i \tag{3.12c}$$

将式(3.12b)和式(3.12c)代入式(3.12a)中可得整个土层的平均渗透系数为：

$$k_x=\frac{1}{iH}\sum_{i=1}^{n}k_{ix}iH_i \tag{3.13}$$

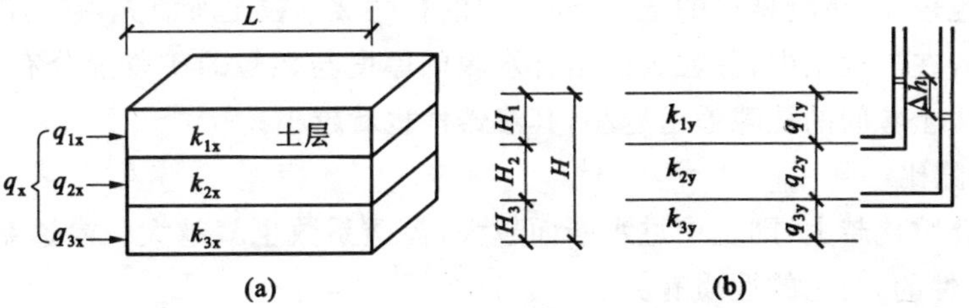

图 3.9　成层土的渗流示意图

(2) 与土层层面垂直的渗流情况

如图 3.9 所示，在渗流场中截取渗流长度为 L 的一段与层面垂直的渗流区域，用与上述水平成层土的方法类似求解。若通过各土层的渗流量为 q_{1y}、q_{2y}、q_{3y}、…、q_{ny}，根据水流连续定理，则通过整个土层的总渗流量 q_y 应等于通过各土层的单位面积渗流量，即：

$$q_y = q_{1y} = q_{2y} = q_{3y} = \cdots = q_{ny} \tag{3.14a}$$

设渗流通过任一土层的水头损失为 Δh_i，水力坡降为 i_i，则通过整个土层的总水头损失 h 为 $\sum_{i=1}^{n} \Delta h_i$，总的水力坡降 i 为 h/H。由达西定律可得通过整个土层的总渗流量为：

$$q_y = k_y \frac{h}{H} A \tag{3.14b}$$

则通过任一土层单位渗流量为：

$$q_{iy} = k_{iy} \frac{\Delta h_i}{H_i} A = k_{iy} i_i A \tag{3.14c}$$

将式(3.14b)和式(3.14c)代入式(3.14a)可得：

$$k_y \frac{h}{H} = k_{iy} i_i \tag{3.14d}$$

整个土层的总水头损失又可以表示为：

$$h = i_1 H_1 + i_2 H_2 + i_3 H_3 + \cdots + i_n H_n = \sum_{i=1}^{n} i_i H_i \tag{3.14e}$$

将式(3.14e)代入式(3.14d)可得整个土层与层面垂直的平均渗透系数为：

$$k_y = \frac{H}{\dfrac{H_1}{k_{1y}} + \dfrac{H_2}{k_{2y}} + \dfrac{H_3}{k_{3y}} + \cdots + \dfrac{H_n}{k_{ny}}} = \frac{H}{\sum_{i=1}^{n} \left(\dfrac{H_i}{k_{iy}} \right)} \tag{3.15}$$

由式(3.13)和式(3.15)可知，对于成层土，如果各土层的厚度大致相等，而渗透系数却相差巨大，则层向平行的平均渗透系数取决于最透水土层的厚度和渗透性，并可近似地表示为 $k'H'/H$（其中 k'、H' 分别为最透水层的渗透系数和厚度）；而层向垂直的平均渗透系数将取决于最不透水层的厚度和渗透性，并可近似地表示为 $k''H/H''$（其中 k''、H'' 分别为最不透水层的渗透系数和厚度）。因此，成层土层向平行的平均渗透系数总大于层向垂直的平均渗透系数。

3.4.4　影响渗透系数的因素

土的渗透系数与土和水两方面的多种因素有关，下面分别就这两个方面的因素进行讨论。

(1) 土颗粒的粒径、级配和矿物成分

土中孔隙通道大小直接影响到土的渗透性。一般情况下，细粒土的孔隙通道比粗粒土的小，其渗透系数也较小；级配良好的土，粗粒土间的孔隙被细粒土所填充，它的渗透系数比粒径级配均匀的土小；在黏性土中，黏粒表面结合水膜的厚度与颗粒的矿物成分有很大关系，结合水膜的厚度越大，土粒间的孔隙通道越小，其渗透性也就越小。

（2）土的孔隙比

同一种土，孔隙比越大，则土中过水断面越大，渗透系数也就越大。渗透系数与孔隙比之间的关系是非线性的，与土的性质有关。

（3）土的结构和构造

当孔隙比相同时，絮凝结构的黏性土其渗透系数比分散结构的大；宏观构造上的成层土及扁平黏粒土在水平方向的渗透系数远大于垂直方向的渗透系数。

（4）土的饱和度

土中的封闭气泡不仅减小了土的过水断面，而且可以堵塞一些孔隙通道，使土的渗透系数降低，同时可能会使流速与水力坡降之间的关系不符合达西定律。

（5）渗流水的性质

水的流速与其动力黏滞度有关，动力黏滞度越大，流速越小；动力黏滞度随温度的增加而减小，因此温度升高一般会使土的渗透系数增加。

（6）水的温度

试验表明，渗透系数 k 与渗流液体（水）的重度 γ_w 以及黏滞度 η（$\times 10^{-3}$ Pa·s）有关，水温不同时，γ_w 相差较小，但 η 变化较大，水温愈高，η 愈低，k 与 η 基本上呈线性关系。因此，在 T ℃测得的 k_T 值应升温修正，使其成为标准温度下的渗透系数值。在标准温度下的渗透系数修正系数应按下式计算：

$$k=\frac{\eta_T}{\eta_{20}}k_T \tag{3.16}$$

3.5 渗透力及渗透破坏

水在土中渗透时对土颗粒会产生渗透力，土体及相关结构物在渗透力作用下出现的变形破坏，称为渗透破坏，如土层剥落、地表沉陷、地面冒砂、基坑涌水和流砂、堤坝管涌等。

3.5.1 渗透力

在图 3.10 所示的渗透破坏试验中，设土样长度为 L，面积为 A，土样两端各安装一测压管，当 $h_1=h_2$ 时，土中水处于静止状态。若将左侧水槽向上提升，此时由于存在水头差，土中将产生向上的渗流，水头差 Δh 就是水流穿过土体后所损失的能量。该能量的损失表现为水流在流动过程中遇到阻力，反之，渗流过程对土颗粒将有推动、拖曳、摩擦的作用力，如图3.11所示。单位土体所受到的渗流作用力称为渗透力。

为了进一步研究渗透力的大小和性质，首先对图 3.11 所示的渗透破坏试验中的土体进行受力分析。对土样可以采取两种不同隔离体来进行分析。

3.5.1.1 土体的受力分析

（1）水土合算

取出渗流土体中的水土隔离体，其受力分析如图 3.12(a)所示。

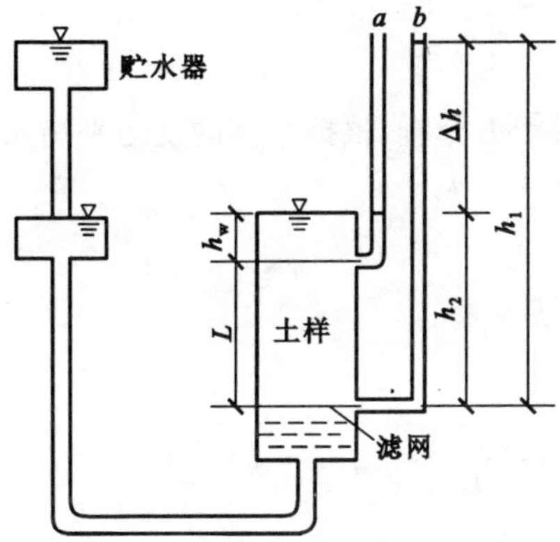

图 3.10　饱和土体的渗透破坏试验示意

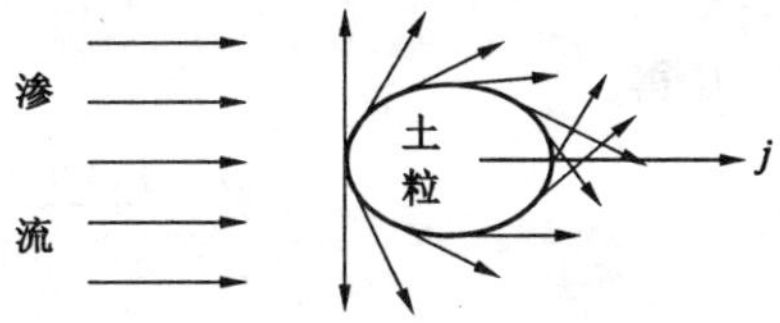

图 3.11　渗透力概念

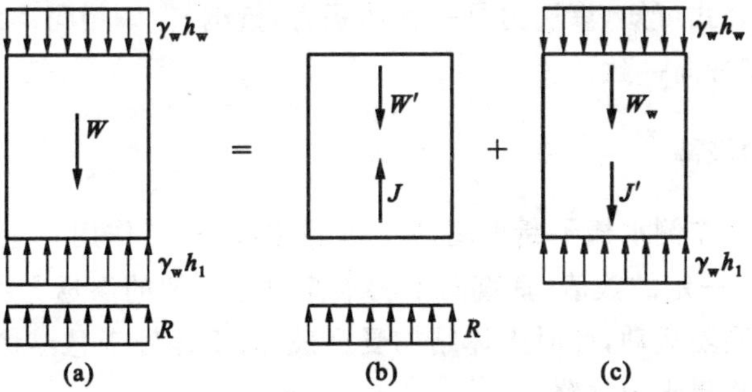

图 3.12　渗流时两种隔离体的取法

(a) 水土整体；(b) 土骨架；(c) 水隔离体

作用于其上的力有：

① 水土总重量 $W=\gamma_{sat}\cdot L$；

② 土柱两端的边界水压力 $\gamma_w h_w$、$\gamma_w h_1$；

③ 土柱下部滤网的支撑力 R。

在此种分析条件下，土颗粒与水之间的作用力为内力，受力分析中不体现。

(2) 水土分算

该方法将土骨架和水分离开来，各自取出隔离体进行受力分析。首先取出土骨架隔离体，如图 3.12(b)所示。由于此时土骨架是完全浸在水中的，故土骨架的重力计算中应该取浮容重 γ'，此时土骨架和水之间的作用力将成为外力，则作用于土骨架上的力有：

① 土骨架有效重度 $W'=\gamma' L$；

② 总渗透力 $J=jL$，方向向上；

③ 土柱下部滤网的支撑力 R。

再看水隔离体的受力情况：

① 孔隙水重量和土颗粒浮力的反力 $W_w=V_v\gamma_w+V_s\gamma_w=V\gamma_w=L\gamma_w$；

② 土柱两端的边界水压力 $\gamma_w h_w$、$\gamma_w h_1$；

③ 土体内土颗粒对水的阻力与渗透力是作用力与反作用力的关系，大小相等，方向相反，设单位土体给水的阻力为 j'，则总阻力 $J'=j'L=J$，方向向下。

从上述两种受力分析可知，两种受力分析的效果是一样的，在图 3.12 中，图(a)＝图(b)

十图(c)。

3.5.1.2 渗透力的计算

在需要计算渗透力时,需要取出水隔离体进行受力分析,根据水体的受力平衡条件可得:

$$\gamma_w h_w + W_w + J' = \gamma_w h_1$$

即

$$\gamma_w h_w + \gamma_w L + j'L = \gamma_w h_1$$

两边同除 L 得:

$$j' = \frac{\gamma_w (h_1 - h_w - L)}{L} = \frac{\gamma_w \Delta h}{L} = \gamma_w i$$

即渗透力

$$j = j' = \gamma_w i \tag{3.17}$$

由渗透力的计算公式可知,渗透力是一种体积力,量纲与 γ_w 相同;渗透力的大小与水力坡降成正比,方向与渗流方向一致。

3.5.2 临界水力坡降

在图 3.10 中,若将左侧水槽不断提高,则 Δh 也不断增大,作用在土样上的渗透力也将逐渐增大。当 Δh 增大到一定的数值、垂直向上的水流对土骨架的渗透力将克服土的重力时,土颗粒将失去重力发生剧烈运动,此时土体结构受到破坏,土体处于悬浮状态。下面研究土体开始处于悬浮状态时的临界水力坡降。

由上述对土体的受力分析可知,当土柱下部滤网的支撑力 R 为零时,即土颗粒的临界状态,此时:

$$W' - J = R = 0$$

即

$$\gamma' L - jL = 0$$

两边同除 L 得:

$$\gamma' = j = \gamma_w i_{cr}$$

从而有:

$$i_{cr} = \frac{\gamma'}{\gamma_w} \tag{3.18}$$

式(3.18)中的 i_{cr} 即临界水力坡降,它是土体开始发生流土破坏时的临界水力坡降。由于土的浮容重 γ' 为:

$$\gamma' = \frac{(d-1)\gamma_w}{1+e}$$

式中 d——土粒相对密度;

e——孔隙比。

将上式代入式(3.18)可得:

$$i_{cr} = \frac{d-1}{1+e} \tag{3.19}$$

由式(3.19)可知,土开始处于悬浮状态时的临界水力坡降只与土粒的相对密度和孔隙比有关。

3.5.3 渗透变形的类型和防治措施

土工建筑物及地基由于渗流作用而出现土层剥落、地面隆起、渗流通道等破坏或变形现象，称为渗透破坏或者渗透变形。渗透破坏是土工建筑物破坏的重要原因之一，危害很大。

3.5.3.1 *渗透破坏的主要形式*

土的渗透变形主要类型有流土(流砂)、管涌、接触流土和接触冲刷。就单一土层来说，渗透变形的主要形式是流土和管涌。

(1) 流土

土在向上的渗透水流作用下，表面局部土体发生隆起，或者土颗粒发生悬浮、移动的现象成为流土。流土主要发生在堤坝下游的渗流溢出处或明挖基坑的底部。

如图 3.13 所示，当渗流流经由上部较薄、渗透系数较小的黏性土和下部较厚、渗透系数较大的无黏性土构成的坝基下双层地基时，水头将主要损失在上游水流渗入和下游水流渗出薄黏性土层的流程中，而在砂性土中的流程损失很小，因此，造成下游溢出处水力坡降较大。当 $i>i_{cr}$ 时，就会在下游坝脚处出现土表面隆起、裂缝开展、砂粒涌出，以至整块土体被渗透水流抬起的现象，这就是典型的流土破坏。

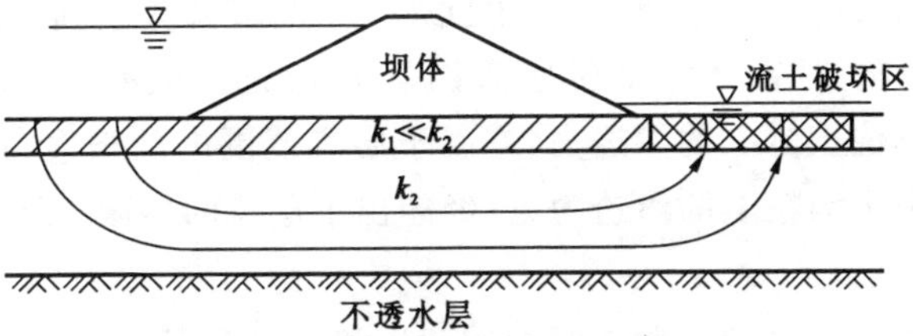

图 3.13 堤坝下游出水处的流土破坏

任何类型的土，包括黏性土或无黏性土，只要水力坡降大于临界值，都会发生流土破坏。无黏性土中发生流土主要表现为颗粒群同时被悬浮，形成泉眼群、砂沸等现象，土体最终被渗流托起；而黏性土中发生流土则主要表现为土体隆起、浮动、膨胀和断裂等现象。流土一般最先发生在渗流溢出处的表面，然后向土体内部发展，过程迅速，对土工建筑物和地基危害极大。

(2) 管涌

在渗透水流作用下，土中的细颗粒在粗颗粒形成的孔隙中移动以至流失，随着土的孔隙不断扩大，渗透速度不断增加，较粗的颗粒也被水流逐渐带走，最终导致土体内形成贯通的渗流管道，造成土体塌陷，这种现象称为管涌。

管涌一般发生在砂性土中，发生的部位一般在渗流出口处，但也可能发生在土体的内部。管涌现象一般随时间增加不断发展，是一种渐进性质的破坏。

(3) 接触流土

接触流土是指渗流垂直于两种不同介质的接触面流动时，把其中一层的细粒带入另一层土中的现象，如反滤层的淤堵。

(4) 接触冲刷

接触冲刷是指渗流平行于两种不同介质的接触面流动时，把其中细粒层的细粒带走的现象，一般发生在土工建筑物地下轮廓线与地基土的接触面处。

3.5.3.2　渗透破坏产生的条件

土的渗透变形的发生和发展主要取决于三个原因，即：几何条件、水力条件和渗流的溢出条件。

(1) 几何条件

土体颗粒在渗流条件下产生松动和悬浮，必须克服土颗粒之间的黏聚力和内摩擦力，土的黏聚力和内摩擦力与土颗粒的组成和结构有密切关系。渗透变形产生的几何条件是指土颗粒的组成和结构等特征。例如，对于管涌来说，只有当土中粗颗粒所构成的孔隙直径大于细颗粒的直径，才可能让细颗粒在其中移动，这是管涌发生的必要条件之一。对于不均匀系数$C_u<10$的土，粗颗粒形成的孔隙直径不能让细颗粒顺利通过，一般情况下这种土不会发生管涌；而对于不均匀系数$C_u>10$的土，发生流土和管涌的可能性都存在，这主要取决于土的级配情况和细粒含量。试验结果表明，当细粒含量小于25%时，细颗粒填不满粗颗粒所形成的孔隙时，渗透变形属于管涌；而当细粒含量大于35%时，则可能产生流土。

(2) 水力条件

产生渗透变形的水力条件指的是作用在土体上渗透力的大小，这是产生渗透变形的外部因素和主动条件。土体要产生渗透变形，只有在渗流水头作用下的渗透力即水力坡降大到足以克服土颗粒之间的黏聚力和内摩擦力时，也就是说水力坡降大于临界水力坡降时，才可以发生渗透变形。应该指出的是，对于流土和管涌来说，渗透力具有不同的意义。对于流土来说，渗透力指的是作用在单位土体上的渗透力，是属于层流范围内的概念；而对于管涌来说，渗透力则指的是作用在单个土颗粒上的渗透力，已经超出了层流的界限。

(3) 渗流的溢出条件

渗流溢出处有无适当的保护对渗透变形的产生和发展有着重要的意义。当溢出处直接临空，此处的水力坡降是最大的，同时水流方向也有利于土的松动和悬浮，这种溢出处条件最易产生渗透变形，所以工程上一般在渗流溢出处设置反滤层以降低渗流溢出速度和水力坡降。

3.5.3.3　渗透破坏的防治措施

(1) 可以采取降低水头或增加渗径的办法减小水力坡降。

(2) 在向上渗流溢出处用透水材料覆盖压重，以防止土体被渗透力所悬浮。

(3) 在渗流溢出处部位铺设层间关系满足要求的反滤层，以保护土体不被细颗粒带走，同时具有较大的透水性，使渗流可以畅通。

(4) 堤坝下游挖减压沟或打减压井，贯穿渗透性较小的黏性土层，以降低作用在黏性土层底面的渗透压力。

3.6　二维渗流及流网应用

工程中涉及的许多渗流问题一般为二维或三维问题。在一些特定条件下，可以简化为二维问题(即平面渗流问题)，典型的如坝基、河滩路堤及基坑挡土墙等渗流问题，即假定在某一方向的任一个断面上其渗流特性是相同的。图3.14所示为闸下地基平面渗流问题，对于该类问题可先建立渗流微分方程，然后结合渗流边界条件和初始条件进行求解。但一般而言，渗流问题的边界条件往往是十分复杂的，一般很难给出其严密的数学解析解，为此可采用电模拟试验法或图绘流网法，也可以采用有限元法等数值计算手段。其中，图绘流网法直观明了，在工程中有着广泛的应用，而且其精度一般能够满足实际需要。

所谓流网是由流线（图 3.14 中实线）和等势线（图 3.14 中虚线）两组互相垂直相交的曲线所组成。在稳定渗流情况下，流线表示水质点的运动线路，而等势线表示势能或水头的等值线，即每一条等势线上的测压管水位都是相同的。本节先给出平面渗流基本微分方程的推导，然后介绍流网的性质及其应用。

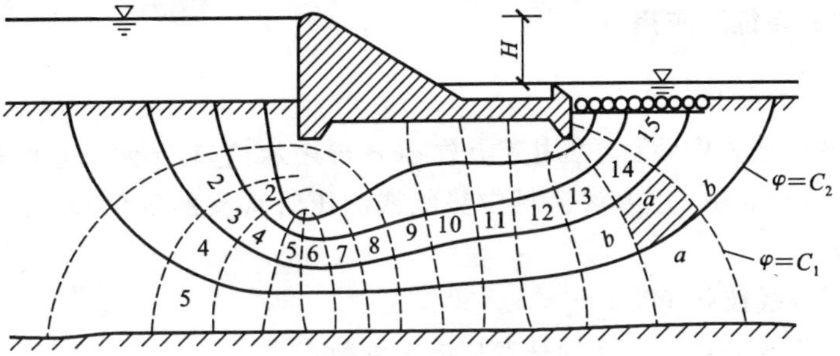

图 3.14　闸下地基渗流流网

3.6.1　二维稳定渗流场中的基本微分方程

在图 3.14 所示的稳定二维渗流场中取出任意一点处的微单元体，面积为 $dxdz$，厚度 $dy=1$，如图 3.15 所示。进入单元体的渗透速度分量为 v_x、v_z，沿 x、z 方向的渗透速度的变化分别为 $\frac{\partial v_x}{\partial x}$、$\frac{\partial v_z}{\partial z}$，则单位时间内流入这个微单元的水量为：

$$dq_e = q_x + q_z = v_x dzdy + v_z dxdy$$

单位时间内流出这个微单元的水量为：

$$\begin{aligned} dq_0 &= q_x + dq_x + q_z + dq_z \\ &= \left(v_x + \frac{\partial v_x}{\partial x}dx\right)dzdy + \left(v_z + \frac{\partial v_z}{\partial z}dz\right)dxdy \end{aligned}$$

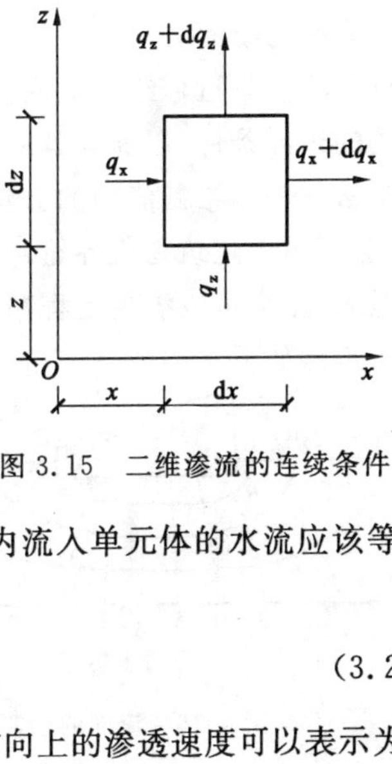

图 3.15　二维渗流的连续条件

假定单元体中水是不可压缩的，则根据水连续性原理，单位时间内流入单元体的水流应该等于流出单元体的水量，并考虑 $dy=1$，可得：

$$\frac{\partial v_x}{\partial x} + \frac{\partial v_z}{\partial z} = 0 \tag{3.20}$$

式(3.20)为二维稳定渗流连续性方程。根据达西定律，x、z 方向上的渗透速度可以表示为：

$$\left.\begin{aligned} v_x &= k_x i_x = k_x \frac{\partial h}{\partial x} \\ v_z &= k_z i_z = k_z \frac{\partial h}{\partial z} \end{aligned}\right\}$$

将上式代入式(3.20)可得：

$$k_x \frac{\partial^2 h}{\partial x^2} + k_z \frac{\partial^2 h}{\partial z^2} = 0 \tag{3.21}$$

对于各自同性的土，$k_x = k_z$，则式(3.21)可表示为：

$$\frac{\partial^2 h}{\partial x^2} + \frac{\partial^2 h}{\partial z^2} = 0 \tag{3.22}$$

式(3.22)即著名的拉普拉斯(Laplace)方程，是平面稳定渗流的基本方程。

方程(3.22)描述了渗流场中测压管水头 h 与平面坐标 x、z 之间的函数关系。通过求解该方程，可获得渗流场中任一点的测压管水头，继而可以求得其水力坡降、渗透速度等其他水力参量。满足该方程的解是由构成流网的两组正交曲线(流线和等势线)表示的，依据水力学模型，该方程可能的求解方法有复合变量法、有限差分法、有限单元法、电比拟法和流网法等。

3.6.2 流网的特征及应用

3.6.2.1 流网的特征

构成流网的两组曲线中，流线可用流函数 $\varphi(x,z)$表示，它表示水质点的运动路线；而等势线可用势函数 $\varphi(x,z)$表示，它为渗流场中势能或测压管水头的等值线。对于各自同性的土体，应满足以下条件：

(1) 流线和等势线彼此正交；

(2) 流线与等势线的各个网格的长宽比应为常数；

(3) 相邻等势线间的势函数差相等，即测压管水头差相等；

(4) 相邻流线间的流函数差相等。

3.6.2.2 流网的绘制

流网的绘制方法很多，在工程上往往通过模型试验或者数值计算来绘制流网，也可以采用渐近手绘法来近似绘制流网。但是无论采用哪种方法，都必须遵守流网的性质，同时也要满足流场的边界条件，以保证解的唯一性。这里主要介绍图解手绘法绘制流网的基本方法。图解手绘法就是用绘制流网的方法求解拉普拉斯方程的近似解。该方法的最大优点就是简便迅速，能应用于建筑物边界轮廓等较复杂的情况，而且其精度一般不会比土质不均匀性所引起的误差大，完全可以满足工程精度要求，在实际工程中得到广泛的应用，如图 3.16 所示。绘制流网的步骤如下：

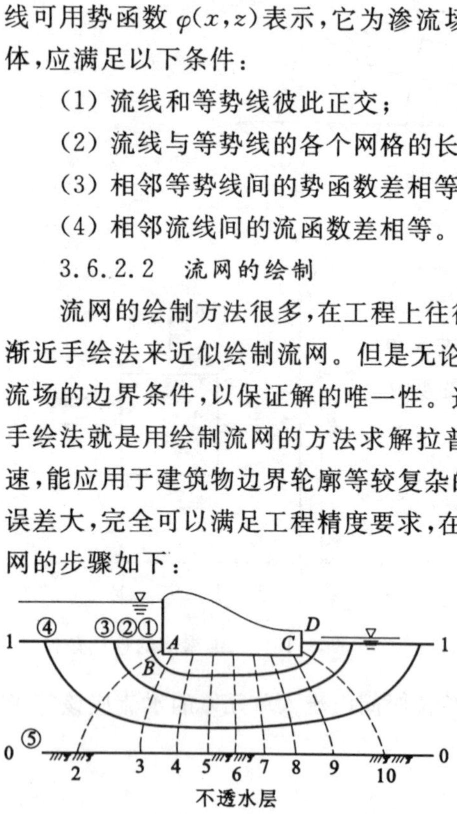

图 3.16　流网的绘制

(1) 根据流网的边界条件确定和绘制出边界流线和等势线。坝基轮廓线 $A—B—C—D$ 和不透水层面0—0为流网的边界流线，上下游透水地基表面 1—A 和 D—1 为边界等势线。

(2) 初步绘制流网。按边界趋势先大致绘制出几条流线，如②、③、④，每条流线必须与边界等势线正交；然后再从中央向两边绘制等势线，如先绘制中线 6，再绘制 5 和 7，依次向两边推进，每条等势线与流线必须正交，并且弯曲成曲线正方形。

(3) 对初步绘制的流网进行修改，直至大部分网格满足曲线正方形为止。由于边界条件的不规则，在边界突变处很难绘制成曲线正方形，这主要是由于流网图中流线和等势线的根数有限造成的，只要满足网格的平均长度和宽度大致相等，就不会影响整个流网的精度。一个精度高的流网，需要经过多次修改才能最后完成。

3.6.2.3 流网的应用

根据流网，可求得渗流场中各点的测压管水头、孔隙水压力、水力坡降、渗流流速和渗流量等。

(1) 测压管水头

根据流网的性质可知，任意相邻等势线之间的势能差值相等，即水头损失相同，那么相邻两条等势线之间的水头损失为：

$$\Delta h=\frac{\Delta H}{N} \tag{3.23}$$

式中 ΔH——水从上游渗到下游的总水头损失；

N——等势线间隔数。

根据式(3.23)所计算出的水头损失和已确定的基准面，就可以计算出渗流场中任意一点的水头。

(2) 水力坡降

流网中任意一网格的平均水力坡降为：

$$i=\frac{\Delta h}{\Delta l} \tag{3.24}$$

式中 Δl——所计算网格处流线的平均长度。

(3) 渗流量

流网中任意相邻流线之间的单位渗透流量是相同的，现在来计算图 3.14 所示阴影网格的流量。根据达西定律，网格中任意一点的渗透速度为：

$$v=ki$$

则单位渗流量为：

$$\Delta q=v\Delta A=kib=k\frac{\Delta h}{a}b=k\frac{b}{a}\frac{\Delta H}{N} \tag{3.25}$$

式中 a——阴影网格的长度；

b——阴影网格的宽度。

那么，通过渗流区总的单位渗流量为：

$$q=\sum_{i=1}^{M}\Delta q=k\Delta H\frac{b}{a}\frac{M}{N} \tag{3.26}$$

式中 M——渗流区中的流槽数，即流线数减 1。

总的渗透流量为：

$$Q=qL \tag{3.27}$$

式中 L——坝基长度。

3.7 有效应力原理

土的有效应力原理是土力学理论最重要的概念之一。太沙基(Terzaghi)于 1923 年提出了饱和土的有效应力原理，阐明了松散颗粒的土体和连续性固体材料的区别，从而奠定了现代土力学变形和强度计算的基础，使土力学从一般固体力学中分离出来，成为一门独立的分支学科。

一般固体力学认为，材料的变形和强度直接取决于作用在其上的全部应力即总应力的大小。而对于具有松散颗粒的土体来说，情况是不是也是这样的呢？

由于土体由三相体组成，那么，土体的强度和变形是由谁来控制的呢？三相体如何分担外力？力在三相体中又是如何传递并转化的呢？三相体与变形和强度的关系又是怎样的呢？这些问题都涉及土的有效应力原理。

3.7.1 基本概念

饱和土体是由土颗粒构成的土骨架和土骨架孔隙之间充满的水组成，即饱和土体是两相体。当外力作用于土体后，在土中某一截面上的应力是由上面土体的重力、静水压力以及外荷载共同产生的应力，称为总应力。

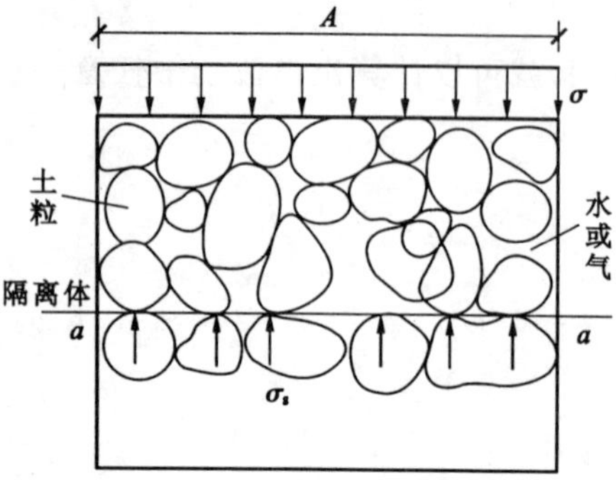

图 3.17 有效应力原理示意图

由有效应力原理示意图 3.17 可知，截面 a—a 上的总应力一部分由土骨架承担，并通过土颗粒之间的接触面进行应力的传递，这部分力称之为粒间应力（或有效应力）；总应力的另一部分应力由孔隙水来承担，水虽然不能承担剪应力，却能够承担法向应力，并可以通过孔隙水进行力的传递，这部分力称之为孔隙水压力。有效应力原理就是研究饱和土体中孔隙水压力、有效应力和总应力之间的关系。

应当指出，孔隙水压力有静水压力和超（静）孔隙水压力两种。当总应力为自重应力时，饱和土体中的孔隙水压力为静水压力；当总应力为附加应力时，饱和土体中开始全部由孔隙水压力承担总应力，此孔隙水压力成为超孔隙水压力，随着孔隙水压力的消散，有效应力才增加。这部分内容将在第 5 章第 4 节饱和土体的渗流固结理论中详细介绍。

3.7.2 有效应力原理

如图 3.17 所示，设饱和土体内某一研究断面（如水平面）的总面积为 A，其中，粒间接触面积之和为 A_s，则该平面内孔隙水所占的面积为 A_w，显然 $A_w = A - A_s$。若由外荷载在该研究平面所引起的法向总应力为 σ，那么，它必将由该面上的孔隙水和粒间接触而共同分担，即该面上的总法向力等于孔隙力所承担的力和粒间所承担的力之和，即：

$$\sigma A = N_s + uA_w$$

即

$$\sigma = \frac{N_s}{A} + \frac{uA_w}{A} = \sigma' + (1-\alpha)u \tag{3.28}$$

式中 α——研究平面内土颗粒接触面面积所占总面积的比例。

毕肖甫（Bishop，1950）等人通过试验研究表明，土颗粒接触面面积 A_s 很小，甚至小于 1%，因此在实际应用中，可以将 A_s/A 忽略不计，于是式（3.28）可简化为：

$$\sigma = \sigma' + u \tag{3.29}$$

式（3.29）即著名的有效应力原理。

有效应力原理是土力学的一个重要概念，利用它可以对实际工程中的许多问题进行科学的解释。有效应力原理的研究内容就是研究饱和土中这两种应力的不同特性及其与总应力的关系。当总应力保持不变时，孔隙水压力与有效应力可相互转化，即孔隙水压力减少，则有效应力增大；反之亦然。所以，要研究饱和土的压缩性、抗剪强度、稳定性和沉降等，就必须了解土体中有效应力的变化。通常总应力可以计算，孔隙水压力也可以实测或计算，而土体中的有效应力只能通过有效应力原理求得。由此可见，有效应力原理对分析地基或土体的变形及稳定性均有重要意义。

综上所述，可以总结有效应力原理的要点有如下几条：

(1) 土的变形与强度均取决于土骨架所受的力，而不是土体所受的总荷载；

(2) 饱和土体内任意一平面上受到的总应力是由有效应力和孔隙水压力两部分组成的；

(3) 当总应力不变时，有效应力和孔隙水压力之间可以相互转化。

为了更好地理解有效应力原理的概念，应考察一下粒径 $d=1$ mm 的砂粒沉入深海海底的应力状态。这时，作用于海底面砂粒上的总应力(其实也就是静水压力)为 $\sigma_z=\gamma_w H$。若水深 $H=1000$ m，则可以计算 σ_z 约为 1000 kPa，但由于砂粒的周围都承受这个压力，所以可知砂粒压入海底土层中的力仅仅只是作用于砂粒上的重力和浮力之差，即约 0.9×10^{-5}N 这样小的力。

对于非饱和土，孔隙中既有水，还存在空气，孔隙压力将由孔隙水压力 u_w 和孔隙气压力 u_a 两部分组成。1960 年，毕肖普等人提出了修正的有效应力公式：

$$\sigma=\sigma'+u_a-\chi(u_a-u_w) \tag{3.30}$$

式中，χ 是一个与饱和度有关的参数。对于饱和土，$\chi=1$；对于干土，$\chi=0$。可以看出，对于饱和土，式(3.30)等同于式(3.29)。

3.7.3 有效应力的计算

既然土的变形和强度取决于有效应力的变化，那么在研究土工结构或地基变形等实际工程中，就必须确定土体中有效应力的大小。下面介绍几种不同应力条件下孔隙水压力和有效应力的计算。

3.7.3.1 静水条件下有效应力的计算

如图 3.18 所示，在某一土层剖面中，地下水位位于地面以下深度 H_1 处，地下水位以上土体的湿容重为 γ_1，地下水位以下为饱和容重 γ_{sat}。现在欲求地下水位以下饱和土层中 A 点竖直方向的总应力 σ、孔隙水压力 u 和有效应力 σ'。

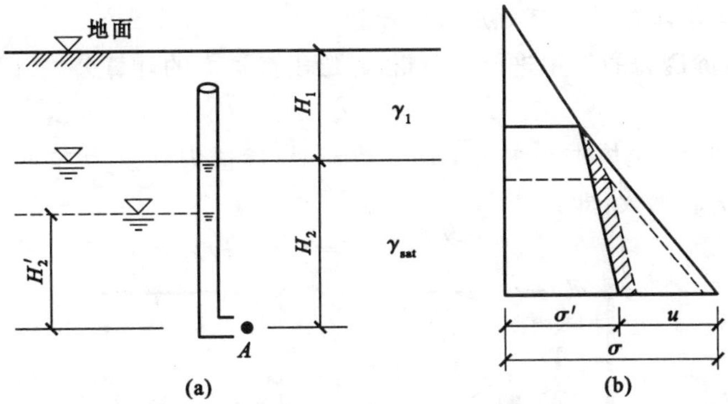

图 3.18 静水条件下的孔隙水压力和有效应力

作用于 A 点的总应力应该等于 A 点以上单位土体总重量，即：

$$\sigma=\gamma_1 H_1+\gamma_{sat} H_2$$

A 点上的孔隙水压力应该就是该点的静水压力，即：

$$u=\gamma_w H_2$$

则根据有效应力原理,A 点处的竖向有效应力为:

$$\begin{aligned}\sigma' &= \sigma - u = \gamma_1 H_1 + \gamma_{sat} H_2 - \gamma_w H_2 \\ &= \gamma_1 H_1 + (\gamma_{sat} - \gamma_w) H_2 \\ &= \gamma_1 H_1 + \gamma' H_2\end{aligned} \tag{3.31}$$

由计算结果可以看出,有效应力 σ' 就是 A 点的自重应力。A 点以上土层沿深度的 σ、u、σ' 分布如图 3.18(b)中实线所示。

如果地下水位下降至 H_2' 处稳定下来,假设地下水位以上的土容重仍为 γ_1,则有效应力 σ' 和孔隙水压力 u 沿深度分布如图 3.18(b)中虚线所示。图中阴影部分表示水位下降至 H_2' 处后,比水位在原 H_2 处所增加的有效应力。有效应力增加,意味着要引起土体压缩,这就是很多城市大量抽水使地下水位下降后,引起地面下沉的原因之一。

当地下水位以上某个高度 h_c 范围内出现毛细饱和区时[图 3.19(a)],毛细区内的水呈张拉状态,故孔隙水压力是负值。毛细水压力分布规律与静水压力分布相同,任一点的 $u_c = -\gamma_w z$,z 为该点至地下水位(自由水面)之间的垂直距离,离开地下水位越高,毛细负孔压绝对值越大,在饱和区最高处 $u_c = -\gamma_w h_c$,至地下水位处 $u_c = 0$,其孔隙水压力分布如图 3.19(b)所示。由于 u_c 为负值,按照有效应力原理,毛细饱和区的有效应力 σ' 将大于总应力 σ,即 $\sigma' = \sigma + u$,如图 3.19(c)所示。

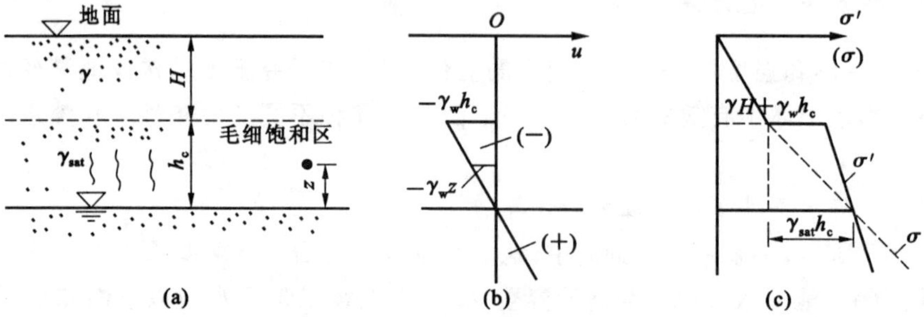

图 3.19　毛细饱和区的 u、σ'、σ 分布图

3.7.3.2　稳定渗流条件下有效应力的计算

本章中已经对渗透力的作用进行了分析,并给出渗透力的计算公式,即:

$$j = \gamma_w i$$

如图 3.20(a)所示,土体中的水由上向下渗流时,渗透力与重力方向相同,根据静力平衡条件,土中有效应力将增大,即:

$$\sigma' = \gamma' z + iz\gamma_w = \gamma' z + j\gamma_w \tag{3.32}$$

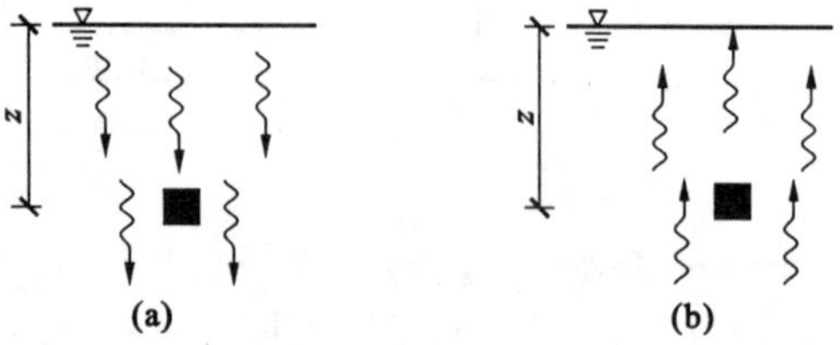

图 3.20　土中渗流作用

(a) 向下渗流;(b) 向上渗流

从式(3.32)可知,地下水向下渗流时,土中有效应力将增加,这也是在城市地下抽取地下水引起地面沉降的原因之一。

相反，如果渗流由下向上，如图 3.20(b)所示，则渗透力与重力方向相反，土中的有效应力将减小，即：

$$\sigma'=\gamma' z-iz\gamma_w=\gamma' z-j\gamma_w \tag{3.33}$$

3.7.4 孔隙压力系数

根据有效应力原理，为了用有效应力法分析实际工程中的变形和稳定性，常常需要知道外荷载作用下土体的孔隙水压力值。而外荷载引起的孔隙水压力值与土的性质有关，常用孔隙压力系数表示。孔隙压力系数就是指土体在不排水和不排气的条件下，由外荷载引起的孔隙压力增量与应力增量(以总应力表示)的比值，用以表征孔隙压力对总应力的变化。有了孔隙压力系数之后，就可以得出孔隙压力，再根据有效应力原理即可得有效应力。

斯开普顿(Skempton A W，1954)首先利用三轴压缩仪，对非饱和土体在不排水和不排气条件下三向压缩所产生的孔隙压力进行了研究，给出复杂应力状态下孔隙压力的表达式，并提出了各向等压作用下孔隙压力系数 B 和偏压应力作用下孔隙压力系数 A 的概念。

假定各向同性的线弹性土体内某点处于轴对称的应力状态，则可以将它分解为如图 3.21 所示的各向等压的球应力状态和偏压应力状态。

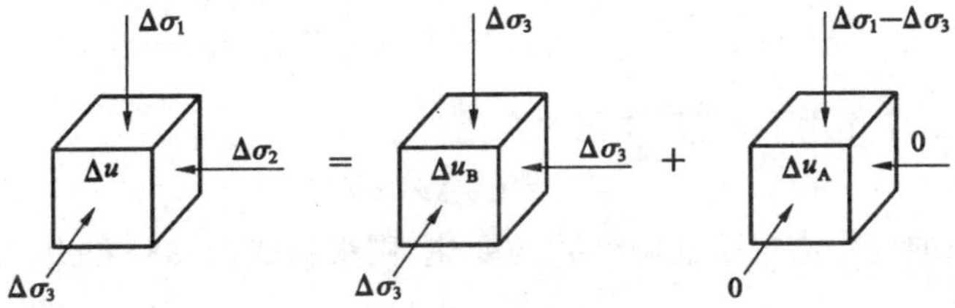

图 3.21 土体中的应力状态

3.7.4.1 各向等压条件下的孔隙压力系数 B

在各向等压应力增量 $\Delta\sigma_1=\Delta\sigma_2=\Delta\sigma_3$ 作用下，土体中产生孔隙水压力 Δu_B。根据有效应力原理可知，土体单元中的有效应力增量 $\Delta\sigma_3'=\Delta\sigma_3-\Delta u_B$。由弹性理论知识可知，在各向等压条件下，有效应力引起的土骨架的体积压缩为：

$$\Delta V=\frac{3(1-2\mu)}{E}\Delta\sigma_3' V=C_s(\Delta\sigma_3-\Delta u_B)V \tag{3.34}$$

式中 E——材料的弹性模量；

μ——材料的泊松比；

C_s——土骨架的体积压缩系数，表征有效应力作用下土骨架的体积应变，$C_s=\frac{3(1-2\mu)}{E}$；

V——土样体积。

在土中孔隙压力 Δu_B 的作用下，孔隙体积的压缩量为：

$$\Delta V_V=C_V\Delta u_B nV \tag{3.35}$$

式中 C_V——孔隙的体积压缩系数；

n——孔隙率。

如果忽略土颗粒本身的压缩量，则土骨架体积的变化应等于孔隙体积的变化，即有 $\Delta V=\Delta V_V$。于是根据式(3.34)和式(3.35)相等的条件，有：

$$C_s(\Delta\sigma_3-\Delta u_B)V=C_V\Delta u_B nV \tag{3.36}$$

或

$$\Delta u_B=\frac{1}{1+\dfrac{nC_V}{C_s}}\Delta\sigma_3=B\Delta\sigma_3 \tag{3.37}$$

式中　B——各向等压条件下的孔隙压力系数，$B=\dfrac{1}{1+\dfrac{nC_V}{C_s}}$。

对于孔隙中完全充满水的饱和土体，由于孔隙水的体积压缩与土骨架的体积压缩相比可以忽略不计，故 $C_V/C_s\to 0$，即 $B=1$，此时周围压力增量完全由孔隙水来承担；对于孔隙中完全由气体充满的干土，由于气体的压缩一般是很大的，即 $C_V/C_s\to\infty$，此时 $B=0$；对于一般的非饱和土，B 在 0～1 间取值，而且饱和度越大，B 值也越大。

3.7.4.2　偏应力作用下的孔隙压力系数 A

假定土样在偏压下应力增量 $\Delta\sigma_1-\Delta\sigma_3$ 作用下的孔隙压力增量为 Δu_A，则轴向和侧向有效应力增量分别为 $\Delta\sigma'_1=\Delta\sigma_1-\Delta\sigma_3-\Delta u_A$ 和 $\Delta\sigma'_2=\Delta\sigma'_3=-\Delta u_A$。根据弹性理论知识，土样的体积变化为：

$$\Delta V=C_s\cdot\frac{1}{3}(\Delta\sigma'_1+\Delta\sigma'_2+\Delta\sigma'_3)\cdot V=\frac{1}{3}C_sV(\Delta\sigma_1-\Delta\sigma_3-3\Delta u_A) \tag{3.38}$$

在此孔隙压力 Δu_A 作用下，孔隙体积的变化为：

$$\Delta V_V=C_V\Delta u_A nV \tag{3.39}$$

同样，由于土样体积的变化应等于孔隙体积的变化，则根据式(3.38)和式(3.39)有：

$$C_V\Delta u_A nV=\frac{1}{3}C_sV(\Delta\sigma_1-\Delta\sigma_3-3\Delta u_A) \tag{3.40}$$

或

$$\Delta u_A=\frac{1}{1+\dfrac{nC_V}{C_s}}\ \frac{1}{3}(\Delta\sigma_1-\Delta\sigma_3)=B\ \frac{1}{3}(\Delta\sigma_1-\Delta\sigma_3) \tag{3.41}$$

将式(3.37)和式(3.41)叠加可得轴对称三向应力状态下孔隙压力为：

$$\Delta u=\Delta u_A+\Delta u_B=B\left[\Delta\sigma_3+\frac{1}{3}(\Delta\sigma_1-\Delta\sigma_3)\right] \tag{3.42}$$

由于土体并不是完全弹性体，为此，可将式(3.42)中的1/3用一个更具有普遍意义的系数 A 来代替，于是式(3.42)可以写成：

$$\begin{aligned}\Delta u&=\Delta u_A+\Delta u_B=B[\Delta\sigma_3+A(\Delta\sigma_1-\Delta\sigma_3)]\\&=B\Delta\sigma_3+\overline{A}(\Delta\sigma_1-\Delta\sigma_3)\end{aligned} \tag{3.43}$$

这里，A 和 $\overline{A}$ 是在偏压力作用下的孔隙压力系数，且 $\overline{A}=BA$。对于饱和土而言，$B=1$，$\Delta u_B=\Delta\sigma_3$ 则由式(3.43)可得：

$$\overline{A}=A=\frac{\Delta u_A}{\Delta\sigma_1-\Delta\sigma_3} \tag{3.44}$$

由此可知，对于弹性体，$A=1/3$；对于土，系数 A 是一个经验系数，它取决于偏应力 $\Delta\sigma_1-\Delta\sigma_3$ 所引起的体积变化。表3.2所示是根据试验资料建议的 A 值。

表 3.2　孔隙压力系数 A 的参考值

土类	A 值
松的细砂	2～3
高灵敏度软黏土	0.75～1.5
正常固结黏土	0.5～1
压实砂质黏土	0.25～0.75
轻微超固结黏土	0.2～0.5
一般超固结黏土	0～0.2
重超固结黏土	−0.5～0

3.7.4.3　孔隙压力系数的试验确定

孔隙压力系数依据三轴不排水剪试验确定(该试验详见第 6 章)。在各向等压条件下,依据的关系式为:

$$\frac{\Delta u_B}{\Delta \sigma_3}=B$$

在偏应力条件下依据的关系式为:

$$\Delta u_A = BA(\Delta\sigma_1 - \Delta\sigma_3)$$

保持不排水条件,试验时施加不同的围压 $\Delta\sigma_3$,同时量测孔隙压力 Δu_B,这样就可以求得 B 值。如施加了 $\Delta\sigma_3$ 后,令试件固结($u=0$)。对于完全饱和土体,$B=1$。然后保持不排水条件,逐渐增大偏应力,同时量测孔隙压力 Δu_A,这时可得 $A=\frac{\Delta u_A}{\Delta\sigma_1}$。

思考题与习题

3.1　按照伯努利方程,流体中一点的总水头可以表示为哪几项之和?为什么研究土中的渗流时,渗流中任一点的总水头可以用测压管水头代替?

3.2　达西定律的内容是什么?它的适用范围以及各个指标的物理意义是什么?

3.3　试叙述常、变水头试验测定渗透系数的原理以及各自的适用条件。

3.4　影响渗透系数的因素有哪些?

3.5　何谓二维稳定渗流场中的拉普拉斯方程?该方程的求解方法有哪些?

3.6　流网的特征有哪些?应用流网如何求出渗流场中的各个参数?

3.7　渗透力的物理意义是什么?进行渗透力分析时,如何选取隔离体?

3.8　水头破坏都有哪些形式?各自该如何放置?

3.9　有效应力原理的基本思想是什么?它在土力学学科的发展过程中有何重要的意义?

3.10　孔隙压力系数的含义是什么?为什么要采用孔隙压力系数以及它的计算?

3.11　如图 3.22 所示,在恒定的总水头差之下水自下而上透过两个土样,从土样 1 顶面溢出。

(1) 以土样 2 底面 c—c 为基准面,试求该面的总水头和静水头;

(2) 已知水流经土样 2 的水头损失为总水头差的 30%,试求b—b面的总水头和静水头;

(3) 已知土样 2 的渗透系数为 0.05 cm/s ,试求单位时间内土样横截面单位面积的流量;

(4) 试求土样 1 的渗透系数。

3.12　如图 3.23 所示，在 5.0 m 厚的黏土层下有一砂土层厚6.0 m，其下为基岩(不透水)。为测定该砂土的渗透系数，打一钻孔到基岩顶面并以 $10^{-2}\,m^3/s$ 的速率从孔中抽水。在距抽水孔 15 m 和 30 m 处各打一观测孔穿过黏土层进入砂土层，测得孔内稳定水位分别在地面以下 3.0 m 和 2.5 m，试求该砂土的渗透系数。

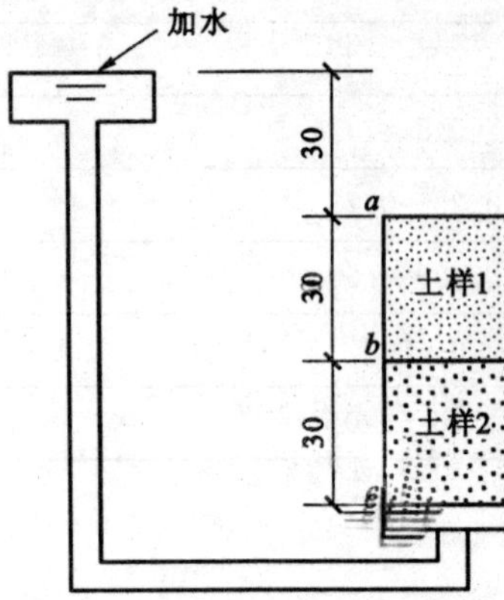

图 3.22　习题 3.11 图(单位:cm)

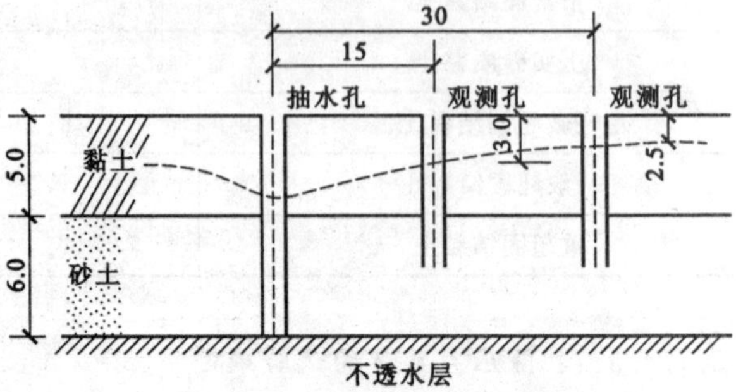

图 3.23　习题 3.12 图(单位:m)

3.13　试验装置如图 3.24 所示，土样横截面面积为 30 cm^2，测得 10 min 内透过土样渗入其下容器的水重 0.018 N，试求土样的渗透系数及其所受的渗透力。

3.14　某场地土层如图 3.25 所示，其中黏性土的饱和容重为 20.0 kN/m^3；砂土层含承压水，其水头高出该层顶面 7.5 m。今在黏性土层内挖一深 6.0 m 的基坑，为使坑底土不致因渗流而破坏，试问坑内的水深 h 不得小于多少？

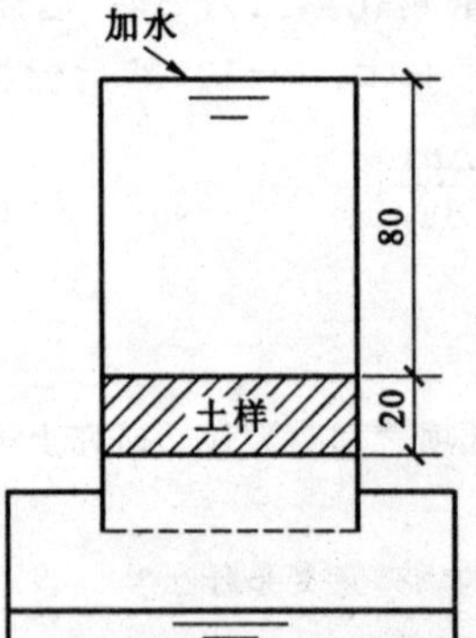

图 3.24　习题 3.13 图(单位:cm)

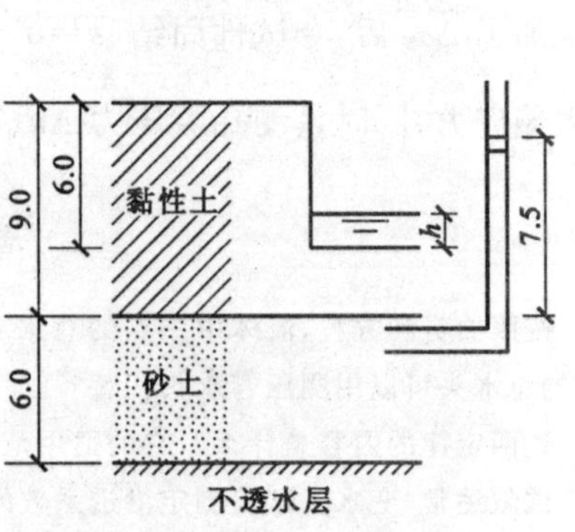

图 3.25　习题 3.14 图(单位:m)

4 土中应力

学习要点

本章内容是下章讨论地基变形的前提，同时也是地基基础设计的基础知识，因此应很好地理解与掌握。

(1) 掌握土中自重应力和附加应力的计算方法和分布规律；

(2) 掌握基底压力和基底附加压力的分布与计算；

(3) 掌握矩形面积均布荷载、矩形面积三角形分布荷载以及条形荷载等条件下的土中竖向附加应力计算方法；

(4) 掌握有效应力和孔压系数的概念。

重点和难点

(1) 重点：地基附加应力的计算；

(2) 难点：圆形面积均布荷载、矩形面积均布荷载、矩形面积三角形分布荷载以及条形荷载等条件下的土中竖向附加应力计算。

4.1 概　　述

4.1.1 研究土中应力的目的

大多数建筑物例如房屋建筑、道路、桥梁等都是建造在地基上的，而地基是由土组成的。地基受到荷载如自身重力、建筑物和车辆荷载以及其他因素（如土中水的渗流、地震等）作用以后将产生应力和变形，从而可能会给建筑物带来以下工程问题，即土体的强度问题、变形问题和稳定问题。如果地基内部所产生的应力在土的强度所允许的范围内，那么土体是稳定的；反之，土体就要发生破坏，并能引起整个地基产生滑动而失去稳定，从而导致建筑物倾倒。同时，地基中的应力变化将引起地基的变形，建筑物沉降、倾斜及水平位移，影响建筑物的正常使用。所以地基土中的应力研究对建筑物的安全有重要的意义。因此，在研究土的变形、强度及稳定性问题时，都必须先掌握土中应力状态，而研究土中应力分布是土力学的重要内容之一。

土中的应力主要包括土体本身的重量产生的自重应力和建筑物荷载引起的附加应力。其中由土体重力引起的应力称为自重应力，自重应力一般是自土体形成之日起就产生于土中。土体在自重作用下，在漫长的地质历史时期中固结压缩已经完成，比较稳定，因此，土的自重应力不再引起土的变形。但对于新沉积土层或近期人工填土，则应考虑自重应力引起的变形。那为什么地基还会产生变形呢？这主要是由附加应力引起的。土中的附加应力是在外荷载（如建筑物荷载、交通荷载、地下水的渗透力、地震力等）的作用下地基内所引起的应力增量。

附加应力的大小，除了与计算点的位置有关外，还决定于基底压力的大小和分布状况。由此可见，不同的应力形成原因不同，对地基和建筑物的影响也不同。

4.1.2　土中一点的应力状态

如图 4.1 所示，从地基土中取出任意正六面单元体 M 时，在任何情况下均可用 9 个应力分量描述一点，分别为 σ_x、σ_y、σ_z、τ_{xy}、τ_{yx}、τ_{yz}、τ_{zy}、τ_{xz}、τ_{zx}。根据剪应力互等原理，有 $\tau_{xy}=\tau_{yx}$、$\tau_{yz}=\tau_{zy}$、$\tau_{xz}=\tau_{zx}$，因此，该单元体只有 6 个应力分量，即 σ_x、σ_y、σ_z、τ_{xy}、τ_{xz}、τ_{yz}。

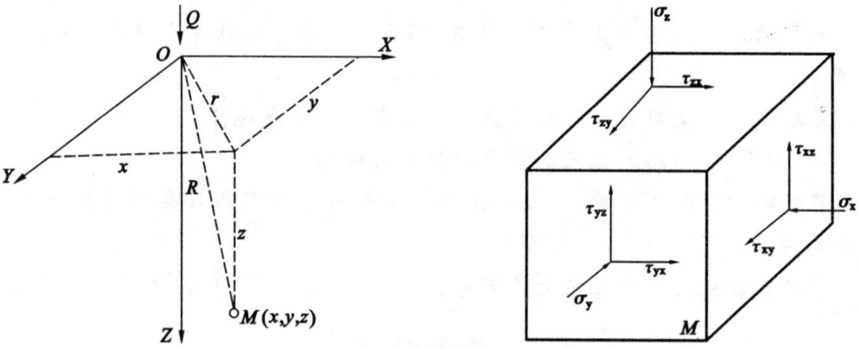

图 4.1　土中一点的应力情况

值得指出的是，在进行土中应力计算时应该注意到应力符号。当某一截面上的外法线是沿着坐标轴的正方向时，这个截面称正面。正面上的应力分量以沿坐标轴正方向为负，沿负方向为正；而法向应力仍以压应力为正，剪应力方向以逆时针方向为正。

4.1.3　计算理论

目前，在计算地基中土中应力时，主要是采用弹性理论公式，也就是说大多数将地基当做半无限空间弹性体来考虑，即把地基看做一个具有水平界面、深度和广度都无限大的空间弹性体。众所周知，地基土属于弹-塑性变形体，真实土的应力-应变关系是非常复杂的。这里为了方便计算和研究土中应力，做了如下假设：

(1) 关于连续介质问题

众所周知，土是由三相物质组成的碎散颗粒集合体，不是连续介质，土中应力是通过颗粒间的接触而传递的。但是，由于建筑物的基础面积尺寸远远大于土颗粒尺寸，同时所研究的也只是计算平面上的平均应力，而不是土颗粒间的接触集中应力。因此可以忽略土分散性的影响，近似地把土体作为连续体考虑，从而可以应用弹性理论。

(2) 关于线弹性体问题

我们知道土体是弹塑性物质，它的应力应变关系是呈非线性的和弹塑性的，且应力卸除后，应变也不能完全恢复。但是，实际工程中，土体的应力水平较低，土的应力-应变状态接近于线性状态，故可以采用弹性理论来研究土中应力。但对沉降有特殊要求的建筑物来说，这种假设误差过大。

(3) 关于均质、等向问题

假设地基是均质的各向同性理想弹性体，而天然地基往往是由成层土组成，并且在形成中具有一定的构造和结构，呈现非均质各向异性体，故在计算土中应力时，应该将成层地基土分层。

(4) 地基土可视为半无限体

所谓半无限体就是无限空间体的一半，也即该物体在水平向 x 轴及 y 轴的正负方向是无限延伸的，而竖直向 z 轴仅只在向下的正方向是无限延伸的，向上的负方向等于零。地基土在水平向及深度方向相对于建筑物基础的尺寸而言，可以认为是无限延伸的，因此，可以认为地基土符合半无限体的假定。

但是，值得指出的是，虽然这与土体的实际情况有差别，但其计算结果还是能满足实际工程的需要。

4.2 土的自重应力

4.2.1 竖向自重应力

4.2.1.1 均质土中的自重应力

在计算土中自重应力时，假设土体只发生竖向的变形，土体处于侧向应力状态。由于任何竖直面都是对称面，故在任何竖直面和水平面上都不会有剪应力存在，即 $\tau_{xy}=\tau_{yz}=\tau_{zx}=0$。如图 4.2 所示，在天然地面以下任意深度处，取出一个单元体，则它仅仅承受自身的重力作用。在深度 z 处平面上，假设土体的重度为 γ，则土体因自身重力产生的竖向应力 σ_{cz}(简称自重应力）等于单位面积上土柱体的重力 $\gamma z \times 1$，所以土的自重应力按照下式进行计算：

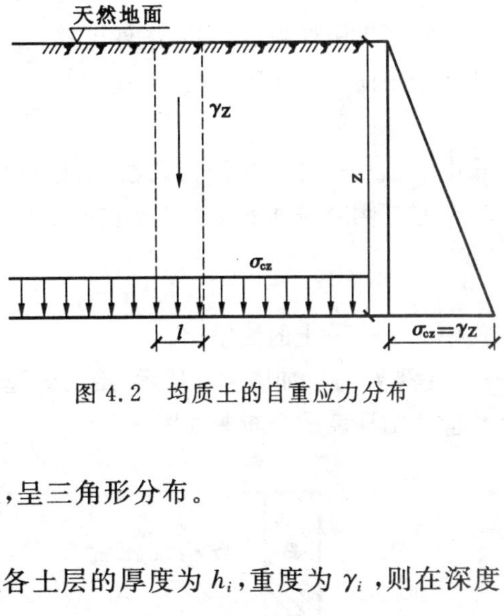

图 4.2 均质土的自重应力分布

$$\sigma_{cz}=\gamma z \tag{4.1}$$

式中 σ_{cz}——土的自重应力(kPa 或 kN/m^2)；

γ——土的容重(kN/m^3)。

由此可见，土的竖向自重应力随着深度直线增大，呈三角形分布。

4.2.1.2 成层土中的自重应力

地基土通常为成层土。当地基为成层土体时，设各土层的厚度为 h_i，重度为 γ_i，则在深度 z 处土的自重应力计算公式为：

$$\sigma_{cz}=\gamma_1 h_1+\gamma_2 h_2+\gamma_3 h_3+\cdots+\gamma_n h_n=\sum_{i=1}^{n}\gamma_i h_i \tag{4.2}$$

式中 n——从天然地面到深度 z 处的土层数。

由式(4.2)可知，成层土的自重应力分布是折线形的，如图 4.3 所示。

计算地下水位以下土的自重应力时，应根据土的性质确定是否需要考虑水的浮力作用。通常认为，水下的砂性土是应该考虑浮力作用的，而黏性土则视其物理状态而定。一般认为，如果水下的黏性土其液性指数 $I_L \geqslant 1$，则土处于流动状态，土颗粒之间存在着大量自由水，此时可以认为土体受到水的浮力作用，计算土中自重应力时，采用浮重度 γ'；若 $I_L \leqslant 0$，则土处于固体状态，土中自由水受到土颗粒间结合水膜的阻碍，不能传递静水压力，故认为土体不受水的浮力作用，计算土中自重应力时，采用饱和重度 γ_{sat}；若 $0<I_L<1$，则土处于塑性状态，土颗粒是否受到水的浮力作用就较难肯定。一般在实践中均按不利状态来考虑。水中土的自重应力计算方法与成层土的情况相同，如图 4.4 所示。

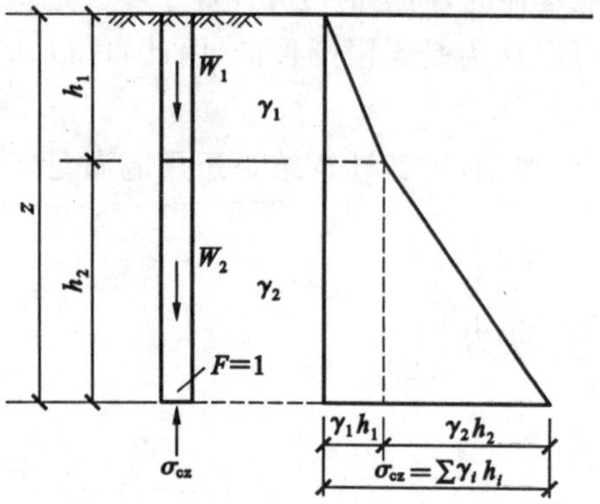

图 4.3　成层土的自重应力分布

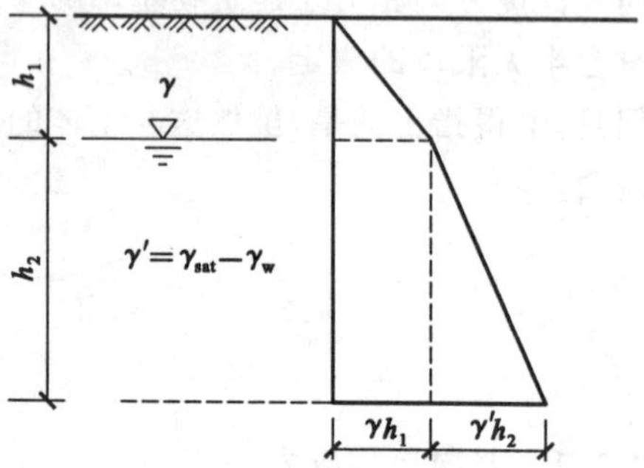

图 4.4　水中土的自重应力分布

4.2.2　水平向自重应力

在半无限体内，由侧限条件可知，土不可能发生侧向变形（$\varepsilon_x=\varepsilon_y=0$），因此，该单元体上两个水平向应力相等，并按下式计算：

$$\sigma_{cx}=\sigma_{cy}=K_0\sigma_{cz}=K_0\gamma z \tag{4.3}$$

式中　K_0——土的侧压力系数，也称静止土压力系数。

它是侧限条件下土中水平向有效应力与竖直向有效应力之比，可由试验测定，即：

$$K_0=\frac{\mu}{1-\mu} \tag{4.4}$$

式中　μ——土的泊松比。

【例 4.1】　如图 4.5 所示，给出地基中多层土中各土层的厚度、容重，试绘制地基中的自重应力随深度的分布曲线图。

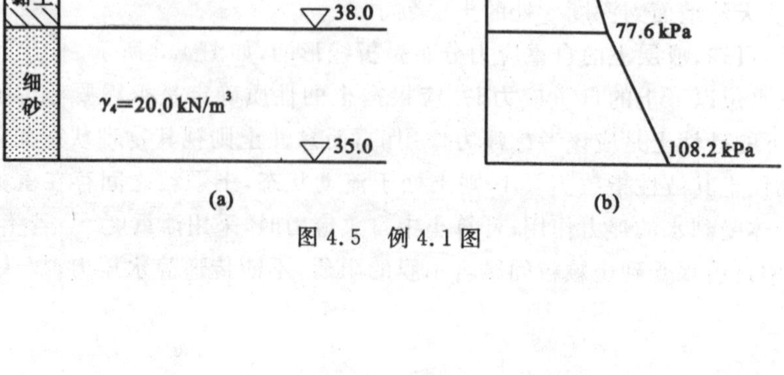

图 4.5　例 4.1 图

【解】 由图 4.5 中给出的资料，根据式(4.2)可分别计算出各土层分界面上的应力：

$$\sigma_{sz1}=\gamma_1 h_1=17.0\times(44.0-41.0)=51\ \text{kPa}$$

$$\sigma_{sz2}=\sigma_{sz1}+\gamma_2' h_2=51+(19.0-9.8)\times 1=60.2\ \text{kPa}$$

$$\sigma_{sz3}=\sigma_{sz2}+\gamma_3' h_3=60.2+(18.5-9.8)\times(40.0-38.0)=77.6\ \text{kPa}$$

$$\sigma_{sz4}=\sigma_{sz3}+\gamma_4' h_4=77.6+(20-9.8)\times(38.0-35.0)=108.2\ \text{kPa}$$

则上述自重应力随深度的分布曲线如图 4.5 (b) 所示。

4.3 基底压力

4.3.1 基底压力分布和计算

前面已经指出，土中的附加应力是由建筑物荷载作用所引起的应力增量，而建筑物的荷载是通过基础传到地基土中的，因此，基底压力的大小和分布状况，将对地基内部的附加应力有着十分重要的影响；而基底压力的大小和分布状况，又与荷载的大小和分布、基础的刚度、基础的埋置深度以及土的性质等多种因素有关。在理论分析中要综合顾及这么多的因素是很困难的，目前，在弹性理论中主要是研究不同刚度的基础与弹性半空间体表面间的接触压力分布问题。本章关于基础底面压力分布的推导不做介绍，只介绍基底压力的基本概念和简化计算。首先阐明两个基本概念：

基底压力：基础底面传递给地基表面的压力，由于基底压力作用于基础与地基的接触面上，故也称基底接触压力。基底压力既是计算地基中附加应力的外荷载，也是计算基础结构内力的外荷载。

基底附加压力：由于建筑物荷重使基底增加的压力称为基底附加压力。

4.3.1.1 *基底压力分布*

基底压力的分布规律主要取决于基础的刚度和地基的变形条件。为了便于分析，现将各种基础按照与地基土的相对抗弯刚度（EI）分成三种类型。

(1) 弹性地基上的完全柔性基础($EI=0$)

若一个基础作用均布荷载，假设基础是由许多小块组成，如图 4.6(a) 所示，各小块之间光滑而无摩擦力，则这种基础相当于绝对柔性基础（即基础的抗弯刚度 $EI=0$），基础上的荷载通过小块直接传递在土上，基础底面的压力分布图形将与基础上作用的荷载分布图形相同。这时，基础底面的沉降则各处不同，中央大而边缘小。因此，柔性基础的底面压力分布与作用的荷载分布形状相同。如由土筑成的路堤，可以近似地认为路堤本身不传递剪力，那么它就相当于一种柔性基础，路堤自重引起的基底压力分布就与路堤断面形状相同，呈梯形分布，如图 4.6(b) 所示。实际工程中并没有 $EI=0$ 的完全柔性的基础，常把土坝(堤) 及用钢板做成的储油罐底板等视为柔性基础。

(2) 弹性地基上的绝对刚性基础（$EI=\infty$）

对刚性基础(如箱形基础或高炉基础等)，在外荷载作用下，基础底面基本保持平面，即基础各点的沉降几乎是相同的，但基础底面的地基反力分布则不同于上部荷载的分布情况。刚性基础在中心荷载作用下，开始的地基反力呈马鞍形分布；荷载较大时，边缘地基土产生塑性变形，边缘地基反力不再增加，使地基反力重新分布而呈抛物线分布；若外荷载继续增大，则地基

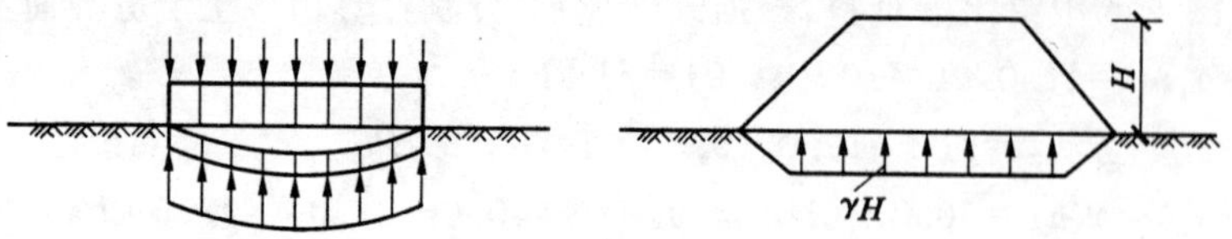

(a) (b)

图 4.6 柔性基础下的基底压力分布

(a) 理想柔性基础；(b) 路堤下地基反力分布

反力会继续发展呈钟形分布，如图 4.7 所示。若地基是完全弹性的，则基础边缘处的压力将为无穷大。实际上，这个值不可能超过地基土的极限强度。实际工程中的重力坝、混凝土挡土墙、桥梁墩台等均可视为刚性基础。

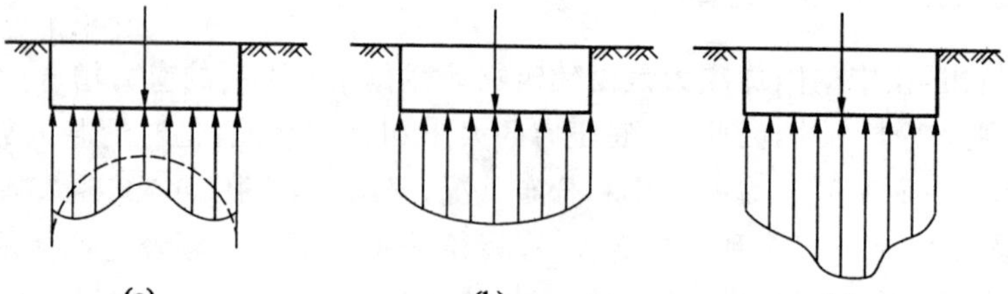

(a) (b) (c)

图 4.7 刚性基础下压力分布

(a) 马鞍形；(b) 抛物线形；(c) 钟形

(3) 弹塑性地基上有限刚性的基础

这是工程中最常见的基础。当基底两端压力足够大且超过土的极限强度后，土体会形成塑性区，基底两端处地基土承受的压力不再增大，多余应力向中间转移，且基础不是绝对刚性的，可以稍为弯曲，因此应力重分布的结果可以成为各种更加复杂的形式。

4.3.1.2 基底压力的简化计算

从上述讨论可见，基底压力的分布是比较复杂的，但根据弹性理论中的圣维南原理以及从土中应力实际量测结果得知，当作用在基础上的荷载总值一定时，只在一定深度范围内，基底压力分布的形状对土中应力的分布有影响，一般情况下，当距基底的深度超过基础宽度的 1.5 ～ 2 倍时，它的影响已不再明显。因此，在实际工程上对基底压力的分布可近似地认为是按直线规律变化的，可采用简化方法计算。

(1) 中心荷载作用下(轴心受压基础) 的基底压力

实用上，通常将地基反力假设为线性分布情况，并按下列公式进行简化计算：

对矩形基础

$$p = \frac{P}{A} = \frac{F+G}{A} \tag{4.5}$$

对条形基础

$$p = \frac{P}{b} = \frac{F+G}{b} \tag{4.6}$$

式中 F——作用在基础顶面通过基底形心的竖向荷载(kN)；

G——基础及其台阶上填土的总重(kN)，由下式计算：

$$G = \bar{\gamma} A d$$

式中　$\bar{\gamma}$——基础和填土的平均重度，一般取 $\bar{\gamma}=20\ \text{kN/m}^3$，地下水位以下取有效重度；

d——基础埋深(m)，一般从室外设计地面或室内外平均设计地面算起；

A——基础底面积，$A=bl$，对条形基础取长度方向 $l=1$ m。

(2) 偏心受压基础的基底压力

地基边缘最大与最小反力

$$p_{\min}^{\max}=\frac{F+G}{A}\pm\frac{M}{W} \tag{4.7}$$

式中　M——作用在基础底面的力矩，$M=(F+G)e$，e 为偏心距；

W—— 基础底面的抗弯截面模量，即 $W=\dfrac{bl^2}{6}$；

l、b—— 基底平面的长边与短边尺寸。

将 W 的表达式代入式(4.7) 得：

$$p_{\min}^{\max}=\frac{F+G}{lb}\left(1\pm\frac{6e}{l}\right) \tag{4.8}$$

由式(4.8) 可见：

① 当 $e<l/6$ 时，基底地基反力呈梯形分布，$p_{\min}>0$，如图 4.8(a) 所示；

② 当 $e=l/6$ 时，基底地基反力呈三角形分布，$p_{\min}=0$，如图 4.8(b) 所示；

③ 当 $e>l/6$ 时，即荷载作用点在截面核心外，$p_{\min}<0$，基底地基反力出现拉力，如图4.8(c) 所示。

由于地基土不可能承受拉力，此时基底与地基土局部脱开，使基底地基反力重新分布。根据偏心荷载与基底地基反力的平衡条件，地基反力的合力作用线应与偏心荷载作用线重合，从而得基底边缘最大地基反力 $p'_{\max}$ 为：

$$p'_{\max}=\frac{2(F+G)}{3b(\frac{l}{2}-e)} \tag{4.9}$$

一般而言，工程上不允许基底出现拉力，因此，在设计基础尺寸时，应使合力偏心距满足$e<\dfrac{l}{6}$的条件，以保证安全。同时，为了减少因地基应力不均匀而引起过大的不均匀沉降，通常要求 $\dfrac{p_{\max}}{p_{\min}}$ 取值在 1.5 ～ 3.0 之间：对压缩性大的黏性土，应采取小值；对压缩性小的无黏性土，可取大值。

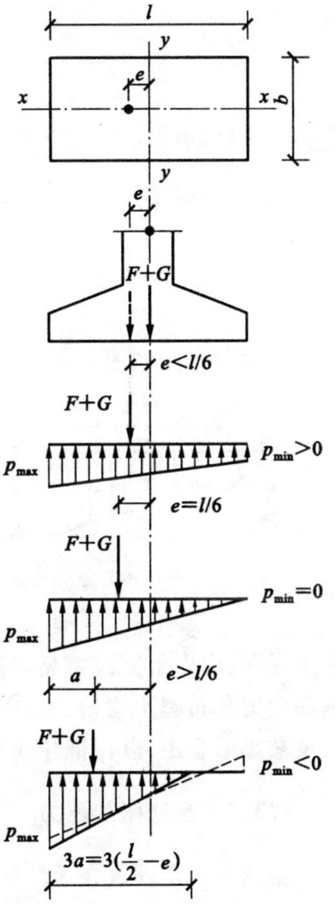

图 4.8　单向偏心荷载下的矩形基底压力分布

【例 4.2】　如图 4.9 所示，柱基础底面尺寸为 1.2×1.0 m²，作用在基础底面的偏心荷载 $F+G=150$ kN。如果偏心距分别为 0.1 m、0.2 m 和0.3 m，试确定基础底面应力数值，并分别绘出应力分布图。

【解】　(a) 当偏心距 $e=0.1$ m 时，因为 $e=0.1\ \text{m}<\dfrac{l}{6}=\dfrac{1.2}{6}=0.2$ m，故最大和最小应力可按式(4.8) 计算：

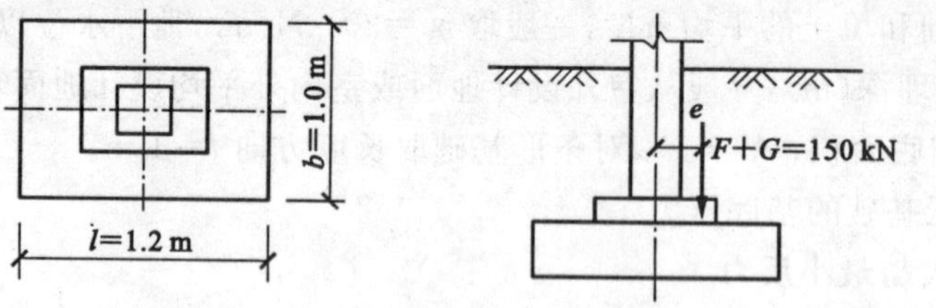

图 4.9　例 4.2 图

$$p_{\min}^{\max}=\frac{F+G}{lb}\left(1\pm\frac{6e}{l}\right)=\frac{150}{1.2\times1.0}\left(1\pm\frac{6\times0.1}{1.2}\right)=\begin{matrix}187.5\\62.5\end{matrix}\ \mathrm{kN/m^2}$$

应力分布图如图 4.10(a) 所示。

(b) 当偏心距 $e=0.2$ m时，因为 $e=0.2\ \mathrm{m}=\frac{l}{6}=0.2$ m，最大和最小应力仍可按式(4.8)计算：

$$p_{\min}^{\max}=\frac{F+G}{lb}\left(1\pm\frac{6e}{l}\right)=\frac{150}{1.2\times1.0}\left(1\pm\frac{6\times0.2}{1.2}\right)=\begin{matrix}250\\0\end{matrix}\ \mathrm{kN/m^2}$$

应力分布图如图 4.10 (b) 所示。

(c) 当偏心距 $e=0.3$ m 时，$e=0.3\ \mathrm{m}>\frac{l}{6}=0.2$ m，基底应力应按式(4.9) 计算：

$$p'_{\max}=\frac{2(F+G)}{3b\left(\frac{l}{2}-e\right)}=\frac{2\times150}{3\times1.0\times\left(\frac{1.2}{2}-0.3\right)}=333.3\ \mathrm{kN/m^2}$$

应力分布图如图 4.10(c)所示。

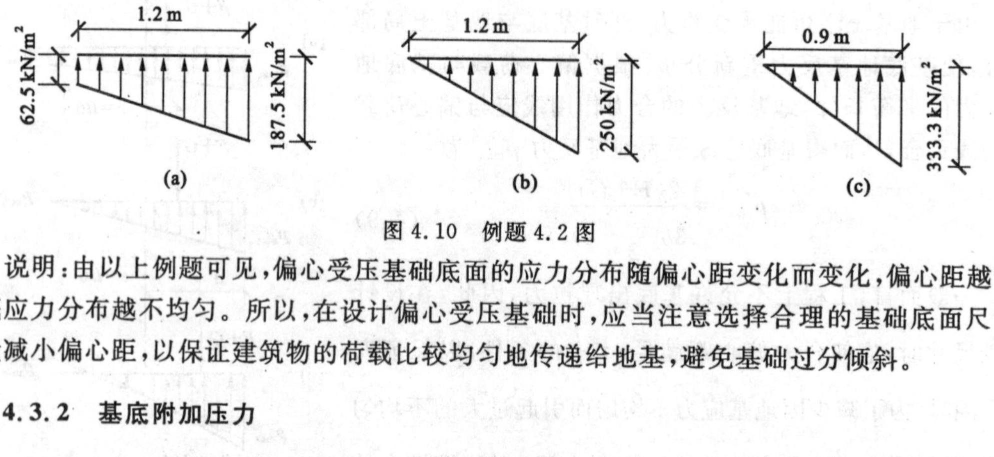

图 4.10　例题 4.2 图

说明：由以上例题可见，偏心受压基础底面的应力分布随偏心距变化而变化，偏心距越大，基底应力分布越不均匀。所以，在设计偏心受压基础时，应当注意选择合理的基础底面尺寸，尽量减小偏心距，以保证建筑物的荷载比较均匀地传递给地基，避免基础过分倾斜。

4.3.2　基底附加压力

基础通常是埋置在天然地面以下一定深度的。由于天然土层在自重作用下的变形已经完成，故只有超出基底处原有自重应力的那部分应力才会使地基产生附加变形。使地基产生附加变形的基底压力称为基底附加压力 p_0。基底附加压力的形成如图 4.11 所示。因此，基底附加压力是上部结构和基础传到基底的地基反力与基底处原先存在于土中的自重应力之差，按下式计算：

$$p_0=p-\sigma_{cz}=p-\gamma_m d \tag{4.10}$$

式中　p_0—— 基底附加压力设计值(kPa)；

p—— 基底压力设计值；

σ_{cz}—— 基底处自重应力；

γ_m—— 基底标高以上天然土层按分层厚度的加权平均重度(kN/m^3)，基础底面在地下水位以下时，地下水位以下的土层用有效重度计算；

d—— 基础埋置深度，简称基础埋深。

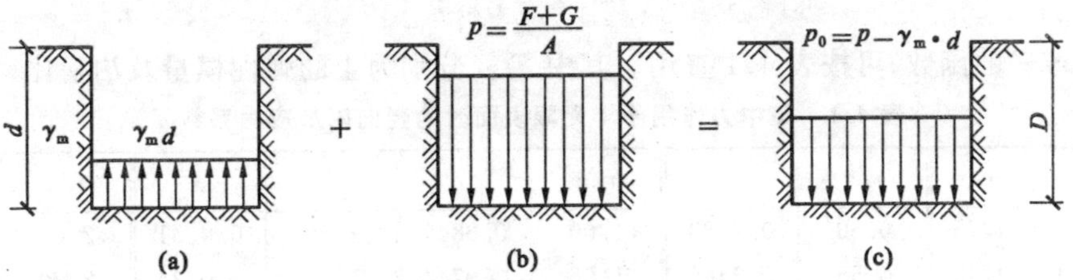

图 4.11　基底附加压力的计算

(a) 挖槽卸载；(b) 建造房屋后基底总压力；(c) 基底新增加的压力

4.4　地基中的附加应力

4.4.1　竖向集中力下地基附加应力

土中附加应力是由建筑物荷载引起的应力增量。本节讨论在竖向集中力作用时土中的应力计算。虽然在实际工程中是没有集中力的，但它在土的应力计算中是一个基本公式，通过应用集中力的解答，以及叠加原理或者积分的方法可以得到各种分布荷载作用时的土中应力计算公式。

在均匀的、各向同性的半无限弹性体表面作用一竖向集中力 p 时，半无限体内任意点 M 的应力(不考虑弹性体的体积力)可由布西奈斯克(J. V. Boussinesq，1885)解计算，如图 4.12 所示。工程中常用的竖向正应力 σ_z 及地表上距集中力为 r 处的竖向位移 w(沉降)可表示成如下形式：

$$\sigma_z = \frac{3p}{2\pi} \cdot \frac{z^3}{R^5} = \frac{3p}{2\pi \cdot z^2} \cdot \frac{1}{\left[1 + (\frac{r}{z})^2\right]^{5/2}} = \alpha \cdot \frac{p}{z^2} \qquad (4.11)$$

式中　R——计算点至坐标原点的距离；

α——集中力作用下的地基竖向附加应力系数。

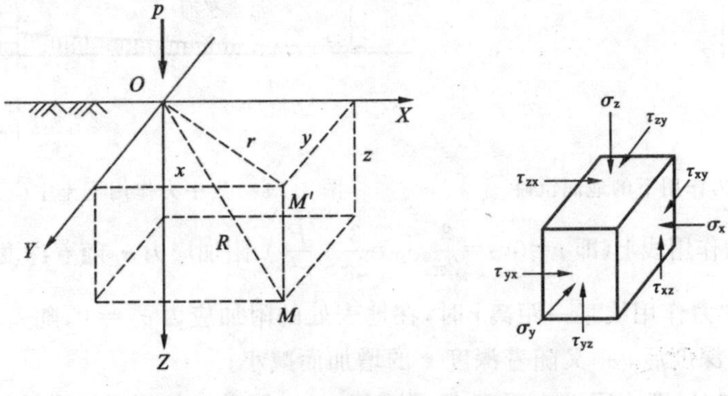

图 4.12　集中力作用下土中应力计算

R 与应力系数 α 分别为：

$$R=\sqrt{x^2+y^2+z^2}$$

$$\alpha=\frac{3}{2\pi\left[1+\left(\frac{r}{z}\right)^2\right]^{\frac{5}{2}}}$$

α 是 (r/z) 的函数，可按表 4.1 查用。其中 E、μ 分别为土的弹性模量及泊松比。

表 4.1　集中力作用于半无限表面时的竖向附加应力系数 α

r/z	α	r/z	α	r/z	α	r/z	α	r/z	α
0.00	0.4775	0.50	0.2733	1.00	0.0844	1.50	0.0251	2.00	0.0085
0.05	0.4745	0.55	0.2466	1.05	0.0744	1.55	0.0224	2.20	0.0058
0.10	0.4657	0.60	0.2214	1.10	0.0658	1.60	0.0200	2.40	0.0040
0.15	0.4516	0.65	0.1978	1.15	0.5810	1.65	0.0179	2.60	0.0029
0.20	0.4329	0.70	0.1762	1.20	0.0513	1.70	0.0160	2.80	0.0021
0.25	0.4103	0.75	0.1565	1.25	0.0454	1.75	0.0144	3.00	0.0015
0.30	0.3849	0.80	0.1386	1.30	0.0402	1.80	0.0129	3.50	0.0007
0.35	0.3577	0.85	0.1226	1.35	0.0357	1.85	0.0116	4.00	0.0004
0.40	0.3294	0.90	0.1083	1.40	0.0317	1.90	0.0105	4.50	0.0002
0.45	0.3011	0.95	0.0956	1.45	0.0282	1.95	0.0095	5.00	0.0001

在工程实践中最常遇到的问题是地面竖向位移（即沉陷）。计算地面某点 A（其坐标为 $z=0$，$R=r$）的沉降 w 可由下式求得（见图 4.13），即：

$$w=\frac{P(1-\mu^2)}{\pi E_0 r} \tag{4.12}$$

式中　E_0——土的变形模量。

从式(4.11)可知，集中力 P 作用下地基中 σ_z 的分布规律如图 4.14 所示。

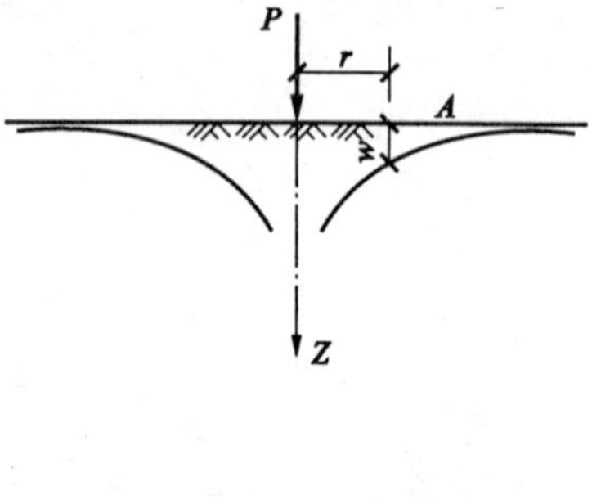

图 4.13　集中力作用下的地面沉降

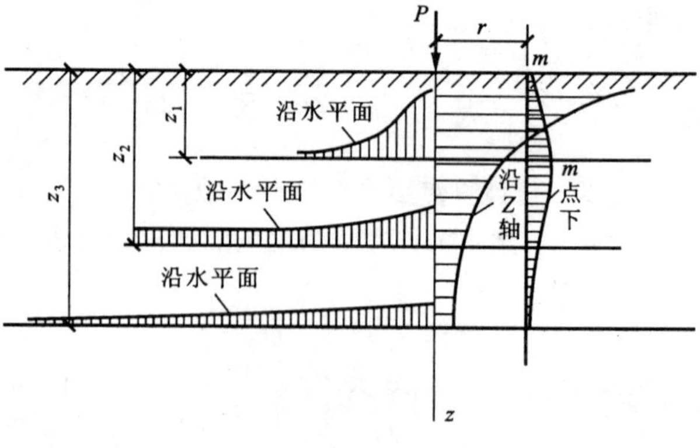

图 4.14　集中力作用下土中应力 σ_z 的分布

(1) 在集中力作用线上（即 $r=0$，$\alpha=\frac{3}{2\pi}$，$\sigma_z=\frac{3}{2\pi}\cdot\frac{F}{z^2}$），附加应力 σ_z 随着深度 z 的增加而递减；

(2) 当离集中力作用线某一距离 r 时，在地表处的附加应力 $\sigma_z=0$，随着深度的增加，σ_z 逐渐递增，但到一定深度后，σ_z 又随着深度 z 的增加而减小；

(3) 当 z 一定时，即在同一水平面上，附加应力 σ_z 随着 r 的增大而减小。

集中荷载在地基中引起的附加应力是向下、向四周无限扩散的。

4.4.2 分布荷载作用下地基附加应力

4.4.2.1 基本计算原理

在实践工程中，荷载很少是以集中力的形式作用在土上，而往往是通过基础分布在一定面积上的。若基础底面的形状或基底下的荷载分布不规则时，则可以把分布荷载分割为许多集中力，然后应用布西奈斯克公式和叠加方法计算土中应力。若基础底面的形状及分布荷载都有规律时，则可以应用积分方法解得相应的土中应力。

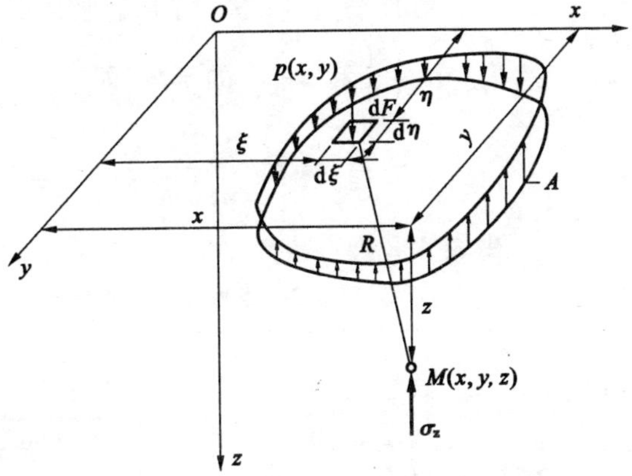

图 4.15 分布荷载作用下土中应力计算

如图 4.15 所示，在半无限土体表面作用一分布荷载 $p(x,y)$，为了计算土中某点$M(x,y,z)$的竖向正应力 σ_z 值，可以在基底范围内取单元面积 $dF=d\xi d\eta$，作用在单元面积上的分布荷载可以用集中力 dp 表示，即：

$$dp = p(x,y)d\xi d\eta$$

这时土中 M 点的竖向正应力 σ_z 值可用式(4.11)在基底面积范围内积分求得，即：

$$\sigma_z = \iint_F d\sigma_z = \frac{3z^3}{2\pi}\iint_F \frac{dp}{R^5} = \frac{3z^3}{2\pi}\iint_F \frac{p(x,y)d\xi d\eta}{[(x-\xi)^2+(y-\eta)^2+z^2]^{\frac{5}{2}}} \qquad (4.13)$$

当已知荷载、分布面积及计算点位置的条件时，即可通过求解上式获得土中某点$M(x,y,z)$应力值。

4.4.2.2 空间问题的附加应力计算

(1) 矩形面积上各种分布荷载作用时土中竖向应力计算

① 矩形面积均布荷载作用时角点下土中附加应力计算

图 4.16 所示为在地基表面作用一分布于矩形面积 $l\times b$ 上的均布荷载 p，如果取所计算的角点为原点，则 M 点的坐标为$(0,0,z)$，分布荷载 $p(x,y)=p$，将它们代入公式(4.13)积分可以得到均布垂直荷载作用下矩形基底角点下深度 z 处 M 点的竖向应力 σ_z 值为：

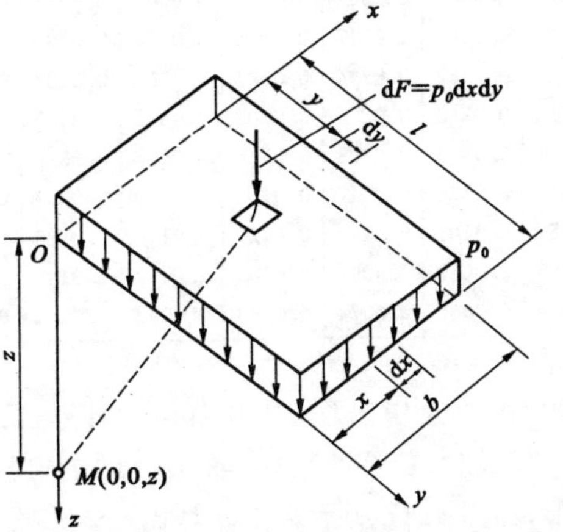

图 4.16 均布垂直荷载作用下矩形基底角点应力分析

$$\sigma_z=\alpha_c p \tag{4.14}$$

式中　α_c——均布垂直荷载作用下矩形基底角点下的竖向附加应力分布系数，无量纲，是 $m=\frac{l}{b}$ 和 $n=\frac{z}{b}$ 的函数，即：

$$\alpha_c=\frac{1}{2\pi}\left[\arctan\frac{m}{n\sqrt{m^2+n^2+1}}+\frac{mn}{\sqrt{m^2+n^2+1}}\left(\frac{1}{m^2+n^2}+\frac{1}{n^2+1}\right)\right]$$

α_c 可由表 4.2 查得。

表 4.2　矩形面积受竖直均布荷载作用时角点下的应力系数 α_c

$n=z/b$ ＼ $m=l/b$	1.0	1.2	1.4	1.6	1.8	2.0	3.0	4.0	5.0	6.0	10.0
0.0	0.2500	0.2500	0.2500	0.2500	0.2500	0.2500	0.2500	0.2500	0.2500	0.2500	0.2500
0.2	0.2486	0.2489	0.2490	0.2491	0.2491	0.2491	0.2492	0.2492	0.2492	0.2492	0.2492
0.4	0.2401	0.2420	0.2429	0.2434	0.2437	0.2439	0.2442	0.2443	0.2443	0.2443	0.2443
0.6	0.2229	0.2275	0.2300	0.2315	0.2324	0.2329	0.2339	0.2341	0.2342	0.2342	0.2342
0.8	0.1999	0.2075	0.2120	0.2147	0.2165	0.2176	0.2196	0.2200	0.2202	0.2202	0.2202
1.0	0.1752	0.1851	0.1911	0.1955	0.1981	0.1999	0.2034	0.2042	0.2044	0.2045	0.2046
1.2	0.1516	0.1626	0.1705	0.1758	0.1793	0.1818	0.1870	0.1882	0.1885	0.1887	0.1888
1.4	0.1308	0.1423	0.1508	0.1569	0.1613	0.1644	0.1712	0.1730	0.1735	0.1738	0.1740
1.6	0.1123	0.1241	0.1329	0.1436	0.1445	0.1482	0.1567	0.1590	0.1598	0.1601	0.1604
1.8	0.0969	0.1083	0.1172	0.1241	0.1294	0.1334	0.1434	0.1463	0.1474	0.1478	0.1482
2.0	0.0840	0.0947	0.1034	0.1103	0.1158	0.1202	0.1314	0.1350	0.1363	0.1368	0.1374
2.2	0.0732	0.0832	0.0917	0.0984	0.1039	0.1084	0.1205	0.1248	0.1264	0.1271	0.1277
2.4	0.0642	0.0734	0.0812	0.0879	0.0934	0.0979	0.1108	0.1156	0.1175	0.1184	0.1192
2.6	0.0566	0.0651	0.0725	0.0788	0.0842	0.0887	0.1020	0.1073	0.1095	0.1106	0.1116
2.8	0.0502	0.0580	0.0649	0.0709	0.0761	0.0805	0.0942	0.0999	0.1024	0.1036	0.1048
3.0	0.0447	0.0519	0.0583	0.0640	0.0690	0.0732	0.0870	0.0931	0.0959	0.0973	0.0987
3.2	0.0401	0.0467	0.0526	0.0580	0.0627	0.0668	0.0806	0.0870	0.0900	0.0916	0.0933
3.4	0.0361	0.0421	0.0477	0.0527	0.0571	0.0611	0.0747	0.0814	0.0847	0.0864	0.0882
3.6	0.0326	0.0382	0.0433	0.0480	0.0523	0.0561	0.0694	0.0763	0.0799	0.0816	0.0837
3.8	0.0296	0.0348	0.0395	0.0439	0.0479	0.0516	0.0645	0.0717	0.0753	0.0773	0.0796
4.0	0.0270	0.0318	0.0362	0.0403	0.0441	0.0474	0.0603	0.0674	0.0712	0.0733	0.0758
4.2	0.0247	0.0291	0.0333	0.0371	0.0407	0.0439	0.0563	0.0634	0.0674	0.0696	0.0724
4.4	0.0227	0.0268	0.0306	0.0343	0.0376	0.0407	0.0527	0.0597	0.0639	0.0662	0.0692
4.6	0.0209	0.0247	0.0283	0.0317	0.0348	0.0378	0.0493	0.0564	0.0606	0.0630	0.0663
4.8	0.0193	0.0229	0.0262	0.0294	0.0324	0.0352	0.0463	0.0533	0.0576	0.0601	0.0635
5.0	0.0179	0.0212	0.0243	0.0274	0.0302	0.0328	0.0435	0.0504	0.0547	0.0573	0.0610
6.0	0.0127	0.0151	0.0174	0.0196	0.0218	0.0238	0.0325	0.0388	0.0431	0.0460	0.0506
7.0	0.0094	0.0112	0.0130	0.0147	0.0164	0.0180	0.0251	0.0306	0.0346	0.0376	0.0428
8.0	0.0073	0.0087	0.0101	0.0114	0.0127	0.0140	0.0198	0.0246	0.0283	0.0311	0.0367
9.0	0.0058	0.0069	0.0080	0.0091	0.0102	0.0112	0.0161	0.0202	0.0235	0.0262	0.0319
10.0	0.0047	0.0056	0.0065	0.0074	0.0083	0.0092	0.0132	0.0167	0.0198	0.0222	0.0280

② 矩形面积均布荷载作用时，土中任意点的附加应力计算(角点法)

在矩形面积上作用均布荷载时，若要求计算非角点下的土中竖向应力，可先将矩形面积按计算点位置分成若干小矩形，如图 4.17 所示。在计算出小矩形面积角点下土中竖向应力后，再采用叠加原理求出计算点的竖向应力 σ_z 值。这种计算方法一般称为角点法。

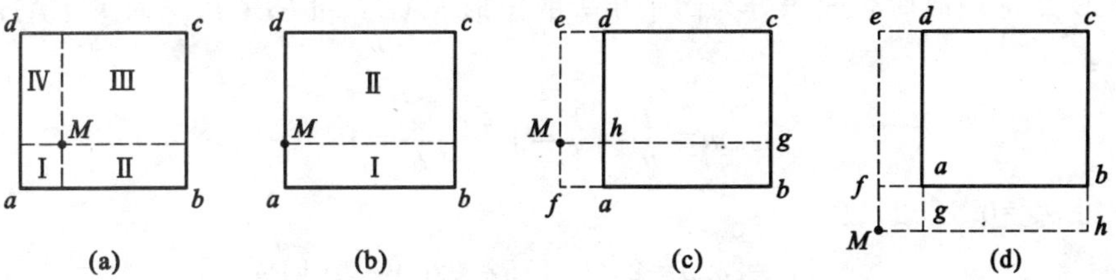

图 4.17　以角点法计算均布矩形荷载下的土中附加应力

(a) M 点在矩形荷载面以内；(b) M 点在矩形荷载面边缘；

(c) M 点在矩形荷载面以外；(d) M 点在矩形荷载面角点外侧

角点法具体做法：通过 M 点做一些相应的辅助线，使 M 点成为几个小矩形的公共角点，M 点(注：M 点为地基中任意一点在基底平面上的投影点)以下任意深度 z 处的附加应力，就等于这几块小矩形荷载在该深度处所引起的应力之和。以图 4.17 所列的四种情况，分别来说明利用角点法求 M 点下任意深度处的附加应力。

(a) M 点在矩形荷载面以内：

$$\sigma_z=(\alpha_{c\,\mathrm{I}}+\alpha_{c\,\mathrm{II}}+\alpha_{c\,\mathrm{III}}+\alpha_{c\,\mathrm{IV}})p$$

(b) M 点在矩形荷载面边缘：

$$\sigma_z=(\alpha_{c\,\mathrm{I}}+\alpha_{c\,\mathrm{II}})p$$

(c) M 点在矩形荷载面以外：

$$\sigma_z=(\alpha_{ceMg}+\alpha_{gMfb}-\alpha_{deMh}-\alpha_{hMfa})\ p$$

(d) M 点在矩形荷载面角点外侧：

$$\sigma_z=(\alpha_{ceMh}-\alpha_{deMg}-\alpha_{bfMh}+\alpha_{afMg})\ p$$

【例 4.3】　现有均布荷载 $p=200\ \mathrm{kN/m^2}$，荷载面积为 2 m×1 m，如图 4.18 所示，试求荷载面积上角点 A、边点 E、中心点 O 以及荷载面积外 F 点和 G 点等各点下 $z=1$ m 深度处的附加应力，并利用计算结果说明附加应力的扩散规律。

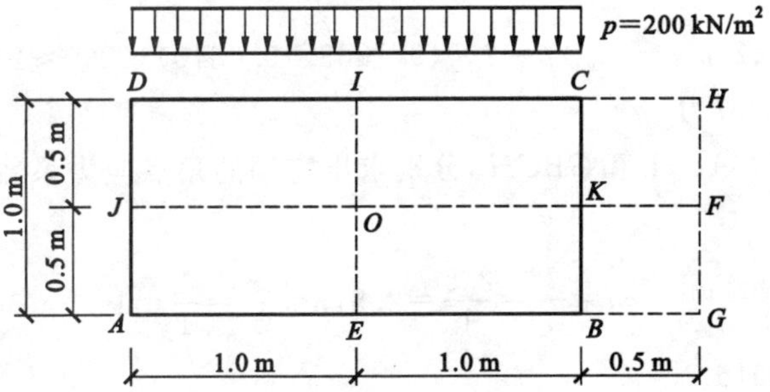

图 4.18　例 4.3 图

【解】　(a) A 点下的附加应力

A 点是矩形 $ABCD$ 的角点：

$$m=\frac{l}{b}=\frac{2}{1}=2,\ n=\frac{z}{b}=1$$

查表 4.2 得 $\alpha_c=0.1999$，故

$$\sigma_{zA}=\alpha_c p=0.1999\times200\approx40\ \mathrm{kPa}$$

(b) E 点下的附加应力

通过 E 点将矩形荷载面积分为两个相等的矩形 $EADI$ 和 $EBCI$，然而求 $EADI$ 的角点应力系数 α_c：

$$m=\frac{l}{b}=\frac{1}{1}=1, n=\frac{z}{b}=1$$

查表 4.2 得 $\alpha_c=0.1752$，故

$$\sigma_{zE}=2\alpha_c p=2\times 0.1752\times 200\approx 70\ \text{kPa}$$

(c) O 点下的附加应力

通过 O 点将原矩形面积分为 4 个相等的矩形 $OEAJ$、$OJDI$、$OICK$ 和 $OKBE$，然后求 $OEAJ$ 角点应力系数 α_c：

$$m=\frac{l}{b}=\frac{1}{0.5}=2, n=\frac{z}{b}=\frac{1}{0.5}=2$$

查表 2.2 得 $\alpha_c=0.1202$，故

$$\sigma_{zO}=4\alpha_c p=4\times 0.1202\times 200\approx 96.2\ \text{kPa}$$

(d) F 点下的附加应力

过 F 点作矩形 $FGAJ$、$FJDH$、$FGBK$ 和 $FKCH$。假设 $\alpha_{c\text{I}}$ 为矩形 $FGAJ$ 和 $FJDH$ 的角点应力系数；$\alpha_{c\text{II}}$ 为矩形 $FGBK$ 和 $FKCH$ 的角点应力系数。

求 $\alpha_{c\text{I}}$：

$$m=\frac{l}{b}=\frac{2.5}{0.5}=5, n=\frac{z}{b}=\frac{1}{0.5}=2$$

查表 4.2 得 $\alpha_{c\text{I}}=0.1363$。

求 $\alpha_{c\text{II}}$：

$$m=\frac{l}{b}=\frac{0.5}{0.5}=1, n=\frac{z}{b}=\frac{1}{0.5}=2$$

查表 4.2 得 $\alpha_{c\text{II}}=0.0840$。

故

$$\sigma_{zF}=2(\alpha_{c\text{I}}-\alpha_{c\text{II}})p=2\times(0.1363-0.0840)\times 200\approx 21\ \text{kPa}$$

(e) G 点下的附加应力

通过 G 点作矩形 $GADH$ 和 $GBCH$，分别求出它们的角点应力系数 $\alpha_{c\text{I}}$ 和 $\alpha_{c\text{II}}$。

求 $\alpha_{c\text{I}}$：

$$m=\frac{l}{b}=\frac{2.5}{1}=2.5, n=\frac{z}{b}=\frac{1}{1}=1$$

查表 4.2 得 $\alpha_{c\text{I}}=0.2016$。

求 $\alpha_{c\text{II}}$：

$$m=\frac{l}{b}=\frac{1}{0.5}=2, n=\frac{z}{b}=\frac{1}{0.5}=2$$

查表 4.2 得 $\alpha_{c\text{II}}=0.1202$。

故

$$\sigma_{zF}=(\alpha_{c\text{I}}-\alpha_{c\text{II}})p=(0.2016-0.1202)\times 200=16.2\ \text{kPa}$$

将计算结果绘于图 4.19 中，由图可以看出，在矩形面积受均布荷载作用时，不仅在受荷面积垂直下方的范围内产生附加应力，而且在荷载面积以外的地基土中（F、G 点下方）也会产生

附加应力。另外，在地基中同一深度处(如 $z=1$ m)，离受荷面积中线越远的点，其附加应力值越小，且矩形面积中点处附加应力最大，如图 4.19(a)所示。

将中点 O 下和 F 点下不同深度的附加应力求出并绘成曲线，如图 4.19(b)所示，可看出地基中附加应力沿深度的扩散规律。

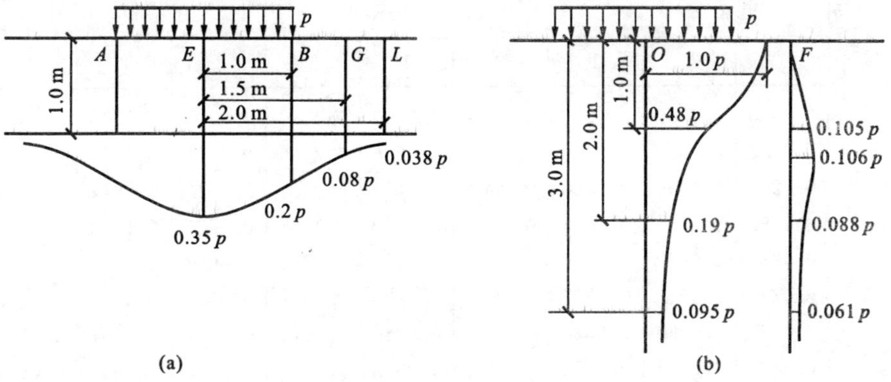

图 4.19　例题 4.3 图

③ 矩形面积三角形分布荷载作用时角点下附加应力计算

设竖向荷载在矩形面积上沿着 x 轴方向呈三角形分布，而沿 y 轴均匀分布，荷载的最大值为 p_t，取荷载零值边的角点为坐标原点，如图 4.20 所示。M 点的坐标为$(0,0,z)$，分布荷载 $p(x,y)=x/bp$，将它们代入式(4.13)，积分可求得该角点下深度 z 处的 M 点的附加应力 σ_z：

$$\sigma_z=\alpha_t p \tag{4.15}$$

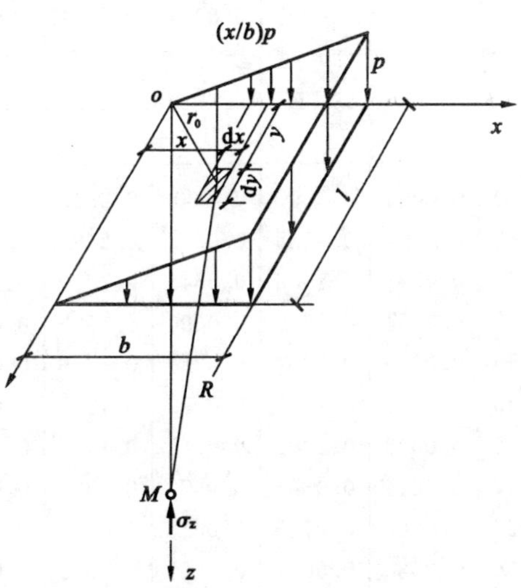

图 4.20　矩形面积三角形分布荷载下地基中附加应力计算

式中　α_t——三角形荷载零角点下的附加应力系数，它是 $m=l/b$ 和 $n=z/b$ 的函数，即：

$$\alpha_t=\frac{mn}{2\pi}\left[\frac{1}{\sqrt{m^2+n^2}}-\frac{m^2}{(1+m^2)\sqrt{1+n^2+m^2}}\right]$$

其值也可由表 4.3 查得。

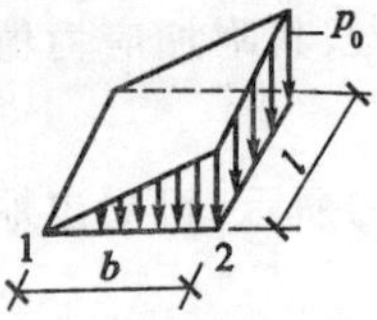

表 4.3　矩形面积上竖直三角形分布荷载作用下的附加压力系数 α_t

z/b ＼ l/b	0.2		0.4		0.6		0.8		1.0	
点	1	2	1	2	1	2	1	2	1	2
0.0	0.0000	0.2500	0.0000	0.2500	0.0000	0.2500	0.0000	0.2500	0.0000	0.2500
0.2	0.0223	0.1821	0.0280	0.2115	0.0296	0.2165	0.0301	0.2178	0.0304	0.2182
0.4	0.0269	0.1094	0.0420	0.1604	0.0487	0.1781	0.0517	0.1844	0.0531	0.1870
0.6	0.0259	0.0700	0.0448	0.1165	0.0560	0.1405	0.0621	0.1520	0.0654	0.1575
0.8	0.0232	0.0480	0.0421	0.0853	0.0553	0.1093	0.0637	0.1232	0.0688	0.1311
1.0	0.0201	0.0346	0.0375	0.0638	0.0508	0.0852	0.0602	0.0996	0.0666	0.1086
1.2	0.0171	0.0260	0.0324	0.0491	0.0450	0.0673	0.0546	0.0807	0.0615	0.0901
1.4	0.0145	0.0202	0.0278	0.0386	0.0392	0.0540	0.0483	0.0661	0.0554	0.0751
1.6	0.0123	0.0160	0.0238	0.0310	0.0339	0.0440	0.0424	0.0547	0.0492	0.0628
1.8	0.0105	0.0130	0.0204	0.0254	0.0294	0.0363	0.0371	0.0457	0.0435	0.0534
2.0	0.0090	0.0108	0.0176	0.0211	0.0255	0.0304	0.0324	0.0387	0.0384	0.0456
2.5	0.0063	0.0072	0.0125	0.0140	0.0183	0.0205	0.0236	0.0265	0.0284	0.0313
3.0	0.0046	0.0051	0.0092	0.0100	0.0135	0.0148	0.0176	0.0192	0.0214	0.0233
5.0	0.0018	0.0019	0.0036	0.0038	0.0054	0.0056	0.0071	0.0074	0.0088	0.0091
7.0	0.0009	0.0010	0.0019	0.0019	0.0028	0.0029	0.0038	0.0038	0.0047	0.0047
10.0	0.0005	0.0004	0.0009	0.0010	0.0014	0.0014	0.0019	0.0019	0.0023	0.0024

z/b ＼ l/b	1.2		1.4		1.6		1.8		2.0	
点	1	2	1	2	1	2	1	2	1	2
0.0	0.0000	0.2500	0.0000	0.2500	0.000	0.2500	0.0000	0.2500	0.0000	0.2500
0.2	0.0305	0.2148	0.0305	0.2185	0.0306	0.2185	0.0306	0.2185	0.0306	0.2185
0.4	0.0539	0.1881	0.0543	0.1886	0.0545	0.1889	0.0546	0.1891	0.0547	0.1892
0.6	0.0673	0.1602	0.0684	0.1616	0.0690	0.1625	0.0694	0.1630	0.0696	0.1633
0.8	0.0720	0.1355	0.0739	0.1381	0.0751	0.1396	0.0759	0.1405	0.0764	0.1412
1.0	0.0708	0.1143	0.0735	0.1176	0.0753	0.1202	0.0766	0.1215	0.0774	0.1225
1.2	0.0664	0.0962	0.0698	0.1007	0.0721	0.1037	0.0738	0.1055	0.0749	0.1069
1.4	0.0606	0.0817	0.0644	0.0864	0.0672	0.0897	0.0692	0.0921	0.0707	0.0937
1.6	0.0545	0.0696	0.0586	0.0743	0.0616	0.0780	0.0639	0.0806	0.0656	0.0826
1.8	0.0487	0.0596	0.0528	0.0644	0.0560	0.0681	0.0585	0.0709	0.0604	0.0730
2.0	0.0434	0.0513	0.0474	0.0560	0.0507	0.0596	0.0533	0.0625	0.0553	0.0649
2.5	0.0326	0.0365	0.0362	0.0405	0.0393	0.0440	0.0419	0.0469	0.0440	0.0491
3.0	0.0249	0.0270	0.0280	0.0303	0.0307	0.0333	0.0331	0.0359	0.0352	0.0380
5.0	0.0104	0.0108	0.0120	0.0123	0.0135	0.0139	0.0148	0.0154	0.0161	0.0167
7.0	0.0056	0.0056	0.0064	0.0066	0.0073	0.0074	0.0081	0.0083	0.0089	0.0091
10.0	0.0028	0.0028	0.0033	0.0032	0.0037	0.0037	0.0041	0.0042	0.0046	0.0046

续表 4.3

z/b \ l/b 点	3.0		4.0		6.0		8.0		10.0	
	1	2	1	2	1	2	1	2	1	2
0.0	0.0000	0.2500	0.0000	0.2500	0.0000	0.2500	0.0000	0.2500	0.0000	0.2500
0.2	0.0306	0.2186	0.0306	0.2186	0.0306	0.2186	0.0306	0.2186	0.0306	0.2186
0.4	0.0548	0.1894	0.0549	0.1894	0.0549	0.1894	0.0549	0.1894	0.0549	0.1894
0.6	0.0701	0.1638	0.0702	0.1639	0.0702	0.1640	0.0702	0.1640	0.0702	0.1640
0.8	0.0773	0.1423	0.0776	0.1424	0.0776	0.1426	0.0776	0.1426	0.0776	0.1426
1.0	0.0790	0.1244	0.0794	0.1248	0.0795	0.1250	0.0796	0.1250	0.0796	0.1250
1.2	0.0774	0.1096	0.0779	0.1103	0.0782	0.1105	0.0783	0.1105	0.0783	0.1105
1.4	0.0739	0.0973	0.0748	0.0982	0.0752	0.0986	0.0752	0.0987	0.0753	0.0987
1.6	0.0697	0.0870	0.0708	0.0882	0.0714	0.0887	0.0715	0.0888	0.0715	0.0889
1.8	0.0652	0.0782	0.0666	0.0797	0.0673	0.0805	0.0675	0.0806	0.0675	0.0808
2.0	0.0607	0.0707	0.0624	0.0726	0.0634	0.0734	0.0636	0.0736	0.0636	0.0738
2.5	0.0504	0.0559	0.0529	0.0585	0.0543	0.0601	0.0547	0.0604	0.0548	0.0605
3.0	0.0419	0.0451	0.0449	0.0482	0.0469	0.0504	0.0474	0.0509	0.0476	0.0511
5.0	0.0214	0.0221	0.0248	0.0256	0.0283	0.0290	0.0296	0.0303	0.0301	0.0309
7.0	0.0124	0.0126	0.0152	0.0154	0.0186	0.0190	0.0204	0.0207	0.0212	0.0216
10.0	0.0066	0.0066	0.0084	0.0083	0.0111	0.0111	0.0128	0.0130	0.0139	0.0141

(2) 圆形面积垂直均布荷载作用下地基附加力

如图 4.21 所示，设圆形基础半径为 r_0，其上作用有均布荷载 p，若以圆心为坐标原点，则用类似于求 K_c、K_t 的推导步骤，得出圆心 O 点下 z 深度处的附加应力计算公式为：

$$\sigma_z = K_o p \tag{4.16}$$

式中 K_o——圆心 O 点下附加应力系数，其值由 z/r_0 决定，由表 4.4 查取。

同理，可计算圆形荷载周边下的附加应力：

$$\sigma_z = K_r p \tag{4.17}$$

式中 K_r——圆形荷载周边下的附加应力系数，其值由 z/r_0 决定，由表 4.4 查取。

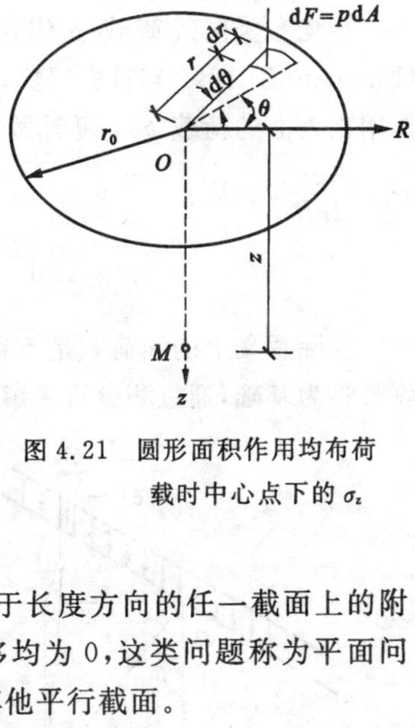

图 4.21 圆形面积作用均布荷载时中心点下的 σ_z

4.4.2.3 平面问题的附加应力计算

当一定宽度的无限长条面积承受均布荷载时，在土中垂直于长度方向的任一截面上的附加应力分布规律均相同，且在长条延伸方向地基的应变和位移均为 0，这类问题称为平面问题。对此类问题，只要算出任一截面上的附加应力，即可代表其他平行截面。

实际建筑中并没有无限长的荷载面积。研究表明，当基础的长宽比 $l/b \geqslant 10$ 时，计算的地基附加应力值与按 $l/b=\infty$ 时的解相差甚微。因此，墙基、路基、挡土墙基础等均可按平面问题计算地基中的附加应力。

表 4.4　均布圆形荷载中点及周边下的附加应力系数 K_o、K_r

系数 z/r_0	K_o	K_r	系数 z/r_0	K_o	K_r	系数 z/r_0	K_o	K_r
0.0	1.000	0.500	1.6	0.390	0.244	3.2	0.130	0.103
0.1	0.999	0.482	1.7	0.360	0.229	3.3	0.124	0.099
0.2	0.993	0.464	1.8	0.332	0.217	3.4	0.117	0.094
0.3	0.976	0.447	1.9	0.307	0.204	3.5	0.111	0.089
0.4	0.949	0.432	2.0	0.285	0.193	3.6	0.106	0.084
0.5	0.911	0.412	2.1	0.264	0.182	3.7	0.100	0.079
0.6	0.864	0.374	2.2	0.246	0.172	3.8	0.096	0.074
0.7	0.811	0.369	2.3	0.229	0.162	3.9	0.091	0.070
0.8	0.756	0.363	2.4	0.211	0.154	4.0	0.087	0.066
0.9	0.701	0.347	2.5	0.200	0.146	4.2	0.079	0.058
1.0	0.646	0.332	2.6	0.187	0.139	4.4	0.073	0.052
1.1	0.595	0.313	2.7	0.175	0.133	4.6	0.067	0.049
1.2	0.547	0.303	2.8	0.165	0.125	4.8	0.062	0.047
1.3	0.502	0.286	2.9	0.155	0.119	5.0	0.057	0.045
1.4	0.461	0.270	3.0	0.146	0.113			
1.5	0.424	0.256	3.1	0.138	0.108			

(1) 均布竖向线荷载

当均布竖向线荷载 p 作用于地表面时，地基中任意点 M 的附加应力解答由弗拉曼(Flamant)于 1892 年首先得到，故又称弗拉曼解。如图4.22所示，在线荷载上取微分长度 $\mathrm{d}y$，作用在上面的荷载 $p\mathrm{d}y$ 可看做集中力，则在地基内 M 点引起的附加应力按式(4.11)计算为 $\mathrm{d}\sigma_z=\dfrac{3pz^3}{2\pi R^5}\mathrm{d}y$，则：

$$\sigma_z=\int_{-\infty}^{\infty}\frac{3pz^3}{2\pi(x^2+y^2+z^2)^{5/2}}\mathrm{d}y=\frac{2pz^3}{\pi(x^2+z^2)} \tag{4.18}$$

实际意义上的线荷载是不存在的，可以将其看做条形面积在宽度趋于零时的特殊情况，以该解答为基础，通过积分可求解各类平面问题地基中的附加应力。

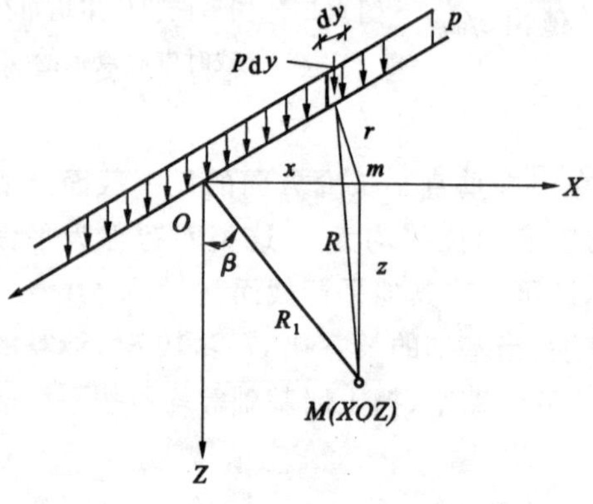

图 4.22　均布竖向线荷载下地基附加应力

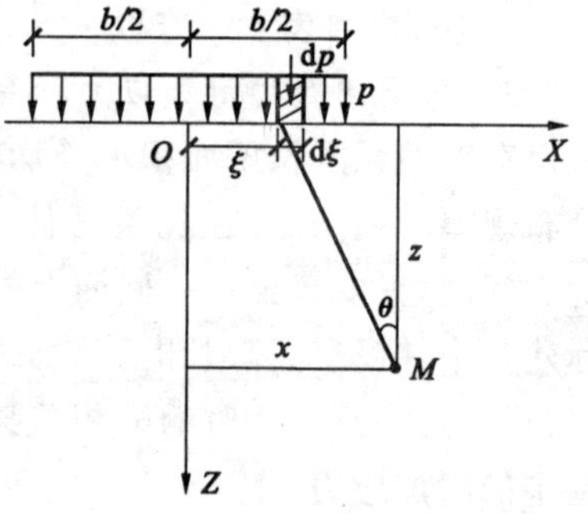

图 4.23　均布竖向条形荷载下地基附加应力

(2) 均布竖向条形荷载

当宽度为 b 的条形基础上作用有均布荷载 p 时，取宽度 b 的中点作为坐标原点(图4.23)，则地基中某点的竖向附加应力可由式(4.18)进行积分求得：

$$\begin{aligned}\sigma_z &= \frac{p}{\pi}\left[\arctan\frac{1-2m}{2n}+\arctan\frac{1+2m}{2n}-\frac{4n(4m^2-4n^2-1)}{(4m^2+4n^2-1)^2+16n^2}\right]\\ &= K_{sz}p \end{aligned} \quad (4.19)$$

$$m=\frac{x}{b},\quad n=\frac{z}{b}$$

式中 K_{sz}——条形基础上作用均布垂直荷载时竖向附加应力分布系数，$K_{sz}=f(m,n)$，由表4.5查取。

表 4.5 均布竖向条形荷载作用下附加应力分布系数 K_{sz}

z/b	x/b					
	0.00	0.25	0.50	1.00	1.50	2.00
0.00	1.00	1.00	0.50	0.00	0.00	0.00
0.25	0.96	0.90	0.50	0.02	0.00	0.00
0.50	0.82	0.74	0.48	0.08	0.02	0.00
0.75	0.67	0.61	0.45	0.15	0.04	0.02
1.00	0.55	0.51	0.41	0.19	0.07	0.03
1.25	0.46	0.44	0.37	0.20	0.10	0.04
1.50	0.40	0.38	0.33	0.21	0.11	0.06
1.75	0.35	0.34	0.30	0.21	0.13	0.07
2.00	0.31	0.31	0.28	0.20	0.14	0.08
3.00	0.21	0.21	0.20	0.17	0.13	0.10
4.00	0.16	0.16	0.15	0.14	0.12	0.10
5.00	0.13	0.13	0.12	0.12	0.11	0.09
6.00	0.11	0.10	0.10	0.10	0.10	—

(3) 三角形分布的竖向条形荷载

图4.24为条形基础受三角形分布的垂直荷载的情况，荷载最大值为 p_t。将坐标原点取在零荷载处以荷载增大的方向为 X 正向，通过式(4.19)积分可得：

$$\begin{aligned}\sigma_z &= \frac{p_t}{\pi}\left\{m\left[\arctan\left(\frac{m}{n}\right)-\arctan\left(\frac{m-1}{n}\right)\right]-\frac{(m-1)m}{(m-1)^2+n^2}\right\}\\ &= K_{tz}p_t \end{aligned} \quad (4.20)$$

式中 K_{tz}——条形基础上作用三角形分布荷载时竖向附加应力分布系数，由表4.6查取。

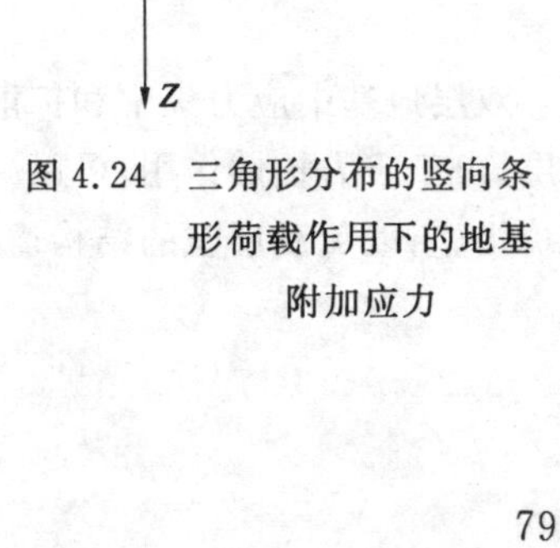

图4.24 三角形分布的竖向条形荷载作用下的地基附加应力

表 4.6　三角形分布的竖向条形荷载下附加应力分布系数 K_{tz}

z/b ＼ x/b	−0.50	−0.25	+0.00	+0.25	+0.50	+0.75	+1.00	+1.25	+1.50
0.01	0.000	0.000	0.003	0.249	0.500	0.750	0.497	0.000	0.000
0.1	0.000	0.002	0.032	0.251	0.498	0.737	0.468	0.010	0.002
0.2	0.003	0.009	0.061	0.255	0.489	0.682	0.437	0.050	0.009
0.4	0.010	0.036	0.011	0.263	0.441	0.534	0.379	0.137	0.043
0.6	0.030	0.066	0.140	0.258	0.378	0.421	0.328	0.177	0.080
0.8	0.050	0.089	0.155	0.243	0.321	0.343	0.285	0.188	0.106
1.0	0.065	0.104	0.159	0.224	0.275	0.286	0.250	0.184	0.121
1.2	0.070	0.111	0.154	0.204	0.239	0.246	0.221	0.176	0.126
1.4	0.080	0.144	0.151	0.186	0.210	0.215	0.198	0.165	0.127
2.0	0.090	0.108	0.127	0.143	0.153	0.155	0.147	0.134	0.115

4.4.2.4　成层地基中附加应力的分布规律

在柔性荷载作用下，将土体视为均质各向同性弹性土体时，土中附加应力的计算与土的性质无关。但是，地基土往往是由软硬不一的多种土层所组成，其变形特性在竖直方向差异较大，应属于双层地基的应力分布问题。对双层地基的应力分布问题，有两种情况值得研究：一种是坚硬土层上覆盖着不厚的可压缩土层，即薄压缩层情况；另一种是软弱土层上有一层压缩性较低的土层，即硬壳层情况。当上层土的压缩性比下层土的压缩性高时(薄压缩层情况)，即 $E_1 < E_2$ 时，则土中附加应力分布将发生应力集中的现象；当上层土的压缩性比下层土的压缩性低(即硬壳层情况)，即 $E_1 > E_2$ 时，则土中附加应力将发生扩散现象，如图 4.25 所示。在实际地基中，下卧刚性岩层将引起应力集中的现象，若岩层埋藏越浅，应力集中愈显著。在坚硬土层下存在软弱下卧层时，土中应力扩散的现象将随上层坚硬土层厚度的增大而更加显著。因土的泊松比变化不大，其对应力集中和应力扩散现象的影响可忽略。

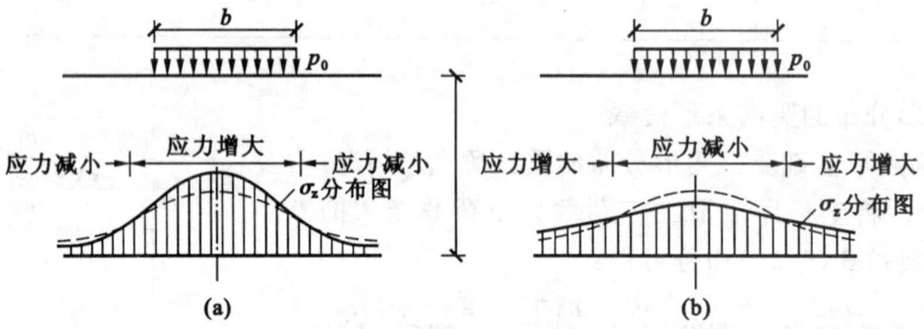

图 4.25　双层地基中界面上附加应力的分布规律

(a) 应力集中；(b) 应力扩散

双层地基中应力集中和扩散的概念有着重要工程意义，特别是在软土地区，表面有一层硬壳层，由于应力扩散作用，可以减少地基的沉降，故在设计中基础应尽量浅埋，并在施工中采取保护措施，以免浅层土的结构遭受破坏。

思考题与习题

4.1 试简述自重应力与附加应力，并指出何种应力是引起地基变形的主要原因。

4.2 地基中自重应力的分布有什么特点？

4.3 试分析地下水位升降对地基自重应力的影响。

4.4 饱和土体有效应力原理的要点是什么？

4.5 影响基底反力分布的因素有哪些？

4.6 目前根据什么假设计算地基中的附加应力？这些假设是否合理可行？

4.7 什么叫做角点法？

4.8 试根据成层地基中附加应力的分布规律解释软土地区的“硬壳层”的工程意义。

4.9 根据图 4.26 所示的地质剖面图，试绘制 $A—A$ 截面以上土层的有效自重压力分布曲线。

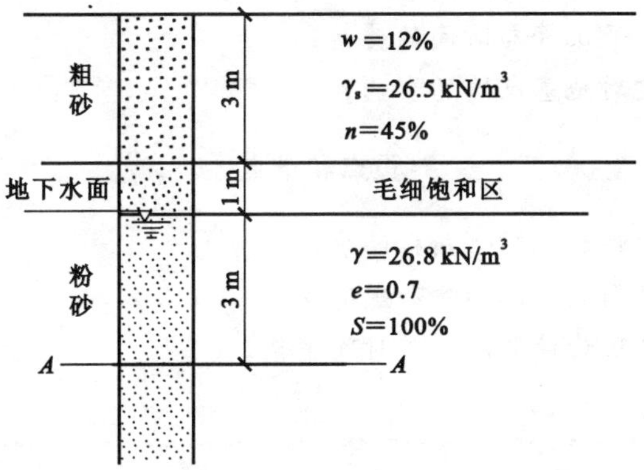

图 4.26　习题 4.9 图

4.10 有一 U 形基础，如图 4.27(a)所示，设在其 $x—x$ 轴线上作用一单轴偏心垂直荷载 $P=6000$ kN，作用在离基边 2 m 的点上，试求基底左端压力 p_1 和右端压力 p_2。如把荷载由 A 点向右移到 B 点，则右端基底压力将等于原来左端压力 p_1，试问 AB 间距为多少？

4.11 如图 4.28 所示，试求均布方形面积荷载中心线上 A、B、C 各点上的垂直荷载应力 σ_z，并比较用集中力代替此均布面积荷载时，在各点引起的误差(用％表示)。(圣维南原理)

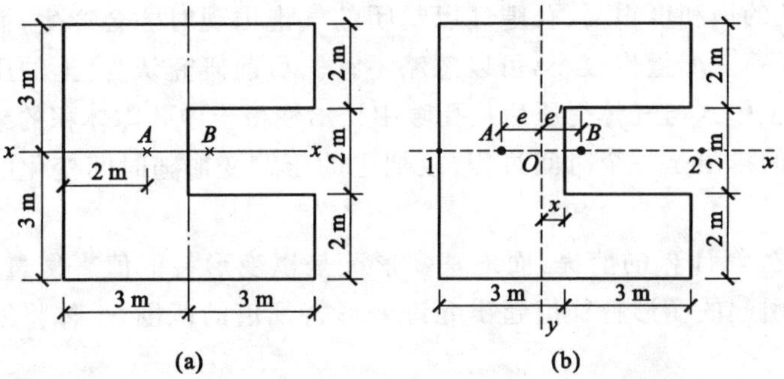

(a)　(b)

图 4.27　习题 4.10 图

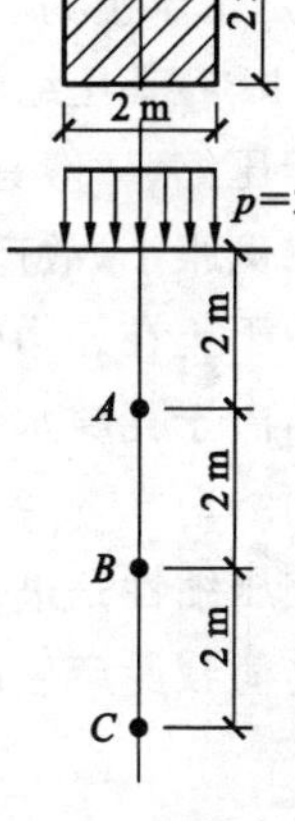

图 4.28　习题 4.11 图

5 土的压缩性及地基沉降量计算

学习要点

(1) 掌握荷载作用下土的压缩性；
(2) 掌握地基最终沉降量计算；
(3) 掌握固结理论及沉降与时间的关系；
(4) 掌握应力历史对地基沉降的影响。

重点和难点

(1) 掌握土的压缩性和压缩性指标的确定；
(2) 计算基础沉降的分层总和法和规范法；
(3) 利用一维固结理论计算沉降与时间关系。

5.1 概 述

地基土层承受上部建筑物的荷载，必然会产生变形，从而引起建筑物基础沉降。不少工程事故例如建筑物倾斜、下沉、基础断裂、墙体开裂等，都是由于土的压缩性引起地基严重沉降或不均匀沉降造成的。

对于土体产生压缩的原因可从两方面考虑。在外因上，建筑物荷载作用是主要因素。在内因上，主要是由于土为三相组成的非均质非连续体，其中固体颗粒和水在一般工程压力范围内(100～600 kPa)其压缩量很小(占总压缩量的 1/400 左右)，对一般建筑工程来说没有意义；而土中的气相压缩，一般只有在土的饱和度很高、孔隙气以封闭的气泡出现时才会产生，而此时土中气相比例很小，故产生的压缩变形量也很小，可以忽略不计。目前研究认为，土的压缩变形主要是由于土在外力作用下土中水与气体受压后从孔隙中挤出使得土中孔隙体积的减小而引起的。而由于孔隙水和气体的排出是一个时间过程，故把土的压缩变形随时间变化的过程称为土的固结。

研究土的压缩性是进行地基沉降计算的前提，而地基变形又是以变形特征值来衡量的。如果由建筑物荷载所产生的压力引起的变形特征值超出允许变形特征值的范围，土体将发生变形破坏。

5.2 土的压缩性

5.2.1 土的压缩性及其影响因素

土的压缩性是指土在压力作用下体积减小的性质。试验表明：土的压缩主要是由于孔隙中的水分和气体被挤出，土粒相互移动靠拢，致使土的孔隙体积减小而引起的。研究土的压缩性，就是研究土的压缩变形量和压缩过程，即研究压力与孔隙体积的变化关系以及孔隙体积随时间变化的情况。

压缩有两种形式，即有侧限压缩和无侧限压缩。当自然界广阔土层上作用着大面积均布荷载时，认为是有侧限形式。一般工程与此近似，通常用这种形式。

具体地，土的压缩性高低要用压缩性指标来表示，压缩性指标通常由侧限压缩试验确定。研究方法通常有室内压缩实验和现场载荷试验两种。

5.2.2 压缩试验和压缩指标

有侧限压缩指受压土的周围受到限制，受压过程中基本上不能向侧面膨胀，只能发生垂直方向变形，又称为无侧胀压缩。这也是本节研究的压缩试验，又称为固结试验，如图 5.1 所示。

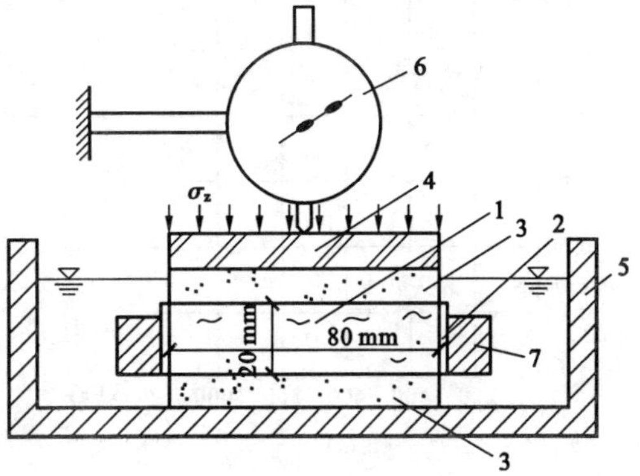

图 5.1 侧限压缩试验装置

1—试样；2—环刀；3—透水石；4—传压板；
5—水槽；6—量力环；7—内环

固结试验所用到的仪器设备主要是固结容器、加压设备和量测设备组成的固结仪。试验时取出金属环刀，小心切入保持天然结构的原装土样中，并置于圆筒形固结容器的刚性护环内，试样上下各放一块透水石，受压后土中孔隙水可以从上下双向排出。由于金属环刀和刚性护环的限制，土样在压力作用下只能发生竖向压缩，其横截面面积不会发生变化，这样的试验条件称为侧限压缩条件。因此，土的压缩试验与压缩计算采用如下假定：

(1) 试验过程中土颗粒本身没有压缩性；

(2) 在沿试样的横截面和高度范围内附加应力均匀分布；

(3) 试样不允许有任何侧向变形；

(4) 压缩过程中试样的横截面保持不变。

在压缩试验中，可以量测土样在所加各级荷载(一般按 $p=50$ kPa、100 kPa、200 kPa、300 kPa、400 kPa 五级加载)作用下压缩稳定后的垂直压缩变形量，从而绘制土的压缩曲线，即孔隙比随荷载的变化曲线。

5.2.2.1 压缩曲线

在压缩试验过程中，土粒体积和土样横截面大小保持不变，如图 5.2 所示。利用这两个条件和物理性质指标的换算，可整理得到在各级荷载 p 作用下压缩稳定后孔隙比与压缩量的关系，即：

$$e_i = e_0 - \frac{s_i}{h_0}(1+e_0) \tag{5.1}$$

式中　e_i——土样压缩稳定的最终孔隙比；

e_0——土样初始孔隙比，即天然孔隙比；

s_i——土样压缩稳定后的垂直压缩变形量(mm)；

h_0——试验土样厚度(mm)。

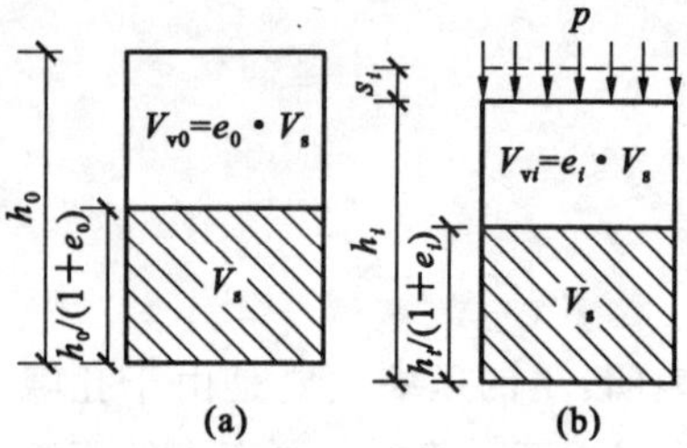

图 5.2　土样压缩前后孔隙比

(a) 加载前；(b) 压缩稳定后

由于各级荷载可以在试验时操作得到，则若以纵坐标表示在各级压力下试样压缩稳定后的孔隙比 e，以横坐标表示压力 p，根据压缩试验的结果，即可以绘制出孔隙比与所加荷载的关系曲线，并称之为压缩曲线，如图 5.3 所示。

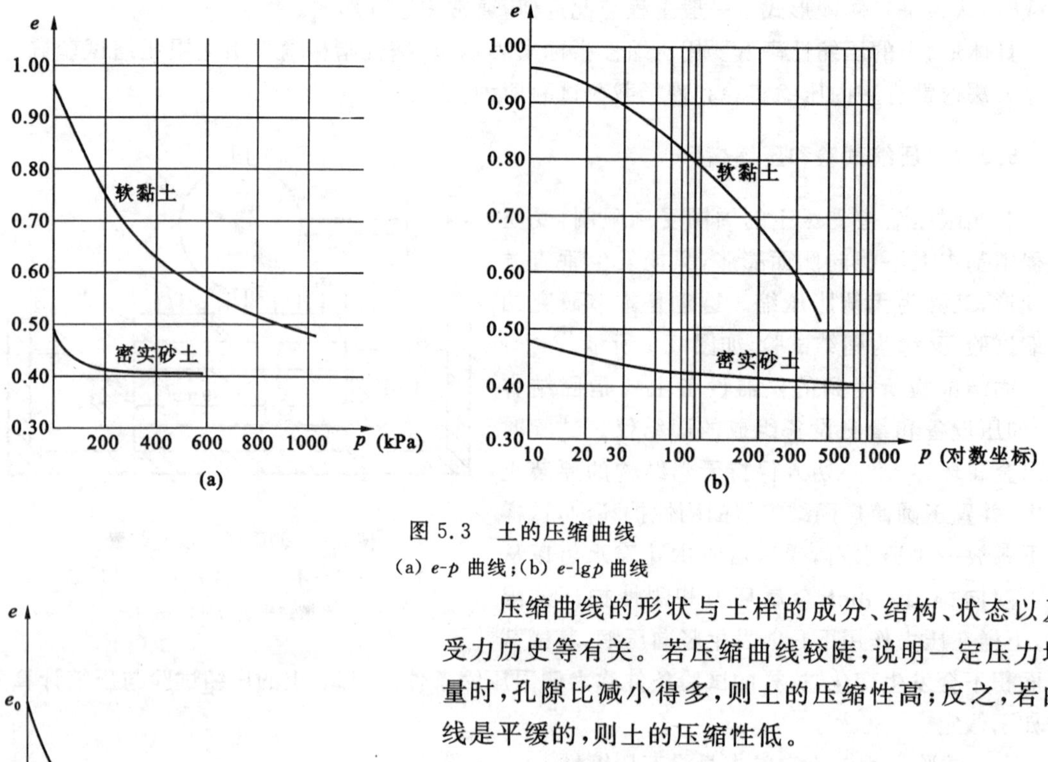

图 5.3　土的压缩曲线

(a) e-p 曲线；(b) e-$\lg p$ 曲线

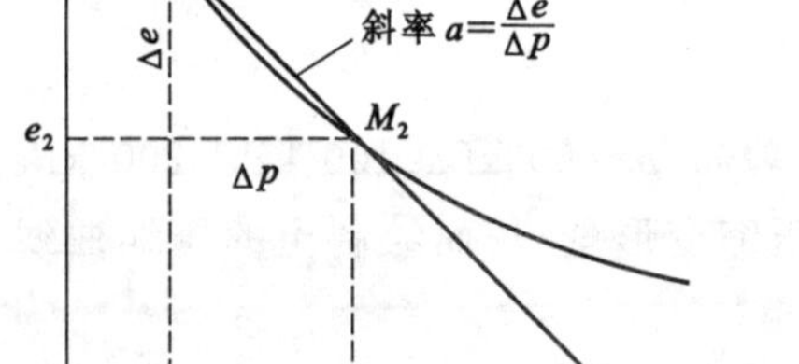

图 5.4　土的压缩曲线(e-p)确定压缩系数

压缩曲线的形状与土样的成分、结构、状态以及受力历史等有关。若压缩曲线较陡，说明一定压力增量时，孔隙比减小得多，则土的压缩性高；反之，若曲线是平缓的，则土的压缩性低。

5.2.2.2　压缩指标

(1) 压缩系数

土的压缩系数是指土体在侧限条件下空隙比的减小量与对应的压应力增量之比。如图 5.4 所示，在压力变化范围不大(图中 M_1、M_2 点)时，e-p 曲线中该两点的曲线可以用直线代替，该直线的斜率即该压力条件下的压缩系数，记为 a(单位为 MPa^{-1})，即：

$$a = \frac{e_1 - e_2}{p_2 - p_1} \tag{5.2}$$

此式即土的力学性质的基本定律之一，称为压缩定律。

压缩系数是表示土的压缩性大小的主要指标，压缩系数越大，表明在某压力变化范围内孔隙比减小得越多，压缩性就越高。压缩系数不是常数，它随初始压力 p_1 和压力增量 p_2-p_1 的变化而变化。在工程实际中，为便于比较，《建筑地基基础设计规范》(GB 50007—2002)规定以 $p_1=0.1$ MPa、$p_2=0.2$ MPa 的压缩系数，即 $a_{1\text{-}2}$ 作为判断土的压缩性高低的标准，并将土分为 3 类，具体内容见表 5.1 所示。

表 5.1　压缩系数判断土的压缩性

压缩系数(MPa^{-1})	$a_{1\text{-}2}<0.1$	$0.1\leqslant a_{1-2}<0.5$	$a_{1\text{-}2}\geqslant 0.5$
类型	低压缩性土	中压缩性土	高压缩性土

(2) 压缩指数

如果将土的 e-p 曲线绘制成 e-lg$p$ 曲线，可以发现，曲线后半段通常成为直线段，如图 5.5 所示。e-lg$p$曲线被广泛用于分析研究应力历史对土的压缩性的影响，对沉降的计算具有重要意义。

同理，按照取值压缩系数的方法，压缩指数即 e-lg$p$曲线上两点割线的斜率，一般取 e-lg$p$ 曲线后半直线段的斜率，记为 C_c，即：

$$C_c=\frac{e_1-e_2}{\lg p_2-\lg p_1} \tag{5.3}$$

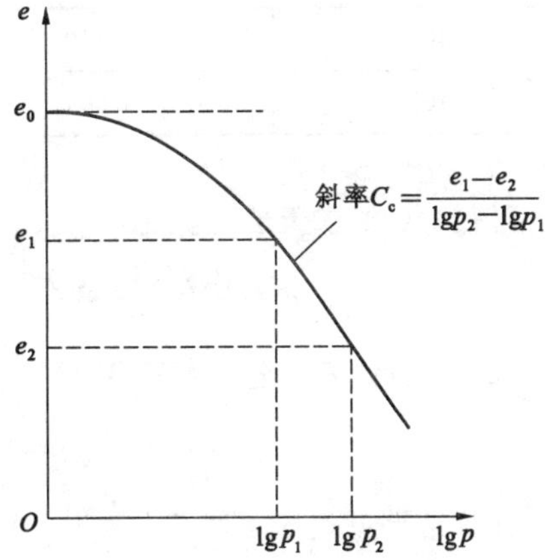

图 5.5　土的压缩曲线(e-lg$p$)确定压缩指数

可以看出，C_c 为一常数。C_c越大，土的压缩性越高。

当 $C_c<0.2$ 时，属于低压缩性土；当 $C_c>0.4$ 时，属于高压缩性土；$C_c=0.2\sim0.4$ 时，属于中性压缩土。国外广泛采用 e-lg$p$ 曲线来分析研究应力历史对土压缩性的影响。

(3) 压缩模量

压缩模量是指土体在侧限条件下竖向应力变化值 Δp 与相应的压应变 $\Delta\varepsilon$ 的比值，记为 E_s(单位为 MPa)，即：

$$E_s=\frac{\Delta p}{\Delta\varepsilon}=\frac{p_2-p_1}{\frac{s}{h}} \tag{5.4a}$$

联合式(5.1)、式(5.2)、式(5.4a)可以得到下式：

$$E_s=\frac{1+e_1}{a} \tag{5.4b}$$

土的压缩系数和压缩模量是判断土的压缩性和计算地基压缩变形量的重要指标，两者之间的关系为反比关系。a 越小，E_s 越大，表明在同一压力范围内土的压缩变形越小，土的压缩性越低。用压缩模量也可以判别土的压缩性大小，如表 5.2 所示。

表 5.2　压缩模量判断土的压缩性简表

压缩模量(MPa)	$E_s>15$	$4\leqslant E_s\leqslant 15$	$E_s<4$
类型	低压缩性土	中压缩性土	高压缩性土

【例 5.1】 已知作压缩试验的土样天然容重为 18.5 kN/m³，天然含水量为 40%，土粒相对密度为 2.75，试样高度为 20 mm，试样在各级荷载作用下压缩稳定后的总变形量如表 5.3 所示。试判别该土样的压缩性大小。

表 5.3 试样总变形量

压力(kPa)	试样总变形量(mm)
0	0
50	0.926
100	1.308
200	1.886
300	2.310
400	2.564

表 5.4 各压力下孔隙比

压力(kPa)	试样总变形量(mm)	孔隙比
0	0	1.081
50	0.926	0.985
100	1.308	0.945
200	1.886	0.885
300	2.310	0.841
400	2.564	0.814

【解】 (1) 求天然孔隙比：

$$e_0=\frac{d_s\gamma_w(1+w)}{\gamma}-1=\frac{2.75\times10\times(1+0.4)}{18.5}-1=1.081$$

(2) 列表计算在各级荷载作用下压缩稳定后的孔隙比：

$$e_i=e_0-\frac{s}{h_0}(1+e_0)=1.081-\frac{s}{20}(1+1.081)=1.081-0.104s$$

计算结果见表 5.4 所示。

(3) 判别该土样的压缩性大小：

$$a_{1\text{-}2}=\frac{e_1-e_2}{p_2-p_1}=\frac{0.945-0.885}{200-100}=6\times10^{-4}\ \text{kPa}^{-1}=0.6\ \text{MPa}^{-1}>0.5\ \text{MPa}^{-1}$$

故该土样为高压缩性土。

5.2.3 土的侧压力系数及变形模量

5.2.3.1 现场荷载试验

测定土的压缩性指标，除了可从上面介绍的室内侧限压缩试验获得之外，还可以通过现场原位试验取得。现场静载荷试验是一种重要且常用的原位测试方法。它是通过试验所测得的地基沉降与压力之间近似的比例关系，从而利用地基沉降的弹性力学公式来反算土的变形模量及地基承载力。

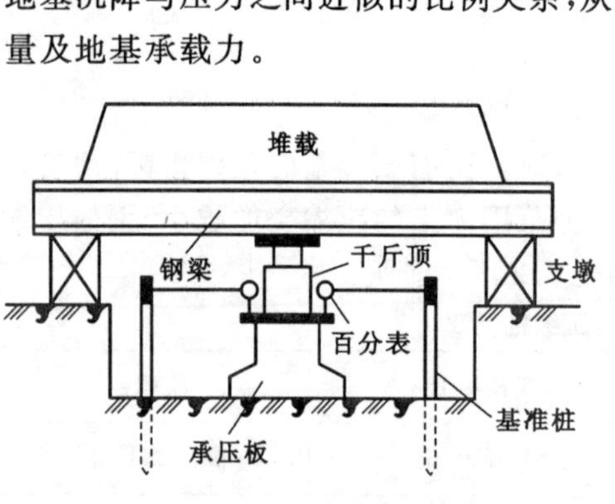

图 5.6 现场静载试验

如图 5.6 所示，静载荷试验是通过承压板，把施加的荷载传到地层中。其试验装置一般包括三部分，即加荷装置、提供反力装置和沉降量测装置。其中加荷装置包括载荷板、垫块及千斤顶等；根据提供反力装置不同分类，载荷试验主要有堆重平台反力法及地锚反力架法两类，前者通过平台上的堆重来平衡千斤顶的反力，后者将千斤顶的反力通过地锚最终传至地基中去；沉降量测装置包括百分表和基准短桩、基准梁等。

试验一般在坑内进行，《建筑地基基础设计规范》(GB 50007—2002)规定：承压板的底面积宜为 0.25～0.50 m^2，对软土及人工填土则不应小于 0.50 m^2。同时，为模拟半空间地基表面的局部荷载，基坑宽度不应小于承压板宽度或直径的三倍。

试验时，通过千斤顶逐级给承压板施加荷载，每加一级荷载到 p，观测记录沉降随时间的发展以及稳定时的沉降量 s，直至加到终止加载条件满足时为止。载荷试验所施加的总荷载，应尽量接近预计地基极限荷载 p_u。将上述试验得到的各级荷载与相应的稳定沉降量绘制成 p-s 曲线。此外通常还进行卸荷试验，并进行沉降观测，得到图中虚线所示的回弹曲线，这样就可以知道卸 s 载时的回弹变形和塑性变形。

5.2.3.2 变形模量

土的变形模量是指土体在无侧限条件下的应力与应变的比值，并以符号 E_0 表示，E_0 值的大小可由载荷试验结果求得。在 p-s 曲线上，当荷载小于某数值时，荷载 p 与承压板沉降量 s 之间往往呈直线关系，在 p-s 曲线直线段或接近于直线段任选一压力 p_1 和它对应的沉降量 s_1，利用弹性力学公式可反求出地基的变形模量：

$$E_0=\omega(1-\mu^2)\frac{p_1 b}{s_1} \tag{5.5}$$

式中 E_0——土的变形模量(MPa)；

p_1——直线段的荷载强度(kPa)；

s_1——相应于 p 的载荷板下沉量(mm)；

b——承压板的宽度或直径(mm)；

μ——土的泊松比，砂土可取 0.2～0.25，黏性土可取 0.25～0.45；

ω——沉降影响系数，方形承压板取 0.88，圆形承压板取 0.79。

变形模量也是反应土的压缩性的重要指标之一。

对比测定土的压缩性指标的方法，室内压缩试验操作比较简单，但要得到保持天然结构状态的原状土样很困难，尤其是一些结构性很强的软土，取样、运输和制样的扰动在所难免，而且更重要的是试验是在侧向受限制的条件下进行的，因此试验得到的压缩性规律和指标的实际运用有其局限性或近似性。载荷试验在现场进行，排除了取样和试样制备等过程中应力释放及机械和人为扰动的影响，土中应力状态在承压板较大时与实际基础情况比较接近，测出的指标能较好地反映土的压缩性质。但现场载荷试验所需的设备笨重，操作繁杂，工作量大，时间长，规定沉降稳定标准带有较大的近似性，据有些地区的经验，它所反映的土的固结程度通常仅相当于实际建筑施工完毕时的早期沉降量。此外，承压板的尺寸很难取得与原型基础一样的尺寸，而小尺寸承压板在同样压应力水平下引起的地基主要受力层范围有限，它只能反映板下深度不大范围内土的变形特性，载荷试验的影响深度一般只能达 2～3 倍的板宽或直径。对于深层土，曾在钻孔内用小型承压板借助钻杆进行深层载荷试验。但由于在地下水位以下清理孔底困难和受力条件复杂等因素，数据很难做到准确，故国内外对现场快速测定变形模量的方法，如旁压试验、触探试验等给予了很大重视，并发展了一些新的深层试验测试方法。

5.2.3.3 侧压力系数

首先回顾一下土的变形模量 E_0 和压缩模量 E_s，变形模量是土体在无侧限条件下得到的，而压缩模量是土体在完全侧限条件下的压缩模量应力与应变的比值。两者在理论上存在换算的关系，具体推导这里不在赘述。

从侧向不允许膨胀的压缩试验土样中取一微单元体，如图 5.7 所示，土的侧压力系数是指侧限条件下土体侧向应力与竖向应力的比值，一般用 K_0 表示，即：

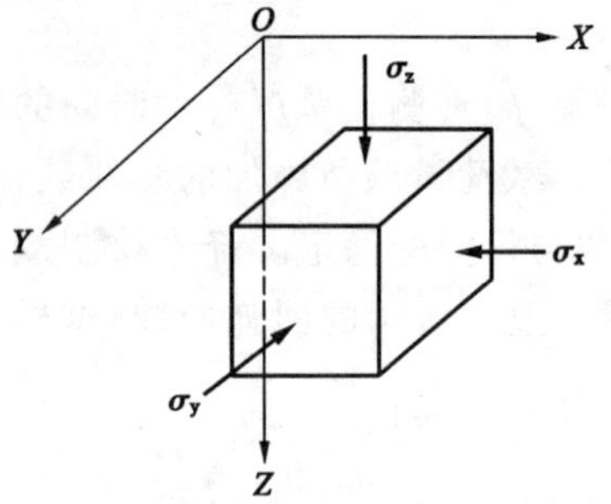

图 5.7　微单元土体

$$K_0=\frac{\sigma_x}{\sigma_z}$$

或

$$K_0=\frac{\sigma_y}{\sigma_z} \tag{5.6}$$

由土的侧压力系数和泊松比的定义，按照胡克定律，可以得到二者之间的关系，即：

$$K_0=\frac{\mu}{1+\mu} \tag{5.7}$$

5.2.3.4　**弹性模量**

弹性模量 E 是指土体在无侧限条件下瞬时压缩和应力与弹性应变的比值，可通过室内三轴试验获得，弹性模量常用于用弹性理论计算建筑物的初始瞬时沉降。

根据压缩模量 E_s、变形模量 E_0、弹性模量 E 定义可知：压缩模量和变形模量的应变为总的应变，既包括可恢复的弹性应变，又包括不可恢复的塑性应变，而弹性模量的应变只包括弹性应变。

5.3　地基沉降量的计算

5.3.1　概述

地基最终沉降量是指地基土在建筑物荷载作用下，变形完全稳定时基底处的最大竖向位移，记为 s，单位为 mm。

地基沉降的原因主要有建筑物的荷重产生的附加应力、欠固结土的自重、地下水位下降以及施工中水的渗流等。计算地基最终沉降量的目的在于确定建筑物地基变形的特征值并进行判别，以便为建筑物设计值采取相应的措施提供依据，保证建筑物的安全。

建筑物地基变形的特征值有 4 种，即沉降量、沉降差、倾斜、局部倾斜。沉降量指基础中心的沉降量，以 mm 为单位；沉降差指同一建筑物中相邻两个基础沉降量的差值，以 mm 为单位；倾斜指独立基础倾斜方向两端点的沉降差与其距离的比值，以‰表示；局部倾斜指砌体承重结构沿纵向 6～10 m 内基础两点的沉降差与其距离的比值，以‰表示。

5.3.2　分层总和法

单向压缩分层总和法假定地基土受到压缩时不发生侧向变形，同压缩试验相同，可利用压缩定律及压缩系数等进行计算，并只考虑竖向附加应力使土层压缩产生的地基沉降。

计算基础最终沉降量时，将受力层范围内的地基土层划分为若干厚度较小的薄层，分别计算各薄层的沉降量，然后相加得地基的总沉降量，如图 5.8 所示。

利用式(5.1)可得沉降计算的基本公式：

$$s=\frac{e_0-e_i}{1+e_0}h \tag{5.8}$$

或

$$s=\frac{a}{1+e_0}\bar{\sigma}_z h \tag{5.9}$$

或

$$s=\frac{\bar{\sigma}_z}{E_z}h \tag{5.10}$$

式中 e_i——土样压缩稳定的最终孔隙比；

e_0——土样初始孔隙比，即天然孔隙比；

s——土样压缩稳定后的垂直压缩变形量(mm)；

h——土样厚度(mm)；

$\bar{\sigma}_z$——土层厚度内的平均附加应力，$\bar{\sigma}_z=\frac{\sigma_{z1}+\sigma_{z2}}{2}$(kPa)。

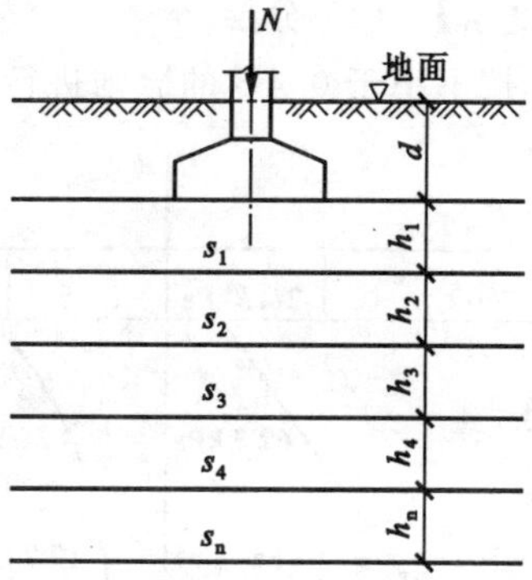

图 5.8　分层总和法计算原理示意图

方法和步骤为：

(1) 按比例绘制地基和基础剖面图。

(2) 划分计算薄层。计算薄层的厚度通常为基底宽度的 0.4 倍，但土层交界面和地下水位面应是计算薄层层面。对每一分层，可认为压力是均匀分布的。

(3) 计算各薄层面处的自重应力和附加应力，分别绘制分布图于基础中心线的左侧与右侧，如图 5.9 所示。

(4) 确定沉降计算深度。沉降计算深度是指由基础底面向下计算地基压缩变形所要求的深度。沉降计算深度以下地基中的附加应力已很小，其下土的压缩变形可以忽略不计。一般取附加应力与自重应力之比为 5 倍处；对高压缩性土取附加应力与自重应力之比为 10 倍处。

(5) 计算各薄层的压缩量。

(6) 最后计算基础最终沉降量，即：

$$s=\sum_{i=1}^{n}s_i \tag{5.11}$$

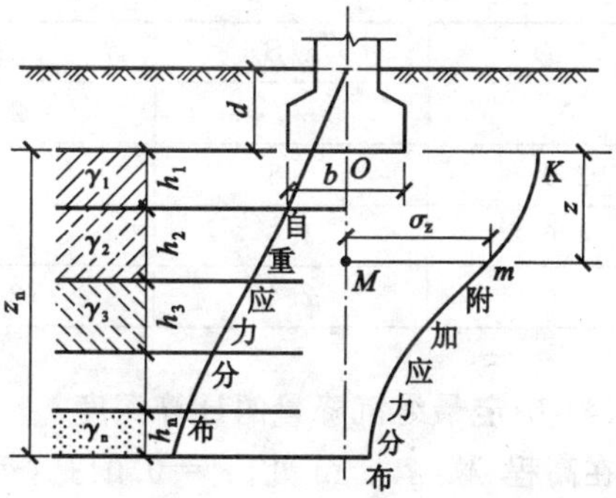

图 5.9　用分层总和法计算地基沉降应力示意图

此法优缺点：

(1) 优点：适用于各种成层土和各种荷载的沉降量计算；分层计算时，物理概念明确，容易理解；压缩指标 α、E_s 等通过压缩试验易确定。

(2) 缺点：作了许多假设，与实际情况不符，计算有一定误差；室内试验指标也有一定误差；利用该法计算结果，对坚实地基其结果偏大，对软弱地基其结果偏小，对中等地基误差较小；需分别计算自重应力和附加应力，计算工作量大。

【例 5.2】 某矩形基础底宽为 5 m，长为 10 m，基础埋深 $D=1.5$ m，受垂直中心荷载作用 $P=3000$ kN。地基为均质土，且在自重作用下已压缩稳定。地基土容重 $\gamma=17.8$ kN/m³，压缩曲线如图 5.10 所示。试确定地基中点下最终沉降量。

【解】 (1) 分层

按不小于 0.4B 的原则进行分层，取层厚为 2.0 m，分层如图 5.10 所示。

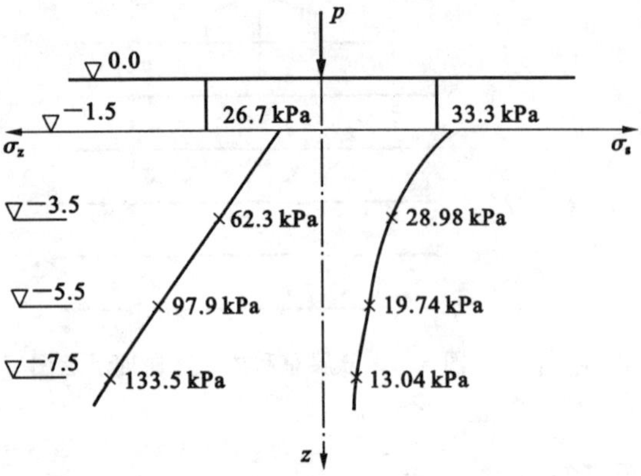

图 5.10 某地基土压缩曲线

(2) 计算自重应力 σ_{sz}

高程 ∇−1.5 m 处

$$\sigma_{sz}=17.8\times1.5=26.7\ \text{kPa}$$

高程 ∇−3.5 m 处

$$\sigma_{sz}=17.8\times3.5=62.3\ \text{kPa}$$

高程 ∇−5.5 m 处

$$\sigma_{sz}=17.8\times5.5=97.9\ \text{kPa}$$

高程 ∇−7.5 m 处

$$\sigma_{sz}=17.8\times7.5=133.5\ \text{kPa}$$

(3) 计算附加应力 σ_z

①求基底压力 p

$$p=\frac{P}{A}=\frac{3000}{5\times10}=60\ \text{kPa}$$

②求基底附加压力 p_e

$$p_e=p-\gamma D=60-17.8\times1.5=33.3\ \text{kPa}$$

③列表求附加应力 σ_z

所求为矩形基础基底中点，将基础分成 4 个小矩形基础 5 m×2.5 m，如表 5.5 所示。

表 5.5 地基沉降计算表

z(m)	z/B	L/B	K_c	$\sigma_z=4K_cp_e$(kPa)
0	0	2	0.25	33.3
2.0	0.8	2	0.2176	28.98
4.0	1.6	2	0.1482	19.74
6.0	2.4	2	0.0979	13.04

(4) 确定最终沉降量的计算深度

在高程 ∇−7.5 m 处，$\sigma_z=0.01\sigma_{sz}$，远远小于 $0.2\sigma_{sz}$，可见计算至高程 ∇−7.5 m 处偏安全，可以作为计算深度。

(5) 列表计算各层最终沉降量 s_i(见表 5.6)

表 5.6 各层最终沉降量

分层编号	分层厚度 h_i(cm)	分界面处自重应力 σ_{sz}(kPa)	分界面处附加应力 σ_{sz}(kPa)	附加应力平均值(kPa)	初始应力平均值(kPa)	最终应力平均值(kPa)	初始孔隙比	最终孔隙比	最终沉降量 s_i(cm)
①	②	③	④	⑤	⑥	⑦	⑧	⑨	⑩
		26.7	33.3						
1	200	62.3	28.98	31.14	44.5	75.64	0.792	0.762	3.35
2	200	97.9	19.74	24.36	80.1	104.46	0.760	0.735	2.84
3	200	133.5	13.04	16.39	115.7	132.09	0.722	0.707	1.74

表中：

第⑤项附加应力平均值用该分层顶面和底面处的附加应力相加除以 2 得到，即31.14 kPa=(33.3 kPa+28.98 kPa)/2；

第⑥项初始应力平均值为自重应力平均值，用该分层顶面和底面处的自重应力相加除以 2 得到，即 44.5 kPa=(26.7 kPa+62.3 kPa)/2；

第⑦项最终应力平均值为自重应力平均值与附加应力平均值之和，即 75.64 kPa=31.14 kPa+44.5 kPa；

第⑧项初始孔隙比由第⑥项初始应力平均值查 e-p 曲线得；

第⑨项最终孔隙比由第⑦项最终应力平均值查 e-p 曲线得；

第⑩项最终沉降量由下式计算所得：

$$s=\frac{e_0-e_i}{1+e_0}h$$

(6) 计算地基中点下总最终沉降量 s：

$$s=s_1+s_2+s_3=3.35+2.84+1.74=7.93\ \text{cm}$$

5.3.3 《建筑地基基础设计规范》(GB 50007—2002)法

为了简化计算，使基础沉降量计算值接近实测值，《建筑地基基础设计规范》(GB 50007—2002)在分层总和法的基础上，运用平均附加应力面积的概念，按天然土层界面以简化由于过分分层引起的繁琐计算，并结合大量工程实际中沉降量观测的统计分析，以经验系数 φ_s 进行修正，求得地基的最终变形量。

5.3.3.1 基本公式

$$s=\varphi_s s'=\varphi_s\sum_{i=1}^{n}(z_i\alpha_i-z_{i-1}\alpha_{i-1})\frac{p_0}{E_{si}} \tag{5.12}$$

式中 s——地基的最终沉降量(mm)；

s'——按分层总和法求得的地基沉降量(mm)；

φ_s——沉降计算经验系数，可由表 5.7 查得；

n——地基变形计算深度范围内天然土层数；

p_0——基底附加压力(kPa)；

E_{si}——基底以下第 i 层土的压缩模量，按第 i 层实际应力变化范围取值；

$\bar{\alpha}_i$、$\bar{\alpha}_{i-1}$——基底下 z_i、z_{i-1} 深度范围内土的平均附加应力系数，对于矩形基础，基底为均匀分布或三角形分布附加应力时，中心点以下的平均附加应力分布系数为 L/B、z/B 的函数，可查第 4 章中相应的表格；

z_i、z_{i-1}——基础底面至第 i、$i-1$ 层底面的距离。

如图 5.11 所示。

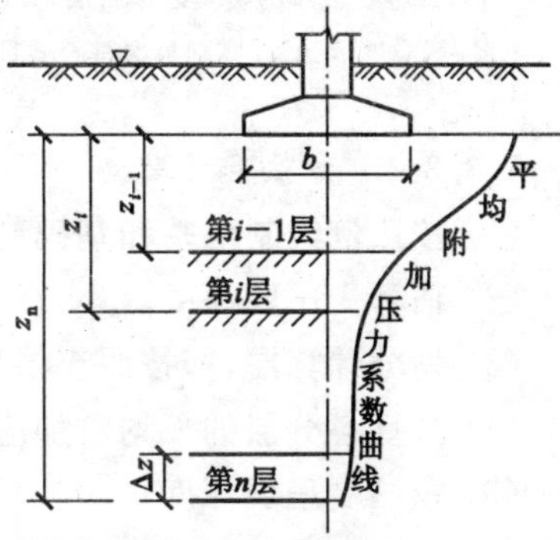

图 5.11 规范法计算地基沉降示意图

5.3.3.2 沉降计算修正系数 φ_s

φ_s 综合反映了计算公式中一些未能考虑的因素，它是根据大量工程实例中沉降的观测值与计算值的统计分析比较而得的。φ_s 的确定与地基土的压缩模量 E_s 及承受的荷载有关，具体见表 5.7 所示。

表 5.7　沉降计算经验系数 φ_s

$\overline{E}_s$(MPa) / 基底附加压力(kPa)	2.5	4.0	7.0	15.0	20.0
$p_e \geqslant f_k$	1.4	1.3	1.0	0.4	0.2
$p_e < 0.75 f_k$	1.1	1.0	0.7	0.4	0.2

$\overline{E}_s$ 为沉降计算深度范围内的压缩模量当量值，按下式计算：

$$\overline{E}_s = \frac{\sum A_i}{\sum \frac{A_i}{E_{si}}} \tag{5.13}$$

式中　A_i——第 i 层平均附加应力系数，沿土层深度的积分值；

E_{si}——相应于该土层的压缩模量。

5.3.3.3　地基沉降计算深度

地基沉降计算深度 Z_n 分两种情况：

(1) 当基础无相邻荷载影响时，基础中心点以下地基沉降计算深度应按下式取值：

$$Z_n = b(2.5 - 0.4\ln b) \tag{5.14}$$

式中　b——基础宽度，适用于 1～50 m 范围。

(2) 当基础存在相邻荷载影响时，应满足条件：

$$\Delta s_n' \leqslant 0.025 \sum_{i=1}^{n} \Delta s_i' \tag{5.15}$$

式中　$\Delta s_n'$——计算深度处向上取厚度 Δz 的分层的沉降计算值，Δz 的厚度选取与基础宽度 b 有关，如表 5.8 所示；

$\Delta s_i'$——计算深度范围内第 i 层土的沉降计算值。

表 5.8　计算层厚度 Δz 值表

基础宽度 b(m)	$\leqslant 2$	$2 < b \leqslant 4$	$4 < b \leqslant 8$	$8 < b \leqslant 15$	$15 < b \leqslant 30$	> 30
Δz(m)	0.3	0.6	0.8	1.0	1.2	1.5

注：在计算深度范围内存在基岩时，Z_n 可取至基岩表面；当存在较厚的坚硬黏性土层，其孔隙比小于 0.5、压缩模量大于 50 MPa，或存在较厚的密实砂卵石层，其压缩模量大于 80 MPa 时，Z_n 可取至该层表面；如确定的计算深度下部仍有较软土层时，应继续计算，直到再次符合式(5.15)为止。

5.3.3.4　方法和步骤

(1) 按比例绘制地基和基础剖面图；

(2) 估算受压层深度；

(3) 划分计算层，即按照土层压缩模量分层，压缩模量相同的土层为一层；

(4) 计算各分层的平均附加应力系数及沉降量；

(5) 校核受压层深度；

(6) 考虑沉降计算经验系数，确定最终沉降量。

此法优缺点：

(1) 优点：引入沉降计算经验系数，使得计算沉降量与实际沉降量更为相近；如为均质土，无论厚度多大，只需一次计算，过程简化。

(2) 该法运用于同一种土采用单一的压缩模量的情况时，计算简化；若压缩模量不是给定的，对于同一种土不是单一的，则该法不具优越性。

【例 5.3】 已知某基础底面积为正方形，边长 $l=b=4.0$ m，上部结构传至基础顶面荷载为 1440 kN，基础埋深 $D=1.0$ m，地基为均质粉质黏土，土的天然容重 $\gamma=16.0$ kN/m^3，地基土的平均压缩模量为 $E_s=5.0$ MPa，地基承载力标准值 $f_k=94$ kPa。试用规范法计算中点沉降量。

【解】 (a) 估算受压层深度

$$Z_n=b(2.5-0.4\ln b)=4.0\times(2.5-0.4\ln 4.0)=7.8 \text{ m}$$

(b) 计算各分层的平均附加应力系数及沉降量

因为地基为均质粉质黏土，分为一层。

$l/b=4.0/4.0=1 \quad z/b=7.8/4.0=1.95$

计算基底压力：

$$p_0=\frac{P}{A}-\gamma D=\frac{1440}{4.0\times4.0}-16.0\times1.0=74 \text{ kPa}>0.75f_k=0.75\times94=70.5 \text{ kPa}$$

查表 5.7，沉降计算经验系数为 1.2，则沉降量为：

$$s=\varphi_s s'=\varphi_s\sum_{i=1}^{n}(z_i a_i-z_{i-1}a_{i-1})\frac{p_0}{E_{si}}=1.2\times\frac{74}{5}\times7.8\times0.446=61.78 \text{ mm}$$

5.3.4 弹性力学方法

5.3.4.1 基本概念

弹性理论方法假定地基为半无限直线变形体，应用布西奈斯克的竖向位移解答，在荷载作用面积范围内积分得到地基最终沉降量的表达式。

5.3.4.2 计算公式

若在地基表面作用一竖向集中力 F，计算地面某点(其坐标为 $z=0,R=r$)的沉降量可由以下公式求得：

$$s=w=\frac{F(1-\mu^2)}{\pi E_0\gamma} \tag{5.16}$$

若在地基表面局部面积 A 上作用着分布荷载 $p_0(x,y)$，则计算地面上任一点的沉降量可由以下公式求得：

$$s(x,y)=\frac{1-\mu^2}{\pi E_0}\iint_A\frac{p_0(x,y)\mathrm{d}A}{\gamma} \tag{5.17}$$

上式的求解与基础刚度、形状、尺寸大小及计算点位置等因素有关。一般求解后可写成下列形式，即：

$$s=\frac{p_0 b\omega(1-\mu^2)}{E_0} \tag{5.18}$$

式中 p_0——基底附加压力；

b——矩形基础的宽度或圆形基础的直径；

μ、E_0——土的泊松比和变形模量；

ω——沉降影响系数。

用弹性理论方法计算沉降量的正确性，往往取决于 E_0 选取是否正确。一般都是假定 E_0 在整个地基土层中不变，而这只有当地基土层比较均匀时才是近似的，实际地基土的 E_0 是随着深度的变化而变化的。弹性理论方法的压缩层厚度理论上是无穷大，这与实际不符。但由于它的计算过程简单，所以还是常用作一般的沉降量估算。

5.4 饱和土体的渗流固结理论

土松软多孔，它在荷载作用下的压缩变形不是瞬时就能达到稳定，而是需要有个时间过程，所需时间的长短随土层性质、排水条件和地基情况不同而不同。建筑物位于砂土地基上时，因砂土层的透水性较大，压缩性较小，一般在施工完成时，地基的变形已基本稳定。而建造在黏性土基上的建筑物，特别是饱和黏土地基上的建筑物，其地基土的固结变形常要延续数年才能完成。

在工程实践中，一般建筑物在施工期间完成的沉降量，对于砂土，可认为其最终沉降量已基本完成；对于低压缩黏性土，可认为已完成其最终沉降量的 50%～80%；对于中压缩黏性土，可认为已完成其最终沉降量的 20%～50%；对于高压缩黏性土，可认为已完成其最终沉降量的 5%～20%。

对于固结很慢的地基，例如高压缩黏性土地基，在设计时，不仅要计算基础的最终沉降量，有时还需知道施工期间以及工程完工后一段时间的地基变形量，以掌握地基的变形过程，便于组织施工顺序，控制施工进度，以及作为采取必要措施的依据。

为了掌握饱和土体的压缩过程，首先必须研究饱和土体的渗透固结问题。研究地基土体的压缩变形与时间关系的渗透固结理论，是土力学中的重要内容之一。

饱和土体在荷载作用下，土孔隙中的自由水随着时间推移缓慢渗出，土的体积逐渐减小的过程，称为土的渗透固结。

5.4.1 饱和土的固结

饱和土体在受到压力作用的瞬间，土中的压力全部由土孔隙中的水来承受。经过一段时间后，土中的孔隙水由于渗透作用而缓慢排出，孔隙水压力逐渐减小，土的固体颗粒开始承受部分应力。也就是说，饱和土的渗透固结过程是一个排水、压缩和应力转移同时进行的三个过程，即土体孔隙中水逐渐排出、土体孔隙体积逐渐减小、孔隙水压力逐渐转移到土的固体颗粒来承受的过程。

这种由土颗粒和孔隙水分担压应力及其转换过程使土体逐渐固结的现象，可用弹簧活塞模型来加以说明。如图 5.12 所示，模型为注满水的容器，水面上设有一个有排水孔的活塞，并支承于放入水中的一个弹簧上，此简单的力学模型表示了饱和黏性土体的性状，容器表示饱和土体，容器中的水表示土孔隙中的自由水，弹簧表示土的颗粒骨架。

由试验可见：

(1) 当活塞上刚刚加上压应力 p(即加荷时间 $t=0$)时，由于容器中的水还来不及从排水孔中排出，水又是不可压缩的，此时弹簧便不受力，也不产生任何压缩，通过活塞传递的全部压应力全部由水来承担，即 $u=p,\sigma'=0$，如图 5.12(a)所示。

(2) 经过时间 t 后，由于水受到压力 u 的作用，开始从活塞的排水孔中排出，活塞下降，弹簧开始承受压力，弹簧受到压缩，$\sigma'>0$，且 $\sigma'+u=p$，如图 5.12(b)所示。

当时间经过很长后，随着容器中的水不断排出，活塞继续下降，即 σ' 不断增大，u 不断减小。最后当弹簧所受的应力与施加的压力强度 p 相等时，活塞便不再下降。此时水停止排出，即 $u=0$，$\sigma'=p$，如图 5.12(c)所示，这表明饱和黏土的渗透固结完成。

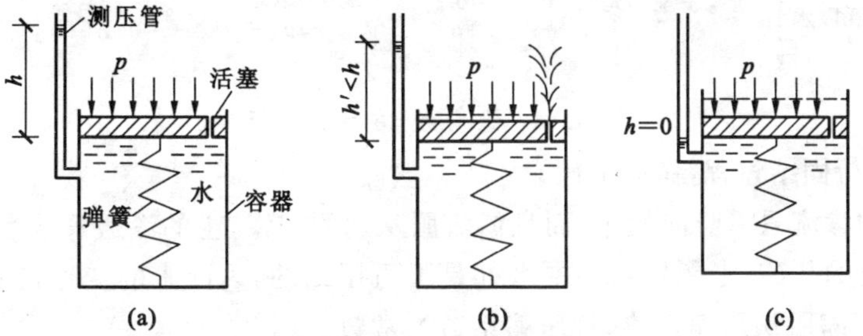

图 5.12　饱和土的渗透固结模型

(a) $t=0, u=p, \sigma'=0$；(b) $0<t<\infty, u+\sigma'=p, u\neq 0, \sigma'\neq 0$；(c) $t=\infty, \sigma'=p, u=0$

由此可以看出，在一定压力作用下，饱和黏土的渗透固结就是土体中孔隙水压力与有效应力转换的过程，或者说是土中孔隙水压力逐渐消减与有效应力逐渐增长的过程。

渗透固结过程，实质上是孔隙水压力向有效应力转移的过程，这一过程所需的时间，就是地基压缩变形达到最终稳定的时间。压缩稳定所需的时间的长短，常取决于孔隙水向外渗流的速度。

通常认为，太沙基(Karl Terzaghi)提出的一维固结理论和有效应力原理标志着土力学学科的诞生，因此固结理论在土力学中有着重要地位。对固结过程的数学描述首先归功于太沙基，他在一系列假定的基础上，建立了著名的一维固结理论。伦杜立克(Rendulic)将太沙基一维固结理论推广到二维或三维的情况，但它存在一定的缺陷。比奥(Boit)考虑了土体固结过程中孔隙水压力消散和土骨架变形之间的耦合作用，提出了比奥固结理论。比奥固结理论比太沙基固结理论较为合理完整，但计算较为困难，通常需要采用数值解法。这些固结理论都是针对饱和土体的固结问题，并假定土中水的渗流服从达西定律，土体变形是小变形，而且是弹性变形。由于土体的复杂性，人们又发展了考虑土体大变形、非达西渗流及非饱和土的各种固结理论。

5.4.2　太沙基一维固结理论

一维固结又称单向固结，是指土体在荷载作用下产生的变形与孔隙水的流动仅发生在一个方向上的固结问题。严格的一维固结只发生在室内有侧限的固结试验中，在实际工程中并不存在。但在大面积均布荷载作用下的固结，可近似为一维固结问题。为了求得饱和土层在渗透固结过程中某一时间的变形，通常采用太沙基提出的一维固结理论进行计算。

设厚度为 H 的饱和黏土层顶面是透水层，底面是不透水和不可压缩层，如图 5.13 所示。假设该饱和土层在自重应力作用下的固结已经完成，现在顶面受到一次骤然施加的无限均布荷载 p_0 作用。由于土层厚度远小于荷载面积，故土中附加应力图形将近似地取作矩形分布，即附加应力不随深度而变化。但是孔隙压力 u（另一方面也是有效应力 σ'）却是坐标 z 和时间 t 的函数，即 σ' 和 u 分别写为 $\sigma'_{z,t}$ 和 $u_{z,t}$。

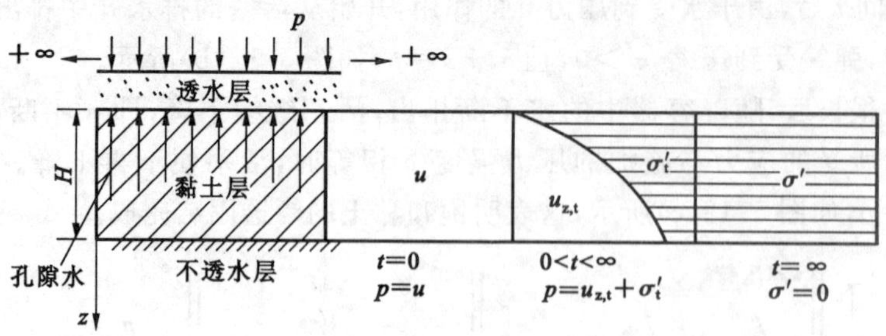

图 5.13　饱和黏土的固结过程

为了便于分析固结过程，做如下假设：

① 土中水的渗流只沿竖向发生，而且渗流服从达西定律，土的渗透系数为常数；

② 相对于土的孔隙，土颗粒和土中水都是不可压缩的，因此土的变形仅是孔隙体积压缩的结果，而土的压缩服从压缩定律，且压缩系数为常数；

③ 土是均质且完全饱和的，土的体积压缩量同土孔隙中排出的水量相等，而且压缩变形速率取决于土中水的渗流速率；

④ 外部荷载一次性瞬时施加；

⑤ 土体变形属于小变形。

现从饱和土层顶面下深度 z 处取一微单元体 $1\times1\times dz$ 来考虑：

(1) 单元体的渗流条件

由于渗流自下而上进行，设在外荷施加后某时刻 t 流入单元体的水量为 $\left(q+\frac{\partial q}{\partial z}dz\right)dt$，流出单元体的水量为 q，则在 dt 时间内，流经该单元体的水量变化为：

$$\left(q+\frac{\partial q}{\partial z}dz\right)dt-q\,dt=\frac{\partial q}{\partial z}dz\,dt \tag{5.19}$$

根据达西定律，可得单元体过水面积 $A=1\times1$ 的流量 q 为：

$$q=vA=ki=k\frac{\partial h}{\partial z}=\frac{k}{\gamma_w}\cdot\frac{\partial u}{\partial z} \tag{5.20}$$

将上式代入式(5.19)得：

$$\frac{\partial q}{\partial z}dz\,dt=\frac{k}{\gamma_w}\cdot\frac{\partial^2 u}{\partial z^2}dz\,dt \tag{5.21}$$

(2) 单元体的变形条件

在 dt 时间内，单元体孔隙体积 V_v 随时间的变化率(减小)为：

$$\frac{\partial V_v}{\partial t}dt=\frac{\partial}{\partial t}\left(\frac{e}{1+e}\right)dz\,dt=\frac{1}{1+e}\cdot\frac{\partial e}{\partial t}dz\,dt \tag{5.22}$$

考虑到微单元体土粒体积 $\frac{1}{1+e}\times1\times1\times dz$ 为不变的常数，而

$$de=-a\,dp=-a\,d\sigma' \tag{5.23}$$

或

$$\frac{\partial e}{\partial t}=-a\frac{\partial(p_0-u)}{\partial t}=a\frac{\partial u}{\partial t} \tag{5.24}$$

再根据有效应力原理以及总应力 $\sigma_z=p_0$ 是常量的条件，则将式(5.24)代入式(5.22)有：

$$\frac{\partial V_v}{\partial t}\mathrm{d}t=\frac{a}{1+e}\cdot\frac{\partial u}{\partial t}\mathrm{d}z\mathrm{d}t \tag{5.25}$$

(3) 单元体的渗流连续条件

根据连续条件，在 dt 时间内，该单元体内排出的水量（水量的变化）应等于单元体孔隙的压缩量（孔隙的变化率），即：

$$\frac{\partial q}{\partial z}\mathrm{d}z\mathrm{d}t=\frac{\partial V_v}{\partial t}\mathrm{d}t \tag{5.26}$$

则根据式(5.21)及式(5.25)有：

$$\frac{k}{\gamma_w}\cdot\frac{\partial^2 u}{\partial z^2}\mathrm{d}z\mathrm{d}t=\frac{a}{1+e}\cdot\frac{\partial u}{\partial t}\mathrm{d}z\mathrm{d}t \tag{5.27}$$

令

$$C_v=\frac{k(1+e)}{a\gamma_w} \tag{5.28}$$

则有：

$$C_v\frac{\partial^2 u}{\partial z^2}=\frac{\partial u}{\partial t} \tag{5.29}$$

式中 C_v——土的竖向固结系数（下标 v 表示竖向渗流的固结），由室内固结（压缩）试验确定；

k、a、e——土的渗透系数、压缩系数和初始孔隙比。

上式即饱和土的一维固结微分方程。

式(5.29)微分方程一般可用分离变量法求解，解的形式可以用富里哀级数表示。现根据图 5.14 的初始条件（开始固结时的附加应力分布情况）和边界条件（可压缩土层顶底面的排水条件）有：

当 $t=0$ 和 $0\leqslant z\leqslant H$ 时

$$u=\sigma_z=p_0$$

当 $0<t<\infty$ 和 $z=0$（透水面）时

$$u=0$$

当 $0<t<\infty$ 和 $z=H$（不透水面）时

$$\frac{\partial u}{\partial z}=0$$

当 $t=\infty$ 和 $0\leqslant z\leqslant H$ 时

$$u=0$$

根据以上初始条件和边界条件，采用分离变量法可求得式(5.29)的特解为：

$$u_{z,t}=\frac{4}{\pi}\sigma_z\sum_{m=1}^{\infty}\frac{1}{m}\sin\left(\frac{m\pi z}{2H}\right)\mathrm{e}^{-\frac{m^2\pi^2}{4}T_v} \tag{5.30}$$

式中 $u_{z,t}$——深度 z 处某一时刻 t 的孔隙水压力；

m——正奇整数（1,3,5,…）；

e——自然对数的底；

H——压缩土层最远的排水距离，当土层为单面排水时，H 取土层的厚度；当土层为双面排水时，水由土层中心分别向上下两方向排出，此时 H 应取土层厚度的 1/2；

T_v——竖向固结时间因数，无因次，按下式计算：

$$T_v=\frac{C_v t}{H^2} \tag{5.31}$$

式中　t——时间。

5.4.3　固结度

在某一级荷载作用下，地基在固结过程中任一时间 t 后土体完成固结的程度成为固结度。土体在固结过程中完成的固结变形和土体抗剪强度增长均与固结度有关。土体中某点的固结度可表示为：

$$U=\frac{\sigma'}{\sigma}=\frac{\sigma-u}{\sigma}=1-\frac{u}{\sigma} \tag{5.32}$$

在实际应用中，人们更关心的是土层的平均固结度。地基土层在某一荷载作用下，经过时间 t 后所产生的固结变形量 S_t 与该土层固结完成时最终固结变形量 S 之比称为平均固结度，也称地基固结度，记为 U_t，即：

$$U_t=\frac{S_t}{S} \tag{5.33}$$

由于饱和土的固结过程是孔隙水压力逐渐转化为有效应力的过程，而土体的压缩是由有效应力引起的，因此，任一时间 t 的土体固结度 U_t 又可用土层中的某一时刻有效应力与最终有效应力之比来表示，即：

$$U_t=\frac{\text{有效应力所围面积}}{\text{起始超孔隙水压力所围面积}}=1-\frac{t\text{ 时刻超孔隙水压力所围面积}}{\text{起始超孔隙水压力所围面积}}=1-\frac{\int_0^H u_{z,t}\,\mathrm{d}z}{\int_0^H \sigma_z\,\mathrm{d}z} \tag{5.34}$$

由式(5.34)可知，固结度随土的固结过程逐渐增大，其值当 $t=0$ 时为零，当 $t=\infty$ 时为 1。式(5.34)适用于任何固结情况，是一个通用的基本表达式。

对于一维固结情况，平均固结度可以表示为：

$$U_t=1-\frac{8}{\pi^2}\sum_{m=1}^{\infty}\frac{1}{m^2}\exp\left(-m^2\pi^2\frac{T_v}{4}\right)\quad(m=1,3,5,\cdots) \tag{5.35}$$

式(5.35)的级数收敛很快，计算时可根据情况近似地取级数前几项，一般情况下当 U 值估计在 30%以上时，可考虑仅取前一项，即 $m=1$，则：

$$U_t=1-\frac{8}{\pi^2}e^{-\pi^2 T_v/4} \tag{5.36}$$

为了便于实际应用，将式(5.36)绘制成图 5.14 所示的 U_t-T_v 关系曲线。事实上，固结度会随地基所受压缩的附加应力分布和排水条件两个条件而变化。排水条件的影响已经体现在压缩土层最远的排水距离 H 的选择上，而地基所受压缩的附加应力分布的影响则体现在 U_t-T_v关系曲线中，用 α 值表示。式(5.36)适应的情况是地基土层中的附加应力沿深度方向分布没有变化(即均匀分布)。

工程实际中，地基中的应力分布图形可能有以下 5 种情况(见图 5.15)。现以透水面上的应力与不透水面(下面)的应力的比值 α 加以说明如下：

$$\alpha=\frac{\text{透水面附加应力}}{\text{不透水面附加应力}}=\frac{\sigma'_z}{\sigma''_z}$$

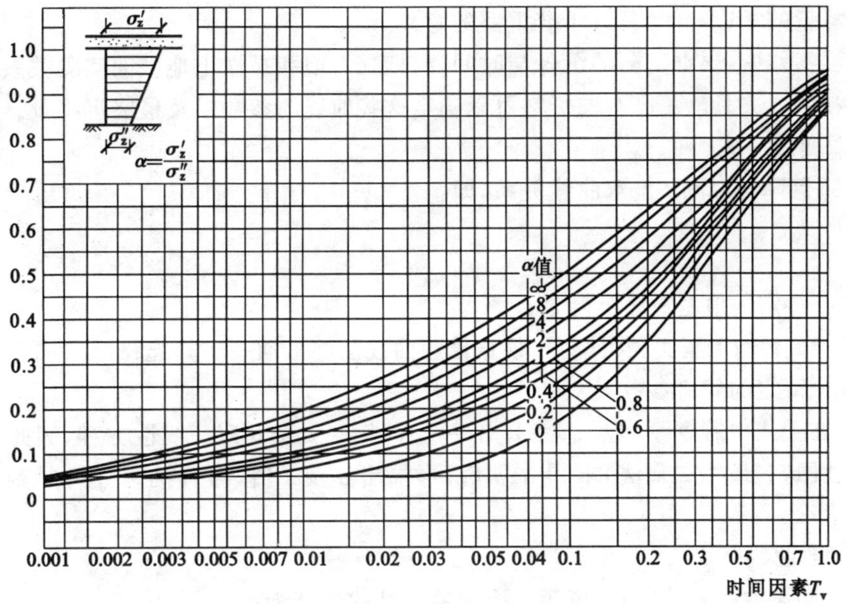

图 5.14　固结度 U_t 与时间因素 T_v 的关系曲线

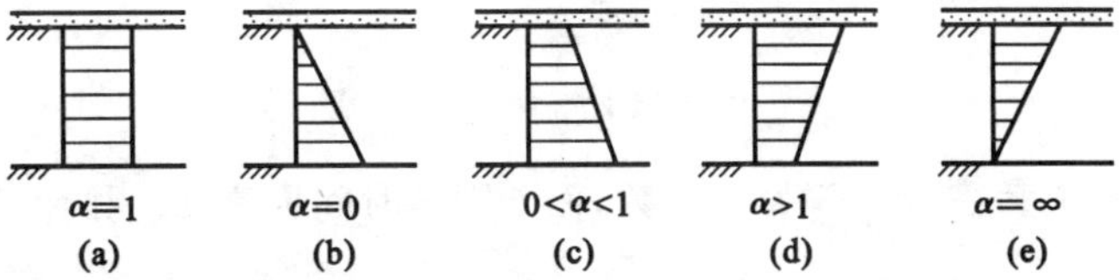

图 5.15　土中应力分布简化情况

图 5-15 中情况(a)，相当于地基土在自重应力作用下已经固结，基底面积很大而压缩土层又较薄，附加应力为均匀分布图形，$\alpha=1$；

图 5-15 中情况(b)，相当于大面积新填土，由自重应力引起固结，其图形为三角形分布，$\alpha=0$；

图 5-15 中情况(c)，相当于土层在自重作用下，尚未完成固结，又受到连续均布荷载或局部荷载作用的地基，分布图形为梯形，$0<\alpha<1$；

图 5-15 中情况(d)，相当于土层在自重应力作用下已完成固结，但由于压缩土层不厚，在局部荷载作用下，作用在土层底面上的附加应力仍然很大，此种情况下，应力分布图形为倒梯形，$\alpha>1$；

图 5-15 中情况(e)，相当于基底面积较小，压缩土层很厚，附加应力在土层底面引起的应力接近于零，分布图形为倒三角形，$\alpha=\infty$。

应当注意，在地基固结计算中，常采用沿基础中心线上的附加应力分布图形为计算图形。

以上各种情况都属于单面排水。如地基压缩土层上面与下面都存在排水砂层，便属于双面排水(上、下面)，其固结均按情况(a)计算。

5.4.4　地基沉降与时间的关系

由于分析沉降与时间关系的固结理论所作的假定，以及室内确定的土的物理力学性质与工程实际存在一定的差距，计算结果难以与实际情况相吻合，因此，仔细地分析研究已获得的沉降观测资料，找出具有一定实用价值的变形规律，以便更准确地估算地基最终沉降量的大小及达此沉降量的相应时间，具有十分重要的意义。

在工程实践中，根据实测的沉降与时间资料表明，饱和黏性土地基的实测关系大多数呈双曲线或对数曲线关系。用已有的资料可以确定这些曲线的参数以及最终沉降量。

(1) 双曲线公式

假定 s_t 沉降与时间 t 呈双曲线关系，即：

$$s_t=\frac{t}{\alpha+t}s \tag{5.37}$$

式中 s——待定的地基最终沉降量；

s_t——t 时刻地基实测沉降量，根据修正曲线从施工期一半算起；

α——待定的经验参数。

显见，在上式中若令 $y=t/s_t, a=1/s, b=a\alpha$，则 $y=at+b$ 为一线性方程，因此可根据实测点采用线性回归(最小二乘法)求得 a、b 值，再求出 α 及 s 值，即可推算任一时刻 t 时的沉降量 s_t。

(2) 对数曲线公式

由于不同条件的固结度 U，可用一个普遍表达式概括为：

$$U_t=1-a\mathrm{e}^{-bt} \tag{5.38}$$

或

$$s_{ct}=(1-a\mathrm{e}^{-bt})s_c \tag{5.39}$$

式中 a 和 b 是两个参数，$a=\frac{8}{\pi^2}$为一常数，而 b 则与时间因素 T_v、排水距离 H 等时间因素有关。若把 a 和 b 作为实测的变形与时间关系曲线中的参数，则其值是待定的，另外，式(5.39)还有最终沉降量 s_c 也要确定。

为此，利用实测的沉降-时间关系曲线，在后半段中任取三组对应的 s、t 值，分别代入式(5.39)，可建立三个联立方程，并可解得三个未知数 a、b 和 s_c。再代回式(5.39)，即可推出任一时刻 t 时的沉降量 s_{ct}。也可采用最优原理定出参数 a、b 及 s_c，此不赘述。

【例 5.4】 有一饱和黏土层厚 2 m，上下两面均为透水层，测得该黏土层的平均固结系数 $C_v=0.3\ \mathrm{cm^2/h}$，当大面积均布荷载(60 kPa)一次施加上后，测得该土层最终沉降量为 3.25 cm，问经过多长时间该土层的压缩量可达 1.5 cm？这时土中最大超静水压为多少？

【解】 该黏土层最终沉降量为 3.25 cm，当压缩量达到 1.5 cm 时，根据式(5.32)，其固结度为：

$$U=\frac{S_{ct}}{S_c}=\frac{1.5}{3.25}=0.46$$

根据式(5.36)，可以求出时间因子为：

$$T_v=\ln\left(\frac{1-U_t}{8}\pi^2\right)\times\frac{4}{\pi^2}=-\ln\left(\frac{1-0.46}{8}\pi^2\right)\times\frac{4}{\pi^2}=0.16$$

因此，所求时间为：

$$t=\frac{T_vH^2}{C_v}=\frac{0.16\times100^2}{0.3}=5336.7\ \mathrm{h}=222.3\ \mathrm{d}$$

最大超静水压力发生在土层中部，即 $z=1.0$ m 处，可用式(5.30)计算，由于该级数收敛很快，故取第一项得最大超静水压力为：

$$u_{max}=\frac{4}{\pi}p\left[\sin\frac{\pi}{2}\exp\left(-\frac{\pi^2}{4}\times 0.16\right)\right]=51.46\ \text{kPa}$$

5.5 应力历史对地基沉降的影响

5.5.1 土的回弹与再压缩

在压缩试验中,若加压至某一压力后不再加压,相反地逐级进行卸荷,则可观察到土样的回弹。若测得其回弹稳定后的孔隙比,则可绘制相应的孔隙比与压力的关系曲线,称为回弹曲线,如图 5.16(a)中 bc 段所示。由于土样已在压力 p_i 作用下产生压缩弹性变形和残余变形,完全卸荷后,弹性变形可以回复,但残余变形不能回复,故土样并不能完全回复到初始孔隙比的状态。如重新逐级加压,则可测得土样在各级荷载下再压缩稳定后的孔隙比,得到再压缩曲线。其中 df 段近似为 ab 段的延续,犹如其间没有经过卸荷和再压缩过程一样。在半对数曲线图 5.16(b)中也同样可以看到这种现象,而再压缩曲线的 cd 段与回弹曲线 cb 并不重合,这就反映了不同的应力历史下土的压缩性是有差别的。

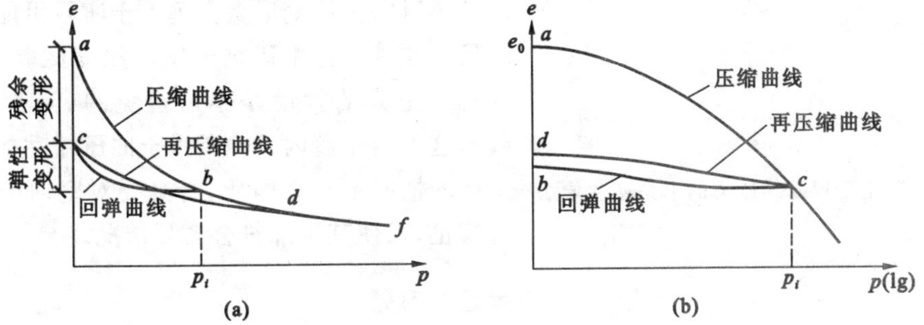

图 5.16 土的回弹曲线与再压缩曲线

(a) e-p 曲线;(b) e-$\lg p$ 曲线

在实际工程中,当基础的底面尺寸和埋深较大时,开挖基坑后地基会受到较大的减压(卸荷)作用,造成坑底回弹。在预估基础沉降时,应适当考虑回弹和再压缩的影响。

5.5.2 正常固结土、欠固结土和超固结土

5.5.2.1 *应力历史及先期固结压力的概念*

土层的应力历史是指土层从形成至今所曾经受的应力变化情况。不同应力历史的土,其工程性质存在差别。天然土层在历史上经受过的最大的固结压力(固结过程中所受到的最大有效应力)称为先期固结压力 p_c。先期固结压力 p_c 与现有自重应力 p_z 的比值(p_c/p_z)称为超固结比 OCR(Over Consolidation Ration)。根据土的应力历史及固结比,土可以分为正常固结土(OCR=1)、欠固结土(OCR<1)和超固结土(OCR>1)。

工程中遇到的土一般都是经过漫长的地质年代而形成的,在土的自重应力作用下已达到固结稳定状态,所以工程中的土大多是正常固结或超固结土。欠固结土比较少见,主要包括如下两种情况:

(1) 新近沉积或堆填土层;

(2) 在正常固结土层中施工时，采取降水措施，使得土中的有效应力增加，土层从正常固结状态转化到欠固结状态。

5.5.2.2　先期固结压力的确定

由于先期固结压力是区分土为正常固结土、超固结土和欠固结土的关键指标，因此，如何确定土的先期固结压力是很重要的。卡萨格兰德(Casagrande,1936)提出了根据 e-lg$p$ 曲线，采用作图法确定先期固结压力的方法，称为卡萨格兰德法，其具体步骤如下：

(1) 在 e-lg$p$ 曲线上找出曲率半径最小的一点 A，过点 A 做水平线 $A1$ 及曲线的切线 $A2$；

(2) 作由直线 $A1$ 和 $A2$ 形成的夹角∠$1A2$ 的角平分线 $A3$；

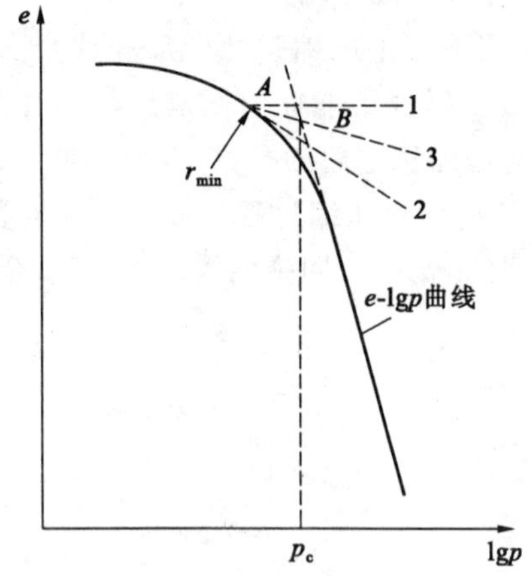

图 5.17　确定先期固结压力的卡萨格兰德法

(3) 延长 e-lg$p$ 曲线后半部的直线段，与线 $A3$ 相交于点 B，B 点所对应的应力即土的先期固结压力 p_c，如图 5.17 所示。

根据卡萨格兰德作图法可以看出，先期固结压力实际上是一个压力限值，在该值两侧，土体的压缩性差别很大。也就是说，对超固结土而言，如果附加压力与自重压力的和小于先期固结压力，那么根据计算所得的土体变形量会远大于实际可能发生的变形量。在进行正常固结土室内压缩试验时，由于取样时对土样的扰动是不可避免的(至少会出现卸载)，这也会使室内试验所得土的压缩性指标与实际土层的情况不符。因此，有必要对室内压缩曲线进行修正，以使其更加符合实际情况。

思考题与习题

5.1　试比较压缩模量、变形模量及弹性模量在基本概念、计算公式及适用条件这几方面有何不同？

5.2　两个基础的底面的附加应力相同，面积相同，但埋置深度不同，若压缩层内土的性质相同，试问哪一个基础的沉降量大？若基础的面积不同，但埋置深度相同，则哪一个基础的沉降量大？为什么？

5.3　简述有效应力原理的基本概念，在地基土的最终沉降量计算中，土中附加应力是指有效应力还是总压力？

5.4　某钻孔土样的压缩试验记录如表 5.9 所示，试绘制压缩曲线和计算各土层的 $a_{1\text{-}2}$ 及相应的压缩模量 E_s，并评定各土层的压缩性。

表 5.9　土样的压缩试验记录

压力(kPa)		0	50	100	200	300	400
孔隙比	1 号土样	0.982	0.964	0.952	0.936	0.924	0.919
	2 号土样	1.190	1.065	0.995	0.905	0.850	0.810

5.5　今有一饱和黏土层，层厚 10 m，其上、下均为砂层，在地面上一次施加大面积均布荷载为 100 kPa，已知在加荷后一年软黏土层的平均固结度达 50%，如软黏土的渗透系数 k=2.5 cm/年，试问加荷一年后将产生多大的沉降量？

6　土的抗剪强度

学 习 要 点

土的抗剪强度理论是土力学的核心内容之一。通过本章的学习，对确定相关强度指标和地基承载力，以及土压力和边坡稳定性等土体稳定性验算及安全状态分析等有重要的意义。

(1) 理解土的抗剪强度概念，并掌握库仑定律；

(2) 掌握土中一点的极限平衡条件；

(3) 掌握常用的土的抗剪强度试验方法；

(4) 理解三轴压缩试验中的孔隙压力系数的概念；

(5) 理解无黏性土与饱和黏土的抗剪强度特性；

(6) 理解应力路径的概念，了解几种典型的应力路径。

重点和难点

(1) 抗剪强度概念、库仑定律；

(2) 抗剪强度的影响因素；

(3) 极限平衡条件。

6.1　概　　述

土是固相、液相和气相组成的散体材料。一般而言，在外部荷载作用下，土体中的应力将发生变化。当外荷载达到一定程度时，土体将沿着其中某一滑裂面产生滑动，而使土体丧失整体稳定性。所以，土体的破坏通常都是剪切破坏(剪坏)。

在岩土工程中，土的抗剪强度是一个很重要的问题，是土力学中十分重要的内容。它不仅是地基设计计算的重要理论基础，而且是边坡稳定、挡土墙侧压力分析等许多岩土工程设计的理论基础。为了保证土木工程建设中建(构)筑物的安全和稳定，就必须详细研究土的抗剪强度和土的极限平衡等问题。在工程建设实践中，道路的边坡、路基、土石坝以及建筑物的地基等丧失稳定性的例子是很多的，如图 6.1 所示。所有这些事故均是由于土中某一点或某一部分的应力超过土的抗剪强度造成的。

在实际工程中，与土的抗剪强度有关的问题主要有以下三个方面：第一，是土坡稳定性问题，包括土坝、路堤等人工填方土坡和山坡、河岸等天然土坡，以及挖方边坡等的稳定性问题，如图 6.1(a)所示；第二，是土压力问题，包括挡土墙、地下结构物等周围的土体对其产生的侧向压力可能导致这些构造物发生滑动或倾覆，如图 6.1(b)所示；第三，是地基的承载力问题，若外荷载很大，基础下地基中的塑性变形区扩展成一个连续的滑动面，使得建筑物整体丧失了

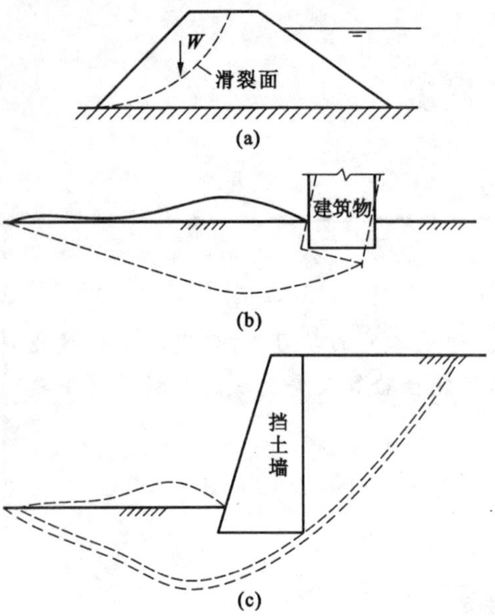

图 6.1　工程中土的强度问题

稳定性，如图 6.1(c)所示。

任何材料都有其极限承载能力，通常称为材料的强度。土体作为一种天然的材料也有其强度，大量的工程实践和实验表明，土的抗剪性能在很大程度上可以决定土体承载能力，所以在土力学中土的强度特指抗剪强度，土体的破坏为剪切破坏。与其他连续介质材料的破坏不同，土是由颗粒组成的，但一般很少考虑颗粒本身的破坏。土体破坏主要是研究土颗粒之间的连接破坏，或土颗粒之间产生过大的相对移动。

土的抗剪强度是指土体抵抗剪切破坏的能力。在外部荷载作用下，土体中便产生应力分布，从材料力学中可以知道，土体的任意斜面一般均会同时出现正应力和剪应力。土体沿该斜面是否被剪应力破坏，不但取决于这个斜面上的剪应力，还和斜面上所受到的正应力有关。这是因为剪应力作用的结果迫使土颗粒相互错动产生破坏；而正应力的作用则对土颗粒有压实、增加土抗剪的能力，有利于土体的稳定和强度的提高。由此可见，土的抗剪能力是和某一斜面上的正应力和剪应力两个因素有关的。土在什么情况下发生破坏，确切地说，应当是正应力和剪应力在什么组合情况下土才会发生破坏。研究表明，土的抗剪强度不仅与土颗粒大小、形状、级配、密实度、矿物成分和含水量等因素有关，而且还与土受剪时的排水条件、剪切速率等外界环境条件有关。这就是土的抗剪强度的试验手段和指标选用较为复杂的原因。

6.2　库仑公式

6.2.1　土体中任一点的应力状态

土体在受到外荷载作用时，应力在土中的分布已经确定下来。一般来说，每一点的应力状态是不一样的。判定某一点的土是否发生破坏，沿什么方向破坏，就要研究土体中每一点的应力状态。所以理解和掌握土体中任一点的应力状态的有关知识是十分重要的。在此首先介绍一下应力状态的有关知识要点，详细内容可参考材料力学中的相关内容。

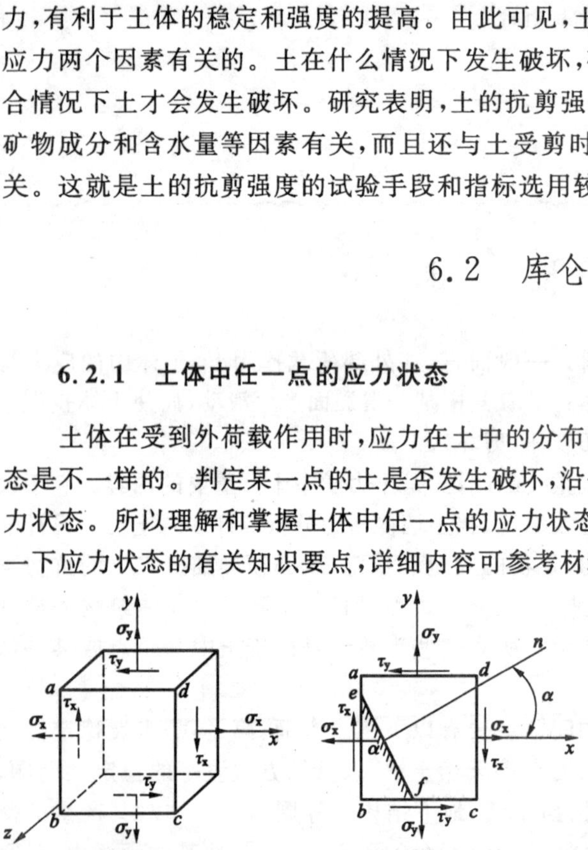

图 6.2　土中任意一点的应力状态

工程中的土一般是处于三向受力状态，考虑到土的破坏是由于剪应力造成的，最大剪应力是由主应力 σ_1 和 σ_3 所决定，所以在土力学中对土的受力状态的研究主要集中在 σ_1 和 σ_3 所决定的平面内，一般不考虑 σ_2 的影响。设 σ_1 和 σ_3 所处的平面为 x、y 平面，那么一点的受力状态可描述为如图 6.2(a)所示的形式。一旦图中的各应力量确定下来，那么该受力点任意斜面上的应力分量 σ、τ 是唯一确定的，其大小由 σ_x、σ_y、τ_{xy}决定。

$$\sigma_\alpha=\frac{\sigma_x+\sigma_y}{2}+\frac{\sigma_x-\sigma_y}{2}\cos2\alpha-\sin2\alpha \tag{6.1}$$

$$\tau_\alpha=\frac{\sigma_x-\sigma_y}{2}\sin2\alpha+\tau_{xy}\cos2\alpha \tag{6.2}$$

上述式(6.1)和式(6.2)就是平面应力状态下，任一 α 斜面上应力 σ_α、τ_α 的计算公式。

如果令式(6.2)中的 τ_α 为零，可求解出 α 的两个值 α_1、α_2，且这两个角度相差 90°。实际上这两个角度对应的就是 σ_1 和 σ_3 所在的两个主应力面，这一点在图 6.3 表示的莫尔应力圆中也可以明显地看出。

从上述两式中消去参变量 2α 后，即得：

$$\left(\sigma_\alpha-\frac{\sigma_x+\sigma_y}{2}\right)^2+\tau_\alpha^2=\left(\frac{\sigma_x-\sigma_y}{2}\right)^2+\tau_x^2 \tag{6.3}$$

很明显上式在 σ-τ 直角坐标系中表示的图形是一个圆，其圆心位于横坐标（σ 轴）轴上，其横坐标为$\frac{\sigma_x+\sigma_y}{2}$，半径为$\sqrt{\left(\frac{\sigma_x-\sigma_y}{2}\right)^2+\tau_x^2}$，如图 6.3 所示，也就是材料力学中的莫尔应力圆或称为莫尔(O. Mohr)圆。圆上的每一点的纵横坐标值分别代表对应受力点在某一斜面上的 σ、τ。莫尔应力圆上的点与斜面方位的对应关系为某一斜面在莫尔应力圆上对应的点与 x 轴的夹角是实际几何夹角的 2 倍，如图 6.3 所示。

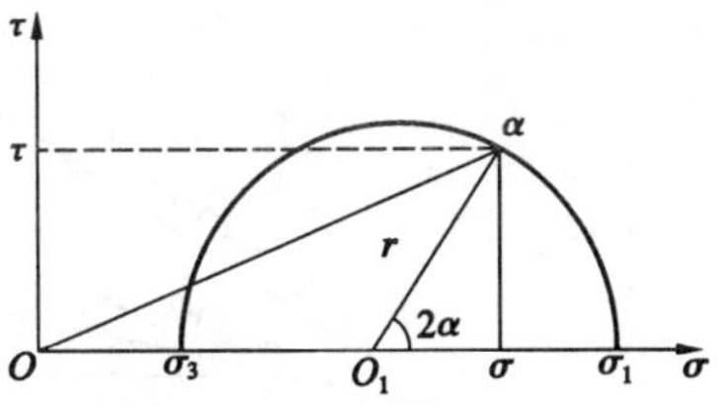

图 6.3　应力莫尔圆

【例 6.1】 设某一土中某一点的应力状态 σ_x、σ_y、τ_{xy}为已知，绘出该应力状态对应的莫尔应力圆，确定该应力状态的主应力大小和方向，并求出与 x 方向成 30°夹角斜面上的应力。

【解】 本问题有两种方法，一种是利用式(6.1)直接求解，由于主应力面上的剪应力为零，由式(6.2)知：

$$\frac{\sigma_x-\sigma_y}{2}\sin2\alpha+\tau_x\cos2\alpha=0 \tag{6.4}$$

于是

$$\tan2\alpha=-\frac{2\tau_{xy}}{\sigma_x-\sigma_y} \tag{6.5}$$

从而可求出 $\cos2\alpha$ 和 $\sin2\alpha$，代入式(6.1)即可得到 σ_1、σ_3。

另一种方法是利用高等数学求极值的方法，式(6.1)两边对 α 求导，当 σ_α 取极值时，有：

$$\frac{\partial\sigma_\alpha}{\partial\alpha}=-(\sigma_x-\sigma_y)\sin2\alpha+2\tau_{xy}\cos2\alpha=0 \tag{6.6}$$

$$\sigma_{max}=\sigma_1=\frac{1}{2}(\sigma_x+\sigma_y)+\frac{1}{2}\sqrt{(\sigma_x-\sigma_y)^2+4\tau_{xy}^2} \tag{6.7}$$

$$\sigma_{min}=\sigma_3=\frac{1}{2}(\sigma_x+\sigma_y)-\frac{1}{2}\sqrt{(\sigma_x-\sigma_y)^2+4\tau_{xy}^2} \tag{6.8}$$

上述公式还可以利用图 6.3 中的几何关系导出，可自行画出应力圆，并求出其他参数。

6.2.2 土强度理论的库仑公式

前面已说明，土的强度破坏通常是指剪切破坏，土体中剪应力等于土的抗剪强度时的临界状态称为“极限平衡状态”。土的极限平衡条件是指土体处于极限平衡状态时土的应力状态和土的抗剪强度指标之间的关系式，即第一主应力 σ_1、第三主应力 σ_3 与内摩擦角 φ、黏聚力 c 之间的数学表达式。本节将介绍最适用的土的强度理论，推导无黏性土和黏性土的极限平衡条件。为便于理解，从最简单的情况着手研究。

材料强度理论实际上是指材料在什么应力状态下发生破坏的判别依据，不同的理论适用于不同的材料。实践表明：土体发生破坏时，土体会沿某一斜面或曲面(称为滑动面)产生相对滑动，表现为剪切破坏，而滑动面上的剪应力就等于土的抗剪强度。通常认为，库仑理论最适合土体的情况。该理论是法国学者库仑(C. A. Coulomb)根据砂土的试验结果(见图 6.4)提出的，认为土的抗剪强度和滑动面上受到的正应力成正比，即：

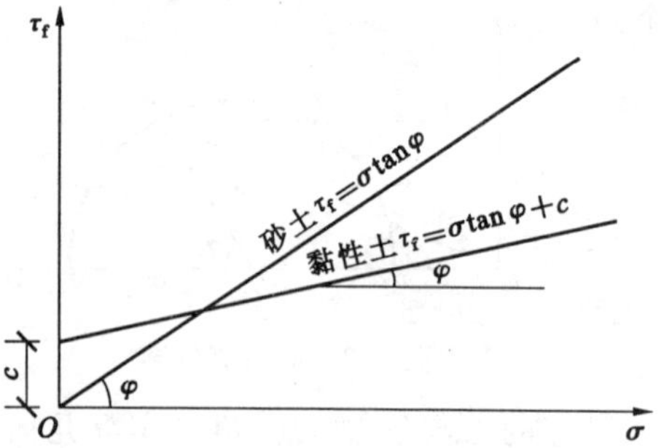

图 6.4 库仑准则

$$\tau_f=\sigma\tan\varphi \tag{6.9}$$

黏性土的抗剪强度比砂土的抗剪强度增加一项土的黏聚力，即：

$$\tau_f=c+\sigma\tan\varphi \tag{6.10}$$

式中 τ_f——任一截面上的剪应力(kPa)；

σ——任一截面上的法向应力(kPa)；

c——土的黏聚力(kPa)；

φ——土的内摩擦角(°)。

一般将式(6.9)称为土的库仑强度公式。土的抗剪强度包括两部分，即摩擦强度 $\sigma\tan\varphi$ 和黏聚强度 c。对于砂土，通常认为颗粒之间没有黏聚强度，即 $c=0$。

6.2.3 莫尔-库仑强度理论

莫尔在库仑早期研究工作的基础上，于 1910 年提出了一般意义下的材料剪切破坏的理论。仍然认为剪应力是造成材料破坏的根本原因，当任一平面的剪应力等于材料的抗剪强度时，该点就会沿剪应力所在的平面发生破坏，并提出在破裂面上抗剪强度 τ_f 是该面上法向应力的函数，即：

$$\tau_f=f(\sigma) \tag{6.11}$$

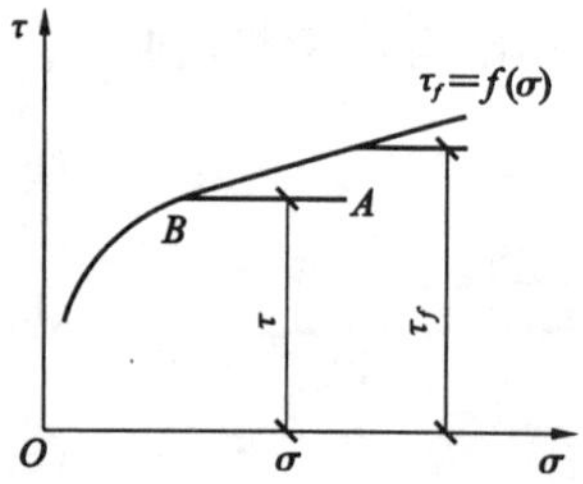

图 6.5 莫尔-库仑破坏包线

这个函数所定义的 τ_f-σ 曲线，如图 6.5 所示，称为莫尔破坏包线或抗剪强度包线。包线的确定最直接的方法是用同一种土样，测试某一平面上不同的 σ 所对应的土在该平面上破坏时的剪应力 τ，并将这些点描绘在 σ-τ 坐标系中，这些点所决定的曲线或回归方程，就是莫尔破坏包线。它表示材料在某一平面上的抗剪强度，会随该平面上的正应力的变化而变化。曲线上每一点表示材料破坏时的不同应力状态(σ、τ)的极限状态。对于某一点土在某一平面 mn 上的正应力为 σ，剪应力为 τ，σ_0 表示正

应力 σ 和剪应力 τ 的合力，如图 6.6 所示。那么该平面能够提供的抗剪强度 τ_f 可由式(6.10)确定，该平面所在应力状态在 σ-τ 坐标系中所对应的点为(σ,τ)，显然当 $\tau<\tau_f$ 时，状态点(σ,τ)落在破坏包线下面，如图 6.5 中的 A 点所示，表明土体在该点沿该平面不会发生剪切破坏；当 $\tau>\tau_f$ 时，状态点(σ,τ)落在破坏包线上面，如图 6.5 中的 B 点所示，表明土体在该点沿该平面已经发生剪切破坏。实际上，这种应力状态是不存在的，因为在实际工程中，应力的发展是渐进的，当实际剪应力 τ 增加到抗剪强度 τ_f 值时，就不可能再继续增加，所以实际的剪应力一般是不会出现 $\tau>\tau_f$ 的情况；当 $\tau=\tau_f$ 时，如图 6.5 中的 C 点所示，平面 mn 处于稳定与破坏的分界点上，平面 mn 处于极限平衡状态，或称为临界状态。

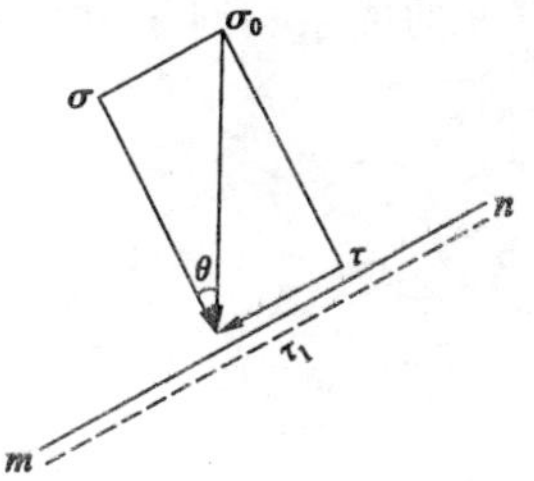

图 6.6 任意面上的应力

6.2.4 土的极限应力状态

对于土中的一个斜面只要满足式(6.10)，就认为该斜面处于极限平衡状态，也就是说，斜面上的正应力 σ 和剪应力 τ 构成斜面的极限应力状态。其含义是当正应力不变，而剪应力有一个微小的增加时，土就会沿斜面发生剪切破坏。在实际工程中，如果土中的某一点出现一个极限平衡状态平面(后面会证明该平面是成对出现的)，那么就认为该点的应力状态处于极限平衡状态。在给定一点的应力状态 σ_1、σ_3 或 σ_x、σ_y、τ_{xy} 后，如何判别该点是否达到极限平衡状态或者发生破坏了呢？如果发生破坏又会沿什么方向破坏呢？为了研究这些问题，需要研究土的极限平衡状态。

土在 σ_1、σ_3 或 σ_x、σ_y、τ_{xy} 作用下，除了主应力平面(σ_1、σ_3 作用的平面)外，其他任意平面一般都会同时存在 σ、τ，这就需要对所有平面进行研究，并从中确定出最有可能的破坏平面。最简单和最直观的方法是将土中某一点的每个斜面上的 σ、τ 标注在 σ-τ 坐标系中，显然这些点组成一个莫尔应力圆，同时将抗剪强度包线也绘制到该坐标系中，如图 6.7 所示。抗剪强度包线和莫尔应力圆的关系存在如下三种情况：

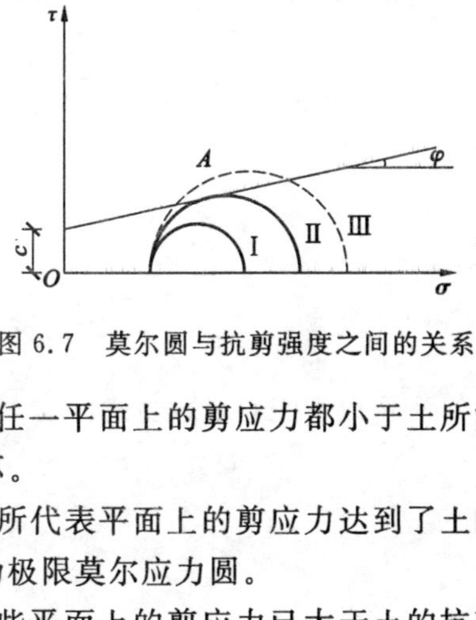

图 6.7 莫尔圆与抗剪强度之间的关系

(1) 莫尔应力圆Ⅰ位于抗剪强度曲线之下，表示该点任一平面上的剪应力都小于土所能承受的最大剪力，即土的抗剪强度，因此不会发生剪切破坏。

(2) 莫尔应力圆Ⅱ与抗剪强度曲线相切，表示切点 A 所代表平面上的剪应力达到了土的抗剪强度，该点处于极限平衡状态，此时的莫尔应力圆称为极限莫尔应力圆。

(3) 莫尔应力圆Ⅲ与抗剪强度曲线相割，表示该点一些平面上的剪应力已大于土的抗剪强度，即土体已被剪破。实际上这种应力状态不可能存在，因为在此之前，该点的土早已沿某一平面剪破了，剪应力不可能超过土的抗剪强度。所以这一种情况仅有其几何意义或理论意义。

实际工程中，一般是首先知道某一点的应力状态，并不是直接知道某一斜面的剪应力和正应力，这就需要了解如何直接运用 σ_1、σ_3 或 σ_x、σ_y、τ_{xy} 去判别土是否发生破坏。土中一点在 σ_1、σ_3 作用下，任意斜面上都有主应力和剪应力，如何确定该点沿哪个斜面发生破坏是十分重要的。

这就需要根据极限莫尔应力圆与抗剪强度曲线相互的几何关系，建立黏性土和无黏性土的极限平衡条件。土中一点的极限平衡条件是指当该点处于极限平衡状态时，其应力与抗剪强度的关系。对于黏性土，由图6.8中几何关系可知：

$$\sin\varphi=\frac{AD}{RD}=\frac{\frac{1}{2}(\sigma_1-\sigma_3)}{\frac{1}{2}(\sigma_1+\sigma_3)+c\cot\varphi}=\frac{\sigma_1-\sigma_3}{\sigma_1+\sigma_3+2c\cot\varphi} \tag{6.12}$$

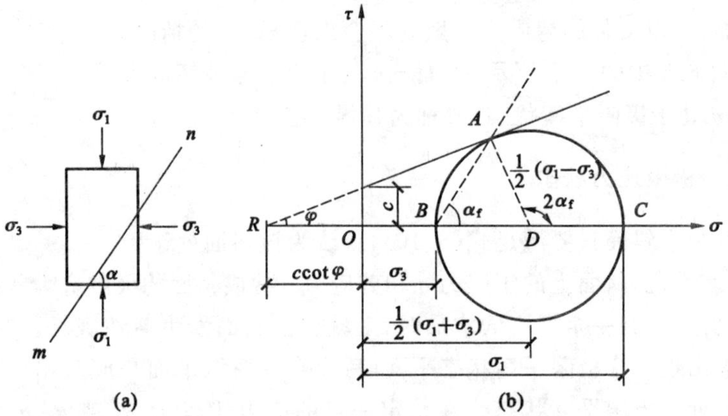

图6.8 土中一点达到极限平衡状态时的莫尔圆

(a) 微单元体；(b) 极限平衡状态时的莫尔圆

写成另一种形式

$$\sigma_1(1-\sin\varphi)=\sigma_3(1+\sin\varphi)+2c\cos\varphi$$

即

$$\sigma_1=\sigma_3\frac{1+\sin\varphi}{1-\sin\varphi}+2c\frac{\cos\varphi}{1-\sin\varphi}$$

或

$$\sigma_1=\sigma_3\frac{1+\sin\varphi}{1-\sin\varphi}+2c\sqrt{\frac{1+\sin\varphi}{1-\sin\varphi}}$$

利用以下三角函数公式：

$$\frac{1+\sin\varphi}{1-\sin\varphi}=\tan^2\left(45^\circ+\frac{\varphi}{2}\right)$$

$$\frac{1-\sin\varphi}{1+\sin\varphi}=\tan^2\left(45^\circ-\frac{\varphi}{2}\right)$$

从而得到黏性土的极限平衡条件为：

$$\sigma_1=\sigma_3\tan^2\left(45^\circ+\frac{\varphi}{2}\right)+2c\tan\left(45^\circ+\frac{\varphi}{2}\right) \tag{6.13a}$$

$$\sigma_3=\sigma_1\tan^2\left(45^\circ-\frac{\varphi}{2}\right)-2c\tan\left(45^\circ-\frac{\varphi}{2}\right) \tag{6.13b}$$

$$\sin\varphi=\frac{AD}{RD}=\frac{\sigma_1-\sigma_3}{\sigma_1+\sigma_3+2c\cot\varphi} \tag{6.13c}$$

对于无黏性土，由于 $c=0$，则由上式可知，无黏性土得极限平衡条件为：

$$\sigma_1 = \sigma_3 \tan^2\left(45° + \frac{\varphi}{2}\right) \tag{6.14a}$$

$$\sigma_3 = \sigma_1 \tan^2\left(45° - \frac{\varphi}{2}\right) \tag{6.14b}$$

$$\sin\varphi = \frac{AD}{RD} = \frac{\sigma_1 - \sigma_3}{\sigma_1 + \sigma_3}$$

当土中一点应力达到极限平衡状态时，破裂面与大主应力面的夹角为 α_f，由图 6.8 可知 α_f 为：

$$\alpha_f = 45° + \frac{\varphi}{2}$$

由上述可知，土的极限平衡条件是土体强度理论的基础。运用极限平衡条件可以判断土体中任一点是否会剪破。在一般情况下，破坏面不发生在最大剪应力作用面（$\alpha = 45°$）上，而是发生在莫尔应力圆与抗剪强度曲线相切的切点所代表的斜面上，即与最大主应力面成 $\alpha_f = \pm(45° + \varphi/2)$ 夹角的斜面上。因为尽管 $\alpha = 45°$ 面上的剪应力最大，但其正应力比（$45° + \varphi/2$）的面上的正应力大出 $(\sigma_1 - \sigma_3)\sin(45° + \varphi)/2$，由此而产生的抗剪强度增加值比二者的剪应力差值大，这一点从圆心作垂线就可很清楚地看出。从图 6.9 中可以明显看出破裂面是共轭出现的。

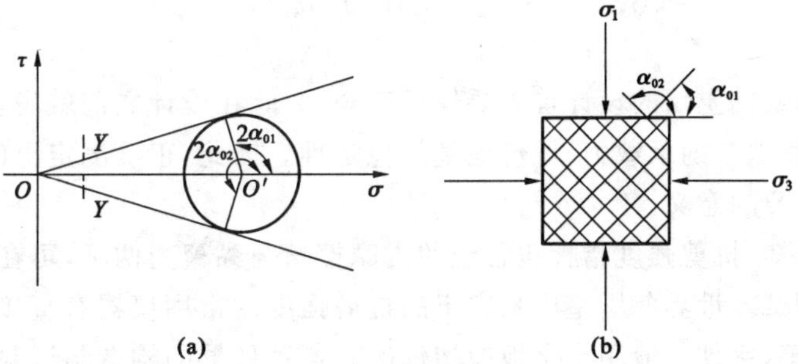

图 6.9　极限平衡的位置

6.2.5　极限应力状态的应用

土的极限平衡条件是判别土体中某一点土是否发生破坏，沿什么方向破坏的重要依据。在实际工程设计与计算中有着极为重要的意义。

【例 6.2】 设一建筑物地基中一点的应力 $\sigma_1 = 325$ kPa、$\sigma_3 = 135$ kPa，该地基土的抗剪强度指标黏聚力 $c = 40.5$ kPa，$\varphi = 25°$，试判断该点土是否稳定。

【解】 利用极限平衡条件：

$$\sigma_3 = \sigma_1 \tan^2\left(45° - \frac{\varphi}{2}\right) - 2c\tan\left(45° - \frac{\varphi}{2}\right)$$

最大主应力在极限平衡时对应的最小主应力为：

$$\begin{aligned}\sigma_{3f} &= \sigma_1 \tan^2\left(45° - \frac{\varphi}{2}\right) - 2c\tan\left(45° - \frac{\varphi}{2}\right) \\ &= 325 \times \tan^2\left(45° - \frac{25°}{2}\right) - 2 \times 40.5 \times \tan\left(45° - \frac{25°}{2}\right) = 126.33\ \text{kPa}\end{aligned}$$

因为 $\sigma_{3f} < \sigma_3$，由此可以判断该点处于稳定状态。

该问题还可利用：

$$\sigma_1=\sigma_3\tan^2\left(45°+\frac{\varphi}{2}\right)+2c\tan\left(45°+\frac{\varphi}{2}\right)$$

得 $\sigma_{1f}=452.22$ kPa，因为 $\sigma_{1f}>\sigma_1$，由此同样可判断该点土体稳定。

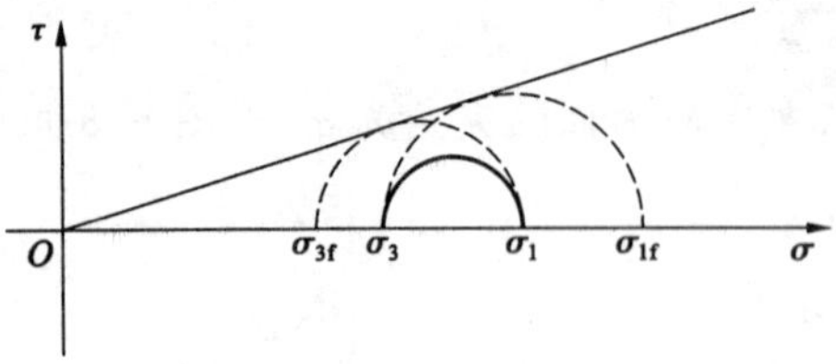

图 6.10　极限莫尔应力圆

上述解法的原理可用 图 6.10 来解释，由式(6.13a)和式(6.13b)确定的莫尔应力圆是最大莫尔应力圆，即极限莫尔应力圆。如果土的实际应力状态对应的莫尔应力圆比极限莫尔应力圆小，那么土体稳定。

实际上，对于利用强度准则判别土体是否发生破坏这类问题，并不一定要遵循上述方法进行计算。只要理解莫尔应力圆和强度准则的含义，可以使用其他方法，但其实质是一样的。例如，本问题可先绘出实际的莫尔应力圆，并计算出圆心坐标，然后利用几何关系算出圆心与强度曲线之间的垂直距离，如果该距离大于莫尔应力圆的半径，那么该点土体稳定。其原理和具体计算可作为练习自行验证。

6.3　抗剪强度的测试方法

建筑物的地基或挡土墙的设计首先要保证安全，为此在设计之前就需要测定土的抗剪强度指标，并由此计算地基的承载力、评价地基的稳定性。因此，正确测定土的抗剪强度指标在工程中有着极为重要的意义。

从上述分析可知，抗剪强度指标包含土的内摩擦角与黏聚力两项，可在实验室测试，也可在室外进行现场测试。世界各国室内测定土的抗剪强度的常用仪器有直接剪切仪、三轴压缩仪、无侧限压力仪等，室外一般用十字板剪切仪等。各种仪器的构造与试验方法都不一样，应根据各类建筑工程的规模、用途与地基土的情况，选择相应的仪器与方法进行试验。

6.3.1　直接剪切试验

直接剪切试验是最早测定土的抗剪强度的试验方法，也是最简单的方法，所以在世界各国广泛应用。直接剪切试验的主要仪器为直剪仪，按照加荷载的方式的不同分应力控制式与应变控制式两种。两者的区别在于施加水平剪切荷载的方式不同：应力控制式采用砝码与杠杆分级加荷；应变控制式采用手轮连续加荷，后者优于前者。我国目前普遍采用的是应变控制式直剪仪。

6.3.1.1　试验装置

应变控制直剪仪包括剪切盒(包括固定的上盒与活动的下盒)、垂直加荷设备、剪切传动装置、测力计、位移量测系统等，如图 6.11 所示。

6.3.1.2　试验方法

试验时首先通过加载架对试样施加竖向压力 p，然后以规定的速率对下盒施加水平剪力，并逐渐加大，直至试件沿上、下盒的交界面被剪坏为止。在剪应力施加过程中，记录下盒的位移及所加水平剪力的大小，绘制该竖向应力 p 作用下的剪应力与剪切变形关系曲线，如

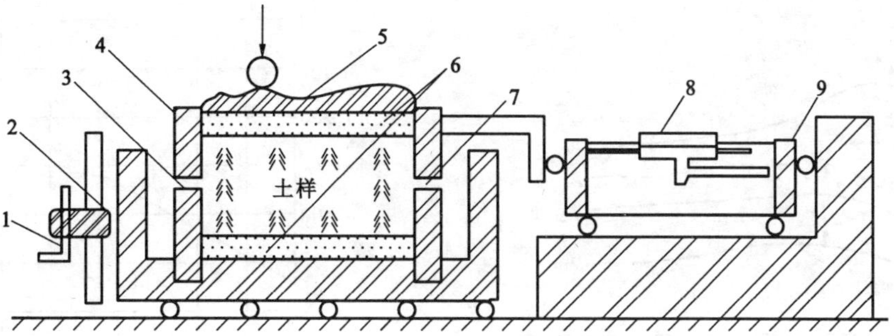

图 6.11 应变控制式直剪仪示意图

1—手轮；2—螺杆；3—下盒；4—上盒；5—传压板；6—透水石；7—开缝；8—测微计；9—弹性量力环

图 6.12所示，并以曲线的峰值应力作为试样在该竖向应力 p 作用下的抗剪强度。

为了确定土的抗剪强度指标，取 4 组相同的试样，对各个试样施加不同的竖向应力 p_1、p_2、p_3 和 p_4，然后进行剪切，得到相应的抗剪强度 τ_{f1}、τ_{f2}、τ_{f3} 和 τ_{f4}。把试验结果绘在以竖向应力 p 为横坐标，以抗剪强度 τ_f 为纵坐标的平面图上。通过各试验点绘一直线，即抗剪强度线。抗剪强度线与水平线的夹角为试样的内摩擦角 φ，纵轴的截距为试样土的黏聚力 c。直接剪切试验按加载速率的不同，分为快剪、固结快剪和慢剪三种，具体做法如下：

(1) 快剪

竖向应力施加后，立即进行剪切，剪切速率要快。如《土工试验规程》规定:要使试样在 3～5 min 内剪坏。

(2) 固结快剪

竖向应力施加后，让试件充分固结，固结完成后，再进行快速剪切，其剪切的速率与快剪的相同。

(3) 慢剪

施加竖向应力后，允许试样排水固结。待固结完成后，施加水平剪应力，剪切速率放慢，使试件在剪切过程中有充分的时间产生体积变形和排水(对剪胀性则为吸水)。

对无黏性土，因其渗透性好，即使快剪也能使其排水固结，因此《土工试验规程》规定:对无黏性土，一律采用一种加荷速率进行。

对正常固结的黏性土(通常为软土)，在竖向应力和剪应力作用下，土样都被压缩，所以通常在一定应力范围内，快剪的抗剪强度 τ_q 最小，固结快剪的抗剪强度 τ_{cq} 有所增大，而慢剪抗剪强度 τ_s 最大。

6.3.1.3 试验成果

(1) 按实验设备提供的方法计算剪切位移和对应的剪应力。

(2) 剪应力与剪切位移的关系曲线以剪应力为纵坐标，剪切位移为横坐标，按比例绘制曲线，如图 6.12 所示。

(3) 绘制垂直荷载与抗剪应力的关系曲线。

在图 6.12 的关系曲线上，取峰值点或稳定值，作为抗剪强度。以垂直荷载为横坐标，抗剪应力为纵坐标，绘制曲线，如图 6.13 所示。4 个试样得到 4 个数据，连成一条直线，称为抗剪强度曲线。此曲线与纵坐标的截距 c 即黏聚力，单位为 kPa；此曲线与横坐标的夹角 φ 称为内摩擦角，单位为度(°)。

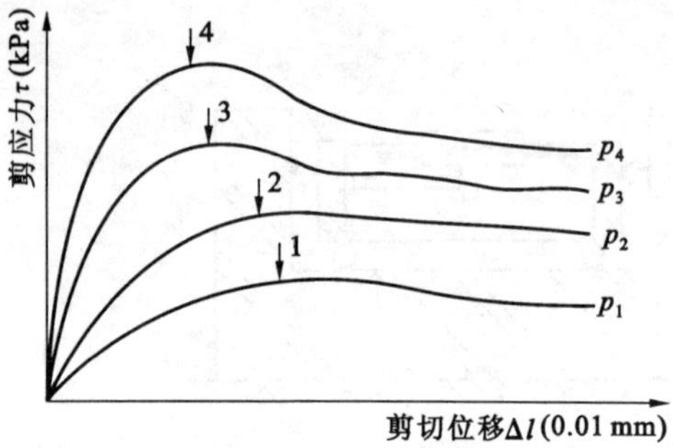

图 6.12　剪应力与剪切位移之间的关系

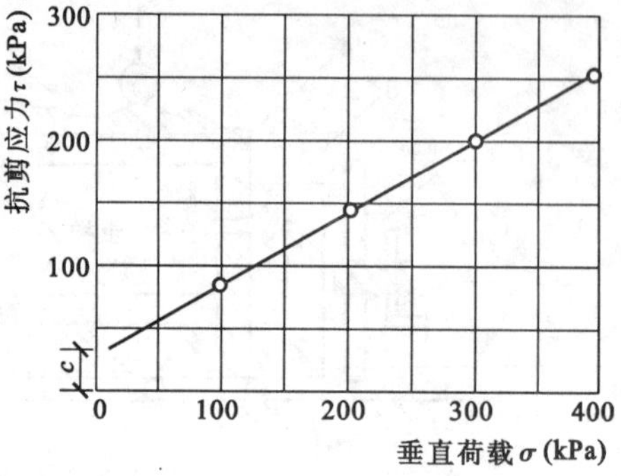

图 6.13　抗剪应力与垂直荷载之间的关系

需要强调的是，由于土样和试验条件的限制，试验结果会有一定的离散性，也就是说，各土样的结果不可能恰好位于一条直线上，而是分布在一条直线附近，这条直线就是强度准则。可用线性回归的方法确定该直线。

由图 6.13 可得库仑定律公式：

砂土

$$\tau_f = \sigma \tan\varphi \tag{6.15}$$

黏性土

$$\tau_f = \sigma \tan\varphi + c \tag{6.16}$$

6.3.2　三轴压缩试验

土体一般处在三轴压缩状态，并且工程中的土体是三轴不等压状态。要想真正了解实际情况，最好的办法是在实验室中进行土的三向不等压试验，但目前尚没有三向不等压的试验装置。这里说的三轴压缩试验是指土样在三个方向受压，但有两个方向的压力相等。其基本原理是用塑胶套将圆柱形土样密封起来，放置在一个密封容器(压力室)内，用液体对土样施加围压，此时 $\sigma_2 = \sigma_3$，竖向(或轴向)加载装置施加 σ_1。试验时 σ_3 保持不变，增大 σ_1，直至土样破坏。这种条件下的试验称为常规三轴压缩试验。

三轴压缩试验的目的也是确定土的抗剪强度，采用这种试验方法，土样的受力状态以及孔隙水的影响比直剪试验更能接近实际情况，试验结果更为可靠，是测定抗剪强度的一种较为完善的方法。所以我国《建筑地基基础设计规范》(GB 50007—2002)规定：甲级建筑物应采用三轴压缩试验。对于可塑性黏性土与饱和度不大于 0.5 的粉土，可采用直剪试验。

6.3.2.1　试验装置

三轴压缩试验所使用的仪器是三轴压缩仪(也称三轴剪切仪)，其构造如图 6.14 所示，主要由如下几部分组成：主机、周围压力系统、孔隙水压力系统以及反压力系统，各系统之间用管路和各种阀门开关连接。

主机部分包括压力室、轴向加压系统等。压力室是三轴仪的主要组成部分，受测土试样存放在其中。它是一个由金属上盖、底座以及透明有机玻璃圆筒组成的密闭容器，压力室底座通常由 3 个小孔分别与稳压系统以及体积变形和孔隙水压力量测系统相连。轴向加压系统是由加压框架、量力环通过活塞杆作用在土样的顶端。

周围压力系统是用氮气瓶作为压力源对水进行加压，压力水通过压力室底部的注水孔进

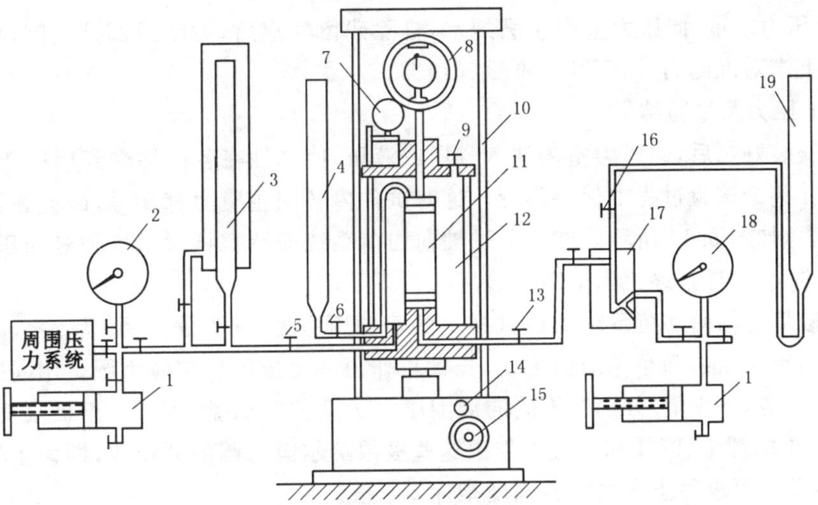

图 6.14　应变控制三轴仪

1—调压筒；2—周围压力表；3—体变管；4—排水管；5—周围压力阀；6—排水阀；7—变形量表；
8—量力环；9—排气孔；10—轴向加压设备；11—试样；12—压力室；13—孔隙压力阀；
14—离合器；15—手轮；16—量管阀；17—零位指示器；18—孔隙水压力表；19—量管

入压力室作用在土样周围。通过调压阀和压力表对水压的大小进行控制，如保持恒压或变化压力等。

孔隙水压力系统是用来量测土样在三轴压缩试验时土样中的孔隙水的压力变化情况。土样的孔隙水通过底座预制孔进入孔隙水压力系统，孔隙水压力通过孔压传感器或者零位指示器和孔隙水压力表测量。

反压力系统是用来提高试样饱和度的装置。

6.3.2.2　常规三轴试验的一般步骤

(1)试样制备

试样的形状为圆柱体，要求表面规整，两端平行且垂直于轴线。其尺寸为：最小直径 d 为 35 mm，最大直径 d 为 101 mm；高度与直径之比为 2.0～2.5；试样最大颗粒 $d_{max}=(1/10\sim1/5)d'$。从库仑公式可知，理论上仅需 2 个试样即可确定土样的抗压性能，但考虑到试验数据的离散性，同一种土需要制备 3～4 个试样，分别在不同围压下进行试验。

原状试样制备：先用分样器将圆筒形土样竖向分成 3 个扇形土样，再用切土盘将每个土样仔细切成标准圆柱形试样，取余土测定试样的含水率。

扰动试样制备：根据预定的干密度和含水率，称取风干过筛的土样，平铺于搪瓷盘内，将计算所需加水量用小喷壶均匀喷洒于土样上，充分拌匀，装入容器盖紧，防止水分蒸发。润湿一昼夜后，在击实器内分层击实(粉质土宜为 3～5 层，黏质土宜为 5～8 层)。各层土料质量应相等，各层接触面应刨毛。

对于饱和试样，应在试样制备、安装在底座上之后，选用抽气饱和、水头饱和或反压饱和的方法排出试样中的气体。

(2) 试样安装

① 在压力室底座上，依次放上进水石、试样、滤纸、透水石及试样帽，将橡皮膜套在试样

外，并将橡皮膜上、下两端分别与试样帽与底座扎紧，使其不漏水。

② 装上压力室罩，向压力室内注满纯水，排除残留气泡后，关闭顶部排气阀，再将压力室顶部的活塞上端对准测力计，下端对准试样顶部。

(3) 施加压力及试验结果

在试样安装好之后，向压力室内注入气压或液压，使试件在各向均受到周围压力 σ_3，并使该周围压力在整个试验过程中保持不变。这时试件内各向主应力都相等，因此在试件内不产生任何剪应力，如图 6.14 所示。然后通过轴向加荷系统即活塞杆对试样加竖向压力，随着竖向压力逐渐增大，试样最终将因受剪而破坏。

设剪切破坏时轴向加荷系统加在试样上的竖向压应力(称为偏应力)为 $\Delta\sigma_1$，则试样上的大主应力为 $\sigma_1=+\Delta\sigma_1$，而小主应力为 σ_3，据此可作出一个极限莫尔应力圆。用同一种土样的若干个试件(一般 3～4 个)分别在不同的周围压力 σ_3 下进行试验，可得一组极限莫尔应力圆，如图 6.15(c)中的圆Ⅰ、圆Ⅱ和圆Ⅲ。作出这些极限莫尔应力圆的公切线，即该土样的抗剪强度包络线，由此便可求得土样的抗剪强度指标 c、φ 值。

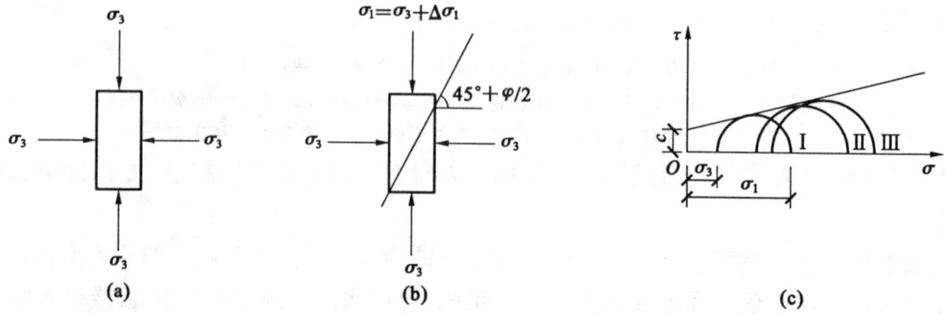

图 6.15　土样的抗剪强度包络线

(4) 测量破坏试样

关周围压力阀，打开压力室顶部的排气阀。排除压力室内的水，可用虹吸管快速排水。拆除试样，描述试样破坏形状。通常试样破坏形状分两种：如试样为砂土或硬塑状态的粉性土与粉土，破坏面呈斜向直线剪切面；若试样为饱和状态软土，则无明显剪切面，而在试样中段向外鼓起，直径较大。称试样的质量，并测定含水率。

6.3.2.3　三种试验方法

土中的水及孔隙水压力对土的抗剪强度的影响十分明显，土体在实际工程中的排水条件不同，其力学性能也不一样，所以三轴压缩试验也应模拟实际情况。根据三轴压缩试验过程中试样的固结条件与孔隙水压力是否消散的情况，可分为三种试验方法。同一种试样，采用三种不同的试验方法，试验结果所得到的抗剪强度指标 c 与 φ 值一般并不相同，下面分别进行阐述。

(1) 不固结不排水剪切试验(UU 试验)

在整个试验过程中将试样密封起来，自始至终关闭排水阀门，试样在施加周围压力和随后施加竖向压力直至剪切破坏的过程中都不允许土中水排出，土中的含水量保持不变，土中的孔隙水压力也会随着土样外部压力的改变而改变。显然，这种试验方式试样中的孔隙水压力和土粒一起承担了外部荷载。这种试验方法的工程背景是饱和软黏土中快速加荷载时的应力状态，得到的抗剪强度指标用 c_u、φ_u 表示。

UU 试验一般只用于测定饱和黏土不排水抗剪强度 c_u。鉴于多数工程施工速度快，较接近不固结不排水剪切条件，一般应采用 UU 试验。而且用 UU 试验成果计算，一般比较安全。

（2）固结不排水剪切试验（CU 试验）

在施加周围压力的过程中，打开排水阀门，允许土样排水固结，待土样的排水固结完成后再关闭排水阀门，施加竖向压力，直至试样在不排水条件下发生剪切破坏。试验方法如下：

试样安装在压力室底座上的透水板与滤纸上，使试样底部与孔隙水压力量测系统相通。然后施加周围压力 σ_3，打开孔隙水压力阀，测定孔隙水压力 u，再打开排水阀，使试样中的孔隙水压力消散，直至孔隙水压力消散 95%以上。待固结稳定后关闭排水阀，测记排水管读数和孔隙水压力读数，使试样在不排水的条件下剪切破坏。在剪切过程中土样基本没有体积变化。CU 试验得到的抗剪强度指标用 c_{cu}、φ_{cu} 表示。其适用的工程状况为一般正常固结土层在竣工或在使用阶段受到大量、快速的活荷载或新增荷载作用下的受力情况，对于经过预压固结的地基，也可采用 CU 试验。

（3）固结排水剪切试验（CD 试验）

试样在施加周围压力时允许土样排水固结，待土样固结稳定后，再在排水条件下缓慢施加竖向压力（在施加轴向压力的过程中孔隙压力始终保持为零），直至试件剪切破坏，因而剪切速率应尽可能缓慢。CD 试验是模拟地基土体充分固结后开始缓慢施加荷载的情况，工程上很少采用。

（4）三轴压缩剪切试验的结果的整理

从三种试验方法可知，同一土样由于试验方法的不同，所得到的试验结果则不会相同，其原因是由于土的固结历史和排水条件的不同。为了更清楚地说明水的影响，需要用有效应力原理来讨论。有效应力原理指出：土中某一点的总应力 σ 等于有效应力 σ' 和孔隙水压力 u 之和，即 $\sigma=\sigma'+u$，因此，在试验中测得土样的孔隙水压力后，就可以求得有效应力的值。由此可以得到两种库仑公式，一种是用总应力表示的库仑公式，即：

$$\tau_f=\sigma\tan\varphi+c \tag{6.17}$$

一般称 c、φ 为总应力抗剪强度指标。

另一种是用有效应力表示的库仑公式，即：

$$\tau_f=c'+\sigma'\tan\varphi' \tag{6.18}$$

或

$$\tau_f=c'+(\sigma-u)\tan\varphi' \tag{6.19}$$

式中　c'、φ——有效内聚力和有效内摩擦角，统称为有效应力抗剪强度指标。

利用上述结论可以绘出 UU 试验所对应的莫尔应力圆，进而求出 c_u、φ_u。假定土样发生破坏时对应的应力状态为 σ_1、σ_3，以 $\sigma_1-\sigma_3$ 为直径，以 $(\sigma_1+\sigma_3)/2$ 为圆心可绘出对应的总莫尔应力圆Ⅰ。若破坏时土样中的孔隙水压力为 u，则破坏时的 $\sigma_1'-\sigma_3'=\sigma_1-\sigma_3$，显然有效莫尔应力圆和总莫尔应力圆的大小完全相同，只是位置不同，如图 6.16所示。图中实线表示有效莫尔应力圆。

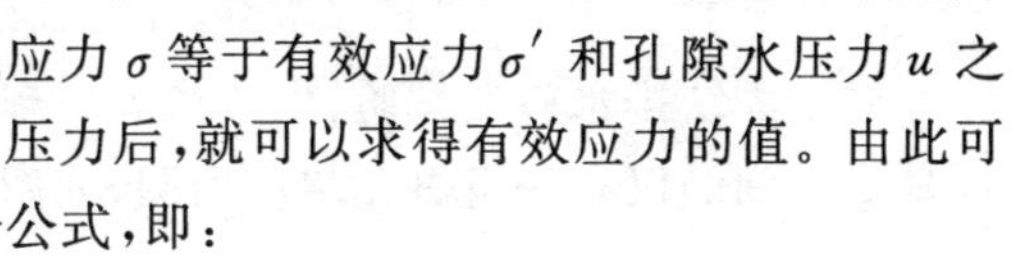

图 6.16　莫尔圆包线

试验表明，当改变围压 σ_3 时，破坏时对应的 σ_1 也会增加，但 $\sigma_1-\sigma_3$ 几乎保持不变。这样通过 UU 试验仅能绘出一系列大小相同的总莫尔应力圆或有效莫尔应力圆。其强度包线是一条近乎水平的直线，根据库仑公式有：

$$\varphi_u = 0$$

$$c_u = \frac{1}{2}(\sigma_1 + \sigma_3)$$

对这种情况的解释为：当 σ_3 变为 $\sigma_3+\Delta$ 时，则土样破坏时对应的 σ_1 为 $\sigma_1+\Delta$，同时孔隙水压力也增加到 $u+\Delta$，显然压力增加前后的有效应力基本不变，分别为 $\sigma_1'=\sigma_1-u$、$\sigma_3'=\sigma_3-u$。应力状态的改变仅影响到孔隙水压力，换句话说，外力增加的部分基本是由孔隙水压力的增加来平衡，对土样中的有效应力几乎没有影响。几个土样的不固结不排水三轴剪切试验破坏时有效莫尔应力圆只有一个，所以不能由 UU 试验测定相应的有效应力强度指标 c'、φ'。

对于固结不排水试验，其破坏时的有效应力状态会随着总应力状态的改变而改变，根据试验结果得到各个土样破坏时的莫尔应力圆，如图 6.17 所示。然后作对应莫尔应力圆的公切线即可得到总应力强度指标 c_{cu}、φ_{cu}和有效强度指标 c_{cu}、φ'_{cu}。

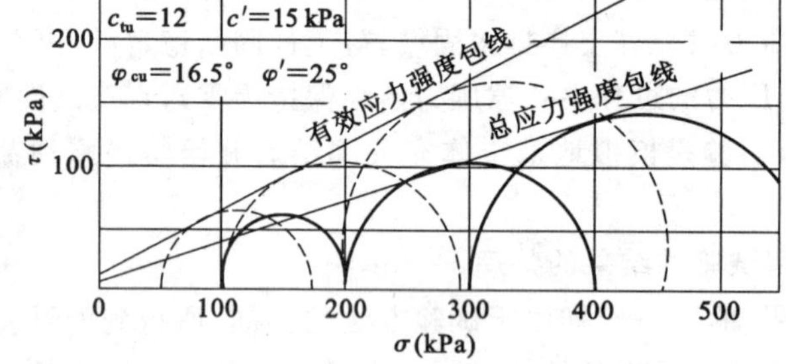

图 6.17　固结不排水剪切强度曲线

对于固结排水剪切试验，由于试验过程充分排水，破坏时的孔隙水压力可以忽略不计，所以最后得到的仅有一组总莫尔应力圆，如图 6.18 所示。

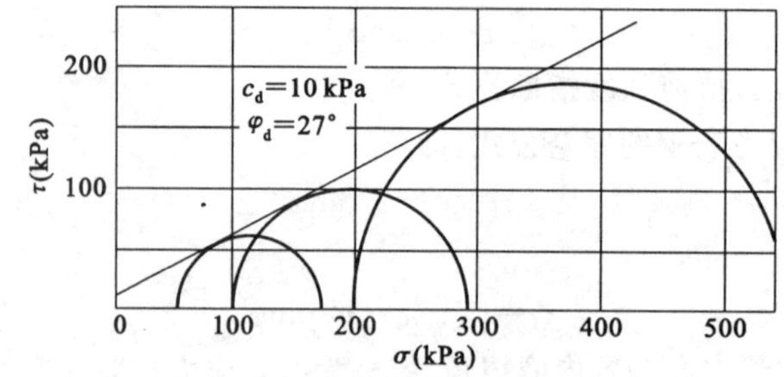

图 6.18　固结排水剪切强度曲线

三轴压缩仪的突出优点是能较为严格地控制排水条件以及可以测量试件中孔隙水压力的变化，而且，试件中的应力状态比较明确，也不像直接剪切试验那样限定剪切面。一般来说，三轴压缩剪切试验的结果比较可靠。对那些重要的工程项目，必须用三轴剪切试验测定土的强度指标。三轴压缩仪还用于测定土的其他力学性质，因此，它是土工试验不可缺少的设备。目前，通用的三轴压缩仪的缺点是试件的第二主应力和第三主应力相等，即 $\sigma_2=\sigma_3$，而实际土体的受力状态未必都属于这类轴对称情况。另外，三轴压缩试验还存在试样制备和试验操作比较复杂，试样中的应力与应变仍然不够均匀的缺点。由于试样上、下端的侧向变形分别受到刚性试样帽和底座的限制，而在试样的中间部分却不受约束，因此，当试样接近破坏时，试样常被挤压成腰鼓形。

【例 6.3】 设有一组饱和黏性土试样作固结不排水试验，4 组试样分别施加的周围压力 σ_3 及破损时的最大主应力 σ_1 和孔隙水压力 u 的测试结果如表 6.1 所示。试用总应力法和有效应力法确定土的抗剪强度指标。

表 6.1　三轴压缩试验数据

试样编号	1	2	3	4
σ_1(kPa)	145	218	310	405
σ_3(kPa)	60	100	150	200
u(kPa)	21	38	62	84

【解】 ①总应力法

以每个试样破损时 σ_1 和 σ_3 在 σ-τ 坐标中作对应的应力圆，如图 6.19 的四个实线圆所示。作四个圆的公切线，实线表示抗剪强度包线，纵坐标的截距为黏聚力 $c_{cu}=17$ kPa；抗剪强度曲线与横坐标（水平线）的夹角即内摩擦角 $\varphi=17°$。

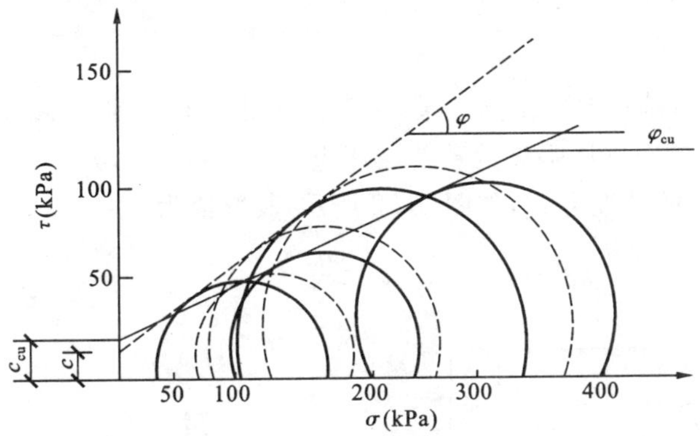

图 6.19　三轴压缩试验强度包线

② 有效应力法

利用有效应力原理求出每一组总应力（σ_1，σ_3）对应的有效应力（σ_1'，σ_3'），结果如表 6.2 所示。以 σ_1'和 σ_3'作破损时的有效应力圆，作四个虚线圆的公切线，虚线表示有效强度的抗剪强度包线。可得黏聚力 $c'=12$ kPa，内摩擦角 $\varphi'=25°$。

表 6.2　三轴压缩试验有效应力数据

试样编号	1	2	3	4
$\bar{\sigma}_1=(\sigma_1-u)$(kPa)	124	180	248	321
$\bar{\sigma}_3=(\sigma_3-u)$(kPa)	39	62	88	116

实际上，由于土样本身存在着差异，加上试验时产生的试验误差等原因，同一组试样试验所得到的应力圆的强度包线一般并不是一条直线，而是和直线比较接近的曲线。为了方便，工程中一般用直线代替曲线，其精度完全可以满足工程需要。

6.3.3 无侧限抗压强度试验

(1) 试验原理

无侧限抗压强度试验是三轴压缩试验中的围压$\sigma_3=0$时的不排水剪切试验，一般适用于饱和黏性土，所以又称单轴试验。无侧限抗压强度试验所使用的无侧限压缩仪，其结构如图6.20所示。本试验完全可以利用三轴仪做该种试验，试验所用试样直径为35～50 mm，高度与直径之比宜采用2.0～2.5。

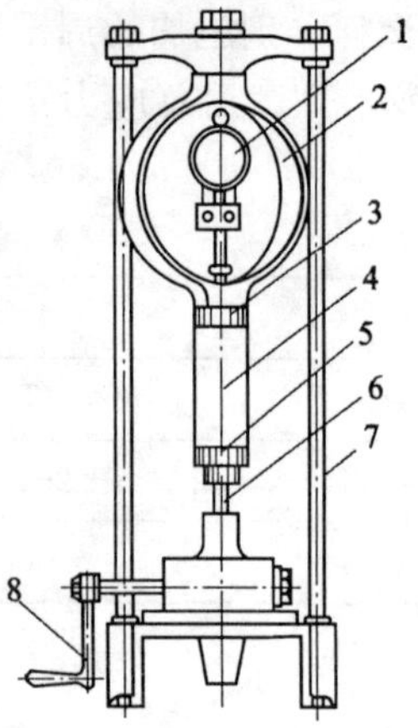

图6.20　无侧限压缩仪

1—测微表；2—量力环；3—上加压板；4—试样；5—下加压板；6—升降螺杆；7—加压框架；8—手轮

(2) 抗压强度q_u

取直角坐标系，以轴向应变ε为横坐标、轴向应力σ为纵坐标绘制轴向应变与轴向应力关系曲线。取ε-σ曲线上峰值σ_{max}为无侧限抗压强度q_u。如ε-σ曲线上峰值不明显时，应取轴向应变$\varepsilon=15\%$处的轴向应力为q_u，如图6.21所示。

(3) 土的黏聚力c

根据三轴不固结不排水剪切试验结果，对于饱和黏性土，其强度破坏包线近似于一条水平线，即$\varphi_u=0$。所以无侧限抗压强度的莫尔破坏应力圆为：$\sigma_3=0$，$\sigma_1=q_u$。$\varphi_u=0$的强度包线在纵坐标上的截距，即土的黏聚力c_u，如图6.22所示，其数值为：

$$c_u=\frac{q_u}{2} \tag{6.20}$$

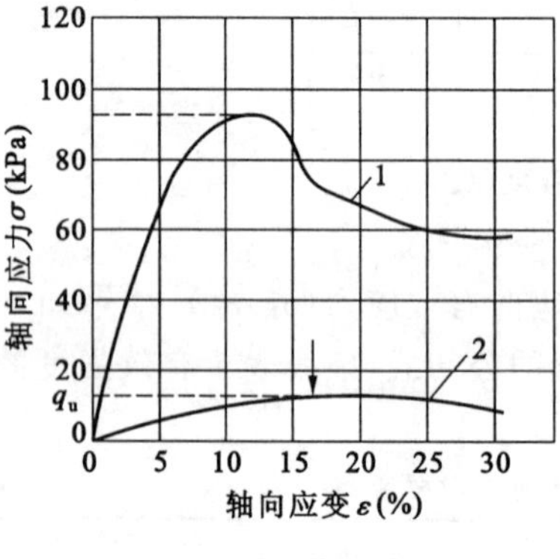

图6.21　轴向应力与轴向应变之间的关系

1—原状试样；2—重塑试样

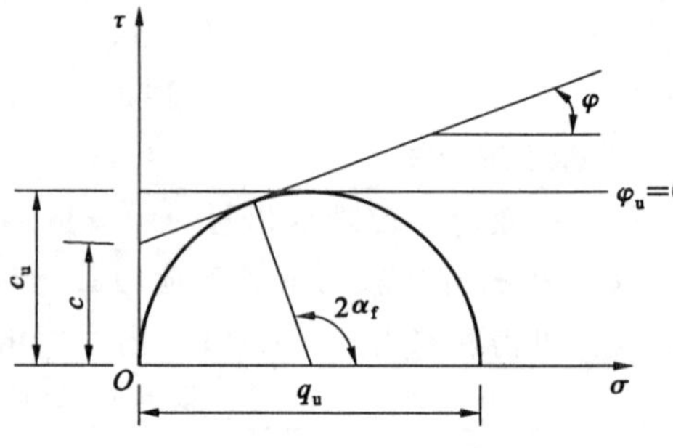

图6.22　无侧限抗压强度试验的强度包线

除了可以测定饱和黏性土的抗剪强度指标外，还可测定饱和黏性土的灵敏度S_t。土的灵敏度是以原状土的强度与同一土经重塑后(完全扰动但含水量不变)的强度之比来表示的，即：

$$S_t=\frac{q_u}{q_0} \tag{6.21}$$

式中　q_u——原状土的无侧限抗压强度(kPa)；

q_0——重塑土的无侧限抗压强度(kPa)。

根据土的灵敏度的大小，可将饱和黏性土分为三类：

低灵敏土　$1<S_t\leqslant 2$；中灵敏土　$2<S_t\leqslant 4$；高灵敏土　$S_t>4$。

无侧限抗压强度试验适用于测定饱和软黏土的抗剪强度指标。

6.3.4 十字板剪切试验

6.3.4.1 适用土质条件

十字板剪切试验是一种抗剪强度试验的原位测试方法，不用取原状土，而在工地现场直接测试地基土的强度。这种方法适用于地基为软弱黏性土（尤其是均匀饱和软黏土）、取原状土困难的情况，并可避免在原状土中取土、运送及制备试样过程中受扰动影响试验成果的可靠性的缺点。

6.3.4.2 试验设备及试验原理

十字板剪切仪由板头、加力装置和测量装置三部分组成，如图6.23所示。板头由两片正交的金属板组成，厚 2 mm，常用尺寸为 D(宽)$\times H$(高)$=50\ \text{mm}\times 100\ \text{mm}$。

十字板剪切试验的工作原理是将十字板头插入土中待测的土层标高处，然后在地面上对轴杆施加扭转力矩，带动十字板旋转。十字板头的四翼矩形片旋转时与土体间形成圆柱体形状的剪切面。通过测力设备测出最大扭转力矩 M，据此 M 推算出土的抗剪强度。

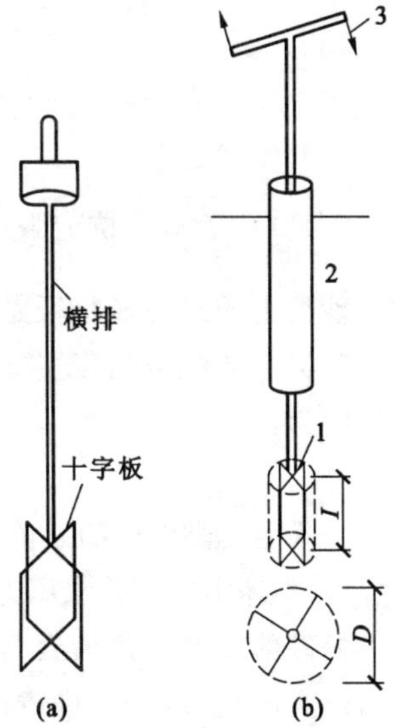

图 6.23 十字板剪切仪

1—板头；2—测量装置；3—加力装置

6.3.4.3 十字板抗剪强度计算

十字板剪切的破坏面应是直径为板宽、高与十字板等高的圆柱体，破坏时的扭转力矩 M 由两部分组成：一部分是十字板旋转破坏土柱周围侧面的剪应力施加的力矩，破坏时的剪应力等于土柱侧面的抗剪强度 τ_v；另一部分是土柱上、下面上的剪应力施加的力矩，破坏时的剪应力等于土的水平向的抗剪强度 τ_H。

(1) 圆柱体侧面上的抗扭力矩 M_1

$$M_1=\pi DH\cdot\frac{D}{2}\cdot\tau_v \tag{6.22}$$

式中 D——十字板的直径(m)；

H——十字板的高度(m)；

τ_v——剪切破坏时圆柱土体侧面的剪应力强度(kPa)。

(2) 圆柱体上、下表面上的抗扭转力矩 M_2

$$M_2=2\times\frac{\pi D^2}{4}\cdot\frac{D}{3}\tau_H \tag{6.23}$$

式中 τ_H——上、下表面上的剪应力强度(kPa)。

由土体剪切破坏时所量测的最大扭矩，应与圆柱体侧面和上、下表面产生的抗扭力矩相等，故可得十字板剪切破坏扭转力矩 M 为：

$$M=M_1+M_2=\frac{\pi HD^2}{2}\tau_v+\frac{\pi D^3}{6}\tau_H \tag{6.24}$$

天然状态的土体是各向异性的，其水平方向和垂直方向的剪应力是不相等的，但为简化计算，假定土体是各向同性体，令 $\tau_v=\tau_H=\tau_+$，代入式(6.23)，可得：

$$\tau_{+}=\frac{2M}{\pi D^{2}\left(H+\frac{D}{3}\right)} \tag{6.25}$$

十字板现场剪切试验为不排水剪切试验，因此，其试验结果与无侧限抗压强度试验结果接近。对于饱和软土不排水剪 $\varphi_u=0$，则：

$$\tau_{+}=\frac{q_u}{2} \tag{6.26}$$

鉴于十字板剪切试验设备简单，操作方便，原位测试成果满意，因此在世界各国工程勘察中得到广泛应用。

6.4 砂类土的抗剪强度特征

6.4.1 砂类土抗剪强度机理

砂类土的最明显特征是不存在黏聚力 c，如砂土、砾石、碎石等均属于砂类土，也称为粒状土。砂类土的抗剪强度主要靠土颗粒之间的摩擦力提供。早在 1773 年，库仑就提出砂土的抗剪强度为：

$$\tau_f=\sigma\tan\varphi$$

实际上无黏性土的 φ 值并不是一常量，它是随无黏性土的密实程度而变化的。砂类土渗透系数大，土体中超孔隙水压力常等于零，有效应力强度指标与总应力强度指标基本是相同的。

松砂的内摩擦角大致与实砂的天然休止角相等。天然休止角是天然堆积的砂土边坡水平面的最大倾角，取干砂堆成锥体且测坡角大小即可，这种方法比做剪切试验简易得多。密实砂的内摩擦角比天然休止角大 5°～10°。

砂类土的抗剪强度主要由三部分组成。第一部分是颗粒之间的滑动摩擦力，其大小与颗粒矿物成分和表面粗糙度有关，这部分摩擦力是构成砂类土强度的主题。第二部分主要产生于紧密砂土中颗粒之间的相互咬合作用，如图 6.24 所示。当砂类土比较密实时，相互咬合的颗粒会阻碍相对移动，在剪应力作用下土颗粒不但会沿剪应力方向搓动，而且在垂直于剪应力方向发生移动，并伴随有转动。在破坏面附近造成剪胀现象。产生剪胀所需要的功由一部分剪应力来提供，所以提高了抗剪强度，这部分强度又叫咬合摩擦。第三部分是在砂类土的原始结构发生剪切破坏的过程中，会伴随有颗粒重新排列现象，这需要消耗掉一部分剪切能，因而也会增加一部分强度。

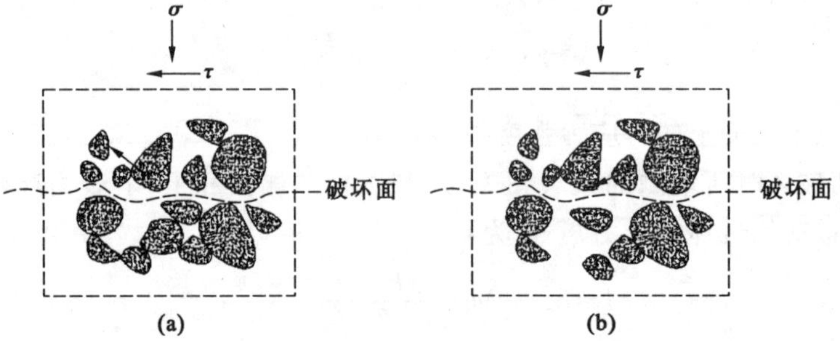

图 6.24 粒状土剪切时颗粒的位移

(a) 紧密结构；(b) 松散结构

砂类土的强度试验一般采用直剪仪，只有对于饱和砂土才采用三轴仪进行不排水试验。不管采用什么样的试验，也不管砂类土的含水量如何，其强度曲线均为直线。

6.4.2 砂类土的抗剪强度特征

图 6.25 表示不同初始孔隙比的同一种砂土在相同周围压力下受剪时的应力-应变-体变关系曲线。

6.4.2.1 剪胀性

图 6.26 表示由松砂、中等密实砂和密实砂三轴固结排水试验得到的应力-应变关系曲线。从图中可以看到，密实砂和中等密实砂中剪应力起初随着轴向应变增大而增大，直到峰值 τ_m，然后随着轴向应变增大而减小，并以残余强度 τ_r 为渐近值。松砂中剪应力随着轴向应变增大而增大，其极限值也为 τ_{rc}。对密实砂和中等密实砂，可由峰值 τ_m 确定降值强度，由 τ_r 确定残余强度，并确定相应的强度指标内摩擦角 φ 和残余内摩擦角 φ_r 值(见表 6.3)。松砂的内摩擦角可由极限值确定。

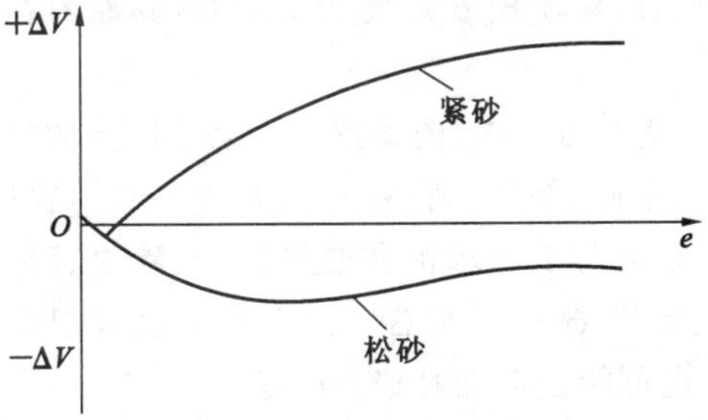

图 6.25 砂土应力-应变-体变关系曲线

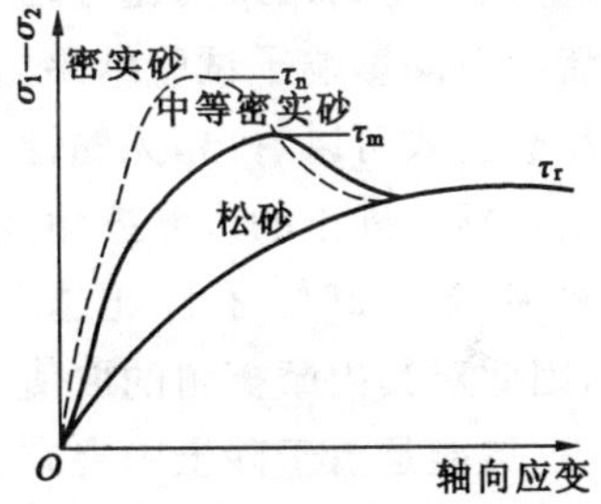

图 6.26 无黏性土应力-应变关系曲线

表 6.3 无黏性土内摩擦角参考值

土的类型	剩余强度 φ_r(或松砂峰值强度 φ)	峰值强度	
		中密	密实
粉砂(非塑性)	26°～30°	28°～32°	30°～34°
均匀细砂、中砂	26°～30°	30°～34°	32°～36°
级配良好的砂	30°～34°	34°～40°	38°～46°
砾砂	32°～36°	36°～42°	40°～48°

由图 6.24 可见，密实的紧砂初始孔隙比较小，其应变关系有明显的峰值。超过峰值后，随应变的增加应力逐渐降低，呈应变软化型，其体积变化是开始稍有减小，继而增加，这种现象就是紧砂的剪胀性。这是由于较密实的砂土颗粒之间排列比较紧密，剪切时砂粒之间产生相对滚动，土颗粒之间的位置重新排列的结果。

6.4.2.2 剪缩性

松砂的强度随轴向应变的增大而增大，应力-应变关系呈应变硬化型，松砂受剪其体积减小的性能为松砂的剪缩性。对同一种土，紧砂和松砂的强度最终趋向同一值。

由不同初始孔隙比的试样在同一压力下进行剪切试验，可以得出初始孔隙比与体积之间

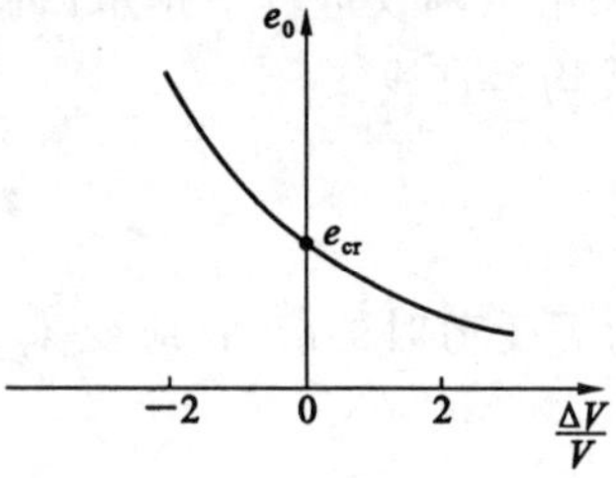

图 6.27　砂土的临界孔隙比

的关系，如图 6.27 所示。相应于体积变化为零的初始孔隙比称为临界孔隙比。在三轴试验中，临界孔隙比是与侧压力有关的，不同的侧压力可以得出不同的临界孔隙比。

如果饱和砂土的初始孔隙比大于临界孔隙比，在剪应力作用下由于剪缩必然使孔隙水压力增高，而有效应力降低，致使砂土的抗剪强度降低。当饱和松砂受到动荷载作用时（如地震），由于孔隙水来不及排出，孔隙水压力不断增加，就可能使有效应力降低到零，因而使砂土像流体那样完全失去抗剪强度，这种现象称为砂土的液化。因此，临界孔隙比对研究砂土的液化也具有很重要的意义。

6.4.3　无黏性土的内摩擦角

无黏性土的抗剪强度除了与初始孔隙比有关外，还与土粒的矿物成分、颗粒的形状、表面的粗糙程度及级配情况有关。此外，试验条件也会影响到无黏性土的内摩擦角。例如对于紧砂，用直剪仪测得的结果要比三轴试验的结果大 4°左右，对于松砂则大 0.5°左右，其原因在于试验装置的不同影响了试验结果。

由库仑公式可以看出，无黏性土的抗剪强度由内摩擦力构成，内摩擦角是无黏性土的重要抗剪强度指标。砂土的内摩擦角变化范围不是很大，中砂、粗砂、砾砂一般为 32°～40°，粉砂、细砂一般为 28°～36°。孔隙比越小，内摩擦角越大，但是对于含水饱和的粉砂、细砂很容易失去稳定，因此对其内摩擦角的取值应该谨慎，有时规定取 $\varphi=20°$左右。砂土有时也有很小的黏聚力，这可能是由于砂土中夹有一些黏性土颗粒，也可能是毛细黏聚力的缘故。

6.5　黏性土的抗剪强度特征

黏性土的抗剪强度不但和土体自身的物理特性及含水量有关，而且还和土体的应力历史有关。在前面已将其分为正常固结黏土和超固结黏土，在测试黏性土的试验中，也同样会出现试验压力和土样应力历史的关系。因此，在三轴试验中，如加剪应力前土样所受到压力室的固结压力小于土样的前期固结压力，可称为超固结土；若压力室的固结压力大于土样的前期固结压力，则称为正常固结土。

6.5.1　不固结不排水抗剪强度

通常地基中的土在承受建筑荷载之前，多少总会受到一定的压力，并有一定的固结。当荷载施加的速度较快时，土中的水还来不及排出或发生很小的渗流，由于没有水的排出，此时可以近似地将土看做不固结不排水的状态。简单地说，就是土体在外荷载的作用过程中，土的含水率保持恒定。不固结不排水试验的具体的试验办法是，在施加周围压力和轴向压力直至剪切破坏的整个试验过程中都不允许排水。有一组饱和黏性土试件，先在某一围压力下固结至稳定，这相当于上覆土自重的压缩作用，试件中的初始孔隙水压力为静水压力，然后分别在不排水条件下施加周围压力和轴向压力至剪切破坏。试验结果表明，无论施加多大的压力 σ_3，最终测到土的抗剪强度是一个常数。这是由于在不排水条件下，试样在试验过程中含水量不变，体积不变，改变周围压力增量只能引起孔隙水压力的变化，并不会改变试样中的有效应力，各试件在剪切前后的有效应力相等，因此抗剪强度不变。如果在较高的剪前固结压力下进行不固结不排水试验，就会得出较大的不排水抗剪强度 c_u。

图 6.28 中的三个实线半圆分别表示三个试件在 $\sigma_3=0$、$\sigma_{3\mathrm{I}}$、$\sigma_{3\mathrm{II}}$ 的作用下破坏时的总应力图，虚线是有效应力图。

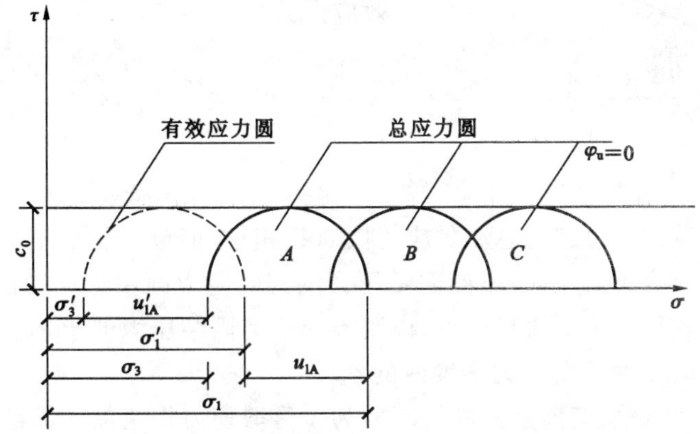

图 6.28　饱和黏性土的不固结不排水试验

试验结果表明，虽然三个试件的周围压力 σ_3 不同，但破坏时的主应力差相等，在图 6.28 上表现出三个总应力圆直径相同，因而破坏包线是一条水平线，即

$$\varphi_u=0$$

$$\tau_f=c_u=\frac{\sigma_1+\sigma_3}{2}$$

式中　φ_u——不排水内摩擦角(°)；

c_u——不排水抗剪强度(kPa)。

由于一组试件试验的结果，有效应力圆是同一个，因而就不能得到有效应力破坏包线和 c'、φ'值，所以这种试验一般只用于测定饱和土的不排水强度。

不固结不排水试验的“不固结”是在三轴压力室压力下不再固结，而保持试样原来的有效应力不变。如果饱和黏性土从未固结过，将是一种泥浆状土，抗剪强度也必然等于零。一般从天然土层中取出的试样，相当于在某一压力下已经固结，总具有一定天然强度。天然土层的有效固结压力是随深度变化的，所以不排水抗剪强度 c_u 也随深度变化，均质的正常固结不排水强度大致随有效固结压力呈线性增大。饱和的超固结黏土的不固结不排水强度包线也是一条水平线，即 $\varphi_u=0$。

6.5.2　固结不排水抗剪强度

饱和黏性土的固结不排水抗剪强度受应力历史的影响，因此，在研究黏性土的固结不排水强度时，要区别试样是正常固结还是超固结。如果试样所受到的周围固结压力 σ_3 大于它曾受到的最大固结压力 p_c，则该试样属于正常固结试样；如果 $\sigma_3<p_c$，则属于超固结试样。试验结果证明，这两种不同固结状态的试样，其抗剪强度性状是不同的。

试验时按照前面所讲的固结不排水剪方法，饱和黏性土试样先在 σ_3 作用下充分排水固结，$\Delta u=0$，然后再施加垂直压力，在不排水条件下土样会在偏应力的作用下发生剪切破坏。对于不同的固结压力，由试验可得到一系列极限应力圆。正常固结的饱和黏性土的固结不排

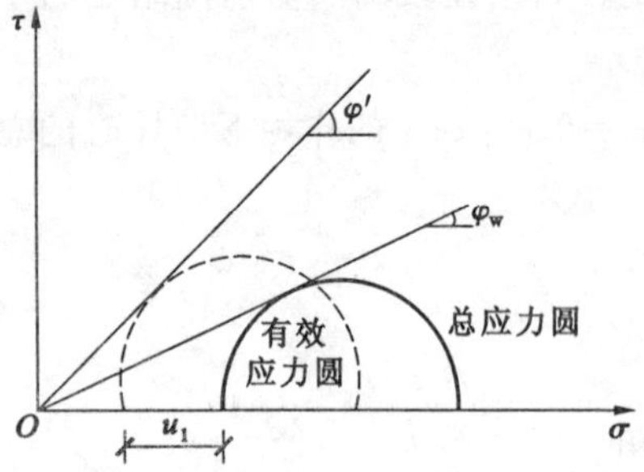

图 6.29 正常固结的饱和黏土固结不排水试验

水剪切试验结果如图6.29所示，图中以实线表示总莫尔应力圆和总应力破坏包线，虚线表示有效应力圆和有效应力破坏包线，u_1为剪切破坏时的孔隙水压力。由于孔隙水压力沿各个方向是相等的，则有效应力为：

$$\sigma_1' = \sigma_1 - u_1$$
$$\sigma_3' = \sigma_3 - u_1$$

故

$$\sigma_1 - \sigma_3 = \sigma_1' - \sigma_3'$$

上式说明有效莫尔应力圆与总莫尔应力圆直径相等，但位置显然不同。因 u_1 为正，有效莫尔应力圆总在总应力圆的左方，不同固结压力的有效应力圆左移不同的距离 u_1，总应力破坏包线和有效应力破坏包线都通过原点，说明未受任何固结压力的土不会具有抗剪强度。显然有效应力强度线的 φ'大于总应力强度线的 φ_{cu}。

对于超固结黏土试验，其前期的固结压力为 p_m'，剪切力作用前的固结压力小于 p_m'时，土呈现出超固结特性。超固结土的固结不排水总应力破坏包线，如图 6.30(a)所示，是一条略平缓的曲线，可近似用直线 ab 代替，与正常固结破坏包线 bc 相交，bc 线的延长线仍通过原点，实际工程当中将 abc 折线取为一条直线，如图 6.30(b)所示。

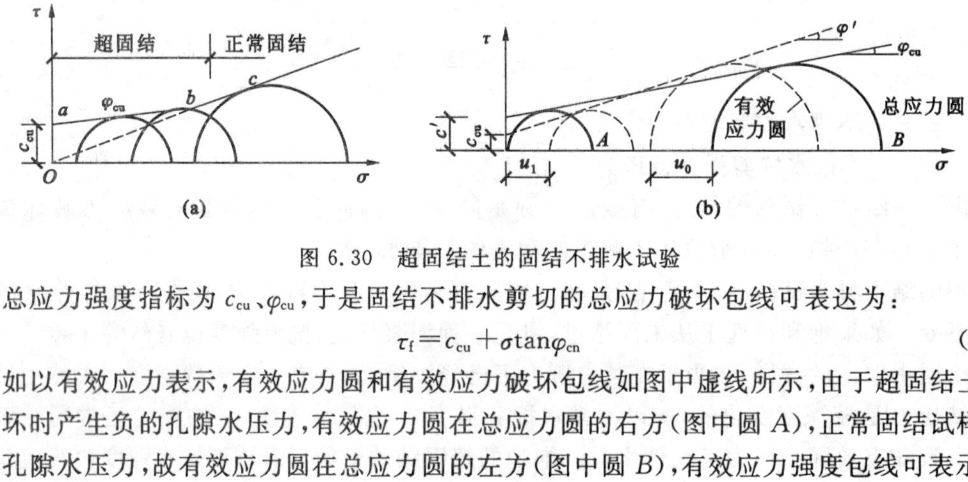

图 6.30 超固结土的固结不排水试验

总应力强度指标为 c_{cu}、φ_{cu}，于是固结不排水剪切的总应力破坏包线可表达为：

$$\tau_f = c_{cu} + \sigma \tan\varphi_{cn} \tag{6.27}$$

如以有效应力表示，有效应力圆和有效应力破坏包线如图中虚线所示，由于超固结土在剪切破坏时产生负的孔隙水压力，有效应力圆在总应力圆的右方（图中圆 A），正常固结试样产生正的孔隙水压力，故有效应力圆在总应力圆的左方（图中圆 B），有效应力强度包线可表示为：

$$\tau_f = c' + \sigma' \tan\varphi' \tag{6.28}$$

式中 c'、φ'——固结不排水试验得出的有效应力强度参数，通常 $c' < c_{cu}$，$\varphi' > \varphi_{cu}$。

6.5.3 固结排水抗剪强度

固结排水试验在整个试验过程中，超孔隙水压力始终为零。为了达到这一目的，试验时要求加载速度很慢，以便使土中的孔隙水能够充分渗出。控制加载速度方法有两种：一种是应力控制式加载，每加一级垂直压力都要停很长时间；另一种是应变控制式加载，使施加轴力的压杆推进速度十分缓慢。固结排水抗剪总应力最后全部转化为有效应力，所以总应力圆就是有效应力圆，总应力路径和有效应力路径一致，总应力破坏包线就是有效应力破坏包线。在剪切过程中，正常固结黏土发生剪缩，而超固结土则是先剪缩，继而主要呈现剪胀的特性。

图 6.31 表示固结排水的试验结果。试验表明，固结排水试验和上述固结不排水试验的结果十分相似，所测到的结果也十分接近。由于固结排水试验所需的时间太长，故实际工程中常以 c' 和 φ' 代替 c_d 和 φ_d。但是由于两者的试验条件有一定的差别，即前者试验过程中，土的体积保持不变，而后者土的体积会发生变化，因此固结不排水试验中的 c' 和 φ' 并不完全等于固结排水试验中的 c_d 和 φ_d。试验表明，c_d 和 φ_d 略大于 c' 和 φ'。

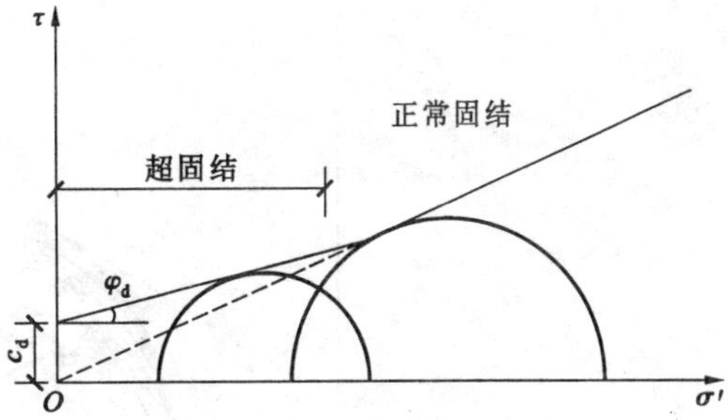

图 6.31　固结排水试验

固结不排水试验既可用三轴仪进行试验，也可用直剪仪进行试验。在直接剪切试验中得到的结果常常偏大，根据经验可乘以修正系数 0.9 予以修正。

排水条件对土的抗剪强度影响很大，在工程实际中具体选用哪种试验，要结合地基土的实际受力和排水条件。根据大量的工程实践，用得最多的试验方法是不排水剪切试验和固结不排水剪切试验。

6.6　应力路径

6.6.1　应力路径的概念

对于弹性材料，应力和应变的关系是一一对应的，也就是说应力一旦确定，可以唯一确定其对应的应变，反之亦然。对应关系与加载过程或路径无关，反映到 σ-ε 坐标系中，应力和应变的关系是一条单一的线段，材料的变形仅取决于初始应力状态与最终应力状态，而与应力和应变的变化过程无关。对于土这种三相组成的特殊天然材料，情况则会发生变化。同一应力状态因加载、卸载、重新加载或重新卸载的过程不同，所对应的应变及相应的土的性质都不一样。所以，研究土的性质不仅需要知道土的初始和最终应力状态，而且还需要知道它的应力变化过程。

在加载过程中，土体内某点的应力状态的变化可在应力坐标图中以应力点的移动轨迹表示，这种轨迹称为应力路径。土在其形成的地质年代中所经受的应力变化情况称为应力历史。而应力路径与应力历史相比，主要差别在于应力路径描述的时间较短，其应力变化的描述也较细致。

以三轴试验为例，保持围压 σ_3 不变，而逐渐增大轴压 σ_1，那么应力状态的变化描绘在图中应该是一系列由 σ_1 和 σ_3 确定的莫尔应力圆。这样虽然能够表示土样应力状态的变化过程，但在一张图上需要画很多莫尔应力圆，会使图面很不清晰。为了避免这种现象，可选取土中的某一方向或斜面上的应力 τ、σ 来表示。这样每一个莫尔应力圆在图中都会有一个代表点 (τ,σ) 或特征点。依照加载过程将一系列的特征点按先后顺序连接起来就是应力路径。特征点的选取有两种方法：一种是破裂面($+\varphi/2$)上的应力状态，另一种是最大剪应力面(45°)上的应力状态。图 6.32 分别表示两种方法对应的应力路径 Oe 和 Oe'，二者尽管有所区别，但均表示该点的应力路径，本质是一样的。

由于受外荷载作用时土中可能产生孔隙水压力。因此，在受剪时土中应力也可分为总应

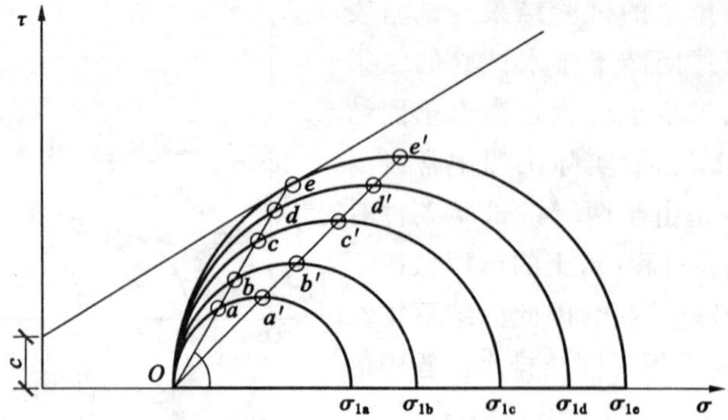

图 6.32　剪切破坏面上的应力路径

力和有效应力两种。两者的变化规律是不同的，所以需要分别用总应力路径和有效应力路径来描述它们。土体中的应力可以用总应力 σ 表示，也可以用有效应力 σ' 表示。表示总应力变化的轨迹就是总应力路径，表示有效应力的变化轨迹则是有效应力路径。按有效应力计算的 p' 和 q' 与按总应力计算的 p 和 q 有如下的关系：

因为有 $\sigma_3'=\sigma_3-u$，$\sigma_1'=\sigma_1-u$，故

$$p'=\frac{1}{2}(\sigma_1'+\sigma_3')=\frac{1}{2}(\sigma_1-u+\sigma_3-u)=\frac{1}{2}(\sigma_1+\sigma_3)-u=p-u \tag{6.29}$$

而

$$q'=\frac{1}{2}(\sigma_1'-\sigma_3')=\frac{1}{2}(\sigma_1-u-\sigma_3+u)=\frac{1}{2}(\sigma_1-\sigma_3)=q \tag{6.30}$$

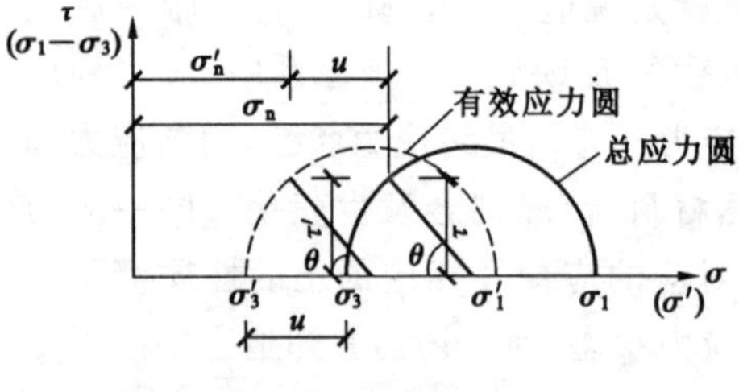

图 6.33　总应力圆与有效应力圆

由有效应力原理可知，用有效应力表示的莫尔应力圆与用总应力表示的莫尔应力圆大小相等，但圆心位置相差一个孔隙水压力值，如图 6.33 所示。也就是说，通过单元土体的任意平面，用总应力表示的法向应力 σ_n 与用有效应力表示的 σ_n' 之间的差值也是孔隙水压力值 u。而剪应力则不论是以总应力表示或以有效应力表示，其值不变。因为水不能承受剪应力，所以水压力的大小不会影响土骨架所受的剪应力值。

6.6.2　三轴压缩试验中几种典型的加载应力路径

6.6.2.1　没有孔隙水压力的情况

没有孔隙水压力时，$u=0$，所以 $\sigma'=\sigma$，试件在围压 σ_3 的作用下充分排水固结。然后可选择下列加载路径：

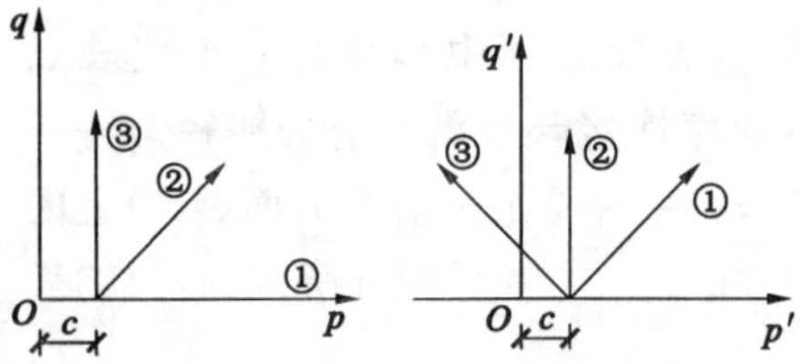

图 6.34　总应力路径与有效应力路径

(1) 同步增加围压

这种情况的应力增加量为 $\Delta\sigma_1=\Delta\sigma_2=\Delta\sigma_3$，显然，此时土样中只有压应力而无剪应力，对应的莫尔应力圆始终是一个点。在 p-q 坐标系中表现为 p 不断增加，q 始终为零，如图 6.34 中的①所示为该加载方式的应力路径。

(2) $\sigma_1-\sigma_3$ 增加，σ_3 不变

此时，$\Delta\sigma_3=0$，p 和 q 的增加量均为 $\Delta p=\frac{1}{2}(\Delta\sigma_1)$，表示出的应力路径是一条 45°的斜线，如图 6.34 中的②所示。

(3) 增加 σ_1 相应减少 σ_3

试件上 σ_1 的增加的同时，σ_3 作相应的减少，并保证 $\Delta\sigma_3=-\Delta\sigma_1$，显然 p 的增加量 $\Delta p=\frac{1}{2}(\Delta\sigma_1+\Delta\sigma_3)=0$，而 q 的增加量 $\Delta q=\frac{1}{2}(\Delta\sigma_1-\Delta\sigma_3)=\Delta\sigma_1$，对应的应力路径为竖直向上发展的直线，如图 6.34 中的③所示。莫尔应力圆的变化是圆心位置不动而半径不断增大。

6.6.2.2 *有超静孔隙水压力的情况*

如果在加载过程中，试件内有超静孔隙水压力产生，则绘制应力路径就比较复杂。首先要区分是总应力路径还是有效应力路径。如果是总应力路径，因为可以不考虑孔隙水压力的作用，只需考虑作用在试件上的总应力，所以应力路径的绘制方法与上述没有孔隙水压力是一样的。如果绘制的是有效应力路径，则需要求出总应力增加时所产生的孔隙水压力 u，再根据 $p'=p-u$、$q'=q$，就可以根据每一计算点的总应力 p、q 计算出相应的有效应力 p'、q'，并绘出有效应力路径。因此，绘制有效应力路径的关键在于求总应力变化所引起的孔隙水压力 u 的变化。

思考题与习题

6.1 土的抗剪强度指标有哪两个？它们各表示什么意义？

6.2 试写出土抗剪强度库仑定律的两种形式，即对黏性土和无黏性土，并说明式中各符号的力学意义。

6.3 试写出土的极限平衡条件，即对黏性土和无黏性土，并说明式中各符号的力学意义。

6.4 什么是土的抗剪强度和抗剪强度曲线？土的抗剪强度与钢材、混凝土等建筑材料的强度相比，有何特点？

6.5 试述莫尔-库仑破坏理论的要点。对黏性土和无黏性土分别写出抗剪强度库仑定律，并说明式中各符号的物理意义。

6.6 什么是土的极限平衡状态？什么是土的极限平衡条件？试写出土的极限平衡条件，并说明式中各符号的物理意义。

6.7 有一组土样直剪试验结果如表 6.4 所示：

(1) 试求 φ、c 值；

(2) 当该土某点 $\sigma=280$ kPa 时，试判断该点是否达极限平衡状态。

表 6.4 土样直剪试验结果

σ(kPa)	50	100	200	300
τ_f(kPa)	23.4	36.7	63.9	90.8

6.8 某条形基础下地基土体中一点的应力为：$\sigma_z=250$ kPa，$\sigma_x=100$ kPa，$\tau=40$ kPa。已知土的 $\varphi=30°$，$c=0$，试问该点是否剪损？如 σ_z 和 σ_x 不变，τ 值增至 60 kPa，则该点又如何？

6.9 已知某工厂地基土的抗剪强度指标黏聚力 $c=100$ kPa，内摩擦角 $\varphi=30°$，作用在此地基中某平面上作用有总应力 $\sigma_0=170$ kPa，该应力与平面法线的夹角为 $\theta=37°$。试问该处会不会发生剪切破坏？

7 土压力理论

学习要点

土压力理论是挡土墙支护结构、基坑围护结构以及研究地基承载力和地基稳定性等土力学应用工程中必须掌握的基本理论。

(1)理解并掌握静止土压力、主动土压力、被动土压力的概念及其形成条件;

(2)掌握静止土压力的计算方法;

(3)掌握朗肯土压力、库仑土压力理论的假设条件、适用范围以及原理和计算方法;

(4)掌握挡土墙背填土有荷载、分层土、地下水等常规情况下土压力的计算方法;

(5)熟悉挡土墙的设计与计算。

重点和难点

(1)静止土压力、主动土压力、被动土压力的形成条件;

(2)两种经典土压力理论的原理、假设以及误差;

(3)两种经典土压力理论的实际应用。

7.1 概　　述

挡土墙在土木、水利、交通、建筑等工程中的应用十分广泛。它是用来支撑天然或人工斜坡不致坍塌,以保证土体稳定性的一种建筑物。地下室外墙、基坑围护结构、道路工程中的路堤与路堑、桥台、隧道结构等工程都属于挡土结构,都要承受来自墙后土体的侧向压力——土压力。因此,土压力是设计挡土墙结构物断面及验算其稳定性的主要荷载。

7.1.1 挡土墙的类型

(1) 按结构型式分类:① 重力式;② 悬臂式;③ 扶壁式;④ 锚杆式;⑤ 加筋土挡土墙。

(2) 按建筑材料分类:① 砖砌;② 块石;③ 素混凝土;④ 钢筋混凝土。按挡土墙的规模与重要性选用相应的材料。

(3) 按其刚度和位移方式分类:① 刚性挡土墙;② 柔性挡土墙;③ 临时支撑。刚性挡土墙指用砖、石或混凝土所筑成的断面较大的挡土墙;柔性挡土墙指断面尺寸较小的钢筋混凝土桩、地下连续墙或各种材料的板桩等,如图 7.1 所示。

7.1.2 土压力的种类

为了合理设计挡土结构,首先必须弄清作用于其上土压力的性质、大小、方向和作用点。按照挡土墙结构相对于土体的位移情况及土体所处的压力状态,挡土结构上所承受的土压力

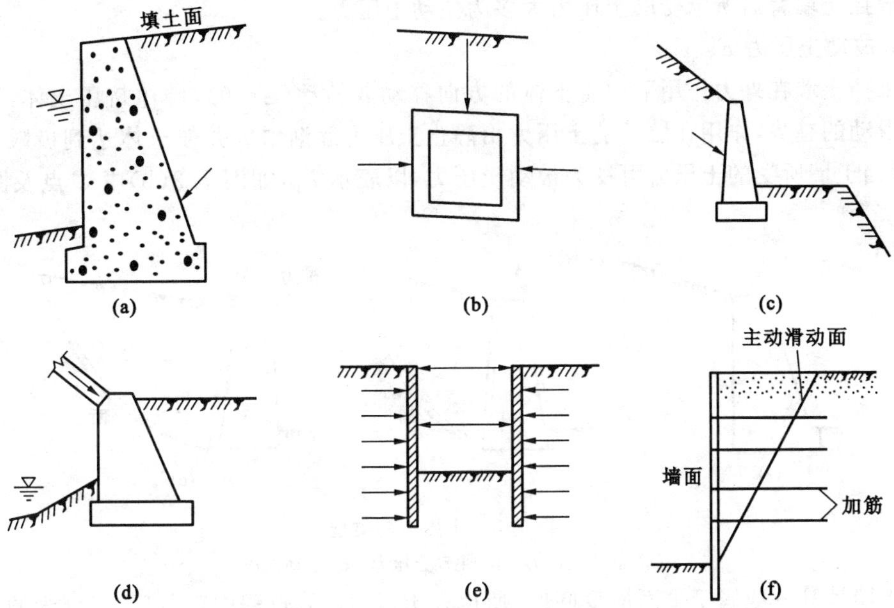

(a) (b) (c)

(d) (e) (f)

图 7.1　各种型式的挡土结构

(a) 码头挡土墙；(b) 地下结构物；(c) 路堑挡土墙；(d) 桥台挡土墙；(e) 基坑支护；(f) 加筋土挡墙

可以分为静止土压力、主动土压力和被动土压力。

(1) 静止土压力 E_0

在土压力作用下，如果挡土结构静止不动，挡土结构不发生任何位移($\Delta=0$)，土体处于弹性平衡状态，此时作用在墙背上的土压力称为静止土压力，以 E_0 表示，如图 7.2(b)中 A 点及图 7.3(a)所示。在实际工程中，如果挡土墙有足够的刚度，并且修建在坚实的地基上，能够保证挡土墙在墙后土体的压力下不发生任何的位移或转动时，挡土墙所受的土压力可视为静止土压力。如重力式挡土墙和地下室的侧墙等。

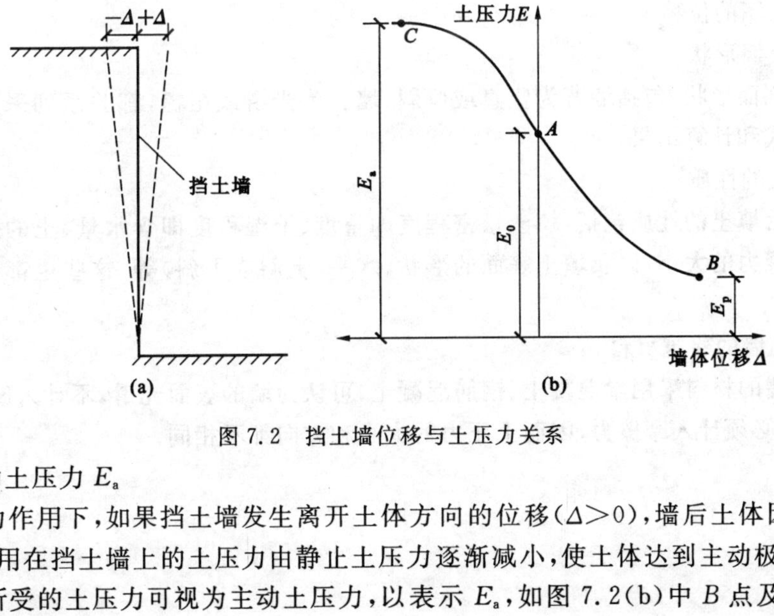

(a) (b)

图 7.2　挡土墙位移与土压力关系

(2) 主动土压力 E_a

在土压力作用下，如果挡土墙发生离开土体方向的位移($\Delta>0$)，墙后土体因侧向限制减轻而疏松，作用在挡土墙上的土压力由静止土压力逐渐减小，使土体达到主动极限平衡状态，此时挡土墙所受的土压力可视为主动土压力，以表示 E_a，如图 7.2(b)中 B 点及图 7.3(b)所示。一般挡土墙背后所承受的土压力大多为主动土压力。

(3) 被动土压力 E_p

如果挡土墙在外力作用下向着土体的方向移动或转动($\Delta<0$),墙体挤压土体,墙后土体有向上滑动的趋势,作用在墙后的土压力由静止土压力逐渐增大并使土体达到极限平衡状态时,此时挡土墙所受的土压力可视为被动土压力,以表示 E_p,如图 7.2(b)中 C 点及图 7.3(c)所示。

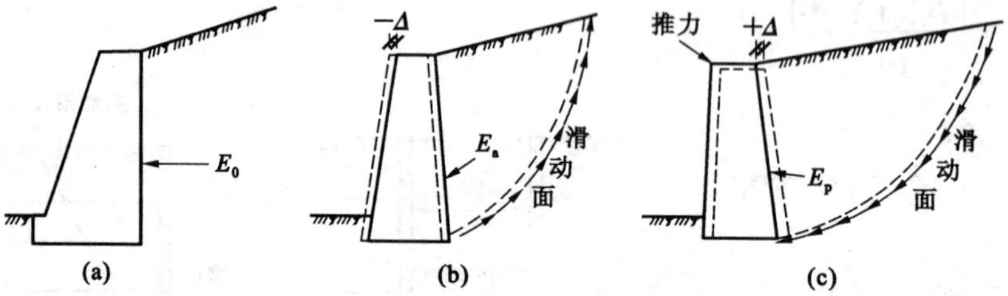

图 7.3 土压力的类型

(a) 静止土压力;(b) 主动土压力;(c) 被动土压力

挡土墙计算一般属于平面应变问题,所以在土压力计算过程中,可以取每延米的挡土结构长度进行计算,故土压力的单位为 kN/m,而土压力沿墙高的分布值——土压力强度单位为 kPa。由图 7.2(b)可知,三种土压力之间的大小关系为:

$$E_a<E_0<E_p$$

静止土压力的计算主要采用弹性理论和经验方法。主动土压力和被动土压力的计算主要采用经典的朗肯(Rankine,1857)土压力理论和库仑(Coulomb,1776)土压力理论。这两种理论将在本章后面部分详细讲述。

7.1.3 影响土压力的因素

试验研究表明:影响土压力大小的因素可归纳为下列几个方面:

(1) 挡土墙的位移

(2) 挡土墙形状

挡土墙剖面形状,包括墙背为竖直或倾斜、墙背为光滑或粗糙,都关系到采用何种土压力计算理论公式和计算结果。

(3) 填土的性质

挡土墙后填土的性质包括:填土松密程度即重度、干湿程度即含水量、土的强度指标即内摩擦角和黏聚力的大小,以及填土表面的形状(水平、上斜或下斜)等,这些也都影响土压力的大小。

(4) 挡土墙的建筑材料

如挡土墙的材料采用素混凝土、钢筋混凝土,可认为墙的表面光滑,不计入摩擦力;若为砖石挡土墙,就必须计入摩擦力,因而土压力的大小和方向都不相同。

7.2 静止土压力计算

7.2.1 产生条件

静止土压力产生的条件：挡土墙静止不动，位移、转角为零。土体处于弹性平衡状态。

修筑在坚硬土质地基上、断面很大的挡墙，例如在岩石地基上的重力式挡土墙符合上述条件。由于墙的自重大，不会发生位移；又因地基坚硬，不会产生不均匀沉降，墙体不会产生转动。此时，挡土墙背面的土体处于静止的弹性平衡状态，作用在此挡土墙背上的土压力即静止土压力。

7.2.2 计算公式

由于挡土墙静止不动，土体无侧向位移，此时在土体表面以下任意深度 z 处的静止土压力可按照半无限体水平向自重应力的计算公式计算（如图 7.4 所示）：

$$p_0=\sigma_x=K_0\sigma_{sz}=K_0\gamma z \tag{7.1}$$

式中 p_0——静止土压力强度(kPa)；

K_0——侧压力系数或静止土压力系数；

γ——土的重度(kN/m^3)，地下水位以下用有效重度；

z——计算单元体距离地表深度(m)。

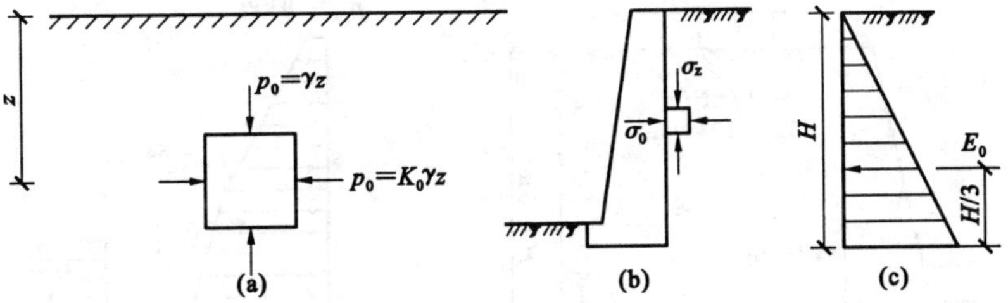

图 7.4 静止土压力计算

关于静止土压力系数 K_0，理论上有 $K_0=\frac{\mu}{1-\mu}$，μ 为土的泊松比。但实际中由于 K_0 与土的性质、密实程度、应力历史、结构性等因素有关，而且土的泊松比不易确定，故在实际应用中，K_0 可由三轴仪等室内试验测定，也可以用原位试验测得。在缺乏试验资料时，还可以采用下列经验公式来估算：

对于砂性土

$$K_0=1-\sin\varphi'$$

对于黏性土

$$K_0=0.95-\sin\varphi'$$

对于超固结黏性土

$$K_0=(OCR)^m\cdot(1-\sin\varphi')$$

式中 φ'——土的有效内摩擦角(°)；

OCR——土的超固结比；

m——经验系数，一般取 0.4～0.5。

从式(7.1)可以看出，静止土压力沿墙高呈三角形分布，如图 7.4(c)所示。取挡土墙单位长度，则作用于墙后的土压力 E_0 为：

$$E_0=\int_0^h p_0\,\mathrm{d}z=\frac{1}{2}K_0\gamma h^2 \tag{7.2}$$

E_0 的作用点位于距墙底 $H/3$ 处，如图 7.4(c)所示。

对于成层土或有大面积超载的情况，第 n 层土底面处静止土压力分布大小可按照式(7.3)计算，即：

$$p_0=K_{0n}\left(\sum_{i=1}^{n}\gamma_i h_i+q\right) \tag{7.3}$$

式中 γ_i——计算点以上第 i 层土的重度($i=1,2,\cdots,n$)，地下水位以下用有效重度(kN/m^3)；

h_i——计算点以上第 i 层土的厚度(m)；

K_{0n}——第 n 层土的静止土压力系数；

q——填土面上的均布荷载(kPa)。

当挡土墙后填土有地下水存在时，对于透水性较好的砂性土应采用有效重度 γ' 计算，同时考虑作用于挡土墙后的静水压力 p_w。

【例 7.1】 如图 7.5 所示，挡土墙后作用有无限均布荷载 $q=20$ kPa，填土的物理力学指标为 $\gamma=18$ kN/m^3，$\gamma_{sat}=19$ kN/m^3，$c=0$，$\varphi'=30°$。试计算作用于挡土墙上的静止土压力分布及其大小。

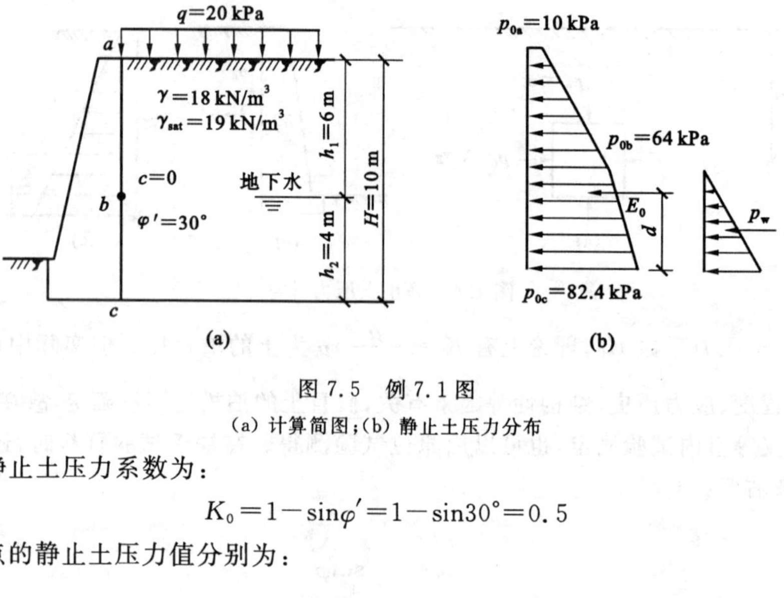

图 7.5 例 7.1 图

(a) 计算简图；(b) 静止土压力分布

【解】 静止土压力系数为：

$$K_0=1-\sin\varphi'=1-\sin30°=0.5$$

土中各点的静止土压力值分别为：

a 点

$$p_{0a}=K_0q=0.5\times20=10\ \text{kPa}$$

b 点

$$p_{0b}=K_0(q+\gamma h_1)=0.5\times(20+18\times6)=64\ \text{kPa}$$

c 点

$$p_{0c}=K_0(q+\gamma h_1+\gamma' h_2)=0.5\times[20+18\times6+(19-9.81)\times4]=82.4\ \text{kPa}$$

由此可得静止土压力合力为：

$$E_0=\frac{1}{2}(p_{0a}+p_{0b})h_1+\frac{1}{2}(p_{0b}+p_{0c})h_2$$
$$=\frac{1}{2}\times(10+64)\times6+\frac{1}{2}\times(64+82.4)\times4$$
$$=514.8\ \text{kN/m}$$

静止土压力 E_0 的作用点距墙底的距离 d 为：

$$d=\frac{1}{E_0}\left[p_{0a}h_1(\frac{h_1}{2}+h_2)+\frac{1}{2}(p_{0b}-p_{0a})h_1(h_2+\frac{h_1}{3})+p_{0b}\times\frac{h_2^2}{2}+\frac{1}{2}(p_{0c}-p_{0b})\frac{h_2^2}{3}\right]$$
$$=\frac{1}{514.8}\times\left[10\times6\times7+\frac{1}{2}\times54\times6\times\left(4+\frac{6}{3}\right)+64\times\frac{4^2}{2}+\frac{1}{2}\times(82.4-64)\times\frac{4^2}{3}\right]$$
$$=3.79\ \text{m}$$

作用在墙上的静水压力合力 p_w 为：

$$p_w=\frac{1}{2}\gamma_w h_2^2=\frac{1}{2}\times9.81\times4^2=78.5\ \text{kN/m}$$

静止土压力及水压力的分布见图 7.5(b)所示。

7.3 朗肯土压力理论

7.3.1 基本原理和假定

朗肯土压力理论是土压力计算中两个著名的古典土压力理论之一。由于其概念明确，方法简单，至今仍被应用广泛。

英国学者朗肯(Rankine W J M,1857)研究了半无限弹性土体处于极限平衡状态时的应力情况，如图 7.6 所示。假想在半无限土体中竖直截面 AB 处有一挡土墙，在深度 z 处取一微单元土体Ⅰ，则作用在其上的法向应力为 σ_z 和 σ_x，由于土体每一竖直面都是对称面，因此竖直截面和水平截面上的剪应力都等于零，则处于地面以下 z 深度处该微单元在自重作用下竖直面和水平面均为主平面，该点处于弹性平面状态，其大、小主应力分别为：

$$\sigma_z=\gamma z,\quad \sigma_x=K_0\gamma z$$

假想挡土墙产生一定的转动，如图 7.6(a)所示，则单元体Ⅱ在 σ_z 不变的情况下，水平应力 σ_x 逐渐减小，直到土体达到极限平衡状态，其应力莫尔圆和强度包线相切，如图 7.6(c)所示，此时 σ_z 和 σ_x 分别为最大和最小主应力，土体中将产生两组滑动面，它与水平面夹角为 $\alpha=(45°+\varphi/2)$，如图 7.6(b)所示。这时的土压力状态满足极限平衡状态，称为主动极限平衡状态，即朗肯主动土压力状态。此时的水平向应力 σ_x 为朗肯主动土压力。

相反，单元土体Ⅲ在 σ_z 不变的条件下，σ_x 不断增大，直到土体达到极限平衡状态，其应力莫尔圆同样和强度包线相切，如图 7.6(e)所示，此时的 σ_z 和 σ_x 分别为最小和最大主应力，土体中将产生两组滑动面，它与水平面夹角为 $\alpha=(45°-\varphi/2)$，如图 7.6(d)所示。这时的土压力状态称为被动极限平衡状态，此时的水平向应力 σ_x 即朗肯被动土压力。

朗肯认为，当挡土墙墙背竖直、光滑，且墙后填土表面水平并无限延伸时，作用在挡土墙墙背上的土压力相当于半无限土体中当土体达到上述极限平衡状态时的应力情况。这样就可以利用上述两种极限平衡状态时的水平向应力计算作用在挡土墙上的主动土压力和被动土压力。

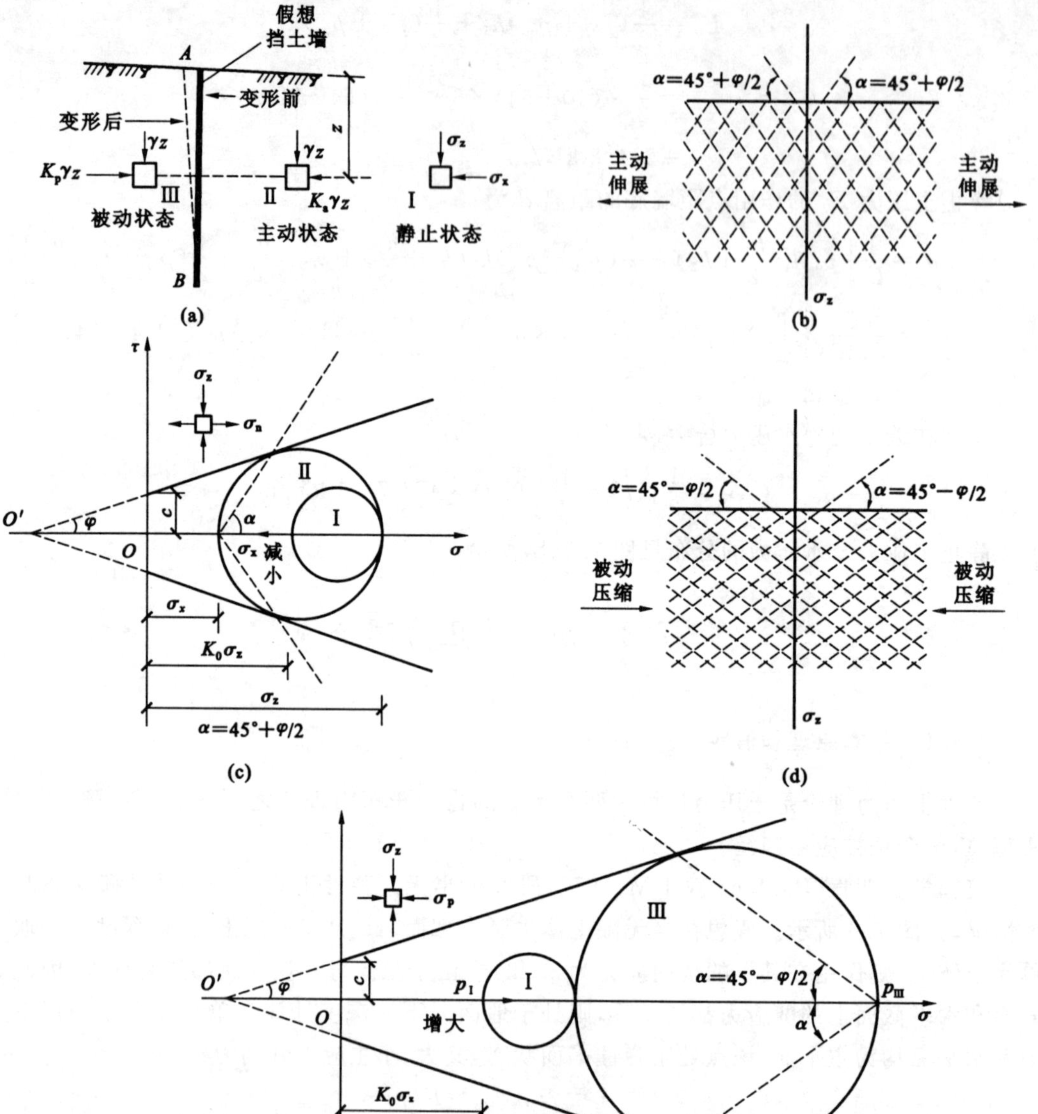

图 7.6　朗肯主动及被动土压力状态

总结以上朗肯土压力理论，可以得出其理论的基本假定：

(1) 墙背竖直光滑，不考虑墙背与填土之间的摩擦力；

(2) 墙本身是刚性的，不考虑强身的变形；

(3) 墙后填土水平并无限延伸。

7.3.2　朗肯主动土压力

如前所述，挡土墙竖直的话，墙后填土水平，当土体向挡土墙方向移动时，如图 7.7(a)所示，

此时 σ_z 不变，σ_x 逐渐减小，直至土体达到主动极限平衡状态，此时，竖直向应力 $\sigma_z=\gamma z$ 为最大主应力，水平向应力 $\sigma_x=K_a\gamma z$（K_a 为主动土压力系数）是最小主应力，也即所求的主动土压力 p_a。

由于此时土体处于极限平衡状态，根据前一章讲述的极限平衡理论可知，土体中某一微单元处于极限平衡状态时，其大、小主应力满足以下关系：

黏性土

$$\left.\begin{aligned}\sigma_1&=\sigma_3\tan^2\left(45°+\frac{\varphi}{2}\right)+2c\cdot\tan\left(45°+\frac{\varphi}{2}\right)\\\sigma_3&=\sigma_1\tan^2\left(45°-\frac{\varphi}{2}\right)-2c\cdot\tan\left(45°-\frac{\varphi}{2}\right)\end{aligned}\right\}\tag{7.4}$$

砂性土

$$\left.\begin{aligned}\sigma_1&=\sigma_3\tan^2\left(45°+\frac{\varphi}{2}\right)\\\sigma_3&=\sigma_1\tan^2\left(45°-\frac{\varphi}{2}\right)\end{aligned}\right\}\tag{7.5}$$

将 $\sigma_1=\sigma_z=\gamma z$ 和 $\sigma_3=p_a=\sigma_x=K_a\gamma z$ 代入式(7.4)，即可得朗肯主动土压力计算公式：

黏性土

$$p_a=\gamma z\tan^2\left(45°-\frac{\varphi}{2}\right)-2c\tan\left(45°-\frac{\varphi}{2}\right)=\gamma zK_a-2c\sqrt{K_a}\tag{7.6}$$

砂性土

$$p_a=\gamma z\tan^2\left(45°-\frac{\varphi}{2}\right)=\gamma zK_a\tag{7.7}$$

式中 K_a——朗肯主动土压力系数，$K_a=\tan^2\left(45°-\frac{\varphi}{2}\right)$；

γ——土的重度（kN/m^3），地下水位以下用有效重度；

c——土的黏聚力（kPa）；

φ——土的内摩擦角（°）；

z——计算点深度（m）。

由式(7.6)可知，黏性土的主动土压力强度包含两部分：一部分是由土自重引起的土压力 γzK_a，另一部分是由黏聚力 c 引起的负侧压力 $2c\sqrt{K_a}$，这两部分土压力叠加的结果如图 7.7(c)所示。其中一定深度 z_0 以上部分是负侧压力，对于墙背是拉力，而实际上墙和土在很小的拉力作用下就会分离，故在计算土压力时，这部分应略去不计，因此，黏性土的土压力分布仅是 z_0 以下部分，如图 7.7(c)所示。深度 z_0 称为临界深度，可令式(7.6)为零求得，即：

$$p_a=\gamma z\tan^2\left(45°-\frac{\varphi}{2}\right)-2c\tan\left(45°-\frac{\varphi}{2}\right)=\gamma zK_a-2c\sqrt{K_a}=0$$

得

$$z_0=\frac{2c}{\gamma\sqrt{K_a}}=\frac{2c}{\gamma}\cdot\tan\left(45°+\frac{\varphi}{2}\right)\tag{7.8}$$

作用于单位长度挡土墙上的主动土压力的合力为：

$$\begin{aligned}E_a&=\frac{1}{2}(H-z_0)(\gamma HK_a-2c\sqrt{K_a})\\&=\frac{1}{2}\gamma H^2K_a-2cH\sqrt{K_a}+\frac{2c^2}{\gamma}\end{aligned}\tag{7.9}$$

其作用点位于距墙底$(H_0-z)/3$处，作用方向水平。

对于砂性土，由式(7.7)可知，其主动土压力强度与深度z成正比，即沿墙高呈三角形分布，如图7.7(b)所示，作用于单位长度挡土墙上的主动土压力的合力E_a为该三角形的面积，即：

$$E_a=\frac{1}{2}\gamma H^2\tan^2\left(45°-\frac{\varphi}{2}\right)=\frac{1}{2}\gamma H^2K_a \tag{7.10}$$

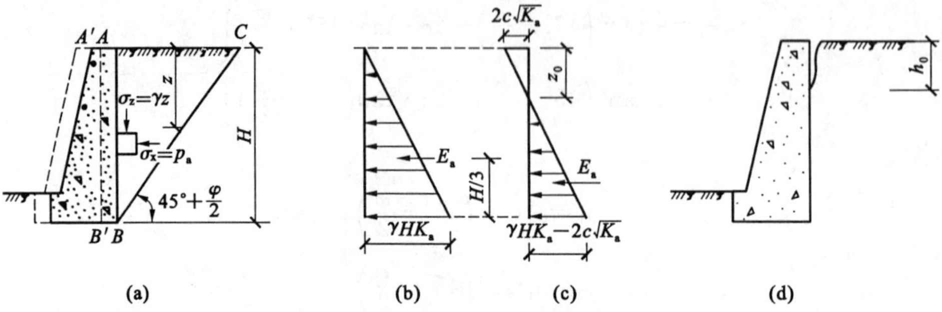

图7.7 朗肯主动土压力计算

(a) 挡土墙向外移动；(b) 砂性土；(c) 黏性土；(d) 黏性土拉裂区

其作用点在距墙底$H/3$处，作用方向水平。

7.3.3 朗肯被动土压力

如前所述，挡土墙向着土体的方向发生位移，即挡土墙挤压土体，当墙后填土达到被动极限平衡状态时，此时对于墙背深度z处的单元体，其竖向应力$\sigma_z=\gamma z$是最小主应力σ_3，水平向应力σ_x是最大主应力σ_1，亦即被动土压力p_p。

根据土的极限平衡条件，大、小主应力同样应满足式(7.4)和式(7.5)的关系，将$p_p=\sigma_1=\sigma_x$和$\sigma_3=\sigma_z=\gamma z$代入式(7.4)和式(7.5)，即可得该点的被动土压力强度为：

黏性土

$$p_p=\gamma z\tan^2\left(45°+\frac{\varphi}{2}\right)+2c\tan\left(45°+\frac{\varphi}{2}\right)=\gamma zK_p+2c\sqrt{K_p} \tag{7.11}$$

砂性土

$$p_p=\gamma z\tan^2\left(45°+\frac{\varphi}{2}\right)=\gamma zK_p \tag{7.12}$$

式中 K_p——朗肯被动土压力系数，$K_p=\tan^2\left(45°+\frac{\varphi}{2}\right)$，从$K_p$和$K_a$的表达式可得$K_p=\frac{1}{K_a}$。

由式(7.11)和式(7.12)可以看出：对于砂性土，当$z=0$时，被动土压力$p_p=0$，被动土压力强度沿深度呈三角形分布，如图7.8(b)所示；对于黏性土，当$z=0$时，被动土压力强度$p_p\neq0$，被动土压力强度呈梯形分布，如图7.8(c)所示。

作用在单位长度挡土墙上的被动土压力合理E_p为：

黏性土

$$E_p=\frac{1}{2}\gamma H^2K_p+2cH\sqrt{K_p} \tag{7.13}$$

其作用点位置在梯形的形心处，即：

$$h_p=\frac{\left(\frac{1}{6}\gamma HK_p+cH\sqrt{K_p}\right)H^2}{E_p} \tag{7.14}$$

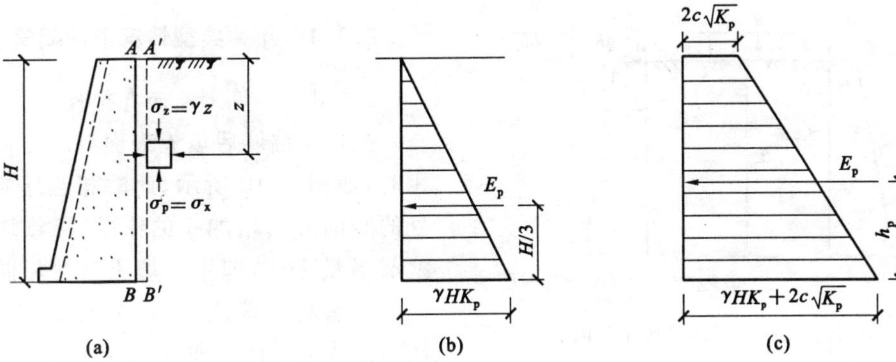

图 7.8 朗肯被动土压力计算

砂性土

$$E_p=\frac{1}{2}\gamma H^2 K_p \tag{7.15}$$

其作用点在距墙底 $H/3$ 处。

【例 7.2】 将刚性板桩墙打入砂层地基中，如图 7.9 所示，砂土的重度为 18 kN/m³，抗剪强度参数 $c=0,\varphi=30°$。假定该桩两面光滑，并绕墙底 B 点转动，当基坑的开挖深度为 1.8 m，为保证基坑的稳定性(安全系数 $K=2.0$)，试计算板桩的最小埋置深度 h。

【解】 假定板桩左右两侧的土体同时达到极限状态，则板桩右侧受到主动土压力作用，而左侧受到被动土压力作用，由于板桩绕墙底 B 点的矩，则抵抗弯矩 M_1 和倾覆弯矩 M_2 分别为：

$$M_1=E_p\cdot\frac{h}{3}\frac{1}{K},\quad M_2=E_a\cdot\frac{h+1.8}{3}$$

要使基坑稳定，需满足 $M_1\geqslant M_2$，即：

$$E_p\cdot\frac{h}{3}\frac{1}{K}\geqslant E_a\cdot\frac{h+1.8}{3}$$

而主动、被动土压力分布分别为：

$$E_a=\frac{1}{2}\gamma(h+1.8)^2\tan^2\left(45°-\frac{30°}{2}\right)$$

$$=\frac{1}{6}\gamma(h+1.8)^2$$

$$E_p=\frac{1}{2}\gamma h^2\tan^2\left(45°+\frac{30°}{2}\right)=\frac{3}{2}\gamma h^2$$

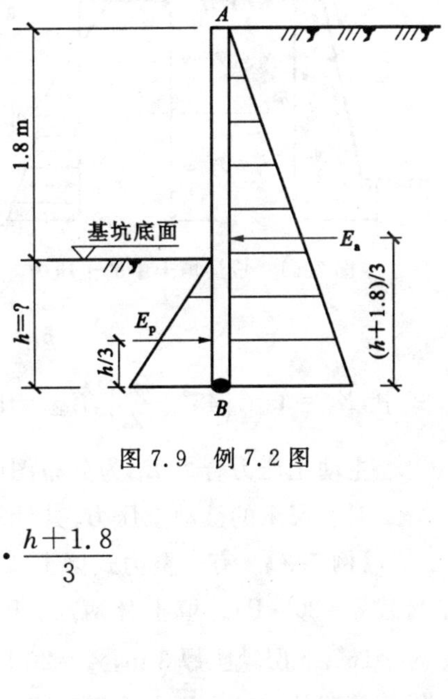

图 7.9 例 7.2 图

故

$$\frac{3}{2}\gamma h^2\cdot\frac{h}{3}\cdot\frac{1}{2}\geqslant\frac{1}{6}\gamma(h+1.8)^2\cdot\frac{h+1.8}{3}$$

整理得

$$\frac{9}{2}\geqslant\left(1+\frac{1.8}{h}\right)^2$$

即

$$h\geqslant 2.76\ \text{m}$$

故为保证基坑的稳定性，板桩的最小埋置深度应为 2.76 m。

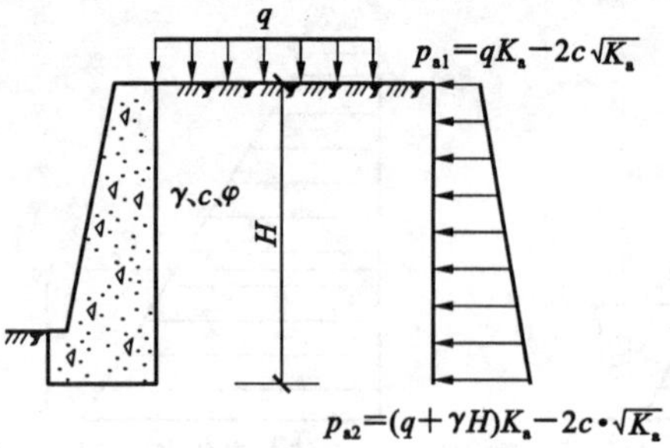

图 7.10　填土表面有均布荷载作用时的主动土压力

7.3.4　几种典型情况下的朗肯土压力

7.3.4.1　填土表面有荷载

当挡土墙墙后填土表面有均布荷载 q 作用时，如图 7.10 所示，此时相当于在深度 z 处的竖向应力增加 q 的作用，可将均布荷载换成当量土柱，即用与填土参数相同的假想土层代替均布荷载，然后按照相应的主动土压力公式进行计算即可，即：

黏性土

$$p_a=(\gamma z+q)K_a-2c\sqrt{K_a} \tag{7.16}$$

砂性土

$$p_a=(\gamma z+q)K_a \tag{7.17}$$

被动土压力的计算原理与上述方法类似，这里不再赘述。

7.3.4.2　成层填土中的朗肯土压力

如果挡土墙后的填土由不同物理力学性质的几层水平土组成时，如图 7.11 所示，仍可采用前面讲述的式(7.6)、式(7.7)和式(7.11)、式(7.12)计算墙后主动土压力和被动土压力。此时应注意，在计算过程中，应采用计算点所在土层的指标参数，且在每层土分界处，由于两层图的抗剪强度指标不一样，土的压力系数也将不同，使得土压力分布在此有突变(如图7.11所示)。

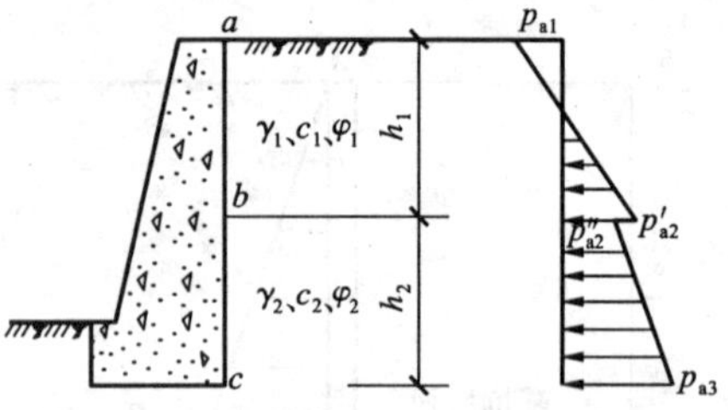

图 7.11　成层填土中的土压力

a 点

$$p_{a1}=-2c_1\sqrt{K_{a1}}$$

b 点上(在第一层土中)

$$p'_{a2}=\gamma_1 h_1 K_{a1}-2c_1\sqrt{K_{a1}}$$

b 点下(在第二层土中)

$$p''_{a2}=\gamma_1 h_1 K_{a2}-2c_2\sqrt{K_{a2}}$$

c 点

$$p_{a3}=(\gamma_1 h_1+\gamma_2 h_2)K_{a2}-2c_2\sqrt{K_{a2}}$$

式中，$K_{a1}=\tan^2\left(45°-\dfrac{\varphi_1}{2}\right)$，$K_{a2}=\tan^2\left(45°-\dfrac{\varphi_2}{2}\right)$。

主动土压力合力 E_a 为分布图的面积，作用点位置在分布图的形心处。

对多层土的被动土压力，其计算原理与上述方法类似。

【例 7.3】　有一重力式挡土墙，墙高 5 m，墙背垂直光滑，墙后填土水平，其上作用着均布荷载 $q=20$ kPa。填土分两层，上层填土厚 2 m，$\gamma_1=18\ \text{kN/m}^3$，强度指标为 $c_1=18$ kPa，$\varphi_1=16°$；下层填土厚 3 m，$\gamma_2=20\ \text{kN/m}^3$，强度指标为 $c_2=0$，$\varphi_2=30°$，如图 7.12 所示。试求作用于墙背的主动土压力强度和合力大小及其合力作用点。

【解】　各土层的主动土压力系数为：

$$K_{a1}=\tan^2\left(45°-\frac{\varphi_1}{2}\right)=\tan^2\left(45°-\frac{16°}{2}\right)=0.57$$

$$K_{a2}=\tan^2\left(45°-\frac{\varphi_2}{2}\right)=\tan^2\left(45°-\frac{30°}{2}\right)=0.33$$

挡土墙背 a、b、c 各点的主动土压力强度分别为：

a 点

$$p_{a(a)}=q\cdot K_{a1}-2c\sqrt{K_{a1}}=20\times0.57-2\times18\times\sqrt{0.57}=-15.77\ \text{kPa}$$

求临界深度 z_0，将 $p_a=0$ 代入式(7.16)并推导得：

$$z_0=\frac{\dfrac{2c_1}{\sqrt{K_{a1}}}-q}{\gamma_1}=\frac{\dfrac{2\times18}{\sqrt{0.57}}-20}{18}=1.54\ \text{m}$$

b 点上(在第一层土中)

$$p_{a(b)}'=(\gamma_1h_1+q)\cdot K_{a1}-2c\sqrt{K_{a1}}=(18\times2+20)\times0.57-2\times18\times\sqrt{0.57}=4.67\ \text{kPa}$$

b 点下(在第二层土中)

$$p_{a(b)}''=(\gamma_1h_1+q)\cdot K_{a2}=(18\times2+20)\times0.33=18.48\ \text{kPa}$$

c 点

$$p_{a(c)}=(\gamma_1h_1+q+\gamma_2h_2)\cdot K_{a2}=(18\times2+20+20\times3)\times0.33=38.28\ \text{kPa}$$

主动土压力强度分布如图 7.12(b)所示。

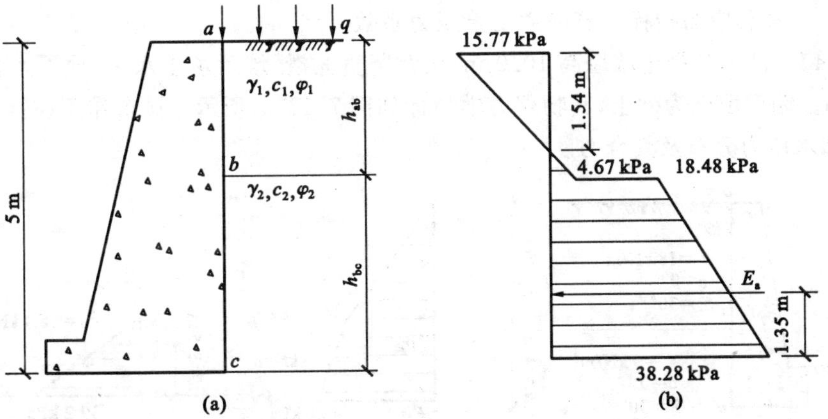

图 7.12 例 7.3 图

墙背单位长度受到的总土压力 E_a 为：

$$E_a=\frac{1}{2}\times4.67\times(2-1.54)+\frac{1}{2}(18.48+38.28)\times3=86.2\ \text{kN/m}$$

E_a 作用点位置为：

$$h_a=\frac{4.67\times(2-1.54)/2\times[3+(2-1.54)/3]}{86.2}+\frac{18.48\times3\times1.5+1/2\times(38.28-18.48)\times3\times1}{86.2}$$

$$=1.35\ \text{m}$$

7.3.4.3 墙后填土中有地下水的朗肯土压力

当挡土墙后的填土中存在地下水时，挡土墙同时承受土压力和静水压力的作用。对于地下水位以上的土层，计算方法与前面单层或多层土的计算方法一致；对于地下水位以下的土层，有水土合算和水土分算两种方法。对于透水性较强的砂土和碎石土，一般采用水土分算的方法，该方法符合土的有效应力原理，理论比较充分；对于透水性较弱的黏性土，可根据现场情况与当地工程经验，确定水土合算还是水土分算。

(1) 水土分算法

该方法分别计算作用于挡土墙上的土压力和水压力，作用于挡土墙上的作用力为二者矢量和。在计算地下水位以下的土层时，采用有效重度 γ' 及有效强度指标 c' 和 φ'。对于黏性土和砂性土，主动土压力分别为：

黏性土

$$p_a=\gamma' zK_a'-2c'\sqrt{K'_a} \tag{7.18}$$

砂性土

$$p_a=\gamma' zK_a' \tag{7.19}$$

被动土压力只需将上式中的 K_a' 换为 K_p'。作用于挡土墙上的水压力根据帕斯卡定律确定。

在工程应用中，为简化起见，式(7.18)和式(7.19)中的有效应力强度指标 c' 和 φ' 常用总应力强度指标 c 和 φ 代替。

(2) 水土合算法

对于地下水位以下的黏性土，可用土的饱和重度 γ_{sat} 计算总的水土压力，即

$$p_a=\gamma_{sat} zK_a-2c\sqrt{K_a} \tag{7.20}$$

式中 γ_{sat}——土的饱和重度(kN/m^3)；

K_a——按总应力指标计算的主动土压力系数。

【例 7.4】 已知某挡土墙墙高 10.0 m，墙背竖直光滑，墙后填土水平，地下水位在填土表面以下 6 m。墙后填土为砂土，其物理力学指标如图 7.13(a)所示。试求作用在挡土墙上的主动土压力和水压力分布及其合力。

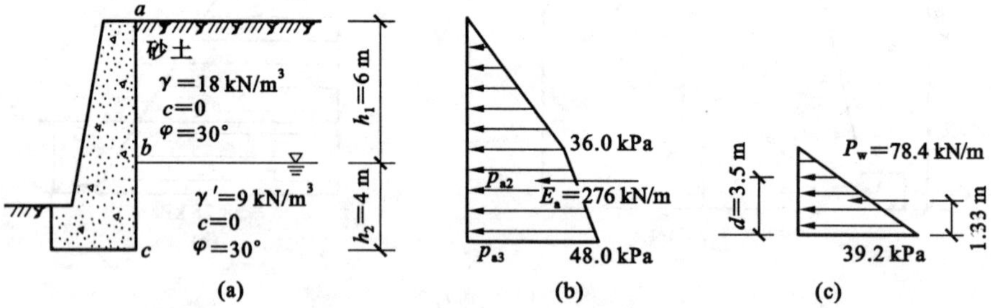

图 7.13 例 7.4 图

【解】 由于填土为砂土，按照水土分算原则进行。

主动土压力系数：

$$K_{a1}=K_{a2}=\tan^2\left(45°-\frac{\varphi}{2}\right)=\tan^2\left(45°-\frac{30°}{2}\right)=0.333$$

于是得挡土墙上各点的主动土压力分别为：

a 点

$$p_{a1}=\gamma_1 zK_{a1}=18\times 0\times 0.333=0\ \text{kPa}$$

b 点

$$p_{a2}=\gamma_1 h_1 K_{a1}=18\times 6\times 0.333=36.0\ \text{kPa}$$

由于填土的 c、φ 值在分界处相同，故在 b 点处的主动土压力无突变现象。

c 点

$$p_{a3}=(\gamma_1 h_1+\gamma' h_2)K_{a2}=(18\times 6+9\times 4)\times 0.333=48.0\ \text{kPa}$$

主动土压力分布如图 7.13(b)所示，其合力 E_a 为：

$$E_a=\frac{1}{2}\times 36\times 6+36\times 4+\frac{1}{2}\times(48-36)\times 4=276\ \text{kN/m}$$

合力 E_a 作用点距墙底距离 d 为：

$$d=\frac{1}{276}\times(108\times 6+144\times 2+24\times\frac{4}{3})=3.5\ \text{m}$$

此外，c 点水压力为：

$$p_w=\gamma_w h_2=9.8\times 4=39.2\ \text{kPa}$$

作用在墙上的水压力合力 P_w 为：

$$P_w=\frac{1}{2}\times 39.2\times 4=78.4\ \text{kN/m}$$

水压力合力 P_w 的作用点距墙底距离为：

$$\frac{h_2}{3}=\frac{4}{3}=1.33\ \text{m}$$

水压力分布如图 7.13(c)所示。

7.4 库仑土压力理论

库仑土压力理论是法国著名学者库仑(C. A. Coulomb)于 1776 年根据挡土墙后土体处于极限平衡状态并形成一滑动土楔体，由分析该土楔体的静力平衡条件而得出的土压力计算理论。该理论计算简便，能适用于各种复杂情况，而且具有足够的精度，至今仍被广泛采用。在现行的设计规范中，一般规定采用库仑土压力理论来计算主动土压力。

7.4.1 基本原理与假定

库仑土压力理论最早假定挡土墙后的填土是均匀的砂土，后来又推广到黏性土的情形。其基本假定分为以下几部分：

(1) 滑动破坏面为一平面

如图 7.14 所示，库仑土压力理论假定，在墙后土体破坏时是沿着墙背与填土接触面 AB 且通过墙脚(B 点)的直三角平面形成破坏楔体，此时滑动面假定为 BC 直线向上(被动极限平衡状态)或向下(主动极限平衡状态)平面滑动。

(2) 滑动楔体为刚体

在 ABC 楔体滑动过程中，假定该楔体为刚性体，即滑动过程中不产生变形，不考虑填土与墙体的变形因素。

(3) 整体极限平衡

在滑动达到极限平衡状态时，假定两个滑动面(AB 面和 BC 面)同时达到极限平衡状态，各自的抗剪强度得到了充分的发挥。

7.4.2 库仑主动土压力计算

如图 7.14 所示，挡土墙墙背 AB 倾斜，与竖直线夹角为 ε，填土表面 AC 是一倾斜平面，与

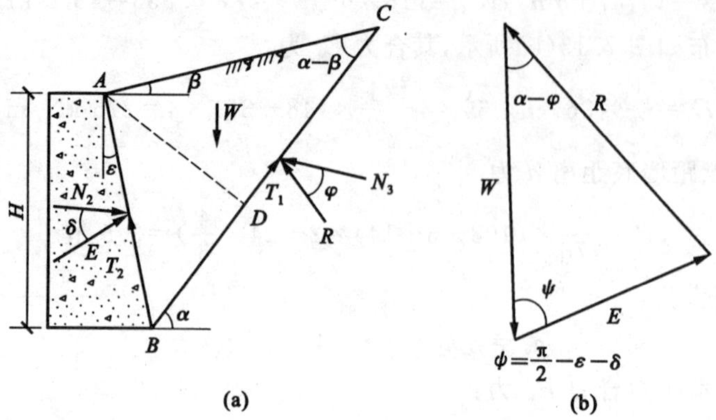

图 7.14　库仑主动土压力计算图示

水平面夹角为 β。当挡土墙在填土压力作用下离开填土向外移动时，墙后土体会逐渐达到主动极限平衡状态，此时土体中将产生两个通过墙脚 B 的滑动面 AB 和 BC。假定滑动面 BC 与水平面的夹角为 α，并取单位长度挡土墙进行分析。考虑滑动土楔体 ABC 的静力平衡条件，作用在其上的力有以下几个：

(1) 土楔体的重力 W

它与滑动面 BC 的倾角 α 有关，若 α 已知，则重力 W 的大小、方向及作用点均是已知。

(2) 墙背 AB 对滑动楔体的反力 E

它是 AB 面上的摩擦力和法向反力的合力，也是所求的土压力的反作用力，其方向与背法线成 δ 角。对于主动土压力的情况，由于土楔体 ABC 相对于墙背是向下滑动，所以在 AB 面上所产生的摩擦力的方向向上，因此 E 的作用方向已知，大小未知。

(3) 滑动面 BC 下方土体的反力 R

R 是 BC 面上的摩擦力 T_1 与法向反力 N_3 的合力，其方向与 BC 平面的法线方向的夹角等于土的内摩擦角 φ。由于滑动土楔体 ABC 相对于滑动面 BC 是向下滑动的，故摩擦力 T_1 的方向是向上的，故合力 R 的方向已知，大小未知。

由以上分析可知，滑动土楔体 ABC 上作用有三个力，根据理论力学的静力平衡条件知识可知，三个力 W、E、R 应相交于一点，且由这三个力所组成的力矢量三角形必然闭合，如图 7.14(b)所示。在此力的矢量三角形中，使用正弦定理可得：

$$\frac{E}{\sin(\alpha-\varphi)}=\frac{W}{\sin[180°-(\psi-\varphi+\alpha)]}$$

即

$$E=\frac{W\sin(\alpha-\varphi)}{\sin(\psi-\varphi+\alpha)} \tag{7.21}$$

式中，$\psi=90°-(\delta+\varepsilon)$。

由图 7.14 可知 $W=\gamma\cdot S_{\triangle ABC}=\frac{1}{2}\gamma\overline{AD}\cdot\overline{BC}$，其中：

$$\overline{AD}=\overline{AB}\cdot\sin\left(\frac{\pi}{2}+\varepsilon-\alpha\right)=\frac{H}{\cos\varepsilon}\cdot\cos(\varepsilon-\alpha)$$

$$\overline{BC}=\overline{AB}\cdot\frac{\sin\left(\frac{\pi}{2}+\beta-\varepsilon\right)}{\sin(\alpha-\beta)}=\frac{H}{\cos\varepsilon}\cdot\frac{\cos(\beta-\varepsilon)}{\sin(\alpha-\beta)}$$

故重力为：

$$W=\frac{1}{2}\gamma H^2\frac{\cos(\varepsilon-\alpha)\cdot\cos(\beta-\varepsilon)}{\cos^2\varepsilon\cdot\sin(\alpha-\beta)} \tag{7.22}$$

将式(7.22)代入式(7.21)可得：

$$E=\frac{1}{2}\gamma H^2\frac{\sin(\alpha-\varphi)\cdot\cos(\varepsilon-\alpha)\cdot\cos(\beta-\varepsilon)}{\cos^2\varepsilon\cdot\sin(\alpha-\beta)\cdot\cos(\alpha-\varphi-\delta-\varepsilon)} \tag{7.23}$$

式中，γ、H、ε、δ、β、φ 均是已知常数。

由式(7.23)可知，墙背 AB 对于滑动楔体的作用力的合力 E 仅是滑动面 BC 倾角 α 的函数，即 $E=f(\alpha)$。可以证明，$f(90°+\varepsilon)=0$，$f(\varphi)=0$，且当 $\varphi<\alpha<90°+\varepsilon$ 时，$f''(\alpha)<0$。因此，由高等数学知识可知，在 $90°+\varepsilon$ 和 φ 之间，$E=f(\alpha)$ 必定存在极大值 E_{max}，挡土墙所承受的主动土压力 E_a 即 E_{max} 的反作用力。

为求 E_{max}，可将式(7.23)对 α 求导，并令 $\frac{dE}{d\alpha}=0$，求出 α 值后代回式(7.23)即可得作用于挡土墙后的主动土压力 E_a，即：

$$E_a=\frac{1}{2}\gamma H^2 K_a \tag{7.24}$$

其中

$$K_a=\frac{\cos^2(\varphi-\varepsilon)}{\cos^2\varepsilon\cdot\cos(\varepsilon+\delta)\left[1+\sqrt{\frac{\sin(\varphi+\delta)\cdot\sin(\varphi-\beta)}{\cos(\varepsilon+\delta)\cdot\cos(\varepsilon-\beta)}}\right]^2} \tag{7.25}$$

式中 γ——墙后填土的重度(kN/m³)；

φ——墙后填土的内摩擦角(°)；

H——挡土墙高度(m)；

ε——挡土墙墙背倾角(墙背与竖直线的夹角)(°)，以竖直线为基准，当墙背俯斜时为正(见图 7.14 所示)，反之为负(称为正仰斜)；

δ——挡土墙墙背与填土之间的摩擦角(°)，由试验确定或参考经验数据确定，无资料时，可取 $\left(\frac{1}{3}\sim\frac{2}{3}\right)\varphi$，也可查表 7.1；

β——挡土墙墙后填土的倾角(°)；

K_a——库仑主动土压力系数，它是 ε、δ、β、φ 的函数，而与 γ、H 无关，可编成表格(见表 7.2所示)，供计算时查用。

表 7.1 挡土墙墙背与土间的摩擦角

挡土墙情况	摩擦角 δ
墙背平滑、排水不良	$(0\sim0.33)\varphi$
墙背粗糙、排水良好	$(0.33\sim0.5)\varphi$
墙背很粗糙、排水良好	$(0.5\sim0.67)\varphi$
墙背与填土间不可能滑动	$(0.67\sim1.0)\varphi$

表 7.2　主动土压力系数 K_a 值

$\delta=0°$

ε	β ＼ φ	15°	20°	25°	30°	35°	40°	45°	50°
0°	0°	0.589	0.490	0.406	0.333	0.271	0.217	0.172	0.132
	5°	0.635	0.524	0.431	0.352	0.284	0.227	0.178	0.137
	10°	0.704	0.569	0.462	0.374	0.300	0.238	0.186	0.142
	15°	0.933	0.639	0.505	0.402	0.319	0.251	0.194	0.147
	20°		0.883	0.573	0.441	0.344	0.267	0.204	0.154
	25°			0.821	0.505	0.379	0.288	0.217	0.162
	30°				0.750	0.436	0.318	0.235	0.172
	35°					0.671	0.369	0.260	0.186
	40°						0.587	0.303	0.206
	45°							0.500	0.242
	50°								0.413
10°	0°	0.652	0.560	0.478	0.407	0.343	0.288	0.238	0.194
	5°	0.705	0.601	0.510	0.431	0.362	0.302	0.249	0.202
	10°	0.784	0.655	0.550	0.461	0.384	0.318	0.261	0.211
	15°	1.039	0.737	0.603	0.498	0.411	0.337	0.274	0.221
	20°		1.015	0.685	0.548	0.444	0.360	0.291	0.231
	25°			0.977	0.628	0.491	0.391	0.311	0.245
	30°				0.925	0.566	0.433	0.337	0.262
	35°					0.860	0.502	0.374	0.284
	40°						0.785	0.437	0.316
	45°							0.703	0.371
	50°								0.614
20°	0°	0.736	0.648	0.569	0.498	0.434	0.375	0.322	0.274
	5°	0.801	0.700	0.611	0.532	0.461	0.397	0.340	0.288
	10°	0.896	0.768	0.663	0.572	0.492	0.421	0.358	0.302
	15°	1.196	0.868	0.730	0.621	0.529	0.450	0.380	0.318
	20°		1.205	0.834	0.688	0.576	0.484	0.405	0.337
	25°			1.196	0.791	0.639	0.527	0.435	0.358
	30°				1.169	0.740	0.586	0.474	0.385
	35°					1.124	0.683	0.529	0.420
	40°						1.064	0.620	0.469
	45°							0.990	0.552
	50°								0.904
−10°	0°	0.540	0.433	0.344	0.270	0.209	0.158	0.117	0.083
	5°	0.581	0.461	0.364	0.284	0.218	0.164	0.120	0.085
	10°	0.644	0.500	0.389	0.301	0.229	0.171	0.125	0.088
	15°	0.860	0.562	0.425	0.322	0.243	0.180	0.130	0.090
	20°		0.785	0.482	0.353	0.261	0.190	0.136	0.094
	25°			0.703	0.405	0.287	0.205	0.144	0.098
	30°				0.614	0.331	0.226	0.155	0.104
	35°					0.523	0.263	0.171	0.111
	40°						0.433	0.200	0.123
	45°							0.344	0.145
	50°								0.262
−20°	0°	0.497	0.380	0.287	0.212	0.153	0.106	0.070	0.043
	5°	0.535	0.405	0.302	0.222	0.159	0.110	0.072	0.044
	10°	0.595	0.439	0.323	0.234	0.166	0.114	0.074	0.045
	15°	0.809	0.494	0.352	0.250	0.175	0.119	0.076	0.046
	20°		0.707	0.401	0.274	0.188	0.125	0.080	0.047
	25°			0.603	0.316	0.206	0.134	0.084	0.049
	30°				0.498	0.239	0.147	0.090	0.051
	35°					0.396	0.172	0.099	0.055
	40°						0.301	0.116	0.060
	45°							0.215	0.071
	50°								0.141

$\delta=5°$ **续表 7.2**

ε	β \ φ	15°	20°	25°	30°	35°	40°	45°	50°
0°	0°	0.556	0.465	0.387	0.319	0.260	0.210	0.166	0.129
	5°	0.605	0.500	0.412	0.337	0.274	0.219	0.173	0.133
	10°	0.680	0.547	0.444	0.360	0.289	0.230	0.180	0.138
	15°	0.937	0.620	0.488	0.388	0.308	0.243	0.189	0.144
	20°		0.886	0.558	0.428	0.333	0.259	0.199	0.150
	25°			0.825	0.493	0.369	0.280	0.212	0.158
	30°				0.753	0.428	0.311	0.229	0.168
	35°					0.674	0.363	0.255	0.182
	40°						0.589	0.299	0.202
	45°							0.502	0.388
	50°								0.415
10°	0°	0.622	0.536	0.460	0.393	0.333	0.280	0.233	0.191
	5°	0.680	0.579	0.493	0.418	0.352	0.294	0.243	0.199
	10°	0.767	0.636	0.534	0.448	0.374	0.311	0.255	0.207
	15°	1.060	0.725	0.589	0.486	0.401	0.330	0.269	0.217
	20°		1.035	0.676	0.538	0.436	0.354	0.286	0.228
	25°			0.996	0.622	0.484	0.385	0.306	0.242
	30°				0.943	0.563	0.428	0.333	0.259
	35°					0.877	0.500	0.371	0.281
	40°						0.801	0.436	0.314
	45°							0.716	0.371
	50°								0.626
20°	0°	0.709	0.627	0.553	0.485	0.424	0.368	0.318	0.271
	5°	0.781	0.682	0.597	0.520	0.452	0.391	0.335	0.285
	10°	0.887	0.755	0.650	0.562	0.484	0.416	0.355	0.300
	15°	1.240	0.866	0.723	0.614	0.523	0.445	0.376	0.316
	20°		1.250	0.835	0.684	0.571	0.480	0.402	0.335
	25°			1.240	0.794	0.639	0.525	0.434	0.357
	30°				1.212	0.746	0.587	0.474	0.385
	35°					1.166	0.689	0.532	0.421
	40°						1.103	0.627	0.472
	45°							1.026	0.559
	50°								0.937
−10°	0°	0.503	0.406	0.324	0.256	0.199	0.151	0.112	0.080
	5°	0.546	0.434	0.344	0.269	0.208	0.157	0.116	0.082
	10°	0.612	0.474	0.369	0.286	0.219	0.164	0.120	0.085
	15°	0.850	0.537	0.405	0.308	0.232	0.172	0.125	0.087
	20°		0.776	0.463	0.339	0.250	0.183	0.131	0.091
	25°			0.695	0.390	0.276	0.197	0.139	0.095
	30°				0.607	0.321	0.218	0.149	0.100
	35°					0.518	0.255	0.166	0.108
	40°						0.428	0.195	0.120
	45°							0.341	0.141
	50°								0.259
−20°	0°	0.457	0.352	0.267	0.199	0.144	0.101	0.067	0.041
	5°	0.496	0.376	0.282	0.208	0.150	0.104	0.068	0.042
	10°	0.557	0.410	0.302	0.220	0.157	0.108	0.070	0.043
	15°	0.787	0.466	0.331	0.236	0.165	0.112	0.073	0.044
	20°		0.688	0.380	0.259	0.178	0.119	0.076	0.045
	25°			0.586	0.300	0.196	0.127	0.080	0.047
	30°				0.484	0.228	0.140	0.085	0.049
	35°					0.386	0.165	0.094	0.052
	40°						0.293	0.111	0.058
	45°							0.209	0.068
	50°								0.137

续表 7.2 $\delta=10°$

ε	φ / β	15°	20°	25°	30°	35°	40°	45°	50°
	0°	0.533	0.447	0.373	0.309	0.253	0.204	0.163	0.127
	5°	0.585	0.483	0.398	0.327	0.266	0.214	0.169	0.131
	10°	0.664	0.531	0.431	0.350	0.282	0.225	0.177	0.136
	15°	0.947	0.609	0.476	0.379	0.301	0.238	0.185	0.141
	20°		0.897	0.549	0.420	0.326	0.254	0.195	0.148
0°	25°			0.834	0.487	0.363	0.275	0.209	0.156
	30°				0.762	0.423	0.306	0.226	0.166
	35°					0.681	0.359	0.252	0.180
	40°						0.596	0.297	0.201
	45°							0.508	0.238
	50°								0.420
	0°	0.603	0.520	0.448	0.384	0.326	0.275	0.230	0.189
	5°	0.665	0.566	0.482	0.409	0.346	0.290	0.240	0.197
	10°	0.759	0.626	0.524	0.440	0.369	0.307	0.253	0.206
	15°	1.089	0.721	0.582	0.480	0.396	0.326	0.267	0.216
	20°		1.064	0.674	0.534	0.432	0.351	0.284	0.227
10°	25°			1.024	0.622	0.482	0.382	0.304	0.241
	30°				0.969	0.564	0.427	0.332	0.258
	35°					0.901	0.503	0.371	0.281
	40°						0.823	0.438	0.315
	45°							0.736	0.374
	50°								0.644
	0°	0.695	0.615	0.543	0.478	0.419	0.365	0.316	0.271
	5°	0.773	0.674	0.589	0.515	0.448	0.388	0.334	0.285
	10°	0.890	0.752	0.646	0.558	0.482	0.414	0.354	0.300
	15°	1.298	0.872	0.723	0.613	0.522	0.444	0.377	0.317
	20°		1.308	0.844	0.687	0.573	0.481	0.403	0.337
20°	25°			1.298	0.806	0.643	0.528	0.436	0.360
	30°				1.268	0.758	0.594	0.478	0.388
	35°					1.220	0.702	0.539	0.426
	40°						1.155	0.640	0.480
	45°							1.074	0.572
	50°								0.981
	0°	0.477	0.385	0.309	0.245	0.191	0.146	0.109	0.078
	5°	0.521	0.414	0.329	0.258	0.200	0.152	0.112	0.080
	10°	0.590	0.455	0.354	0.275	0.211	0.159	0.116	0.082
	15°	0.847	0.520	0.390	0.297	0.224	0.167	0.121	0.085
	20°		0.773	0.450	0.328	0.242	0.177	0.127	0.088
−10°	25°			0.692	0.380	0.268	0.191	0.135	0.093
	30°				0.605	0.313	0.212	0.146	0.098
	35°					0.516	0.249	0.162	0.106
	40°						0.426	0.191	0.117
	45°							0.339	0.139
	50°								0.258
	0°	0.427	0.330	0.252	0.188	0.137	0.096	0.064	0.039
	5°	0.466	0.354	0.267	0.197	0.143	0.099	0.066	0.040
	10°	0.529	0.388	0.286	0.209	0.149	0.103	0.068	0.041
	15°	0.772	0.445	0.315	0.225	0.158	0.108	0.070	0.042
	20°		0.675	0.364	0.248	0.170	0.114	0.073	0.044
−20°	25°			0.575	0.288	0.188	0.122	0.077	0.045
	30°				0.475	0.220	0.135	0.082	0.047
	35°					0.378	0.159	0.091	0.051
	40°						0.288	0.108	0.056
	45°							0.205	0.066
	50°								0.135

续表 7.2

δ=15°

ε	β \ φ	15°	20°	25°	30°	35°	40°	45°	50°
	0°	0.518	0.434	0.363	0.301	0.248	0.201	0.160	0.125
	5°	0.571	0.471	0.389	0.320	0.261	0.211	0.167	0.130
	10°	0.656	0.522	0.423	0.343	0.277	0.222	0.174	0.135
	15°	0.966	0.603	0.470	0.373	0.297	0.235	0.183	0.140
	20°		0.914	0.546	0.415	0.323	0.251	0.194	0.147
0°	25°			0.850	0.485	0.360	0.273	0.207	0.155
	30°				0.777	0.422	0.305	0.225	0.165
	35°					0.695	0.359	0.251	0.179
	40°						0.608	0.298	0.200
	45°							0.518	0.238
	50°								0.428
	0°	0.592	0.511	0.441	0.378	0.323	0.273	0.228	0.189
	5°	0.658	0.559	0.476	0.405	0.343	0.288	0.240	0.197
	10°	0.760	0.623	0.520	0.437	0.366	0.305	0.252	0.206
	15°	1.129	0.723	0.581	0.478	0.395	0.325	0.267	0.216
	20°		1.103	0.679	0.535	0.432	0.351	0.284	0.228
10°	25°			1.062	0.628	0.484	0.383	0.305	0.242
	30°				1.005	0.571	0.430	0.334	0.260
	35°					0.935	0.509	0.375	0.284
	40°						0.853	0.445	0.319
	45°							0.763	0.380
	50°								0.668
	0°	0.690	0.611	0.540	0.476	0.419	0.366	0.317	0.273
	5°	0.774	0.673	0.588	0.514	0.449	0.389	0.336	0.287
	10°	0.904	0.757	0.649	0.560	0.484	0.416	0.357	0.303
	15°	1.372	0.889	0.731	0.618	0.526	0.448	0.380	0.328
	20°		1.383	0.862	0.697	0.579	0.486	0.408	0.341
20°	25°			1.372	0.825	0.655	0.536	0.442	0.365
	30°				1.341	0.778	0.606	0.487	0.395
	35°					1.290	0.722	0.551	0.435
	40°						1.221	0.609	0.492
	45°							1.136	0.590
	50°								1.037
	0°	0.458	0.371	0.298	0.237	0.186	0.142	0.106	0.076
	5°	0.503	0.400	0.318	0.251	0.195	0.148	0.110	0.078
	10°	0.576	0.442	0.344	0.267	0.205	0.155	0.114	0.081
	15°	0.850	0.509	0.380	0.289	0.219	0.163	0.119	0.084
	20°		0.776	0.441	0.320	0.237	0.174	0.125	0.087
−10°	25°			0.695	0.374	0.263	0.188	0.133	0.091
	30°				0.607	0.308	0.209	0.143	0.097
	35°					0.518	0.246	0.159	0.104
	40°						0.428	0.189	0.116
	45°							0.341	0.137
	50°								0.259
	0°	0.405	0.314	0.240	0.180	0.132	0.093	0.062	0.038
	5°	0.445	0.338	0.255	0.189	0.137	0.096	0.064	0.039
	10°	0.509	0.372	0.275	0.201	0.144	0.100	0.066	0.040
	15°	0.763	0.429	0.303	0.216	0.152	0.104	0.068	0.041
	20°		0.667	0.352	0.239	0.164	0.110	0.071	0.042
−20°	25°			0.568	0.280	0.182	0.119	0.075	0.044
	30°				0.470	0.214	0.131	0.080	0.046
	35°					0.374	0.155	0.089	0.049
	40°						0.284	0.105	0.055
	45°							0.203	0.065
	50°								0.133

续表 7.2　　　　$\delta=20°$

ε	β \ φ	15°	20°	25°	30°	35°	40°	45°	50°
	0°			0.357	0.297	0.245	0.199	0.160	0.125
	5°			0.384	0.317	0.259	0.209	0.166	0.130
	10°			0.419	0.340	0.275	0.220	0.174	0.135
	15°			0.467	0.371	0.295	0.234	0.183	0.140
	20°			0.547	0.414	0.322	0.251	0.193	0.147
0°	25°			0.874	0.487	0.360	0.273	0.207	0.155
	30°				0.798	0.425	0.306	0.225	0.166
	35°					0.714	0.362	0.252	0.180
	40°						0.625	0.300	0.202
	45°							0.532	0.241
	50°								0.440
	0°			0.438	0.377	0.322	0.273	0.229	0.190
	5°			0.475	0.404	0.343	0.289	0.241	0.198
	10°			0.521	0.438	0.367	0.306	0.254	0.208
	15°			0.586	0.480	0.397	0.328	0.269	0.218
	20°			0.690	0.540	0.436	0.354	0.286	0.230
10°	25°			1.111	0.639	0.490	0.388	0.309	0.245
	30°				1.051	0.582	0.437	0.338	0.264
	35°					0.978	0.520	0.381	0.288
	40°						0.893	0.456	0.325
	45°							0.799	0.389
	50°								0.699
	0°			0.543	0.479	0.422	0.370	0.321	0.277
	5°			0.594	0.520	0.454	0.395	0.341	0.292
	10°			0.659	0.568	0.490	0.423	0.363	0.309
	15°			0.747	0.629	0.535	0.456	0.387	0.327
	20°			0.891	0.715	0.592	0.496	0.417	0.349
20°	25°			1.467	0.854	0.673	0.549	0.453	0.374
	30°				1.434	0.807	0.624	0.501	0.406
	35°					1.379	0.750	0.569	0.448
	40°						1.305	0.685	0.509
	45°							1.214	0.615
	50°								1.109
	0°			0.291	0.232	0.182	0.140	0.105	0.076
	5°			0.311	0.245	0.191	0.146	0.108	0.078
	10°			0.337	0.262	0.202	0.153	0.113	0.080
	15°			0.374	0.284	0.215	0.161	0.117	0.083
	20°			0.437	0.316	0.233	0.171	0.124	0.086
−10°	25°			0.703	0.371	0.260	0.186	0.131	0.090
	30°				0.614	0.306	0.207	0.142	0.096
	35°					0.524	0.245	0.158	0.103
	40°						0.433	0.188	0.115
	45°							0.334	0.137
	50°								0.262
	0°			0.231	0.174	0.128	0.090	0.061	0.038
	5°			0.246	0.183	0.133	0.094	0.062	0.038
	10°			0.266	0.195	0.140	0.097	0.064	0.039
	15°			0.294	0.210	0.148	0.102	0.067	0.040
	20°			0.344	0.233	0.160	0.108	0.069	0.042
−20°	25°			0.566	0.274	0.178	0.116	0.073	0.043
	30°				0.468	0.210	0.129	0.079	0.045
	35°					0.373	0.153	0.087	0.049
	40°						0.283	0.104	0.054
	45°							0.202	0.064
	50°								0.133

δ=25° **续表 7.2**

ε	β \ φ	15°	20°	25°	30°	35°	40°	45°	50°
	0°				0.296	0.245	0.199	0.160	0.126
	5°				0.316	0.259	0.209	0.167	0.130
	10°				0.340	0.275	0.221	0.175	0.136
	15°				0.372	0.296	0.235	0.184	0.141
	20°				0.417	0.324	0.252	0.195	0.148
0°	25°				0.494	0.363	0.275	0.209	0.157
	30°				0.828	0.432	0.309	0.228	0.168
	35°					0.741	0.368	0.256	0.183
	40°						0.647	0.306	0.205
	45°							0.552	0.246
	50°								0.456
	0°				0.379	0.325	0.276	0.232	0.193
	5°				0.408	0.346	0.292	0.244	0.201
	10°				0.443	0.371	0.311	0.258	0.211
	15°				0.488	0.403	0.333	0.273	0.222
	20°				0.551	0.443	0.360	0.292	0.235
10°	25°				0.658	0.502	0.396	0.315	0.250
	30°				1.112	0.600	0.448	0.346	0.270
	35°					1.034	0.537	0.392	0.295
	40°						0.944	0.471	0.335
	45°							0.845	0.403
	50°								0.739
	0°				0.488	0.430	0.377	0.329	0.284
	5°				0.530	0.463	0.403	0.349	0.300
	10°				0.582	0.502	0.433	0.372	0.318
	15°				0.648	0.550	0.469	0.399	0.337
	20°				0.740	0.612	0.512	0.430	0.360
20°	25°				0.894	0.699	0.569	0.469	0.387
	30°				1.553	0.846	0.650	0.520	0.421
	35°					1.494	0.788	0.594	0.466
	40°						1.414	0.721	0.532
	45°							1.316	0.647
	50°								1.201
	0°				0.228	0.180	0.139	0.104	0.075
	5°				0.242	0.189	0.145	0.108	0.078
	10°				0.259	0.200	0.151	0.112	0.080
	15°				0.281	0.213	0.160	0.117	0.083
	20°				0.314	0.232	0.170	0.123	0.086
−10°	25°				0.371	0.259	0.185	0.131	0.090
	30°				0.620	0.307	0.207	0.142	0.096
	35°					0.534	0.246	0.159	0.104
	40°						0.441	0.189	0.116
	45°							0.351	0.138
	50°								0.267
	0°				0.170	0.125	0.089	0.060	0.037
	5°				0.179	0.131	0.092	0.061	0.038
	10°				0.191	0.137	0.096	0.063	0.039
	15°				0.206	0.146	0.100	0.066	0.040
	20°				0.229	0.157	0.106	0.069	0.041
−20°	25°				0.270	0.175	0.114	0.072	0.043
	30°				0.470	0.207	0.127	0.078	0.045
	35°					0.374	0.151	0.086	0.048
	40°						0.284	0.103	0.053
	45°							0.203	0.064
	50°								0.133

当墙背竖直($\varepsilon=0$)、墙背光滑($\delta=0$)、墙后填土水平($\beta=0$)时,由式(7.25)可知,此时:

$$K_a=\frac{\cos^2\varphi}{(1+\sin\varphi)^2}=\frac{1-\sin^2\varphi}{(1+\sin\varphi)^2}=\frac{(1+\sin\varphi)\cdot(1-\sin\varphi)}{(1+\sin\varphi)^2}=\frac{1-\sin\varphi}{1+\sin\varphi}=\tan^2\left(45°-\frac{\varphi}{2}\right) \quad (7.26)$$

式(7.26)即朗肯砂性土的主动土压力系数的表达式。可见,在某种特定情况下,朗肯主动土压力公式是库仑主动土压力公式的特例。

从式(7.24)可以看出,库仑主动土压力是墙高二次函数,将式(7.24)中的 E_a 对深度 z 求导可得:

$$p_a=\frac{dE_a}{dz}=\frac{d}{dz}\left(\frac{1}{2}\gamma z^2K_a\right)=\gamma zK_a \quad (7.27)$$

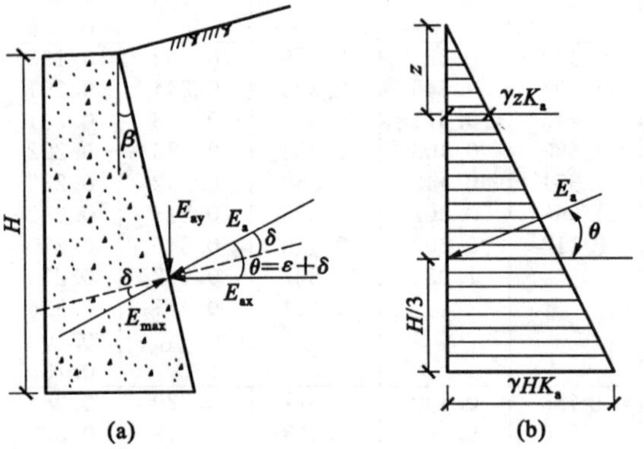

图 7.15 库仑主动土压力分布

可见,库仑主动土压力沿墙高呈三角形分布,如图 7.15(b)所示。值得注意的是,这种分布只是表示土压力的大小,并不代表实际作用于墙背的土压力方向,作用在墙背上的主动土压力合力 E_a 的作用方向与墙背法线方向成 δ 角,与水平方向的夹角为 $\theta=\varepsilon+\delta$,作用点在离墙底 $\frac{H}{3}$ 处。可以将 E_a 进行水平和竖直方向的分解,即:

$$E_{ax}=\frac{1}{2}\gamma H^2K_a\cos(\varepsilon+\delta) \quad (7.28)$$

$$E_{ay}=\frac{1}{2}\gamma H^2K_a\sin(\varepsilon+\delta) \quad (7.29)$$

【例 7.5】 如图 7.16 所示,已知某挡土墙墙高 $H=5$ m,墙背倾角 $\varepsilon=10°$,墙后填土为细砂,填土面水平($\beta=0$),填土重度 $\gamma=19$ kN/m^3,内摩擦角 $\varphi=30°$,墙背与填土间的摩擦角 $\delta=15°$。试按库仑土压力理论计算作用在墙后的主动土压力,并与朗肯土压力理论的计算结果进行比较。

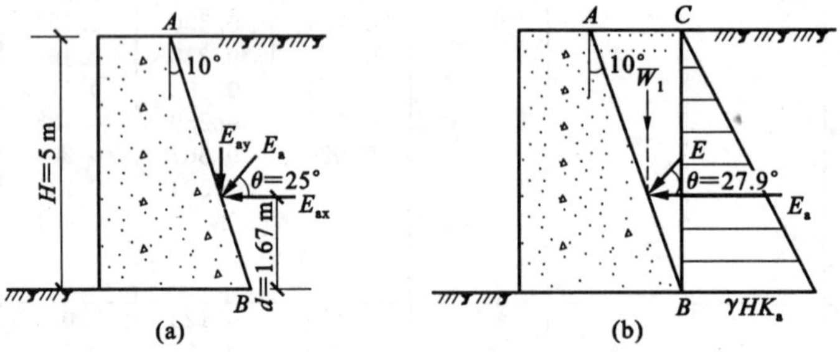

图 7.16 例 7.5 图

(a) 计算简图;(b) 土压力分布

【解】 ①按库仑主动土压力公式计算

当 $\beta=0$、$\varepsilon=10°$、$\delta=15°$、$\varphi=30°$时,由式(7.25)计算或由表 7.2 查得库仑主动土压力系数 $K_a=0.378$。再由式(7.25)、式(7.28)、式(7.29)可得:

$$E_a=\frac{1}{2}\gamma H^2K_a=\frac{1}{2}\times19\times5^2\times0.378=89.78\ \text{kN/m}$$

$$E_{ax}=E_a\cos\theta=89.78\times\cos(15°+10°)=81.36\ \text{kN/m}$$

$$E_{ay}=E_a\sin\theta=89.78\times\sin(15°+10°)=37.94\ \text{kN/m}$$

主动土压力合力 E_a 的作用点位置距离墙底为：

$$d=\frac{H}{3}=\frac{5}{3}=1.67\ \text{m}$$

② 按朗肯土压力理论计算

由于朗肯土压力计算理论适用于墙背竖直光滑且墙后填土水平的情形，与本例情况有所不同，但也可以做如下近似计算：从墙脚 B 点做竖直面 BC，用朗肯土压力理论计算作用在 BC 面上的主动土压力 E_a，假定作用在墙背 AB 上的主动土压力 E 为 E_a 和土体 ABC 重力 W_1 的合力，如图 7.16(b)所示，此时，朗肯主动土压力系数 $K_a=0.333$，按式(7.10)计算作用在 BC 面上的主动土压力 E_a 为：

$$E_a=\frac{1}{2}\gamma H^2K_a=\frac{1}{2}\times19\times5^2\times0.333=79.09\ \text{kN/m}$$

土体 ABC 的重力 W_1 为：

$$W_1=\frac{1}{2}\gamma H^2\tan\varepsilon=\frac{1}{2}\times19\times5^2\times\tan10°=41.88\ \text{kN/m}$$

则作用在墙背 AB 上的合力 E 为：

$$E=\sqrt{E_a^2+W_1^2}=\sqrt{79.09^2+41.88^2}=88.49\ \text{kN/m}$$

合力 E 与水平面夹角 θ 为：

$$\theta=\arctan\frac{W_1}{E_a}=\arctan\frac{41.88}{79.09}=27.09°$$

从以上计算可以看出，用朗肯土压力理论近似计算的土压力合力与库仑土压力理论计算的结果比较接近。

7.4.3 库仑被动土压力计算

如图 7.17 所示，当挡土墙在外力作用下推向土体，直至土体达到被动极限平衡状态时，墙后土体将出现通过墙脚的两个滑动面 AB 和 BC，由于滑动土体 ABC 向上挤出，故在滑动面 AB 和 BC 面上的摩阻力 T_1 和 T_2 作用方向向下，作用在土楔体 ABC 上的作用力有三个：土楔体 ABC 的重力 W、墙背 AB 对滑动楔体的反作用力 E 和滑动面 BC 下方土体的反力 R。E 的方向与墙背法线成 δ 角，R 的方向与 BC 平面的法线成 φ 角，但由于滑动楔体 ABC 沿滑动面 BC 和 AB 向上滑动，故 E 和 R 的作用方向均偏向法线的另一侧。

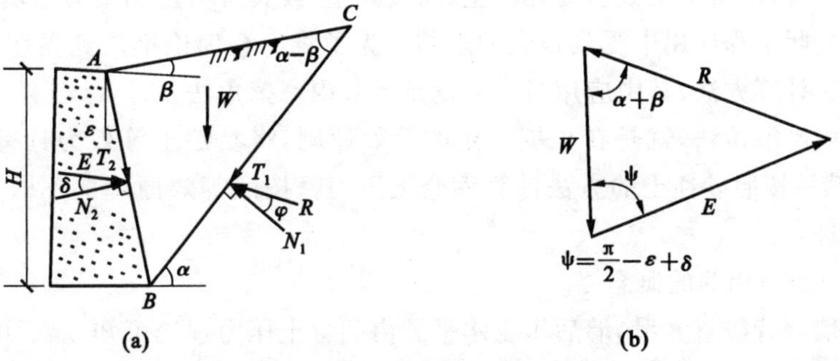

图 7.17　库仑被动土压力计算图示

如图 7.17 所示，与库仑主动土压力推导相似，根据静力平衡条件，土楔体 ABC 上的受力也必将形成一个矢量三角形，同样由正弦定理可得：

$$E=\frac{W\cdot\sin(\alpha+\varphi)}{\sin\left(\frac{\pi}{2}-\delta-\alpha-\varphi+\varepsilon\right)} \tag{7.30}$$

将 W 代入式(7.30)可得：

$$E=\frac{1}{2}\gamma H^2\frac{\sin(\alpha+\varphi)\cdot\cos(\varepsilon-\alpha)\cdot\cos(\varepsilon-\beta)}{\cos^2\varepsilon\cdot\sin(\alpha-\beta)\cdot\cos(\alpha+\varphi+\delta-\varepsilon)} \tag{7.31}$$

与主动土压力情况类似，E 值随破坏面 BC 的倾角 α 而变，是 α 的单值函数。实际上，与主动土压力相反，当挡土墙推向土体时，最危险滑动面上的抵抗力应该是 E 值中最小的 $E_{\min}$，此作用力即作用在墙背上的库仑被动土压力。为求 $E_{\min}$，同样对式(7.31)进行求导，并令：

$$\frac{dE}{d\alpha}=0 \tag{7.32}$$

则由式(7.32)求得的 α 值代入式(7.31)可得：

$$E_p=E_{\min}=\frac{1}{2}\gamma H^2K_p \tag{7.33}$$

其中，K_p 为库仑被动土压力系数，其值为：

$$K_p=\frac{\cos^2(\varphi+\varepsilon)}{\cos^2\varepsilon\cdot\cos(\varepsilon-\delta)\cdot\left[1-\sqrt{\frac{\sin(\varphi+\delta)\cdot\sin(\varphi+\beta)}{\cos(\varepsilon-\delta)\cdot\cos(\varepsilon-\beta)}}\right]^2} \tag{7.34}$$

同理，为求被动土压力强度 p_p 沿墙高 H 的分布，可将 E_p 对 z 求导得到，即：

$$p_p=\frac{dE}{dz}=\frac{d}{dz}\left(\frac{1}{2}\gamma z^2K_p\right)=\gamma zK_p \tag{7.35}$$

从式(7.35)可以看出，被动土压力强度 p_p 沿墙高也成三角形线性分布，被动土压力 E_p 的作用点在挡土墙墙底以上 $H/3$ 处，其方向与墙背法线成 δ 角并在法线的上方，与水平面夹角为 $\varepsilon-\delta$。

7.4.4 几种特殊情况下的库仑土压力计算

7.4.4.1 黏性土的库仑土压力计算

如前所述，库仑理论最初只考虑了墙后填土为砂性土($c=0$)情况下的土压力计算方法，对于墙后填土为黏性土时，不能直接采用库仑理论计算。而在实际工程中，无论是一般挡墙结构还是基坑支护工程，墙后填土大多为黏性土、粉质黏土，或具有一定黏聚力的填土，这就使得库仑理论在计算实际工程应用中受到很大的限制。为了将库仑理论推广到黏性土的计算中，学者们提出了各种计算方法，其中应用最多的就是等效内摩擦角法。

所谓等效内摩擦角法，就是在根据一定的等效原则，将黏性土等效为具有一定内摩擦角 φ_d 的砂性土，然后按照砂性土的方法计算库仑土压力。按照等效原理的不同，等效内摩擦角法分为以下两种：

(1) 根据土压力相等的概念

假定挡土墙墙背竖直光滑，墙后填土水平。由朗肯土压力理论可知，墙后填土有黏聚力存在时的主动土压力为：

$$E_{a1}=\frac{1}{2}\gamma H^2\tan^2(45°-\frac{\varphi}{2})-2cH\tan\left(45°-\frac{\varphi}{2}\right)+\frac{2c^2}{\gamma} \tag{7.36}$$

按照等效内摩擦角的概念(无黏聚力)计算,则有:

$$E_{a2}=\frac{1}{2}\gamma H^2\tan^2\left(45°-\frac{\varphi_d}{2}\right) \tag{7.37}$$

令 $E_{a1}=E_{a2}$,可得:

$$\tan(45°-\frac{\varphi_d}{2})=\tan(45°-\frac{\varphi}{2})-\frac{2c}{\gamma H}$$

于是可得等效内摩擦角 φ_d 为:

$$\varphi_d=2\left\{45°-\arctan\left[\tan(45°-\frac{\varphi}{2})-\frac{2c}{\gamma H}\right]\right\} \tag{7.38}$$

(2) 根据抗剪强度指标相等的概念

根据莫尔-库仑强度理论,砂性土的抗剪强度为:

$$\tau_f=\sigma\cdot\tan\varphi \tag{7.39}$$

黏性土的抗剪强度为:

$$\tau_f=\sigma\cdot\tan\varphi+c \tag{7.40}$$

如图 7.18 所示,通过挡土墙底部平面上黏性土和等效砂性土抗剪强度相等的条件,可以得到等效内摩擦角 φ_d 为:

$$\sigma\cdot\tan\varphi+c=\sigma\cdot\tan\varphi_d$$

即

$$\varphi_d=\arctan\left(\tan\varphi+\frac{c}{\gamma H}\right) \tag{7.41}$$

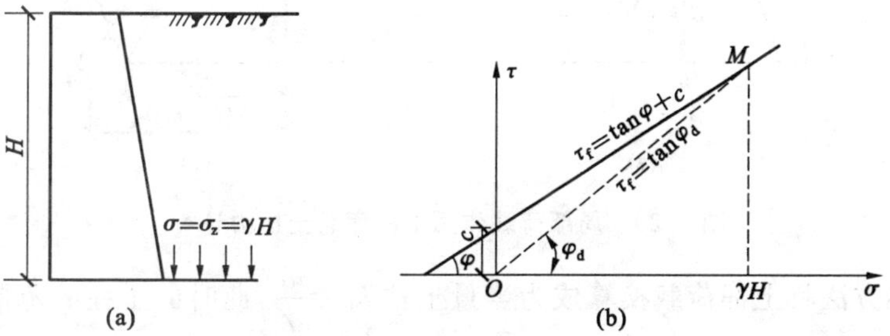

图 7.18 根据抗剪强度相等计算 φ_d

应当指出,所谓的"等效内摩擦角法"计算只是近似的一种计算法,但误差较大,在低墙时偏于保守,高墙时偏于危险。因此,近年来较多学者在库仑土压力理论的基础上,提出了所谓的"广义库仑理论",关于该理论可参考其他书目。

7.4.4.2 地面荷载作用下的库仑土压力计算

(1) 连续均布荷载

当挡土墙墙后的填土表面上作用有均布荷载时,与前面讲述的方法类似,可将均布荷载 q 换算为土体的当量厚度 $h_0=q/\gamma$,一次确定假想中的强顶 A'点,然后再根据无地面荷载作用时的情况求土压力强度及总土压力。

如图 7.19 所示,在$\triangle AA'A_0$ 中,由几何关系可得:

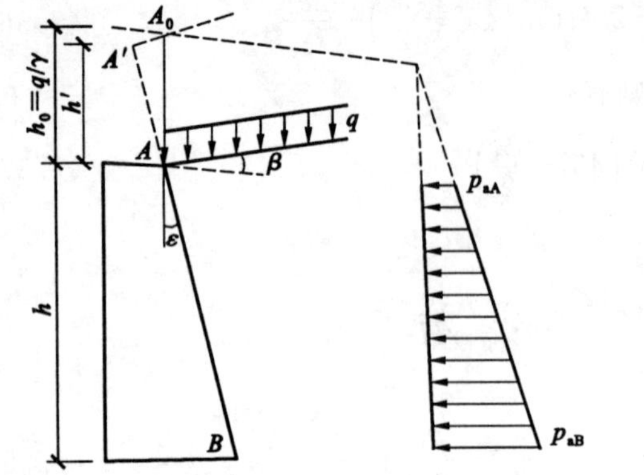

图 7.19 连续均布荷载作用下的库仑主动土压力

$$\overline{A'A}=h_0\cdot\frac{\cos\beta}{\cos(\varepsilon-\beta)} \tag{7.42}$$

$A'A$在竖直方向的投影为：

$$h'=\overline{A'A}\cdot\cos\varepsilon=\frac{q}{\gamma}\frac{\cos\varepsilon\cdot\cos\beta}{\cos(\varepsilon-\beta)} \tag{7.43}$$

故墙顶 A 点与墙底 B 点处的土压力强度分别为：

$$p_{aA}=\gamma h' K_a \tag{7.44}$$

$$p_{aB}=\gamma(h+h')K_a \tag{7.45}$$

于是在墙 AB 上的土压力合力为：

$$E_a=\gamma h\left(\frac{1}{2}h+h'\right)K_a \tag{7.46}$$

(2) 局部荷载

前述的连续均布荷载是大面积的均布荷载，若填土表面上的均布荷载只在一定范围内（如路基表面的车辆荷载），如图 7.20 所示，此时可近似地认为地面上的局部荷载产生的土压力是沿平行于破裂面的方向传递到墙背的，据此假定可计算作用于墙后的土压力。

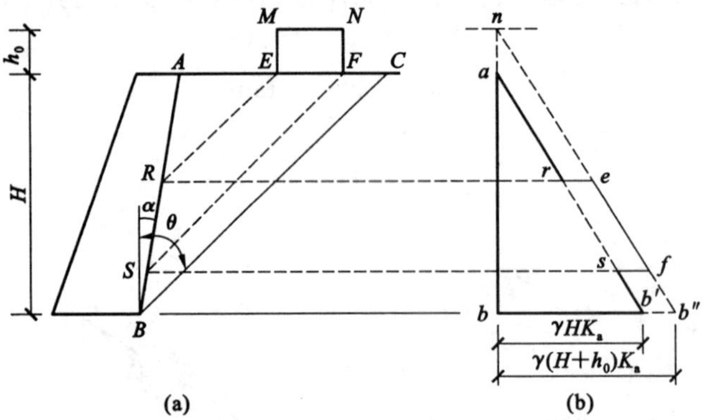

图 7.20 局部荷载作用下的库仑土压力计算

先按照上述方法将上部荷载换算成为当量土柱 $h_0=\dfrac{q}{\gamma}$，此时的土柱的范围也应该在荷载作用范围内。假定破坏面为 BC，与水平面成 α 夹角，过局部荷载分布范围的两个端点 E、F 分别作平行于破裂面 BC 的平行线，分别交于 AB 上 R、S，将破坏楔体分割为三个块（ARE、$ERSF$ 和 $FSBC$），然后采用“推平行线法”，从 A、R、S、B 四个点分别作水平线与对应的土压力分布线相交，如图 7.20 所示，即可得到作用在墙背 AB 上的由于局部荷载 q 引起的土压力分布 $rsfe$，和原来的土压力分布 abb' 合在一起就得到总的土压力分布 $abb'sfera$。根据土压力分布即可计算出作用于墙后的土压力合力及其作用点。

7.5 两种经典土压力的讨论

前面介绍的土压力计算，都是经典土力学的内容，其实是土的抗剪强度理论的应用。实际上，土压力的大小和分布远比上述的三种土压力类型复杂，比如墙后的土压力实际上并不是也不可能是简单的直线分布，挡墙也不可能简单地按照平面问题来进行计算，土压力还将随时间的变化而变化等。实际上，土压力是土体与挡墙结构相互作用的结果，其大小及其分布受土体性质、挡墙结构的类型及其位移等因素的综合影响。

本节将对两种经典土压力理论进行一下讨论对比。

(1) 方法上的异同

朗肯土压力和库仑土压力理论均属于极限平衡状态理论，即用它们计算得出的土压力均是挡墙后土体处于极限平衡状态下的主动或被动土压力。但这两种理论在具体分析时，分别根据不同的假定来计算挡墙后的土压力，两者只有在特殊情况下（$\varepsilon=0,\beta=0,\delta=0$）才有相同的计算结果。

但两者在研究的出发点和途径方面却存在较大的差异。朗肯土压力理论应用弹性半无限体中的应力状态和极限平衡理论，从土中一点的极限平衡条件出发，首先求出作用在挡墙竖直面上的土压力强度及其分布，然后再计算作用在墙后的总土压力。其概念明确，公式简单，对于黏性土和无黏性土都可以直接计算，故在工程应用中应用广泛。而库仑土压力理论根据挡墙后滑动土楔体的整体静力平衡条件推导出土压力计算公式，先求出作用在墙背上的总土压力，再计算土压力强度及其分布。该理论考虑了墙背和土体之间的摩擦力，并可应用于墙背倾斜、墙后填土倾斜等复杂情况。

(2) 应用范围

综合前面所述，朗肯土压力理论的适用条件可总结如下：

① 墙背垂直、光滑，墙后填土水平，即 $\varepsilon=0,\beta=0,\delta=0$。

② 墙背垂直，墙后填土面为倾斜平面，即 $\varepsilon=0,\beta\neq0,\delta=0$。

朗肯土压力理论也可以求解具有倾斜填土面时作用在竖直墙背上的土压力，其推导思路与前述具有水平填土条件的思路基本相同，区别仅在于把分析具有水平填土表面的半无限土体中一点的应力状态更改为分析具有倾斜表面的半无限土体中一点的应力状态，求出该点达到极限平衡状态时的应力条件，即可得出作用于竖直墙墙背上的土压力。具体的推导过程及其应用可参阅有关土力学书籍，这里不再赘述。

③ 坦墙。所谓坦墙，即土体在滑动过程中，出现第二滑动面的挡墙成为坦墙，如图 7.21 所示。当挡墙移动至墙后土楔体达到极限平衡状态时，存在两个滑动面 BD 和 BC（或 BA），当 $\delta\ll\varphi$ 时，出现 BA 滑动面，当墙背粗糙度较大时，会出现两种情况：一是若墙背较陡，即倾角 α 较小，则出现 BD 和 BA 滑动面，也比较合理；二是当墙背比较平缓，即倾角 α 较大时，则墙后土体破坏时将不再沿滑动面 BA 滑动，而是将出现一个新的滑动面 BC，即土楔体的滑动面变成 BD 和 BC，此时，BD 称为第一滑动面，BC 称为第二滑动面。这种出现第二滑动面的挡墙即成为坦墙。

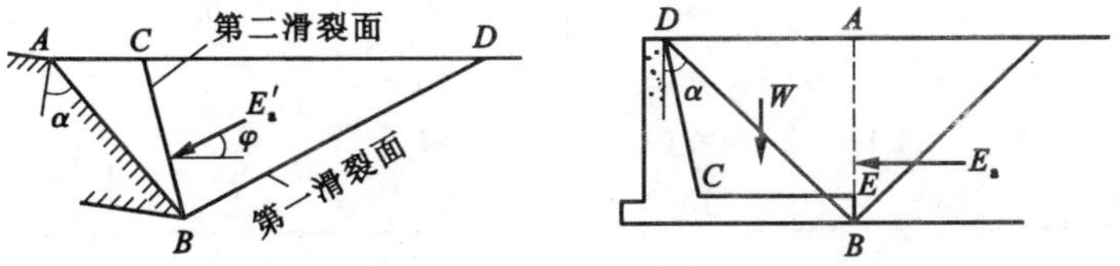

图 7.21 坦墙与 L 形挡墙

对于坦墙，不能直接采用库仑公式计算作用在 AB 墙背上的土压力，可先求作用在第二滑

动面 BC 上的土压力 E_a'，此时，由于滑动面 BC 也存在于土中，是土与土之间的摩擦，故 E_a' 与 BC 面法向的夹角是 φ 而不是 δ。这样，最终作用于墙背 AB 面上的主动土压力 E_a 就是 E_a' 与 ABC 土体重力的合力。

由于产生第二滑动面的条件与墙背倾角 α、墙背与土的摩擦角 δ、土的内摩擦角 φ，以及墙后填土的坡角 β 等因素有关，一般可用临界倾斜角 α_{cr} 来判断：当墙背倾角 $\alpha > \alpha_{cr}$ 时，认为能产生第二滑动面，此时按照坦墙计算。临界倾斜角 α_{cr} 可按下式计算：

$$\alpha_{cr} = 45° - \frac{\varphi}{2} + \frac{\beta}{2} - \frac{1}{2}\arcsin\frac{\sin\beta}{\sin\varphi} \tag{7.47}$$

同样，在过程中应用较广的 L 形挡墙（如图 7.21 所示）也可以采用坦墙的计算方法进行计算。

④ 黏性土和无黏性土均可。

库仑土压力理论的适用条件可总结如下：

① 各种墙背倾斜的陡墙，填土表面不限；

② 坦墙；

③ 一般适用于无黏性土，即砂性土。

（3）计算误差

朗肯土压力理论和库仑土压力理论都是在一定的假定基础之上建立起来的，因此计算结果都将会有一定的误差。比较严格的挡土墙土压力计算，可采用极限平衡理论计算，关于该方法可参阅有关土力学专著。原苏联科学家索科洛夫斯基采用较严格的极限平衡理论对水平填土面的挡土墙求出了理论的主动土压力系数 K_a 和被动土压力系数 K_p，如表 7.3 所示。以下分别将朗肯土压力理论和库仑土压力理论与极限平衡理论相对比，从而说明两种经典土压力理论可能引起的误差。

表 7.3　索科洛夫斯基解的主动与被动土压力系数值

φ	δ	$\alpha=0°$		$\alpha=10°$		$\alpha=20°$	
		K_a	K_p	K_a	K_p	K_a	K_p
10°	0°	0.70	1.42	0.72	1.31	0.73	1.18
	5°	0.67	1.56	0.70	1.43	0.70	1.29
	10°	0.65	1.66	0.68	1.52	0.70	1.35
20°	0°	0.49	2.04	0.54	1.77	0.58	1.51
	10°	0.45	2.55	0.50	2.19	0.54	1.83
	20°	0.44	3.04	0.50	2.57	0.54	2.13
30°	0°	0.33	3.00	0.40	2.39	0.46	1.90
	15°	0.30	4.62	0.37	3.62	0.43	2.79
	30°	0.31	6.55	0.38	5.03	0.45	3.80
40°	0°	0.22	4.60	0.29	3.37	0.35	2.50
	20°	0.20	9.69	0.27	6.77	0.34	4.70
	40°	0.22	18.2	0.29	12.3	0.38	8.23

① 朗肯理论

朗肯土压力理论假定墙背与墙后填土之间无摩擦力，即忽略了该摩擦力。利用朗肯理论在计算主动土压力时，该摩擦力起着阻止墙后土体滑动达到临界状态的作用，即该摩擦力将分担一部分墙后土体给墙背的压力（即主动土压力），使得计算所得的主动土压力是实际给墙背的主动土压力加上朗肯理论忽略的该摩擦力，故利用朗肯土压力理论计算主动土压力时偏大（大的部分就是墙背与墙后填土之间的摩擦力）。反之，当出现被动土压力时，该摩擦力起着促进墙后土体滑动达到临界状态的作用，使得墙后土体更易达到极限平衡状态，计算所得的被动土压力是实际被动土压力减去该摩擦力，故计算所得的被动土压力偏小（小的部分就是墙背与墙后填土之间的摩擦力）。

朗肯理论与极限平衡理论的土压力系数对比见表 7.4 所示。

表 7.4 朗肯理论与极限平衡理论的土压力系数的比较

计算方法	土压力系数 \ φ	10°			20°			30°			40°		
	δ	0	5°	10°	0	10°	20°	0	15°	30°	0	20°	40°
极限平衡理论	K_a	0.70	0.67	0.65	0.49	0.45	0.44	0.33	0.30	0.31	0.22	0.20	0.22
	K_p	1.42	1.56	1.66	2.04	2.55	3.04	3.00	4.62	6.55	4.60	9.69	18.2
朗肯理论	K_a	0.704			0.49			0.333			0.217		
	K_p	1.420			2.03			3.00			4.60		

表中数据表明，对于主动土压力，朗肯理论计算值偏大，但差别不大。对于被动土压力，忽略墙背与填土之间的摩擦力将带来较大的误差，特别是 δ 和 φ 较大时，误差将达到 2～3 倍。

② 库仑理论

库仑理论考虑了墙背与墙后填土之间的摩擦力，但却把土体中的滑动面假定为平面，与实际情况不符，这种平面滑裂面的假定使得破坏土楔体平衡时所必须满足的力系对任意一点的力矩之和等于零的条件不能满足，这是用库仑理论计算土压力时，特别是被动土压力时存在很大误差的重要原因。

对于主动土压力，最容易滑动的面就是产生土压力最大的真正滑动面，而沿平面滑动比沿曲面滑动更困难，换言之，库仑计算所得的主动土压力是平面滑动面（该面相对于真正的滑动面更不易滑动）与墙背之间的土楔体给墙背的土压力，该土压力显然比真正的滑动面与墙背之间的土楔体给墙背的土压力要小，因为真正的滑动面与墙背之间的土楔体更不容易稳定，更容易滑动，因而计算所得的主动土压力偏小。相反，对于被动土压力，要推动不是真正滑动面的土楔体达到极限平衡状态，显然比推动真正滑动面的土体达到极限平衡状态更困难一些，需要的推力当然就更大一些，所以，利用朗肯理论计算所得到的被动土压力就偏大。

库仑理论与极限平衡理论的土压力系数对比见表 7.5 所示。

从表中可以看出，对于主动土压力，两种理论的计算结果差别很小。对于被动土压力，当 δ 和 φ 较小时，两者计算值的差别也在工程所允许的范围内，但当 δ 和 φ 较大时，库仑理论的计算误差就较大，此时库仑理论就不宜使用。

综上所述，对于计算主动土压力，各种理论的差别都不是很大。朗肯理论公式简单，且其能建立起土体处于极限平衡状态时理论破坏面形状和概念上，这一概念对于分析许多土体破坏问题，如板桩墙的受力问题，地基的滑动区等都很有用，但在实际应用中，特别要注意该理论的基本假定，看实际情况是否符合该理论的假定，以免得到错误的结果。库仑理论可适用更广泛的边界条件，在工程应用中更广。

表 7.5 库仑理论与极限平衡理论的土压力系数的比较

计算方法	土压力系数 (φ)	10°			20°			30°			40°		
	δ	0	5°	10°	0	10°	20°	0	15°	30°	0	20°	40°
极限平衡理论	K_a	0.70	0.67	0.65	0.49	0.45	0.44	0.33	0.30	0.31	0.22	0.20	0.22
	K_p	1.42	1.56	1.66	2.04	2.55	3.04	3.00	4.62	6.55	4.60	9.69	18.2
库仑理论	K_a	0.70	0.66	0.64	0.49	0.45	0.43	0.33	0.30	0.30	0.22	0.20	0.21
	K_p	1.42	1.57	1.73	2.04	2.63	3.52	3.00	4.98	10.1	4.60	11.77	92.6

至于被动土压力，当 δ 和 φ 较小时，两种经典土压力理论均可满足工程需求，但当 δ 和 φ 较大时，误差都很大，此时均不宜采用。

*7.6 埋管土压力的计算

地下埋管用途广泛，如水利工程中的坝下埋管，市政工程和能源工程中的给排水管、煤气管、输油管等。为了分析地下埋管的内力，从而选择合理的设计断面，必须首先计算作用于埋管上的各种荷载，其中，埋管四周填土作用于埋管上的土压力是设计中需要考虑的主要荷载。本节将简要介绍埋管土压力的计算。

7.6.1 埋管上的土压力特点

埋管上土压力的大小与许多因素有关，如管道埋设方式、埋置宽度、开槽宽度、管道刚度、管道支座形式、填土土质及压缩变形特性等。通常把埋管分为沟埋式和上埋式两种，如图 7.22 所示。当埋深较大时，常不采用埋管而采用隧道形式。沟埋式是指先在天然场地中开挖沟槽至设计高程，放置埋管后再回填至地面高程。因此，可以认为沟槽外原有的土体不再发生变形，沟槽壁将对新填土产生向上的摩阻力，阻止土柱下沉，如图 7.22(a)所示，从而使得作用于埋管上的土压力小于其上的土柱重量，即 $p_z < \gamma H$。

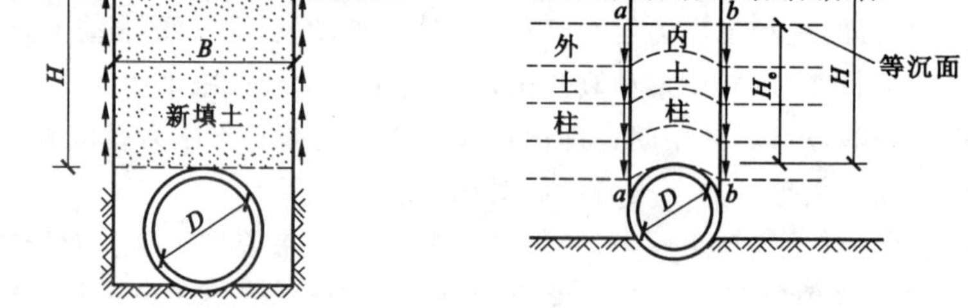

(a) (b)

图 7.22 埋管的典型形式

(a) 沟埋式；(b) 上埋式

上埋式是指将埋管直接铺设在天然地面或浅沟内，然后再在上面回填土至设计高程。此时，地面以上新的填土在自重作用下将产生沉降。但由于埋管宽度以外的填土厚度大于埋管顶部的厚度，故在埋管顶部土柱的沉降量将小于埋管两侧的沉降量，在土柱两侧将产生向下的摩擦力，如图 7.22(b)所示，使得埋管上所承受的垂直土压力大于埋管顶部的土柱自重，即$p_z>\gamma H$。

如果令沟埋式和上埋式管顶所承受的土压力 p_z 相等，即可求出一个临界深度 H_e。在 H_e 以上，土体均匀沉降，H_e 高度处的平面也称为等沉面。

7.6.2 沟埋式埋管顶部的垂直土压力

1913 年，美国衣阿华州立大学的马斯顿教授利用散体极限平衡条件提出了沟内埋管顶部垂直土压力的计算模型，并推导出计算填埋式管道垂直土压力的计算公式，至今仍得到广泛的应用。

$$p_z=-\frac{B\left(\gamma-\frac{2c}{B}\right)}{2K_a\tan\varphi}\left(1-e^{-2K_a\frac{z}{B}\tan\varphi}\right)+qe^{-2K_a\frac{z}{B}\tan\varphi} \tag{7.48}$$

式中 K_a——两侧土的主动土压力系数；

c、φ——填土的抗剪强度指标；

γ——填土重度(kN/m^3)；

z——地面下的深度(m)；

q——地面均布荷载(kN/m)；

B——填土宽度(m)。

7.6.3 上埋式埋管顶部的垂直土压力

同样，马斯顿教授也给出了上埋式埋管顶部的垂直土压力计算公式：

$$p_z=-\frac{D\left(\gamma+\frac{2c}{D}\right)}{2K_a\tan\varphi}\left(e^{2K_a\frac{H}{D}\tan\varphi}-1\right)+qe^{2K_a\frac{H}{D}\tan\varphi} \tag{7.49}$$

式中各个符号含义同式(7.48)。

7.6.4 埋管侧向土压力

(1) 利用前述计算所得的垂直土压力，再乘以主动或静止土压力系数 K_0 或 K_a，即可得侧向土压力。

(2) 按照朗肯土压力理论计算：

$$p_a=\gamma H_1\tan^2\left(45°-\frac{\varphi}{2}\right)-2c\tan\left(45°-\frac{\varphi}{2}\right) \tag{7.50}$$

$$p_a=\gamma H_2\tan^2\left(45°-\frac{\varphi}{2}\right)-2c\tan\left(45°-\frac{\varphi}{2}\right) \tag{7.51}$$

式中 H_1、H_2——自填土表面分别至管顶和管底的深度(m)，其余符号同前。

7.7 挡土墙设计

挡土墙的设计包括墙型选择、稳定性验算、地基承载力验算、墙身材料的强度验算和一些设计中的构造要求和措施。

7.7.1 挡土墙的类型

挡土墙的形式有多种，常见的有重力式、悬臂式、扶壁式和锚定板式，以及加筋土挡土墙等。

7.7.1.1 重力式挡土墙

重力式挡土墙一般由块石、浆砌石或素混凝土砌筑而成，一般是依靠墙体自重抵抗土压力并保持墙身稳定的一种挡土墙，如图 7.23 所示。重力式挡土墙由于其墙身抗拉强度较小，所需墙身截面较大，其墙高一般小于 8 m。由于其结构简单，施工方便，能就地取材等特点，在实际工程中应用很广。

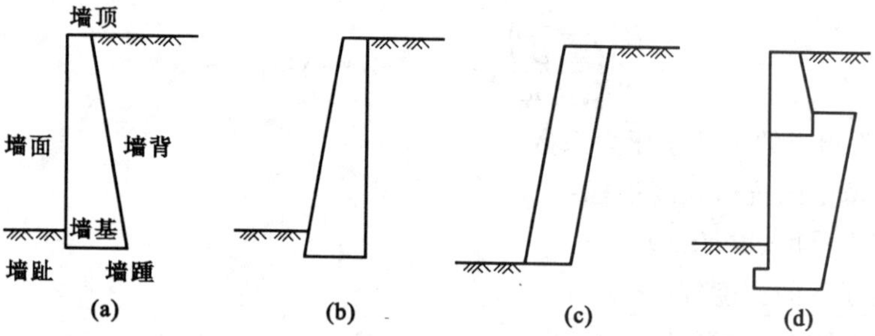

图 7.23 重力式挡土墙

(a) 俯斜式；(b) 直立式；(c) 仰斜式；(d) 衡重式

7.7.1.2 悬臂式、扶壁式挡土墙

这类挡土墙一般是由钢筋混凝土制成悬臂板式的挡土墙，如图 7.24 所示。其稳定性一般主要依靠墙踵悬臂以上的土重维持，墙内设置钢筋承受拉力，故墙身截面较小。当墙高较大且单单采用悬臂式挡土墙时，墙身立壁的挠度也将较大，此时为了增强立壁的抗弯性能，常沿墙背纵向一定的距离设置一道扶壁，成为扶壁式挡土墙，如图 7.25 所示。由于扶壁增加了挡土墙的抗滑和抗倾的能力，故一般用于一些重要的大型工程中。

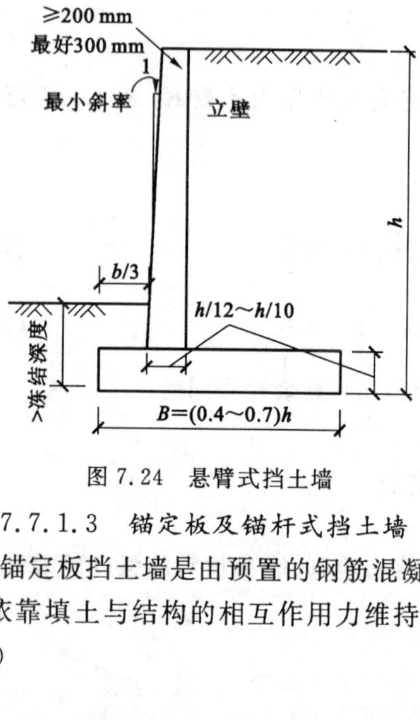

图 7.24 悬臂式挡土墙

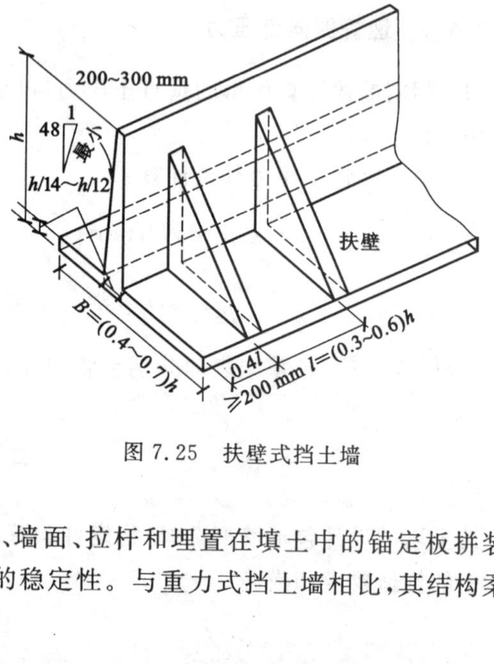

图 7.25 扶壁式挡土墙

7.7.1.3 锚定板及锚杆式挡土墙

锚定板挡土墙是由预置的钢筋混凝土立柱、墙面、拉杆和埋置在填土中的锚定板拼装而成，依靠填土与结构的相互作用力维持其自身的稳定性。与重力式挡土墙相比，其结构柔性

大、结构轻、工程量小、造价低、施工方便,特别适用于承载力不大的地区。

锚杆式挡土墙属于轻型挡土结构,依靠锚固于岩土层中的锚杆提供拉力以保证挡土墙的稳定。锚杆式挡土墙适用于承载力较低的地基,常作为基坑开挖的一种经济有效的支挡结构。图 7.26 所示为太焦铁路上的锚杆、锚定板式挡土墙实例。

7.7.1.4　加筋挡土墙

加筋挡土墙是由拉筋、填土及墙面板三部分构成的复合结构,如图 7.27 所示。填土与拉筋材料之间的摩擦力、筋条承受的拉力、墙面板承受的土压力都是整个复合结构的内力,这些内力相互平衡,将拉筋、填土及墙面板结合成一个整体的复合结构;同加筋土挡土墙作为整体的工程构筑物,还要能够在外荷载的作用下保持稳定,即整个挡土墙的外部稳定。

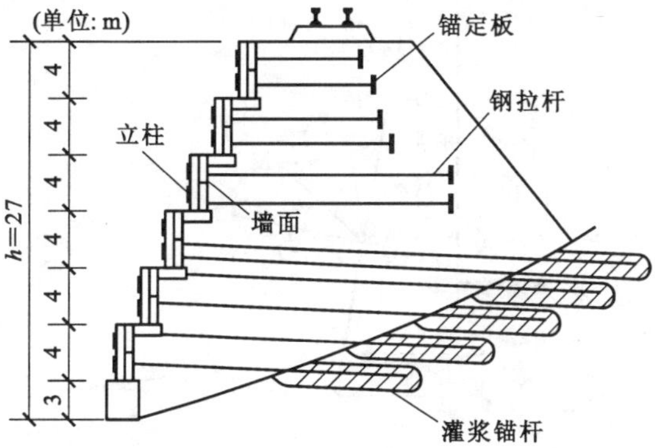

图 7.26　太焦铁路上的锚杆、锚定板式挡土墙结构实例

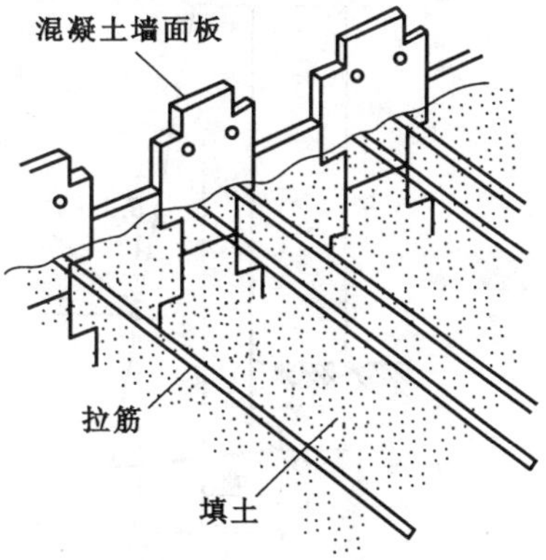

图 7.27　加筋挡土墙结构

7.7.2　重力式挡土墙的设计

7.7.2.1　尺寸的确定

以常用的重力式挡土墙为例,研究挡土墙型式选定后,应确定挡土墙的高度、顶宽、底宽等参数。

通常挡土墙的高度是由实际要求确定的,即墙后被支挡的填土的水平高度。有时,对长度很大的挡土墙,也可以使墙低于填土顶面,而用斜坡连接。

挡土墙的顶宽依据构造要求确定,以保证挡土墙的整体性和足够的强度。对于浆砌石等重力式挡土墙,顶宽应不小于 0.5 m;对素混凝土式的重力式挡土墙,顶宽一般也不小于 0.5 m。

挡土墙的底宽由地基承载力和整体稳定性确定,初定挡土墙底宽一般为高度的 0.5～0.7 倍。挡土墙地面为卵石、碎石时取小值,挡土墙底部为黏性土时取大值。

7.7.2.2　挡土墙的验算

(1) 作用在挡土墙上的力

确定了挡土墙的基本尺寸之后,就需要对挡土墙进行稳定性验算,在验算之前首先需要确定作用在挡土墙上的荷载。如图 7.28 所示,作用在挡土墙上的力有墙背后的主动土压力 E_a、墙踵前的被动土压力 E_p、挡土墙自身的重量 G,以及挡土墙基底反力 H 和 V。

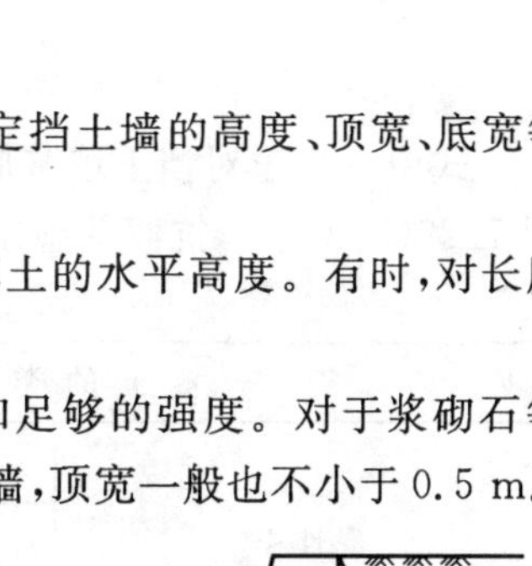

图 2.28　作用在挡土墙上的力

(2) 抗倾覆验算

如图 7.29(a)所示，挡土墙在力系作用下，有可能绕墙趾 O 点向外发生倾覆。为了保证挡土墙不发生倾覆，需要对挡土墙进行抗倾覆验算。在验算之前，将挡土墙所受的力进行水平向和竖直向的分解，并求出各个力和力臂的大小。

抗倾覆稳定安全系数 K_t 为抗倾覆力矩比上倾覆力矩，即：

$$K_t=\frac{Wa+E_{ay}b}{E_{ax}h} \tag{7.52}$$

式中各符号意义见图 7.29(a)所示。抗倾覆稳定安全系数 K_t 一般为 1.5～1.6。

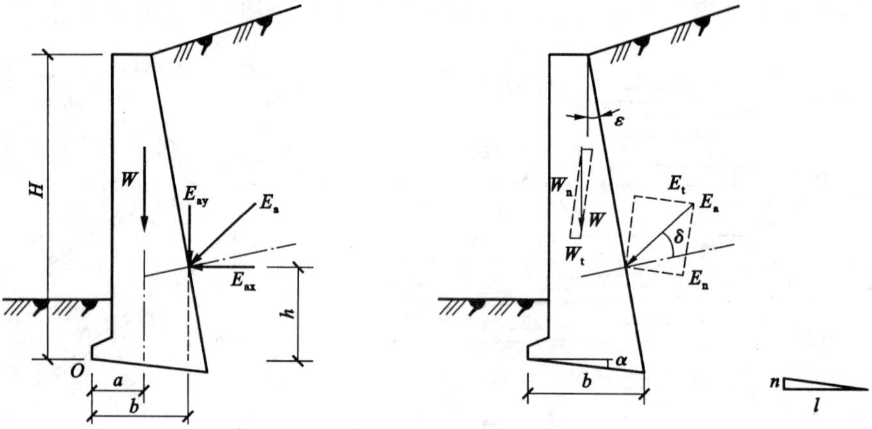

图 7.29　重力式挡土墙的稳定性验算

如图 7.29(b)所示，挡土墙在外力作用下，有可能发生沿基底发生滑动。抗滑稳定性验算就是要验算挡土墙是否会沿此面滑动。根据抗滑安全系数 K_s 为基底抗滑力比上滑动力可得：

$$K_s=\frac{(W_n+E_{an})\cdot\mu}{E_{at}-W_t} \tag{7.53}$$

式中 μ 为土对挡土墙基底的摩擦系数，可通过试验或查表 7.6 确定。其余各符号意义见图 7.29(b)所示。抗倾覆稳定安全系数 K_t 一般为 1.3。

表 7.6　土对挡土墙基底的摩擦系数

土的类别		摩擦系数 μ
黏性土	可塑	0.25～0.30
	硬塑	0.30～0.35
	坚硬	0.35～0.45
粉土		0.30～0.40
中砂、粗砂、砾砂		0.40～0.50
碎石土		0.40～0.60
软质岩		0.40～0.60
表面粗糙的硬质岩		0.65～0.75

注：① 对易风化的软质岩和塑性指数大于 22 的黏性土，基底摩擦系数应通过试验确定。

② 对碎石土，可根据其密实程度、填充物状况、风化程度等确定。

7.7.2.3　地基承载力及墙身验算

地基承载力的验算与一般偏心受压基础的计算方法相同，可参阅相关的基础工程的书籍。墙身强度验算应根据墙身材料分别按各自的设计规范中的有关内容进行验算。

7.7.2.4　主要构造措施

(1) 填土的选择

根据土压力理论，墙后土压力的大小与墙后填土的物理力学性质密切相关。在挡土墙设计中，一般希望墙后土压力越小越好，从而可以起到经济有效的作用。一般墙后填土选用透水性较好、性能稳定的非冻胀材料，如粗砂、碎石、卵石、炉渣等，其抗剪强度较稳定，易排水。不应选择有机土或黏性土作为墙后填土材料，当不得不采用黏性土填土时，应该在其中添加适量的碎石或块石，以增加其透水性，并在填土过程中严格控制压实质量，检查密实度。

(2) 排水措施

挡土墙排水措施的作用是疏干墙后土体中的水分和防止地表水下渗，以免引起墙后静水压力。良好的排水可以有效地减小墙后的土压力和水压力。

一般的排水措施有：

① 当墙后有山坡时，在坡下设置截水沟，顶地面设置防水层；

② 设置墙身泄水孔；

③ 墙后要做好滤水层和必要的排水盲沟，选用卵石、碎石等粗颗粒作为滤水层；

④ 设置沉降缝及伸缩缝，避免地基不均匀沉降及墙体伸缩而产生裂缝。

【例 7.6】 已知某挡土墙墙高 $H=6$ m，墙背倾角 $\varepsilon=10°$，填土表面倾角 $\beta=10°$，墙摩擦角 $\delta=20°$，墙后填土为中砂，内摩擦角 $\varphi=30°$，重度 $\gamma=18.5\ \mathrm{kN/m^3}$，混凝土重度 $\gamma_{混凝土}=24\ \mathrm{kN/m^3}$ 中砂地基承载力 $f=180$ kPa，试设计挡土墙尺寸。

【解】 ① 初定挡土墙尺寸

初定挡土墙顶宽 1.0 m，底宽 5.0 m，则墙自重为：

$$W=\frac{(1.0+5.0)H\gamma_{混凝土}}{2}=\frac{(1.0+5.0)\times 6\times 24}{2}=432\ \mathrm{kN/m}$$

② 土压力计算

根据库仑土压力理论，首先查表 7.2 可得主动土压力系数 $K_a=0.438$，再计算作用在墙后的土压力为：

$$E_a=\frac{1}{2}\gamma H^2 K_a=\frac{1}{2}\times 18.5\times 6^2\times 0.438=145.85\ \mathrm{kN/m}$$

土压力的竖向分力为：

$$E_{ay}=E_a\cdot\sin(\varepsilon+\delta)=145.85\times\sin(10°+20°)=72.9\ \mathrm{kN/m}$$

土压力的水平向分力为：

$$E_{ax}=E_a\cdot\cos(\varepsilon+\delta)=145.85\times\cos(10°+20°)=126.3\ \mathrm{kN/m}$$

③ 抗滑稳定性验算

墙底和地基之间的摩擦系数查表 7.6 可得 $\mu=0.4$，应用式(7.53)可得：

$$K_s=\frac{(W_n+E_{an})\cdot\mu}{E_{at}-W_t}=\frac{(432+72.9)\times 0.4}{132.3}=1.60>1.3$$

因安全系数偏大，为节约工程量，适当修改挡土墙尺寸，将底宽 5.0 m 改为 4.0 m，则挡土墙自重为：

$$W'=\frac{(1.0+4.0)H\gamma_{混凝土}}{2}=\frac{(1.0+4.0)\times 6\times 24}{2}=360\ \text{kN/m}$$

修改后的安全系数为：

$$K_s=\frac{(W_n+E_{an})\cdot\mu}{E_{at}-W_t}=\frac{(360+72.9)\times 0.4}{126.3}=1.37>1.3\quad(合适)$$

④ 抗倾覆验算

首先求出作用在挡土墙上各个力对墙趾 O 点的力臂。根据式(7.52)可得：

$$K_t=\frac{Wa+E_{ay}b}{E_{ax}h}=\frac{360\times 2.17+72.9\times 3.65}{126.3\times 2}=4.14>1.6\quad(安全)$$

由以上计算可知，重力式挡土墙抗滑稳定性满足要求时，抗倾稳定性也满足要求。

⑤ 地基承载力验算

作用在基础底面上总的竖向力为：

$$N=W'+E_{ay}=360+72.9=432.9\ \text{kN/m}$$

合理作用点与墙趾 O 点距离为：

$$x=\frac{Wa+E_{ay}b-E_{ax}h}{N}=\frac{360\times 2.17+72.9\times 3.65-126.3\times 2}{436.5}=1.82\ \text{m}$$

偏心距为：

$$e=\frac{B}{2}-x=0.18<\frac{B}{6}$$

基底边缘压力为：

$$\left\{\begin{matrix}p_{max}\\p_{min}\end{matrix}\right.=\frac{N}{K_t}\left(1\pm\frac{6e}{B}\right)=\left\{\begin{matrix}138.6\\79.6\end{matrix}\right.\ \text{kPa}$$

要求满足下列公式：

$$\frac{1}{2}(p_{max}+p_{min})=109.1\ \text{kPa}<f=180\ \text{kPa}$$

$$p_{max}=138.6\ \text{kPa}<1.2f=216\ \text{kPa}$$

基底平均压力和最大压力均满足要求。由此最终确定该挡土墙的尺寸为：顶宽 1.0 m，底宽 4.0 m。

思考题与习题

7.1 什么是静止土压力、主动土压力和被动土压力？试举出几个工程实例。

7.2 试述三种典型土压力发生的条件及其相互关系。

7.3 如何理解主动土压力是主动极限平衡状态时的最大值，而被动土压力是被动极限平衡状态时的最小值？

7.4 试述朗肯土压力和库仑土压力的基本原理和假定以及误差，并比较各自的优缺点。

7.5 常见的挡土墙结构有哪些形式？试述重力式挡土墙的计算和设计步骤。

7.6 某挡土墙高 5 m，墙背竖直光滑，填土面水平，$\gamma=18\ \text{kN/m}^3$，$\varphi=22°$，$c=15$ kPa。试计算：① 该挡土墙主动土压力分布、合力大小及其作用点位置；② 若该挡土墙在外力作用下，朝填土方向产生较大的位移时，则作用在墙背的土压力分布、合力大小及其作用点位置又为多少？(26.20 kN/m，0.84 m；716.95 kN/m，1.93 m)

7.7 某挡土墙后填土为中密粗砂，$\gamma_d=16.8\ \text{kN/m}^3$，$w=10\%$，$\varphi=36°$，$\delta=18°$，$\beta=15°$，墙高 4.5 m，墙背与竖直线的夹角 $\alpha_1=-8°$。试计算该挡土墙壁主动土压力 E_a。(56.13 kN/m)

7.8 某挡土墙高 6 m，墙背竖直光滑，填土面水平，并作用有连续的均布荷载 $q=15$ kPa，墙后填土分两层，其物理力学指标如图 7.30 所示。试计算墙背所受土压力分布、合力及其作用点位置。(115.56 kN/m,1.47 m)

7.9 某重力式挡土墙高 5 m,墙背竖直光滑,填土面水平,如图 7.31 所示。砌体重度 $\gamma_k=22\ kN/m^3$,基底摩擦系数 $\mu=0.5$,作用在墙背上的主动土压力 $E_a=51.60\ kN/m$。试验算该挡土墙的抗滑和抗倾覆稳定性。($K_s=1.71$,$K_t=3.31$,满足稳定性要求)

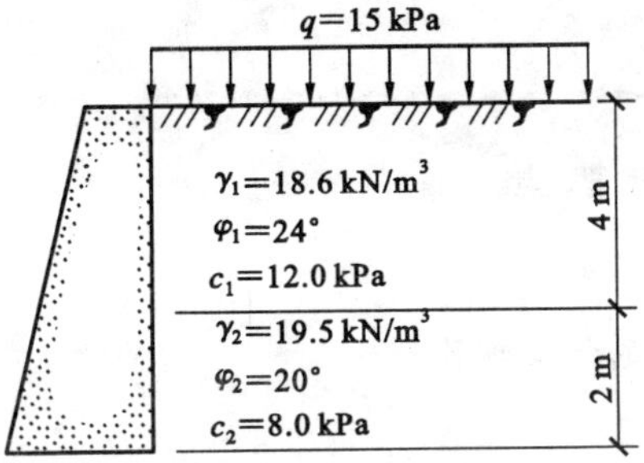

图 7.30 习题 7.8 图

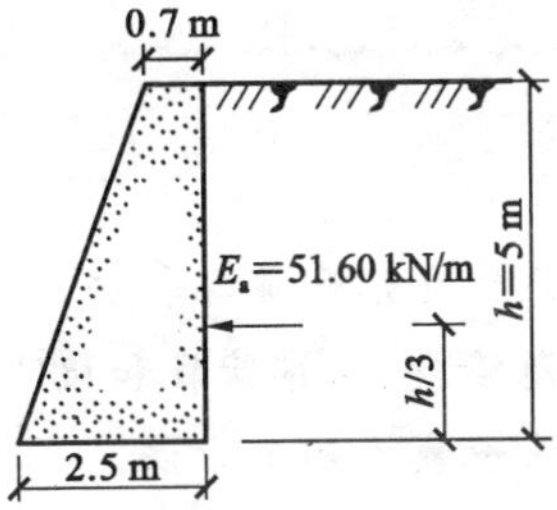

图 7.31 习题 7.9 图

7.10 (1) 试按库仑土压力计算公式求图 7.32 中各挡土墙后的主动土压力,并比较其结果。已知墙后填土为砂土,$\varphi=35°$,$\gamma=17.66\ kN/m^3$,$\delta=10°$,$\beta=0°$。$\alpha=-10°$[图 7.32(a)];$\alpha=0°$[图 7.32(b)];$\alpha=15°$[图 7.32(c)]。($E_{aa}=60.715\ kN/m$,$E_{ab}=80.356\ kN/m$,$E_{ac}=39.42\ kN/m$)

(2) 试求图 7.32(b)所示墙后若填土表面倾斜 $\beta=15°$时的主动土压力,并与 $\beta=0$ 时的主动土压力比较。(当 $\beta=0°$时,$E_a=80.356\ kN/m$;当 $\beta=15°$时,$E_a=95.682\ kN/m$)

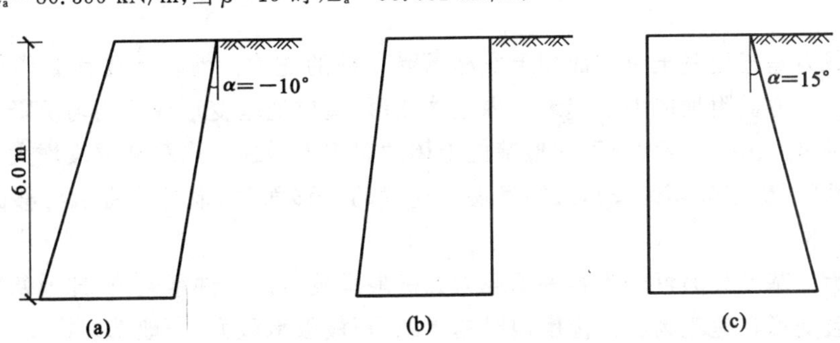

图 7.32 习题 7.10 图

*7.11 已知挡土墙如图 7.33 所示,试求作用在墙上的总土压力,并作出沿墙高 P_a 的分布图。(对下半段采用延长墙背法。在上半段:$P_a^A=6.666\ kPa$,$P_a^B=22.664\ kPa$;在下半段:$P_a^B=14.44\ kPa$,$P_a^C=25.27\ kPa$)

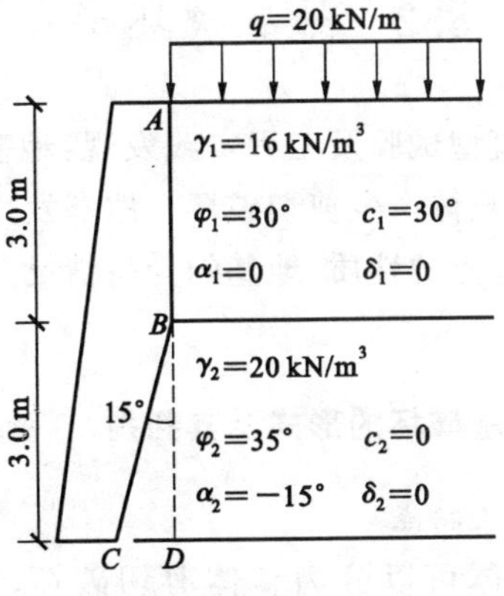

图 7.33 习题 7.11 图

8 地基承载力

学习要点

(1) 地基的变形和破坏特征；

(2) 临塑荷载、临界荷载和极限承载力的计算理论；

(3) 地基承载力确定方法。

重点和难点

(1) 临塑荷载、临界荷载和极限承载力的计算及地基承载力的确定。

8.1 概　　述

地基承载力是指地基土单位面积上所能承受荷载的能力。地基承受荷载作用后，内部应力发生变化。一方面附加应力引起地基内土体变形，造成地基变形或不均匀沉降，这方面内容已在第5章讲过。另一方面，会引起地基内土体的剪应力增加。当荷载继续增大，地基出现较大范围的塑性区（剪切破坏区域），最终发展成连续的滑移面时，地基土将沿滑移面滑动，从而丧失稳定性。

一般认为地基承载力可分为容许承载力和极限承载力。容许承载力，即地基稳定，有足够的安全度并且变形在建筑物容许范围内时的承载力；极限承载力，即地基即将丧失稳定性时的承载力。确定地基承载力的方法有载荷试验法、理论计算法、规范查表法、经验估算法等多种方法。

8.2 地基破坏形式

通过原位载荷试验和室内模型试验及工程实践发现：地基的破坏主要是由于基础下持力层抗剪强度小于所受的剪应力，土体产生剪切破坏。地基发生破坏时地基中滑动面的形式、荷载和沉降量的曲线特征等与地基土的性质、地基的受荷情况及基础的埋深、宽度和形状等因素有关。

8.2.1 垂直荷载作用下地基破坏的形式及其判别

8.2.1.1 地基的破坏形式及特点

地基的剪切破坏的形式总体可以分为整体剪切破坏、局部剪切破坏和冲切破坏三种形式。

(1) 整体剪切破坏

当基础上荷载较小时，基础下形成一个三角形压密区，如图 8.1(a)所示，这时 p-s 曲线呈直线关系[见图 8.1(d)中的 A 曲线]。随着荷载增加，压密区Ⅰ向两侧挤压，土中产生塑性区，这时基础的沉降增长率比前一阶段增大，故 p-s 曲线呈曲线状。当荷载达到最大值后，土中形成连续滑动面，并延伸到地面，土从基础两侧挤出并隆起，基础沉降急剧增加，整个地基失稳破坏。整体剪切破坏常发生在浅埋基础下的密砂或硬黏土等坚实地基中。

(2) 局部剪切破坏

随着荷载的增加，基础下也产生压密区及塑性区，但塑性区仅仅发展到地基某一范围内，土中滑动面并不延伸到地面，如图 8.1(b)所示，基础两侧地面微微隆起，没有出现明显的裂缝。其 p-s 曲线如图 8.1(d)中的 B 曲线所示，曲线也有一个转折点，但不像整体剪切破坏那么明显。局部剪切破坏常发生于中等密实砂土地基中。

(3) 冲切破坏

其特点是地基不出现明显的连续滑动面，基础四周的地面也不隆起，基础没有很大倾斜，其 p-s 曲线也无明显的转折点，如图 8.1(d)中的 C 曲线所示。这种破坏模式一般出现在压缩性较大的松砂和软土地基中。

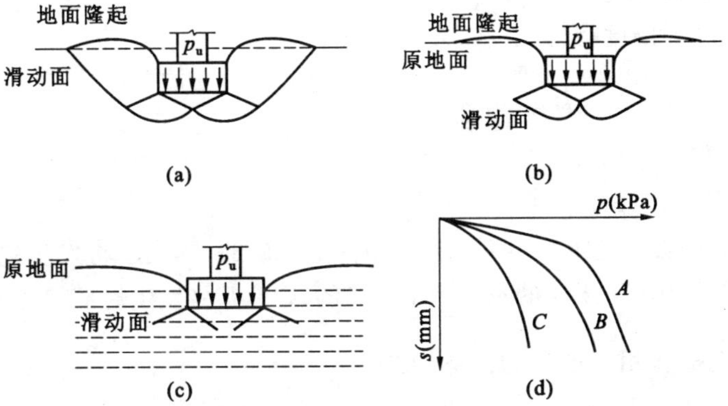

图 8.1　地基土的破坏形式及地基土破坏的 p-s 曲线

(a) 整体剪切破坏；(b) 局部剪切破坏；(c) 冲切破坏；(d) p-s 曲线

8.2.1.2　地基变形的三个阶段

根据现场载荷试验，地基从加荷到破坏一般经过三个阶段，如图 8.2 所示。

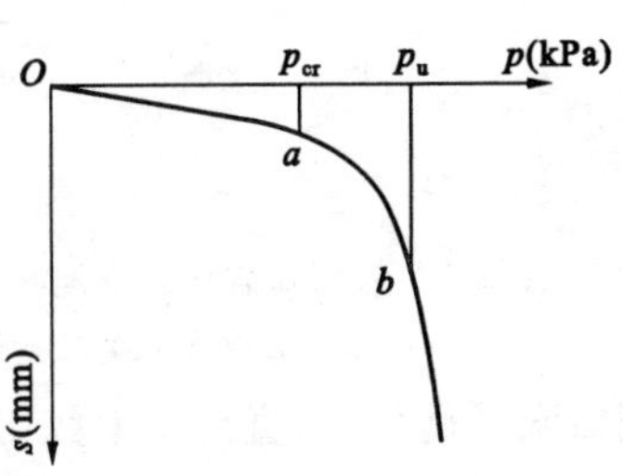

图 8.2　载荷试验典型的 p-s 曲线

(1) 线性变形阶段

这一阶段相当于 p-s 曲线上的 Oa 段。在这一阶段，p-s 曲线接近于直线，土中各点的剪应力均小于土的抗剪强度，土体处于弹性平衡状态。地基的变形主要是由于土的压密变形引起的。把 p-s 曲线上线性变形阶段结束塑性变形阶段开始的 a 点对应的荷载称为临塑荷载 p_{cr}。

(2) 塑性变形阶段

这一阶段相当于 p-s 曲线上的 ab 段。此阶段 p-s 曲线已不再保持线性关系，沉降的增长率 $\Delta s/\Delta p$ 随荷载的增大而增加。地基土中局部范围内的剪应力达到土的抗剪强度，土体发生剪切破坏，这些区域称为塑性区。随着荷载的继续增加，土中塑性区的范围也逐步扩大，直到土中形成连续的滑动面。因此，塑性变形阶段也是地基中塑性区的发生与发展阶段。p-s 曲线上 b 点对应的荷载称为极限荷载 p_u，也就是地基承受基础荷载的极限压力。

(3) 破坏阶段

这一阶段相当于 p-s 曲线中的 b 点以后的线段。此时荷载少量增加就引起基础急剧下沉，四周的地面隆起，地基发生整体剪切破坏。

8.2.1.3　地基土破坏形式的判别

对于地基土破坏形式的定量判别，利用魏西克(Vesic A. S.)根据关于孔的扩张理论，提出用刚度指标 I_r 来判别地基土破坏模式。地基土的刚度指标，可用下式表示：

$$I_r=\frac{E}{2(1+\mu)(c+q\tan\varphi)} \tag{8.1}$$

式中　E——地基土的变形模量；

μ——地基土的泊松比；

c——地基土的黏聚力(kPa)；

q——基础底面以上覆盖土的压力；

φ——地基土的内摩擦角(°)。

魏西克还提出临界刚度指标 $I_{r(crit)}$，公式如下：

$$I_{r(crit)}=\frac{1}{2}e^{\left[\left(3.30-0.45\frac{B}{L}\right)\cot\left(45°-\frac{\varphi}{2}\right)\right]} \tag{8.2}$$

式中　B——基础的宽度(m)；

L——基础的长度(m)。

如果 $I_r>I_{r(crit)}$，假设地基土为不可压缩的条件是正确的，则地基将发生整体剪切破坏；如果 $I_r<I_{r(crit)}$，假设地基土为不可压缩的条件是不正确的，则地基将发生局部剪切破坏或冲剪破坏。

8.2.2　倾斜荷载作用下地基的破坏模式

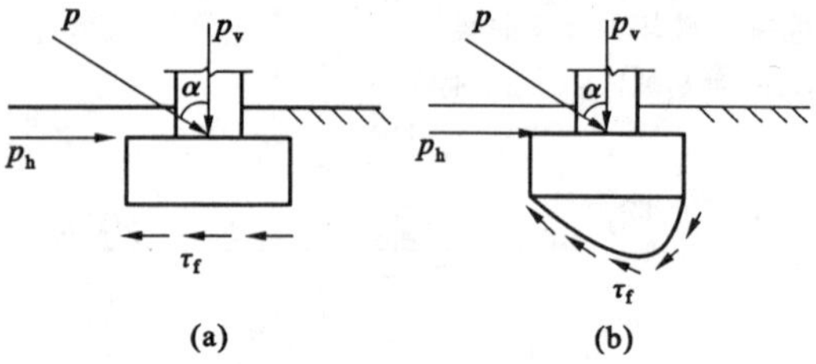

图 8.3　倾斜荷载作用下地基的破坏模式

(a) 平面滑动；(b) 深层滑动

建筑物的地基有时会受到倾斜荷载作用。将倾斜荷载分解成竖直向的荷载 p_v 和水平向的荷载 p_h，α 为倾斜荷载与竖直线的夹角，如图 8.3(a)所示。当竖向荷载较小时，地基的应力未达到破坏状态，这时加上水平荷载会使地基的稳定程度有所降低，建筑物只可能沿地基表面产生平面滑动，如图 8.3(a)所示。当竖向荷载逐渐增加，地基中一定范围内的应力便达到极限平衡状态，直至发生剪切破坏。这时如果再加上水平向荷载就会出现如图 8.3(b)所示的连续滑动面，这种情况称为深层滑动。

8.3　地基极限承载力的计算理论

从地基破坏过程的 p-s 曲线分析中可以看出：地基中线弹性变形阶段的结束即塑性变形

阶段的开始，这时地基土所受的荷载，称为临塑荷载 p_{cr}；地基土发生剪切破坏，形成整体的滑动面，失去整体稳定性，这时地基土所受的荷载，称为极限荷载 p_u。显然，以极限荷载作为地基的承载力是不安全的，而将临塑荷载作为地基的承载力，又过于保守。

工程经验表明，即使地基中已出现一定范围的塑性变形区，只要其余大部分土体还是稳定的，地基还是具有较大的安全度。地基中塑性变形区的深度发展到某一深度时，地基仍是安全的，此时所对应的荷载称为临界荷载（$p_{1/3}$、$p_{1/4}$），可作为地基的容许承载力。当基础受到中心荷载作用时，允许地基产生塑性变形最大深度为 $b/4$（b 为基底宽度），对应的临界荷载为 $p_{1/4}$。当基础受到偏心荷载作用时，允许地基产生塑性变形最大深度为 $b/3$，对应的临界荷载为 $p_{1/3}$。

8.3.1 临塑荷载和临界荷载

8.3.1.1 临塑荷载理论计算公式

利用理论方法来求临塑荷载 p_{cr}。假设地基基础为条形基础，基底为均布荷载。在条形基础受均布荷载作用下，利用第 4 章当中相关公式计算出地基中任一点 M 处附加应力 σ_x、σ_z、τ_{xz}，并代入下式：

$$\left.\begin{matrix}\sigma_1\\ \sigma_3\end{matrix}\right\}=\frac{1}{2}\left[(\sigma_z+\sigma_x)\pm\sqrt{(\sigma_z-\sigma_x)^2+4\tau_{xz}^2}\right] \tag{8.3}$$

从而求得 M 点所受的最大、最小主应力为：

$$\left.\begin{matrix}\sigma_1\\ \sigma_3\end{matrix}\right\}=\frac{p_0}{\pi}(\beta\pm\sin\beta) \tag{8.4}$$

式中 p_0——基底附加应力。

β 及最大、最小主应力如图 8.4(a)所示。

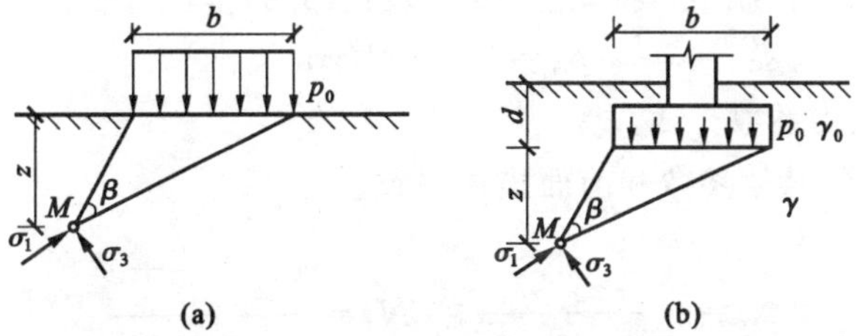

图 8.4 条形基础受均布荷载作用下地基中的附加应力

又如图 8.4(b)所示，基础埋深为 d，埋置深度范围内地基土的加权平均重度为 γ_0，此时地基中任一点 M 处的应力，除有基底附加应力（$p-\gamma_0 d$）引起的附加应力外，还有土的自重应力 $\gamma z+\gamma_0 d$。假设土的自重应力场如同静水压力场，侧压力系数为 1.0，即水平方向自重应力等于竖直方向自重应力，则地基中任一点 M 处总的大、小主应力为：

$$\sigma_1=\frac{p-\gamma_0 d}{\pi}(\beta+\sin\beta)+\gamma z+\gamma_0 d \tag{8.5}$$

$$\sigma_3=\frac{p-\gamma_0 d}{\pi}(\beta-\sin\beta)+\gamma z+\gamma_0 d \tag{8.6}$$

当 M 点达到极限平衡状态，则 M 点的大、小主应力满足莫尔-库仑理论的极限平衡条件，即：

$$\sin\varphi=\frac{\sigma_1-\sigma_3}{\sigma_1+\sigma_3+2c\cdot\cot\varphi}$$

将式(8.5)、式(8.6)代入上式化简得：

$$z=\frac{p-\gamma_0 d}{\pi\gamma}\left(\frac{\sin\beta}{\sin\varphi}-\beta\right)-\frac{c}{\gamma\cdot\tan\varphi}-\frac{\gamma_0}{\gamma}d \tag{8.7}$$

式中　z——地基中塑性区域的深度(m)；

p——基底压力(kPa)；

d——基础埋深(m)；

γ——基础底面下土的重度(kN/m^3)；

γ_0——埋置深度范围内地基土的加权平均重度(kN/m^3)；

c——基础底面下土的黏聚力(kPa)；

φ——基础底面下土的内摩擦角(°)。

计算塑性变形区深度 z 的极值：令 $\frac{dz}{d\beta}=0$ 得出 $\beta=\frac{\pi}{2}-\varphi$，并且 $\frac{d^2z}{d\beta^2}<0$，得到塑性变形区最大深度 z_{max} 为：

$$z_{max}=\frac{p-\gamma_0 d}{\pi\gamma}\left(\cot\varphi-\frac{\pi}{2}+\varphi\right)-\frac{c}{\gamma\cdot\tan\varphi}-\frac{\gamma_0}{\gamma}d \tag{8.8}$$

当荷载 p 增大时，塑性区就会发展，塑性变形区最大深度 z_{max} 也随之增大。将式(8.8)改为由塑性变形区最大深度 z_{max} 来表示基础底面所受的压力，即：

$$p=\frac{z_{max}\pi\gamma}{\cot\varphi-\frac{\pi}{2}+\varphi}+\frac{c\pi\cot\varphi}{\cot\varphi-\frac{\pi}{2}+\varphi}+\gamma_0 d\left(\frac{\cot\varphi+\frac{\pi}{2}+\varphi}{\cot\varphi-\frac{\pi}{2}+\varphi}\right) \tag{8.9}$$

如果塑性变形区的最大深度 $z_{max}=0$，则地基处于刚要出现塑性变形区的状态。此时作用在地基上的荷载称为临塑荷载 p_{cr}，将 $z_{max}=0$ 代入式(8.9)得：

$$p_{cr}=N_c c+N_d\gamma_0 d \tag{8.10}$$

式中　N_d、N_c——承载力系数。

N_d、N_c 由下式计算，其他参数和前面描述一致。

$$N_c=\frac{\pi\cot\varphi}{\cot\varphi-\frac{\pi}{2}+\varphi},\quad N_d=\frac{\cot\varphi+\frac{\pi}{2}+\varphi}{\cot\varphi-\frac{\pi}{2}+\varphi} \tag{8.11}$$

8.3.1.2　临界荷载理论计算公式

对于软土，可取临塑荷载 p_{cr} 作为地基容许承载力，工程较安全。大量工程实践表明，对于一般的土，取临塑荷载 p_{cr} 作为地基的容许承载力比较保守，不经济。实际上即使地基中出现一定范围的塑性区，也不影响建筑物正常安全的使用。因此，可以适当提高地基承载力的数值，降低工程量，节省造价。工程中允许塑性区发展到一定范围。一般中心受压基础可取 $z_{max}=b/4$，偏心受压基础可取 $z_{max}=b/3$(b 为基础宽度)，与此相应的地基承载力分别用 $p_{1/3}$、$p_{1/4}$ 表示，称为临界荷载。

(1) 在中心荷载作用下

将 $z_{max}=b/4$ 代入式(8.9)得：

$$p_{1/4}=N_{1/4}\gamma b+N_c c+N_d\gamma_0 d \tag{8.12}$$

(2) 在偏心荷载作用下

将 $z_{max}=b/3$ 代入式(8.9)得：

$$p_{1/3}=N_{1/3}\gamma b+N_c c+N_d\gamma_0 d \tag{8.13}$$

式中　N_d、N_c——承载力系数。

$N_{1/3}$、$N_{1/4}$按下式计算：

$$N_{\frac{1}{4}}=\frac{\frac{1}{4}\pi}{\cot\varphi-\frac{\pi}{2}+\varphi},\quad N_{\frac{1}{3}}=\frac{\frac{1}{3}\pi}{\cot\varphi-\frac{\pi}{2}+\varphi} \tag{8.14}$$

N_d、N_c、$N_{1/3}$、$N_{1/4}$承载力系数均为土的内摩擦角 φ 的函数，可以根据式(8.11)、式(8.14)计算，也可以查表 8.1。当土的内摩擦角 $\varphi\geqslant24°$时，$N_{1/4}$值从砂土静载荷试验资料中取得的经验数值比理论计算的大得多，可以参考《建筑地基基础设计规范》(GB 50007—2002)对 $N_{1/4}$值进行修正，以便合理发挥砂土的承载力。

表 8.1　承载力系数 N_d、N_c、$N_{1/3}$、$N_{1/4}$的值

φ(°)	N_d	N_c	$N_{1/3}$	$N_{1/4}$	φ(°)	N_d	N_c	$N_{1/3}$	$N_{1/4}$
0	1.00	3.14	0	0	24	3.87	6.45	0.72	0.96
2	1.12	3.32	0.03	0.04	26	4.37	6.90	0.84	1.12
4	1.25	3.51	0.06	0.08	28	4.93	7.40	0.98	1.31
6	1.40	3.71	0.10	0.13	30	5.59	7.95	1.15	1.53
8	1.55	3.93	0.14	0.18	32	6.34	8.55	1.34	1.78
10	1.73	4.17	0.18	0.24	34	7.22	9.22	1.55	2.07
12	1.94	4.42	0.23	0.31	36	8.24	9.97	1.81	2.41
14	2.17	4.69	0.29	0.39	38	9.44	10.80	2.11	2.81
16	2.43	4.99	0.36	0.48	40	10.85	11.73	2.46	3.28
18	2.73	5.31	0.43	0.58	42	12.51	12.79	2.88	3.84
20	3.06	5.66	0.51	0.69	44	14.50	13.98	3.38	4.50
22	3.44	6.04	0.61	0.81	45	15.64	14.64	3.66	4.88

另外，在使用式(8.10)、式(8.12)、式(8.13)时应注意：

(1) 推导临塑荷载和临界荷载是基于弹性力学基础上的。假设地基土为弹性体，但求临界荷载时，地基中已出现一定范围的塑性变形区，因此计算和工程实际有一定的误差；叠加地基土所受应力时，假定自重应力各个方向都相等，即侧压力系数为 1.0，这与实际情况是不符的，因此求得的临界荷载只能作为初估地基容许承载力用。

(2) 当土体的内摩擦角 $\varphi=0$ 时，$p_{cr}=p_{1/4}=p_{1/3}=\pi c+\gamma d$，这说明土质越软，临塑荷载越小。地基中不允许出现塑性区，一旦出现塑性区，地基立即破坏。

【例 8.1】 一中心受荷的条形基础，宽 1.5 m，埋置深度 1.0 m。地基土层分布为：第一层素填土，厚 0.8 m，密度 1.80 g/cm³；第二层黏性土，厚 6.0 m，密度 1.92 g/cm³，黏聚力为 10 kPa，内摩擦角 13°。试求该地基土的临塑荷载及临界荷载。

【解】 ① 求临塑荷载

埋置深度范围内土的加权平均重度为：

$$\gamma_0=\frac{\sum \rho g h}{H}=\frac{18\times 0.8+19.2\times 0.2}{1.0}=18.24\ \text{kN/m}^3$$

根据持力层土体的内摩擦角为 13°查表 8.1[或根据式(8.11)]得承载力系数为 $N_d=2.06$,$N_c=4.56$,代入式(8.10)求临塑荷载：

$$\begin{aligned}p_{cr}&=N_c c+N_d\gamma_0 \mathrm{d}\\&=4.56\times 10+2.06\times 18.24\times 1\\&=83.17\ \text{kPa}\end{aligned}$$

② 求临塑荷载

由于基础是中心受荷，所以根据持力层土体的内摩擦角为 13°,查表 8.1 得承载力系数为 $N_{1/4}=0.35$,代入式(8.12)则有：

$$\begin{aligned}p_{1/4}&=N_{1/4}\gamma b+N_c c+N_d\gamma_0 d\\&=0.35\times 19.2\times 1.5+4.56\times 10+2.06\times 18.24\times 1\\&=93.25\ \text{kPa}\end{aligned}$$

地基土发生剪切破坏，形成整体的滑动面，失去整体稳定性，这时地基土所受的荷载称为极限荷载 p_u。极限承载力的理论推导目前主要针对整体剪切破坏模式进行。对于局部剪切破坏及冲剪破坏的情况，尚无可靠计算方法，实际上采用的办法是，按整体破坏公式计算后再做出折减。

确定极限承载力的计算公式可归纳为两大类：一类是假定滑动面法，即先假定在极限荷载作用时土中滑动面的形状，然后根据滑动土体的静力平衡条件求解；另一类是理论解，即在已知边界条件下，根据土体极限平衡方程导出滑动面的数学方程式来求解。

由于假定不同，计算极限荷载的公式的形式也各不相同。但不论哪种公式，都可写成如下的基本形式：

$$p_u=\frac{1}{2}\gamma b N_\gamma+N_q q+N_c c$$

下面介绍几种计算地基极限承载力的理论。

8.3.2 普朗德尔极限承载力

普朗德尔(Prandtl)于 1920 年根据塑性平衡的观点，研究了坚硬物体压入较软的、均匀的、各向同性的材料的过程，并推导出当材料达到破坏时的滑动面形状及极限压力公式。后来，人们把他的解应用到地基承载力的研究上。普朗德尔在理论公式的推导过程中做如下假设：

(1) 受铅直均布荷载作用的无限长的底面光滑的条形刚性板，即底面光滑的条形基础；

(2) 条形基础无埋置深度；

(3) 地基土均匀、无重量，即假设基础底面以下地基土的重度 $\gamma=0$;

(4) 当荷载达到极限值时，地基发生整体剪切破坏。

根据弹塑性极限平衡理论和上述假设条件，得出条形基础发生整体剪切破坏时滑动面的形状如图 8.5 所示。普朗德尔把条形基础下发生整体剪切破坏时，形成两组连续的滑动面 *BCDF* 和 *ACEG* 与基底平面 *GF* 组成的空间划分为五个区域：一个Ⅰ区，两个Ⅱ区，两个Ⅲ区。基底正下方为Ⅰ区，由于基底是光滑的，因此Ⅰ区中的最大主应力 σ_1 是垂直方向，破坏面 *BC* 与水平面夹角为$(45°+\varphi/2)$,*ABC* 区称为朗肯的主动状态区。由于土楔 *ABC* 向下移动，把附近的土挤向两侧，使Ⅲ区 BEG 和 ADF 的土体达到被动状态，成为朗肯的被动状态区。$\angle BGE$ 等于$(45°-\varphi/2)$。主动土楔 ABC 与被动土楔 BGE 之间的过渡区为Ⅱ区，是辐射向剪切区，CE、CD 是对数螺线，即 $\gamma=\gamma_0 e^{\theta\tan\varphi}$。其中：

$$r_0=\overline{BC}=\frac{\frac{b}{2}}{\sin\left(45°-\frac{\varphi}{2}\right)}$$

$$\overline{BE}=r_0 e^{\theta\tan\varphi}=\frac{\frac{b}{2}}{\sin\left(45°-\frac{\varphi}{2}\right)}e^{\frac{\pi}{2}\tan\varphi}$$

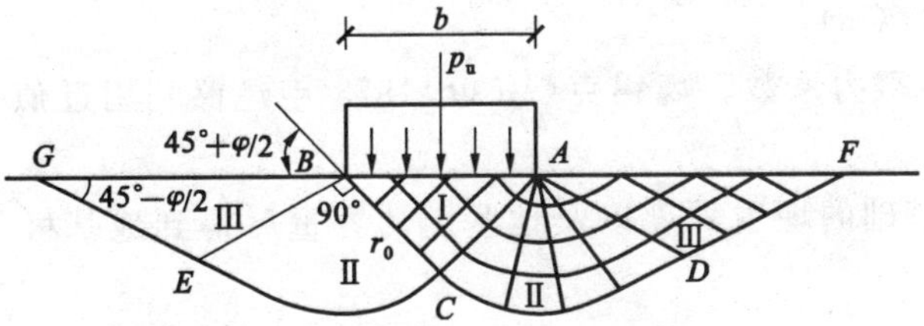

图 8.5　普朗德尔极限承载力计算模型

主动土楔及被动土楔与对数螺线相切，因此 $GECDF$ 面上的土体处于塑性平衡状态，而其余部位的土体则处于弹性平衡状态。

根据以上情况，普朗德尔得出极限承载力公式为：

$$p_u=cN_c \tag{8.15}$$

式中　N_c——极限承载力系数，仅与内摩擦角 φ 有关，根据式(8.16)计算；

c——地基土的黏聚力(kPa)。

$$N_c=\cot\varphi\left[e^{\pi\tan\varphi}\cdot\tan^2\left(45°+\frac{\varphi}{2}\right)-1\right] \tag{8.16}$$

当内摩擦角 $\varphi=0$ 时，代入式(8.16)求得 N_c 后，再利用数学中的罗彼塔法则求得 $p_u=5.14c$。

实际基础总有一定的埋深，1924 年，瑞斯纳(Reissner)采用普朗德尔的假定和物理模型，并考虑基础的埋置深度，对极限承载力理论计算公式作了改进，如图 8.6 所示。

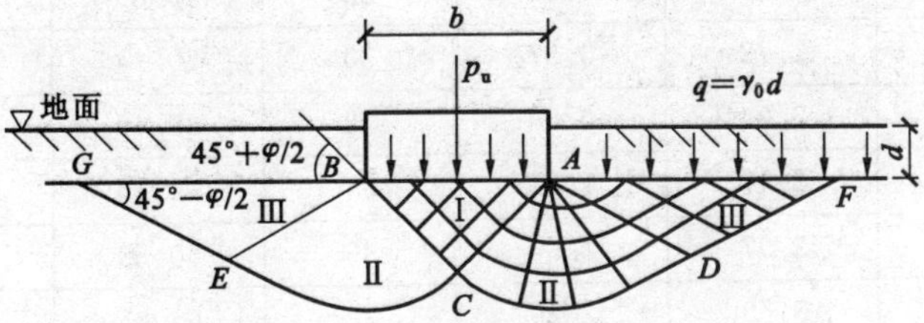

图 8.6　考虑基础有埋深时极限承载力计算模型

由此得到具有埋置深度的条形基础极限承载力为：

$$p_u=cN_c+qN_q \tag{8.17}$$

其中

$$q=\gamma_0 d$$

式中　γ_0——基础埋置深度范围内土的加权平均重度(kN/m^3)；

d——基础埋置深度(m)。

式(8.17)中 N_q、N_c 均为极限承载力系数,仅与内摩擦角 φ 有关,分别按下式计算:

$$N_q = e^{\pi\tan\varphi} \cdot \tan^2\left(45° + \frac{\varphi}{2}\right) \tag{8.18}$$

$$N_c = \cot\varphi(N_q - 1) \tag{8.19}$$

实际上,地基土具有一定的重量,并非无重介质。考虑地基土的重量以后,极限承载力的理论解很难求得。许多学者研究得到了如果只考虑土的容重,那么引起的极限承载力为:

$$p_u = \frac{1}{2}\gamma b N_\gamma \tag{8.20}$$

式中 γ——地基土的重度(kN/m³);

B——基础宽度(m);

N_γ——极限承载力系数。魏锡克(Vesic)1973 年建议利用近似公式求 $N_\gamma = 2(N_q + 1)\tan\varphi$。

综上所述,考虑基础的埋置深度以及地基土的容重后得到地基极限承载力的一般公式如下:

$$p_u = cN_c + qN_q + \frac{1}{2}\gamma b N_\gamma \tag{8.21}$$

其中

$$N_q = e^{\pi\tan\varphi} \cdot \tan^2\left(45° + \frac{\varphi}{2}\right)$$

$$N_c = \cot\varphi(N_q - 1)$$

$$N_\gamma = 2(N_q + 1)\tan\varphi$$

N_c、N_q、N_γ 都是内摩擦角 φ 的函数,可以使用公式计算,也可查表 8.2 获得。

表 8.2 普朗德尔系统地基极限承载力系数

φ(°)	N_c	N_q	N_γ	φ(°)	N_c	N_q	N_γ
0	5.14	1.00	0.00	24	19.32	9.60	9.44
2	5.63	1.20	0.15	26	22.25	11.85	12.54
4	6.19	1.43	0.34	28	25.80	14.72	16.72
6	6.81	1.72	0.57	30	30.14	18.40	22.40
8	7.53	2.06	0.86	32	35.49	23.18	30.22
10	8.35	2.47	1.22	34	42.16	29.44	41.06
12	9.28	2.97	1.60	36	50.59	37.75	56.31
14	10.37	3.59	2.29	38	61.35	48.93	78.03
16	11.63	4.34	3.06	40	75.31	64.20	109.41
18	13.10	5.26	4.07	42	93.71	85.37	155.54
20	14.83	6.40	5.39	44	118.37	115.31	224.63
22	16.88	7.82	7.13	45	133.87	134.87	271.75

从公式中可以得出地基极限承载力由三部分组成:由地基土自重提供的支持力、由滑动面

的抗剪强度提供的支持力，以及埋置深度范围内的土体自重所产生的竖直荷载约束变形。

【例 8.2】 某砖混结构住宅楼采用条形基础，宽 2.0 m，埋置深度 1.5 m。黏性地基土，厚 6.0 m，天然重度为 18 kN/m³，黏聚力为 15 kPa，内摩擦角 28°。试根据普朗德尔理论求该地基土的极限承载力。

【解】 根据地基土内摩擦角 28°查表 8.2 得：$N_c=25.80$，$N_q=14.72$，$N_\gamma=16.72$。将三个极限承载力系数代入式(8.21)中得：

$$
\begin{aligned}
p_u &= cN_c+qN_q+\frac{1}{2}\gamma bN_\gamma \\
&= 15\times 25.80+18\times 1.5\times 14.72+0.5\times 18\times 2.0\times 16.72 \\
&= 1085.4\ \text{kPa}
\end{aligned}
$$

8.3.3 太沙基底基承载力

实际上基础底面并不完全光滑，与地基土表面间存在着相当大的摩擦力。1943 年太沙基(Terzaghi)推导出更切合实际的地基极限承载力公式。推导过程中做如下假设：

(1) 受铅直均布荷载作用的条形基础，基底粗糙，不光滑；

(2) 条形基础浅埋；

(3) 地基土均匀、有重量，并考虑地基土自重对极限承载力的影响；

(4) 当荷载达到极限值时，地基发生整体剪切破坏。

如图 8.7 所示，基础底面不光滑，那么地基土和基础之间就具有相当大的摩擦力，沿着 AB 面不发生剪切位移，那么 ABC 区(Ⅰ区)就不是朗肯的主动状态区，而是处于弹性状态，因此三角形土楔随着基础底面一起移动，称为弹性压密核。AC、BC 滑线与水平面成 φ 角。Ⅱ区是Ⅰ区向两侧推挤的过渡区，CE、CD 是对数螺线，即 $\gamma=\gamma_0 e^{\theta\tan\varphi}$，对数螺线在 C 点的切线是竖直的，在 C 点的两滑线的交角为 $90°+\varphi$。Ⅲ区 BEG 和 ADF 的土体受到挤压的作用达到被动状态，成为朗肯的被动状态区。$\angle BGE$ 等于 $45°-\varphi/2$。BEG 和 ADF 为等腰三角形。

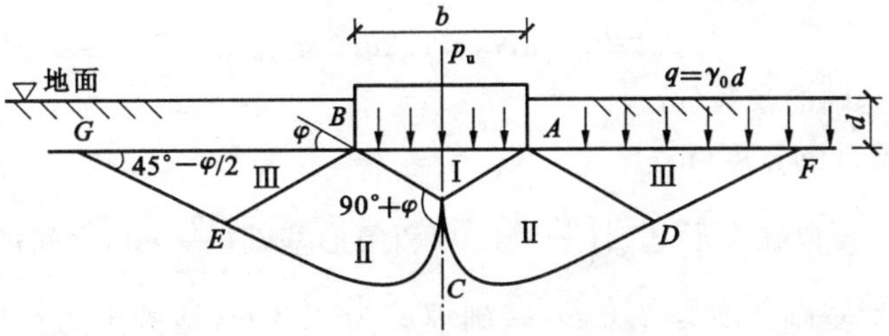

图 8.7 太沙基极限承载力计算模型

太沙基根据假定条件和物理模型，将弹性压密核取为隔离体，根据弹性压密核本身的静力平衡条件，推导出地基极限承载力公式为：

$$
p_u=\frac{1}{2}\gamma bN_\gamma+cN_c+qN_q \tag{8.22}
$$

其中

$$
q=\gamma_0 d
$$

式中 γ_0——基础埋置深度范围内土的加权平均重度(kN/m³)；

d——基础埋置深度(m)；

c——地基土的黏聚力(kPa)；

γ——地基土的重度(kN/m³)；

b——基础宽度(m)；

N_c、N_q、N_γ——极限承载力系数，都是内摩擦角 φ 的函数。

太沙基将其绘制成曲线如图 8.8 所示，可供直接查用。

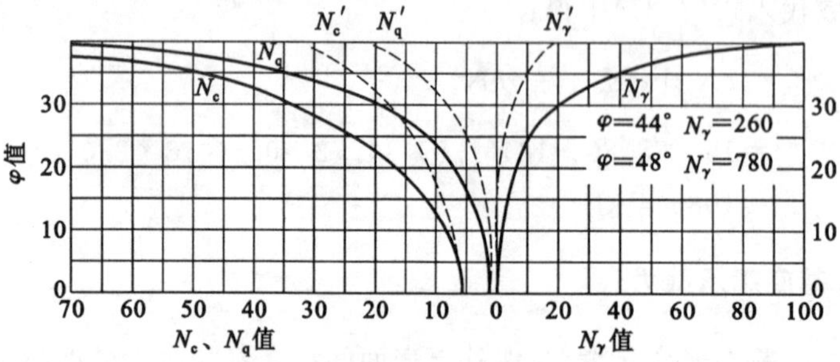

图 8.8　太沙基底基极限承载力系数

如果地基土质较差，不发生整体剪切破坏，而是发生局部剪切破坏，这时地基土的黏聚力及内摩擦角都比较小，地基极限承载力就不能根据式(8.22)计算。太沙基根据经验得出地基发生局部剪切破坏时的极限承载力的理论公式如下：

$$p_u=\frac{1}{2}\gamma bN_\gamma'+qN_q'+\frac{2}{3}cN_c' \tag{8.23}$$

式中　N_c'、N_q'、N_γ'——局部剪切破坏情况的承载力系数，可由图 8.8 中的虚线查得。

以上太沙基底基极限承载力公式适用于条形基础，对于圆形基础和方形基础的地基极限承载力，太沙基建议用半经验公式计算，即：

圆形基础

$$p_u=0.6\gamma RN_\gamma+1.2cN_c+\gamma_0 dN_q \tag{8.24}$$

方形基础

$$p_u=0.4\gamma bN_\gamma+1.2cN_c+\gamma_0 dN_q \tag{8.25}$$

式中　R——圆形基础的半径(m)；

b——方形基础的宽度(m)。

对于矩形基础，可以在方形基础$\left(\frac{b}{l}=1.0\right)$和条形基础$\left(\frac{b}{l}\to 0\right)$之间进行内插求得。

【例 8.3】　条形基础宽度为 2.0 m，基础埋深为 3.3 m，地基土的物理力学特性指标为：$\gamma=18$ kN/m³，$c=10$ kPa，$\varphi=25°$，$E=4.8$ MPa，$\mu=0.33$。试按太沙基极限承载力公式求地基的极限承载力。

【解】　因为太沙基极限承载力公式可以适用于地基产生整体剪切破坏和局部剪切破坏。先根据魏西克理论式(8.1)和式(8.2)来判断地基的破坏形式。条形基础 $B/L=0$。

地基刚度指标：

$$I_r=\frac{E}{2(1+\mu)(c+q\tan\varphi)}$$

$$=\frac{4.8\times10^3}{2\times(1+0.33)(10+3.3\times18\times\tan25°)}=47.87$$

地基临界刚度指标：

$$I_{r(crit)}=\frac{1}{2}e^{\left[\left(3.30-0.45\frac{B}{L}\right)\cot\left(45^{\circ}-\frac{\varphi}{2}\right)\right]}$$

$$=\frac{1}{2}e^{\left[3.30\times\cot\left(45^{\circ}-\frac{25^{\circ}}{2}\right)\right]}=88.84$$

当 $I_r<I_{r(crit)}$ 时，地基发生局部剪切破坏。利用式(8.23)，即地基发生局部剪切破坏时太沙基极限承载力的理论进行计算。其中，N_c'、N_q'、N_γ' 局部剪切破坏承载力系数根据图 8.8 的虚线部分查得：

$$N_c'=14.5,N_q'=5.0,N_\gamma'=2.0$$

则有：

$$p_u=\frac{1}{2}\gamma bN_\gamma'+qN_q'+\frac{2}{3}cN_c'$$

$$=\frac{1}{2}\times18\times2.0\times2.0+3.3\times18\times5.0+\frac{2}{3}\times10\times14.5=429.67\ \text{kPa}$$

8.3.4 汉森极限承载力

在实际工程中，基础的形状、埋置深度、是否受到倾斜荷载作用、地面倾斜及基础底面倾斜等情况均不同。在普朗德尔理论基础上，魏西克(Vesic)、汉森(Hansen)、卡柯(Caquot)、梅耶霍夫(Meyerhof)、伯尔(Beer)等学者对地基极限承载力进行了修正。地基极限承载力的一般公式由三项组成，按照不同的实际情况分别求出各分项系数。

(1) 基础形状的修正系数

基础形状的修正系数分别用 S_c、S_q、S_γ 表示。

对矩形基础(l 为长边，b 为短边)：

$$S_c=1+\frac{bN_q}{lN_c} \tag{8.26}$$

$$S_q=1+\frac{b}{l}\tan\varphi \tag{8.27}$$

$$S_\gamma=1-0.4\frac{b}{l} \tag{8.28}$$

如果条形基础 $\frac{b}{l}\to0$，则上述三个系数均为 1.0。

对方形、圆形基础：

$$S_c=1+\frac{N_q}{N_c} \tag{8.29}$$

$$S_q=1+\tan\varphi \tag{8.30}$$

$$S_\gamma=0.6 \tag{8.31}$$

(2) 基础埋置深度的修正系数

汉森建议的基础埋置深度修正系数分别用 d_c、d_q、d_γ 表示。以下公式适用于浅埋基础(埋置深度 d 小于或等于基础的宽度 b)：

$$d_c=\begin{cases}1+(0.35\sim0.4)\dfrac{d}{b} & (\varphi=0)\\ d_q-\dfrac{1-d_q}{N_c\tan\varphi} & (\varphi>0,d\leqslant b\text{ 或 }d>b)\end{cases} \tag{8.32}$$

$$d_q = 1 + 2\tan\varphi(1-\sin\varphi)^2 \frac{d}{b} \tag{8.33}$$

$$d_\gamma = 1.0 \tag{8.34}$$

(3) 关于荷载倾斜及偏心的修正系数

在偏心倾斜荷载作用下，首先把倾斜荷载 P 分解成平行于基础底面的荷载分量 P_h 及垂直于基础底面的荷载分量 P_v。偏心荷载作用在矩形基础上，l 为长边，b 为短边，这时可能双向偏心，在长边和短边方向的偏心距分别为 e_l 和 e_b，则长边和短边进行修正后得到有效长边为 $l'=l-2e_l$，有效短边为 $b'=b-2e_b$，基础的有效接触面积为 $A_f=l'\times b'$。荷载倾斜及偏心的修正系数分别用 i_c、i_q、i_γ 表示，并分别由下式计算：

$$i_c = i_q - \frac{1-i_q}{cN_c} \quad (\varphi>0) \tag{8.35}$$

$$i_q = \left(1 - \frac{0.5P_h}{P_v + A_f \cdot c \cdot \cot\varphi}\right)^5 \tag{8.36}$$

$$i_\gamma = \left(1 - \frac{0.7P_h}{P_v + A_f \cdot c \cdot \cot\varphi}\right)^5 \tag{8.37}$$

(4) 地面倾斜的修正系数

地面倾斜，其倾角为 β。地面倾斜的修正系数分别用 g_c、g_q、g_γ 表示，并分别由下式计算：

$$g_c = 1 - \beta/14.7^\circ \tag{8.38}$$

$$g_q = (1-0.5\tan\beta)^5 \tag{8.39}$$

$$g_\gamma = (1-0.5\tan\beta)^5 \tag{8.40}$$

(5) 基底倾斜的修正系数

基础底面倾斜，其倾角为 $\overline{\eta}$。地面倾斜的修正系数分别用 b_c、b_q、b_γ 表示，并分别由下式计算：

$$b_c = 1 - \overline{\eta}/14.7^\circ \tag{8.41}$$

$$b_q = e^{(-2\overline{\eta}\tan\varphi)} \tag{8.42}$$

$$b_\gamma = e^{(-2\overline{\eta}\tan\varphi)} \tag{8.43}$$

各种情况下的地基极限承载力的修正系数求出后，得到汉森极限承载力公式为：

$$p_u = \frac{1}{2}\gamma b N_\gamma S_\gamma d_\gamma i_\gamma g_\gamma b_\gamma + qN_q S_q d_q i_q g_q b_q + cN_c S_c d_c i_c g_c b_c \tag{8.44}$$

8.4 地基承载力的确定

根据理论方法确定地基极限承载力可知，地基极限承载力的大小受各种因素的影响：

(1) 地基土物理力学指标的影响：地基土的物理力学指标很多，对地基极限承载力影响最大的是土的抗剪强度指标 c、φ 和重度指标 γ。土的内摩擦角 φ 越大，即 $\tan\left(45^\circ+\frac{\varphi}{2}\right)$ 越大，则承载力系数 N_c、N_q、N_γ 都增大；土的黏聚力 c 越大，则极限承载力公式中含 c 的一项增大；γ 增大，则极限承载力公式中含 γ 的一项增大，相应的极限承载力增大。

(2) 基础的埋置深度 d 增大，则基础埋置深度范围内的荷载 $q=\gamma_0 d$ 增大，地基极限承载力增大。

(3) 当基础的设计宽度 b 加大时，地基极限承载力增大。但是对于饱和软土地基，土的内摩擦角 φ 近似等于零，则承载力系数 $N_\gamma=0$，那么无论 b 增大多少，对地基极限承载力均无影响。

地基承载力是天然地基所能承受建筑物基础作用在地基单位面积上容许的最大压力。在这个压力下，地基的强度和变形都满足设计的要求，建筑物能安全正常使用。如果外界压力超过了地基的承载力，则地基将产生不稳定甚至破坏的现象；如果过小地估计了地基的承载力，则会增加建筑物设计的造价，造成不经济的后果。下面介绍几种确定地基承载力的方法。

8.4.1 按理论公式确定

(1) 将临塑荷载 p_{cr} 作为地基承载力 f

这样取值工程较安全，但偏于保守，工程量大，造价高。

$$f=p_{cr}=N_c c+N_d\gamma_0 d \tag{8.45}$$

(2) 将中心受压基础的临界荷载 $p_{1/4}$ 以及偏心受压基础的临界荷载 $p_{1/3}$ 作为地基承载力

这样取值，适当提高地基承载力的数值，可以保证建筑物安全正常使用，也降低了工程量，节省造价。

中心受压：

$$f=p_{1/4}=N_{1/4}\gamma b+N_c c+N_d\gamma_0 d \tag{8.46}$$

偏心受压：

$$f=p_{1/3}=N_{1/3}\gamma b+N_c c+N_d\gamma_0 d \tag{8.47}$$

(3) 将地基极限承载力除以安全系数作为地基承载力

极限承载力是地基土体所能承受的最大荷载。在设计地基时，必须保证基底压力不超过地基的极限承载力，并且留有足够的安全度，以防止突发因素引起地基破坏。因此，将极限承载力除以安全系数 F，得到地基承载力特征值 f（或设计值）为：

$$f=\frac{p_u}{F} \tag{8.48}$$

式中　F——地基承载力安全系数，一般取 $F=2\sim3$。

8.4.2 建筑地基基础规范的地基承载力

理论分析和工程实践均证明，基础的埋深和基础底面尺寸均影响着地基承载力。《建筑地基基础设计规范》(GB 50007—2002)规定，当基础宽度大于 3 m 或埋置深度大于 0.5 m 时，从载荷试验或其他原位测试、公式计算并结合工程实践经验等方法确定的地基承载力特征值，尚应按以下公式修正：

$$f_a=f_{ak}+\eta_b\gamma(b-3)+\eta_d\gamma_m(d-0.5) \tag{8.49}$$

式中　f_a——修正后的地基承载力特征值；

η_b、η_d——基础宽度和埋深的地基承载力修正系数，按基底下土的类别查表 8.3 取值；

γ——基础底面以下土的重度，地下水位以下取浮重度（kN/m^3）；

b——基础底面宽度(m)，当基础宽度小于 3 m 时按 3 m 取值，大于 6 m 时按 6 m 取值；

γ_m——基础底面以上土的加权平均重度，地下水位以下取浮重度（kN/m^3）；

d——基础埋置深度(m)，一般自室外地面标高算起；

f_{ak}——地基承载力特征值，可由载荷试验或其他原位测试、公式计算并结合工程实践经验等方法确定。

按照载荷试验确定地基承载力特征值。根据各级荷载作用下的沉降和荷载的关系，绘制荷载和沉降量(p-s)的关系曲线。

当荷载和沉降量(p-s)的关系曲线有比较明显的线弹性直线段和塑性变形的陡降段时，那么在曲线首段直线转折点所对应的荷载即比例界限荷载值 p_0。当 $p_u < 2\ p_0$ 时，取 $p_u/2$ 作为承载力特征值，如图 8.9(a)所示。当荷载和沉降量(p-s)的关系曲线无明显的转折点，且压板面积为 0.25～0.50 m² 时，规定取 $s=(0.01\sim0.015)b$ 所对应的压力作为承载力特征值，其值不应大于最大加载量的一半，如图 8.9(b)所示。

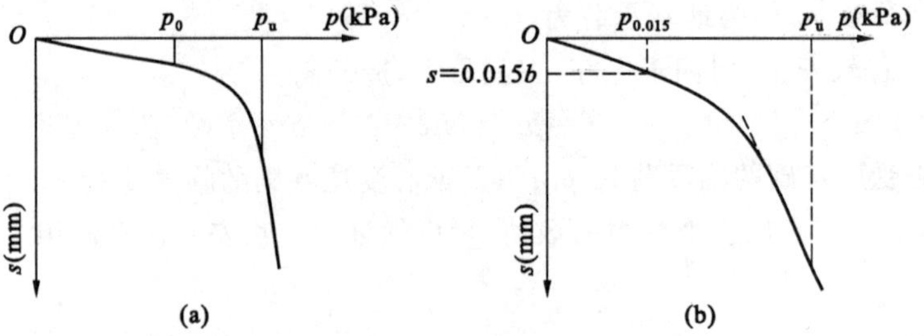

图 8.9　荷载-沉降量(p-s)曲线

表 8.3　承载力修正系数

土的类别		η_b	η_d
淤泥和淤泥质土		0	1.0
人工填土；e 或 I_L 大于或等于 0.85 的黏性土		0	1.0
红黏土	含水比 $\alpha_w > 0.8$	0	1.2
	含水比 $\alpha_w \leqslant 0.8$	0.15	1.4
大面积压实填土	压实系数大于 0.95、黏粒含量 $\rho_c \geqslant 10\%$ 的粉土	0	1.5
	最大干密度大于 2.1 t/m³ 的级配砂石	0	2.0
粉土	黏粒含量 $\rho_c \geqslant 10\%$ 的粉土	0.3	1.5
	黏粒含量 $\rho_c < 10\%$ 的粉土	0.5	2.0
e 及 I_L 均小于 0.85 的黏性土；		0.3	1.6
粉砂、细砂(不包括很湿与饱和时的稍密状态)；		2.0	3.0
中砂、粗砂、砾砂和碎石土		3.0	4.4

注：① 强风化和全风化的岩石，可参照所风化成的相应土类取值，其他状态下的岩石不修正；
② 地基承载力特征值按深层平板载荷试验确定时 η_d 取 0；
③ 含水比 $\alpha_w = w/w_L$。

【例 8.4】 某场地土层分布及各项物理力学指标如图8.10所示，若在该场地拟建柱下独立基础，底面尺寸为3.2 m×4.8 m，基础埋深为 3.0 m，基础底面设置于黏性土层顶面。试利用《建筑地基基础设计规范》(GB 50007—2002)确定持力层承载力修正特征值。

【解】 要求承载力修正系数 η_b、η_d 应先确定黏性土的液性指数 I_L 和孔隙比 e：

$$I_L = \frac{w - w_p}{w_L - w_p} = \frac{25-22}{34-22} = 0.25$$

$$e=\frac{d_s(1+w)\gamma_w}{\gamma}-1=\frac{2.71\times(1+0.25)\times 10}{18.6}-1=0.82$$

由于黏性土的液性指数 I_L 和孔隙比 e 均小于 0.85，查表 8.3得承载力修正系数为$\eta_b=0.3$、$\eta_d=1.6$。

由于基础埋深为 3.0 m，则埋置深度范围内加权平均重度为：

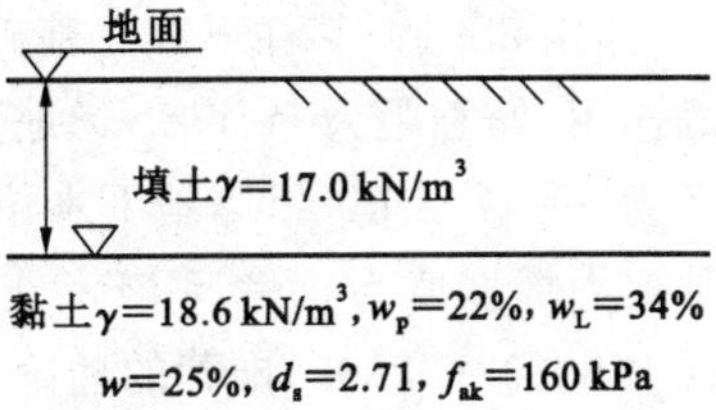

图 8.10 例 8.4 图

$$\gamma_m=\frac{17.0\times 2.1+18.6\times 0.9}{3.0}=17.48\ \text{kN/m}^3$$

把以上参数代入式(8.49)，求得持力层承载力修正特征值 f_a 为：

$$\begin{aligned}f_a&=f_{ak}+\eta_b\gamma(b-3)+\eta_d\gamma_m(d-0.5)\\&=160+0.3\times 18.6\times(3.2-3)+1.6\times 17.48\times(3-0.5)\\&=231\ \text{kPa}\end{aligned}$$

《建筑地基基础设计规范》(GB 50007—2002)规定：当建筑受偏心荷载作用，偏心距 e 小于或等于 0.033 倍基础底面宽度时，根据土的抗剪强度指标确定地基承载力特征值可以根据下式计算：

$$f_a=M_b\gamma b+M_d\gamma_m d+M_c c_k \tag{8.50}$$

式中 f_a——由土的抗剪强度指标确定的地基承载力特征值；

M_b、M_d、M_c——承载力系数，是关于 φ_k(基底下一倍短边宽度内土的内摩擦角标准值)的函数，查表 8.4；

γ——基础底面以下土的重度，地下水位以下取浮重度(kN/m³)；

b——基础底面宽度(m)，当基础宽度大于 6 m 时按 6 m 取值，对于砂土，小于 3 m 时按 3 m 取值；

γ_m——基础底面以上土的加权平均重度，地下水位以下取浮重度(kN/m³)；

c_k——基底下一倍短边宽度内土的黏聚力标准值(kPa)。

表 8.4 承载力系数 M_b、M_d、M_c

φ_k(°)	M_b	M_d	M_c	φ_k(°)	M_b	M_d	M_c
0	0	1.00	3.14	22	0.61	3.44	6.04
2	0.03	1.12	3.32	24	0.80	3.87	6.45
4	0.06	1.25	3.51	26	1.10	4.37	6.90
6	0.10	1.39	3.71	28	1.40	4.93	7.40
8	0.14	1.55	3.93	30	1.90	5.59	7.95
10	0.18	1.73	4.17	32	2.60	6.35	8.55
12	0.23	1.94	4.42	34	3.40	7.21	9.22
14	0.29	2.17	4.69	36	4.20	8.25	9.97
16	0.36	2.43	5.00	38	5.00	9.44	10.80
18	0.43	2.72	5.31	40	5.80	10.84	11.73
20	0.51	3.06	5.66				

【例 8.5】 某柱下独立基础，底面尺寸为 2.0 m×3.0 m，基础埋深为 2.5 m，承受偏心荷载作用，偏心距为 50 mm，场地为粉质黏土，地下水在地表以下 1.5 m。地下水位以上土的重度为 $\gamma=17.2\ \text{kN/m}^3$，地下水位以下土的饱和重度为 $\gamma_{sat}=19.3\ \text{kN/m}^3$。地下水位以下土的黏聚力标准值为 $c_k=15$ kPa，土的内摩擦角标准值为 $\varphi_k=23°$。试用《建筑地基基础设计规范》(GB 50007—2002)推荐的理论公式确定地基承载力修正特征值。

【解】 偏心荷载作用，偏心距为 50 mm，小于 0.033 倍基础底面宽度(66 mm)时，采用规范法。

根据土的内摩擦角标准值为 $\varphi_k=23°$查表 8.4，利用内插法求得 $M_b=0.71$、$M_d=3.66$、$M_c=6.25$。地下水位以下的土体选用浮重度。

由于基础埋深为 2.5 m，则埋置深度范围内加权平均容重为：

$$\gamma_m=\frac{17.2\times1.5+(19.3-10)\times1.0}{2.5}=14.04\ \text{kN/m}^3$$

把以上参数代入式(8.50)，求得地基承载力修正特征值 f_a 为：

$$\begin{aligned}f_a&=M_b\gamma b+M_d\gamma_m d+M_c c_k\\&=0.71\times(19.3-10)\times2.0+3.66\times14.04\times2.5+6.25\times15\\&=235.42\ \text{kPa}\end{aligned}$$

8.4.3 现场原位试验

现场原位试验如载荷试验、静力触探试验、动力触探试验、标准贯入试验、十字板剪切试验等。用现场原位试验来确定地基承载力，优点是减少取样程序，减少了对地基土的扰动，减少误差，提高了试验结果的可靠性。

8.4.3.1 载荷试验

测定地基承载力最可靠的方法是在拟建场地进行载荷试验。载荷试验(见图 8.11)是工程地质勘察工作中的一项重要的原位试验，分为浅层和深层平板载荷试验。地基土浅层平板载荷试验适用于确定浅部地基土的承压板下应力主要影响范围内的承载力，而地基土深层平板载荷试验适用于确定深部地基土及大直径桩桩端土层在承压板下应力主要影响范围内的承载力。

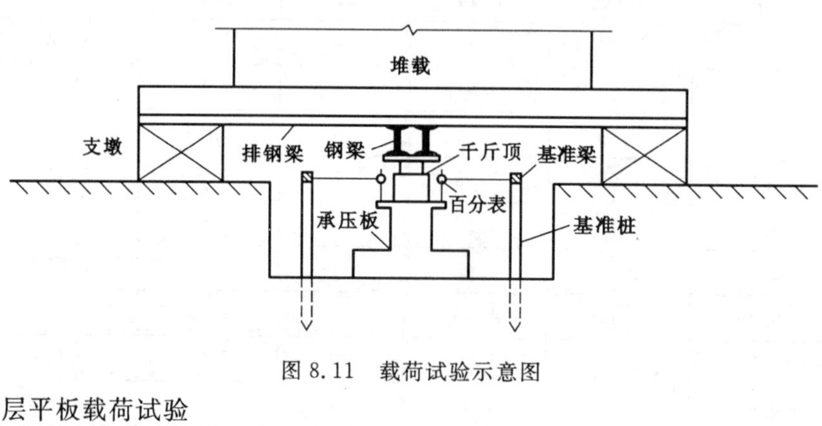

图 8.11 载荷试验示意图

(1) 浅层平板载荷试验

进行浅层平板载荷试验时，承压板面积不应小于 0.25 m²，对于软土则不应小于 0.50 m²(正方形边长 0.707 m×0.707 m 或圆形直径 0.798 m)。为模拟半空间地基表面的局部荷载，基坑宽度不应小于承压板宽度或直径的三倍；应保持试验土层的原状结构和天然湿度；宜在拟试压表面用粗砂或中砂找平，其厚度不超过 20 mm。

① 加载等级不应少于 8 级，最大加载量不应少于荷载设计值的两倍。

② 每级加载后，按间隔 10 min、10 min、10 min、15 min、15 min，以后为每隔半小时测读一次沉降量，当在连续两小时、每小时的沉降量小于 0.1 mm 时，则认为已趋于稳定，可加下一级荷载。

③ 当出现下列情况之一时，即可终止加载：承压板周围的土明显地侧向挤出；沉降量 s 急骤增大，荷载-沉降量（p-s）曲线出现陡降段；在某一级荷载下，24 h 内沉降速率不能达到稳定；沉降量与承压板宽度或直径之比大于或等于 0.06。当满足前三种情况之一时，其对应的前一级荷载定为极限荷载。

④ 根据各级荷载及其相应的稳定沉降的观测数值，即可采用适当比例绘制荷载 p 与稳定沉降量 s 的关系曲线（p-s），也可以绘制各级荷载下的沉降与时间（s-t）的关系曲线。

⑤ 承载力特征值的确定：当 p-s 曲线上有比例界限时，取该比例界限所对应的荷载值为承载力特征值；当极限荷载小于对应比例界限的荷载值的 2 倍时，取极限荷载的一半为承载力特征值；当不能确定比例界限时，当承压板面积为 0.25～0.50 m^2，可取 $s/b=0.01\sim0.015$ 所对应的荷载为承载力特征值，但其值不应大于最大加载量的一半。

⑥ 同一土层参加统计的试验点不应少于三点，当试验实测值的极差不超过其平均值的 30%时，取此平均值作为该土层的地基承载力特征值 f_{ak}。

(2) 深层平板载荷试验

深层平板载荷试验的承压板采用直径为 0.8 m 的刚性板，紧靠承压板周围外侧的土层高度应不小于 80 cm。

① 加荷等级可按预估极限承载力的 1/15～1/10 分级施加。

② 同上第②步骤操作。

③ 当出现下列情况之一时，即可终止加载：沉降量 s 急骤增大，荷载-沉降量（p-s）曲线上有可判定极限承载力的陡降段，且沉降量超过 $0.04d$（d 为承压板直径）；在某一级荷载下，24 h 内沉降速率不能达到稳定；本级沉降量大于前一级沉降量的 5 倍；当持力层土层坚硬、沉降量很小时，最大加载量不小于设计要求的 2 倍。

④ 承载力特征值的确定：当 p-s 曲线上有比例界限时，取该比例界限所对应的荷载值为承载力特征值；满足前面终止加载条件之一时，其对应的前一级荷载定为极限荷载，当该值小于对应比例界限的荷载值的 2 倍时，取极限荷载值的一半为承载力特征值；不能按上述两款要求确定时，可取 $s/b=0.01\sim0.015$ 所对应的荷载值为承载力特征值，但其值不应大于最大加载量的一半。

⑤ 同上第⑥步骤操作。

8.4.3.2 *静力触探试验*

静力触探是采用静力触探仪（由探头、钻杆和加压设备组成），通过加压设备把带有锥形探头的钻杆压入土层时，由于土层的阻力，使探头受到一定的压力，土层的强度越高，探头所受到的压力越大。这种试验适用于软土、一般黏性土、粉土、砂土和含少量碎石的土，特别是对于地层变化较大的复杂场地，以及不易取得原状土样的饱和砂土和高灵敏度的黏性土层，具有独特的优越性。

静力触探试验时测得探头的比贯入阻力 p_s(MPa)，根据比贯入阻力 p_s，用以下公式估算地基承载力特征值 f_{ak}：

(1) 黏性土

$0.3 \leqslant p_s \leqslant 6$：

$$f_{ak}=104p_s+26.9$$

贵州地区红黏土：

$$f_{ak}=90p_s+90$$

软土，$0.085<p_s<0.9$：

$$f_{ak}=112p_s+5$$

(2) 砂土

粉细砂 $1<p_s<15$：

$$f_{ak}=20p_s+59.5$$

中粗砂 $1<p_s<10$：

$$f_{ak}=36p_s+76.6$$

(3) 粉土

$$f_{ak}=36p_s+44.6$$

思考题与习题

8.1 地基有哪几种破坏形式？一般分为哪几个阶段？各有什么特征？

8.2 试用 p-s 曲线说明地基的临塑荷载、临界荷载、极限荷载的概念。

8.3 极限承载力由哪几部分组成？

8.4 影响地基极限承载力大小的因素有哪些？

8.5 试比较普朗德尔地基模型及假设条件与太沙基底基模型及假设条件的异同点。

8.6 如何利用临塑荷载、临界荷载、极限荷载来求地基承载力？

8.7 某条形基础，宽 2.5 m，埋置深度 1.5 m。地基土层分布为：第一层土，厚 1.0 m，重度为 18.3 kN/m^3；第二层黏性土，厚 5.0 m，重度为 19.1 kN/m^3，黏聚力为 12 kPa，内摩擦角 15°。试求该基础的临塑荷载及临界荷载。

8.8 某条形基础，宽 2.5 m，埋置深度 1.5 m。黏性地基土，厚 6.0 m，天然重度为 18.5 kN/m^3，黏聚力为 20 kPa，内摩擦角 30°。试根据普朗德尔理论：

(1) 求该地基土的极限承载力；

(2) 埋置深度增加一倍时该地基土的极限承载力；

(3) 基础宽度增加一倍时该地基土的极限承载力。

8.9 条形基础宽度为 2.5 m，基础埋深为 1.0 m，地基土的物理力学特性指标为：$\gamma=19$ kN/m^3，$c=15$ kPa，$\varphi=23°$，$E=5.0$ MPa，$\mu=0.31$，安全系数 $F=2$。试按太沙基理论求地基的极限承载力，并求出地基承载力特征值。

8.10 某房屋墙下条形基础底面宽度 2.0 m，基础埋深 1.3 m，承受偏心荷载作用，偏心距为 40 mm，场地为粉质黏土，地下水在地表以下 1.0 m。地下水位以上土的重度为 $\gamma=178.2$ kN/m^3，地下水位以下土的饱和重度为 $\gamma_{sat}=19.5$ kN/m^3。地下水位以下土的黏聚力标准值为 $c_k=13$ kPa，土的内摩擦角标准值为 $\varphi_k=25°$。试用《建筑地基基础设计规范》(GB 50007—2002)推荐的理论公式确定地基承载力修正特征值。

9 土坡稳定性分析

学习要点

(1) 了解无黏性土坡的稳定分析方法；

(2) 掌握黏性土坡的稳定分析方法，包括整体圆弧滑动法和条分法(瑞典条分法、毕肖甫法和布法)；

(3) 掌握黏性土坡最危险滑裂面的确定方法，了解黏性土边坡稳定分析的图解法；

(4) 了解天然土体(裂隙硬黏土和软土地基)上的土坡稳定分析。

重点和难点

黏性土坡的稳定性分析方法。

9.1 概　　述

土木工程中经常遇到各类土坡，如天然土坡和人工土坡。土坡就是由土体构成、具有倾斜坡面的土体，它的简单外形如图 9.1 所示。一般而言，土坡包括两种类型：由于地质作用自然形成的土坡称为天然土坡，如山坡、海滨、河岸、湖边等；经人工开挖的或填筑的土工建筑物形成的边坡称为人工土坡，如基坑、渠道、土坝、路堤等。如土坡的顶面和底面水平且无限延伸，坡体由均质土组成，则称为简单土坡。

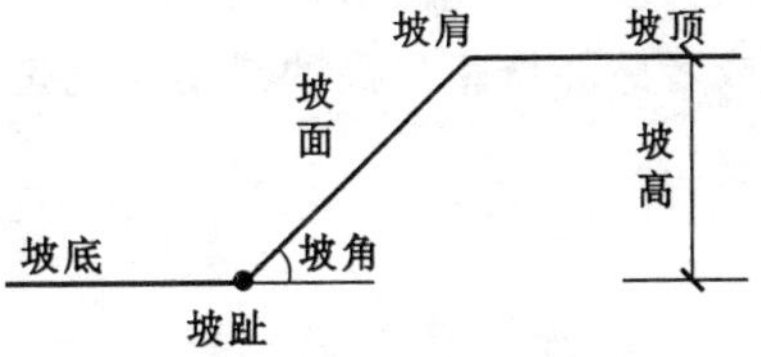

图 9.1　土坡各部位名称

由于土坡表面倾斜，在自重及外荷载作用下，土体具有自上而下的滑动趋势。土坡中部分土体在自然或人为因素的影响下沿某一界面发生剪切破坏并向坡下运动的现象称为滑坡(土坡失稳)。在实际工程中，按照规模及性质不同，土坡失稳常表现为滑坡、塌方、坍塌、溜塌、溜滑等多种形式。

在土木工程建筑中，土坡稳定性是高速公路、铁路、机场、高层建筑深基坑等土木工程建设中一个重要的问题，如果处理不当，一旦土坡失稳产生滑坡，不仅影响工程进度，甚至还会危及生命安全和工程存亡，造成工程失事和巨大的经济损失。1972 年香港宝城大厦因滑坡冲毁，当场死亡 120 人，这个实例告诫我们，对土坡稳定问题应予以高度重视。随着岩土工程实践的深入，土坡稳定分析已成为土力学中十分重要的课题。要保证土坡的稳定性，对土坡进行稳定性分析和评价是非常必要的。

土坡失稳除可能由设计或施工不当导致外，根本原因是由于滑动面上滑动力增加和土的抗滑力降低所致。一般有以下几种原因：

(1) 土坡所受的作用力发生变化

例如，由于在土坡顶部堆放材料或建造建筑物而使坡顶荷载增加，或由于打桩振动、车辆行驶、爆破、地震等引起的振动而改变了土坡原来的平衡状态。

(2) 土体抗剪强度的降低

例如，气候变化在土体内部引起的干裂、冻融等作用使土体中含水量增加，或因振动使土的结构破坏或孔隙水压力升高等都会使土的抗剪强度降低。

(3) 静水压力的作用

例如，雨水或地面水流入土坡中的竖向裂缝，对土坡产生侧向压力，从而促进土坡产生滑动。因此，黏性土坡发生裂缝常常是土坡稳定性的不利因素，也是滑坡的预兆之一。

土坡稳定分析的目的在于，验算所拟定的土坡是否稳定、合理，或根据给定的土坡高度、土体性质等设计合理的土坡断面，或对已存在的自然土坡进行稳定性分析以此评价其安全性。

土坡稳定性分析是土力学中重要的稳定分析问题。土坡失稳的类型比较复杂，大多是土体的塑性破坏。土体边坡稳定性的分析方法有极限平衡法、极限分析法和有限元法等。许多学者应用极限平衡理论，相继提出了如整体圆弧滑动法、稳定数法、瑞典条分法、毕肖甫法、简布法、传递系数法、Spencer 法、Sarma 法等，这些土坡稳定分析方法在土力学学科中占有很突出的地位。进入 20 世纪 70 年代以后，随着计算机技术的发展，严格的应力-应变分析的各种数值方法，如有限元法、边界元法、离散元法、不连续变形分析法等，已逐渐应用于边坡稳定的研究中。目前工程实践中基本上都是采用极限平衡法。极限平衡方法分析的一般步骤是：假定斜坡破坏是沿着土体内某一确定的滑裂面滑动，根据滑裂土体的静力平衡条件和强度理论计算出沿该滑裂面滑动的可能性，即土坡稳定安全系数的大小或破坏概率的高低，然后系统地选取许多个可能的滑动面，用同样的方法计算其稳定安全系数或破坏概率。稳定安全系数最低或者破坏概率最高的滑动面就是可能性最大的滑动面。

9.2 无黏性土坡的稳定性分析

无黏性土坡即由粗颗粒土或砂土所堆筑的土坡。无黏性土坡的滑动一般为浅层平面型滑动，其稳定性分析比较简单，可以分为以下两种情况进行讨论。

9.2.1 无渗流作用时的无黏性土坡

处于不渗水的砂、砾、卵石组成的无黏性土坡，由于无黏性土颗粒间没有黏聚力，只有摩擦力，因此只要坡面不滑动，土坡就可以保持稳定状态，即只要坡面上颗粒在重力作用下能保持稳定，那么整个土坡便是稳定的。

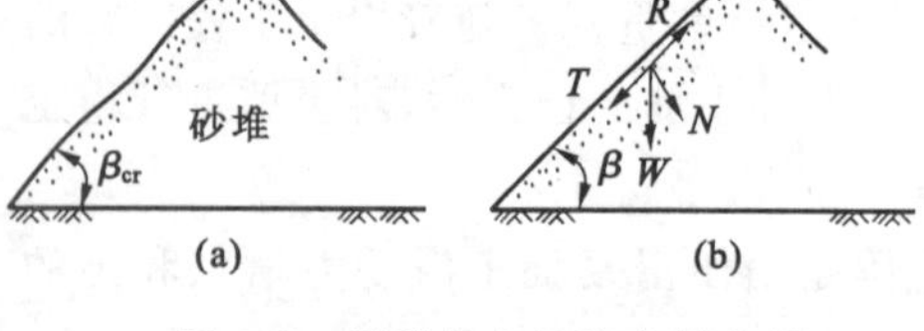

图 9.2　无黏性土坡稳定性分析

(a) 自然休止角；(b) 坡面上土粒的受力

图 9.2(a)所示的是通过漏斗形成的砂堆。实验表明，无论砂堆多高，所能形成的最大坡角总是一定的，土坡处于极限平衡状态时的坡角，称为无黏性土的自然休止角，亦称为临界坡角，用 β_{cr} 表示。

图 9.2(b)所示是坡角为 β 的无黏性土坡，从坡面上取一单元土体来分析，设其重量为 W，其法向分力 N 产生摩擦阻力 R，阻止土体下滑，称为抗滑力，有：

$$T_f = N \cdot \tan\varphi = W\cos\beta \cdot \tan\varphi$$

重力 W 的切向分力 T 是促使小土体下滑的滑动力，则有 $T=W\sin\beta$。

工程上，将抗滑力与滑动力之比定义为土坡的稳定安全系数，即：

$$K=\frac{T_f}{T}=\frac{W\cos\beta\tan\varphi}{W\sin\beta}=\frac{\tan\varphi}{\tan\beta} \tag{9.1}$$

式中 φ——土的内摩擦角(°)；

β——土坡坡角(°)。

由此可得如下结论：当 $\beta=\varphi$ 时，$K=1$，即其抗滑力等于滑动力，土坡处于极限稳定状态，此时的坡角 β 为自然休止角；无黏性土坡的稳定性与坡高无关，仅取决于 β 角，当 $\beta<\varphi$ 时，$K>1$，土坡就是稳定的。为了使土坡具有足够的安全储备，一般取 $K=1.1\sim1.5$。

9.2.2 有渗流作用时的无黏性土坡

当边坡的内、外出现水位差时，例如基坑排水、坡外水位下降时，在挡水土堤内形成渗流场，如果浸润线在下游坡面溢出，如图 9.3 所示，这时，在浸润线以下，下游坡内的土体除了受到重力作用外，还受到由于水的渗流而产生的渗透力作用，因而使下游边坡的稳定性降低。

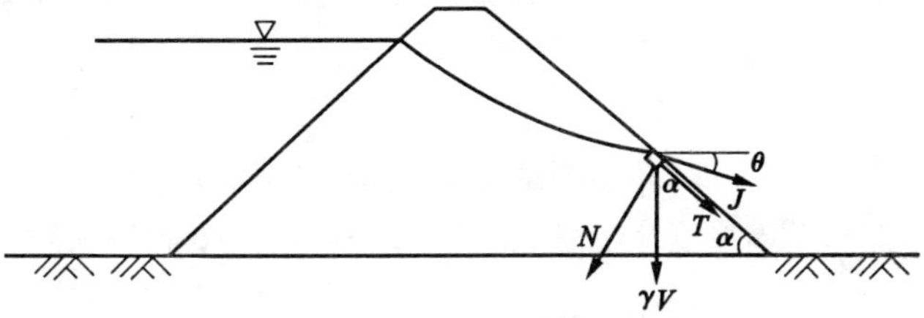

图 9.3 渗透水流溢出的土坡

渗流力可用绘流网的方法求得。作法是先绘制流网，求滑弧范围内每一流网网格的平均水力梯度 i，从而求得作用在网格上的渗透力，即：

$$J_i=\gamma_w iA_i \tag{9.2}$$

式中 γ_w——水的重度(kN/m³)；

A_i——网格的面积(m²)。

求出每一个网格上的渗透力 J_i 后，便可求得滑弧范围内渗透力的合力 T_J。将此力作为滑弧范围内的外力(滑动力)进行计算，在滑动力矩中增加一项：

$$\Delta M_s=T_J l_J \tag{9.3}$$

式中 l_J——T_J 距圆心的距离(m)。

如果水流方向与水平面呈夹角 θ，则沿水流方向的渗透力 $j=\gamma_w i$。在坡面上取土体 V 中的土骨架为隔离体，其有效的重量为 $\gamma' V$。分析这块土骨架的稳定性，作用在土骨架上的渗透力为 $J=jV=\gamma_w iV$。因此，沿坡面的全部滑动力包括重力和渗透力，即：

$$T=\gamma' V\sin\beta+\gamma_w iV\cos(\beta-\theta)$$

坡面的正压力为：

$$N=\gamma' V\cos\beta-\gamma_w iV\sin(\beta-\theta)$$

则土体沿坡面滑动的稳定安全系数：

$$K=\frac{N\tan\varphi}{T}=\frac{[\gamma' V\cos\beta-\gamma_w iV\sin(\beta-\theta)]\tan\varphi}{\gamma' V\sin\beta+\gamma_w iV\cos(\beta-\theta)} \tag{9.4}$$

式中 i——渗透坡降；

γ'——土的浮重度(kN/m³)；

γ_w——水的重度(kN/m³)；

φ——土的内摩擦角(°)。

若水流在溢出段顺着坡面流动，即 $\theta=\beta$，这时，流经路途 ds 的水头损失为 dh，所以有：

$$i=\frac{dh}{ds}=\sin\beta$$

将其代入式(9.4)，得：

$$K=\frac{\gamma'\tan\varphi}{\gamma_{sat}\tan\beta} \tag{9.5}$$

由此可见，当溢出段为顺坡渗流时，土坡稳定安全系数降低 γ'/γ_{sat}。因此，要保持同样的安全度，有渗流溢出时的坡角比没有渗流溢出时要平缓得多。为了使土坡的设计既经济又合理，在实际工程中，一般要在下游坝址处设置排水棱体，使渗透水流不直接从下游坡面溢出，如图 9.3 所示。这时的下游坡面虽然没有浸润线溢出，但是，在下游坡内浸润线以下的土体仍然受到渗透力的作用。这种渗透力是一种滑动力，它将降低从浸润线以下通过的滑动面的稳定性。这时深层滑动面的稳定性可能比下游坡面的稳定性差，即危险的滑动面向深层发展。这种情况下，除了要按前述方法验算坡面的稳定性外，还应该用圆弧滑动法验算深层滑动的可能性。

【例 9.1】 均质无黏性土土坡，其饱和重度 $\gamma_{sat}=20.0$ kN/m³，内摩擦角 $\varphi=30°$，若要求该土坡的稳定安全系数为 $K=1.20$，则在干坡情况下以及坡面有顺坡渗流时其坡角分别应为多少度？

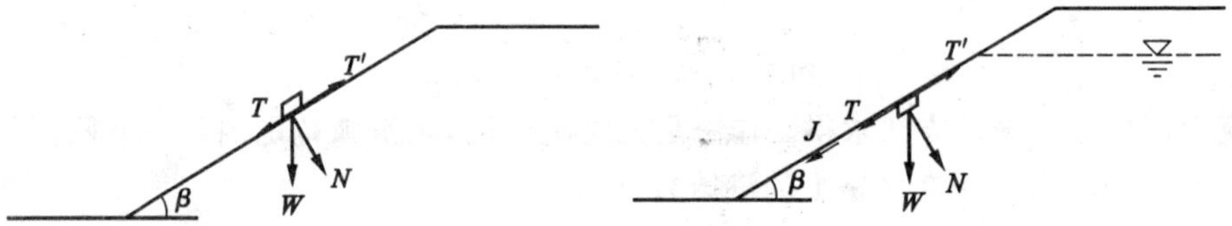

图 9.4 例 9.1 图

【解】 ① 在干坡或完全浸水情况下：

$$\tan\beta=\frac{\tan\varphi}{K}=\frac{\tan30°}{1.20}=0.481$$

所以 $\beta=25.7°$。

② 在顺坡出流情况下：

$$\tan\beta=\frac{\gamma'\tan\varphi}{\gamma_{sat}K}=\frac{10\times\tan30°}{20\times1.20}=0.241$$

所以 $\beta=13.5°$。

结论：渗流作用的土坡稳定与无渗流作用的土坡稳定相比，其坡角要小得多。

9.3 黏性土坡的稳定性分析

一般而言，黏性土坡由于剪切而破坏的滑动面大多为一曲面，一般在破坏前坡顶先有张裂缝发生，继而沿某一曲线产生整体滑动。如图 9.5 中的实线所示即一黏性土坡滑动面的曲面。

为了简化计算，在黏性土坡的稳定性分析中，常假设滑动面为圆弧面，如图 9.5 中虚线表示。建立在这一假定上的稳定性分析方法称为圆弧滑动法。这是极限平衡方法的一种常用分析方法。

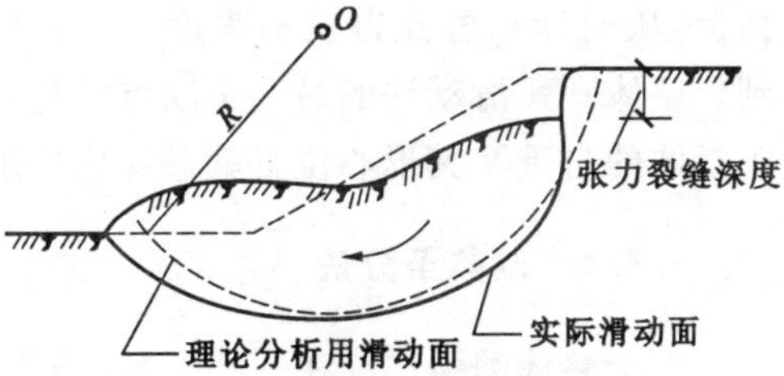

图 9.5　黏性土坡的滑动面

9.3.1　整体圆弧滑动法

瑞典的彼得森(K. E. Petterson)于 1915 年采用圆弧滑动法分析了边坡的稳定性，被称为整体圆弧滑动法(也称瑞典圆弧法)。

整体圆弧滑动法将滑动面以上的土体视做刚体，并分析在极限平衡条件下它的整体受力情况，以整个滑动面上的平均抗剪强度与平均剪应力之比来定义土坡的安全系数，即：

$$K_s=\frac{\tau_f}{\tau} \tag{9.6}$$

如图 9.6 所示为一个均质的黏性土坡，它可能沿圆弧面 AC 滑动。土坡失去稳定就是滑动土体绕圆心 O 发生转动。这里把滑动土体当成一个刚体，并以其为脱离体分析在极限平衡条件下其上作用的各种力。滑动土体的重量 W 为滑动力，将使土体绕圆心 O 旋转，此时滑动面上土体的抗剪强度得到充分发挥，则抗滑力矩 $M_R=\tau_f\cdot\widehat{AC}\cdot R$，下滑力矩 $M_s=Wd$(d 为通过滑动土体重心的竖直线与圆心 O 的水平距离)。根据莫尔-库仑强度理论，黏性土的抗剪强度 $\tau_f=c+\sigma\tan\varphi$，抗滑力矩 M_R 由两部分组成：

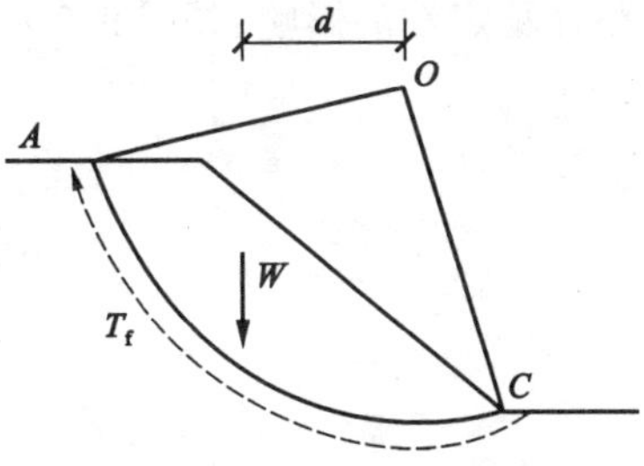

图 9.6　整体圆弧滑动受力示意图

$$M_R=c\cdot\widehat{AC}\cdot R+N\cdot\tan\varphi\cdot L \tag{9.7}$$

上式中，$c\cdot\widehat{AC}\cdot R$ 为滑动面 AC 上黏聚力产生的抗滑力矩；$N\cdot\tan\varphi\cdot L$ 为滑动土体的重量 W 在滑动面上的反力所产生的抗滑力矩，其中反力的大小和方向与土的内摩擦角 φ 值有关。

则黏性土坡的稳定系数为：

$$K_s=\frac{\tau_f}{\tau}=\frac{M_R}{M_s}=\frac{c\cdot\widehat{AC}\cdot R+N\cdot\tan\varphi\cdot L}{Wd} \tag{9.8}$$

对于饱和黏性土，在不排水条件下，有 $\varphi_u=0$，滑动面是一个光滑曲面，反力的方向必定垂直于滑动面，即通过圆心 O，它不产生力矩，所以，抗滑力矩只有前一项 $M_R=c\cdot\widehat{AC}\cdot R$。

这时，黏性土坡的稳定安全系数为：

$$K_s=\frac{M_R}{M_s}=\frac{c\cdot\widehat{AC}\cdot R}{Wd} \tag{9.9}$$

黏性土坡在发生滑坡前，坡顶常出现竖向裂缝(开裂深度 z_0，详见第 7 章)，裂缝的出现使得滑弧长度变小，此时按照实际滑弧长度仍可以采用式(9.8)或式(9.9)。

以上求出的 K_s 是与任意假定的某个滑动面相对应的安全系数，而土坡稳定分析要求的是与最危险的滑动面相对应的最小安全系数。为此，通常需要假定一系列滑动面进行多次试算，才能找到所需要的最危险滑动面对应的安全系数。随着计算技术的广泛应用和数值方法的普及，通过大量计算快速确定最危险滑动面的问题已得到很好的解决。

实际上，在整个边坡中，当 $\sigma\tan\varphi\neq0$ 时或土质发生变化时，需要确定土质变化各点的强度指标，从而计算各点得抗剪强度 τ_f。而对于 σ，目前通常采用有限元法或极限平衡法计算得到。整体圆弧滑动法的另一个缺点就是对于外形比较复杂，特别是土坡由多层土构成时，要确定滑体的自重及其形心位置就显得比较困难，故该方法比较适合计算简单的边坡问题。

9.3.2 瑞典条分法

由于整体圆弧法存在一些不足，瑞典的费兰纽斯等人在整体圆弧法的基础上，提出了基于刚体极限平衡理论的条分法。条分法分为垂直条分法和斜条分法，这里只介绍垂直条分法。条分法的基本思路就是将滑动土体竖直分成若干个土条，把土条看成是刚体，对每个土条进行受力分析，分别求出作用于各个土条上的滑动力(矩)和抗滑力(矩)，然后按式(9.6)求得土坡的稳定安全系数。对于 $\varphi>0$ 的黏性土坡，通常采用条分法。

瑞典条分法是条分法中最简单、最古老的一种。该法以圆弧滑动面为基本假设，并假定土条两侧的作用力大小相等、方向相反，且作用于同一直线上，从而忽略条块间的作用力对土坡整体稳定性的影响，如图 9.7 所示。

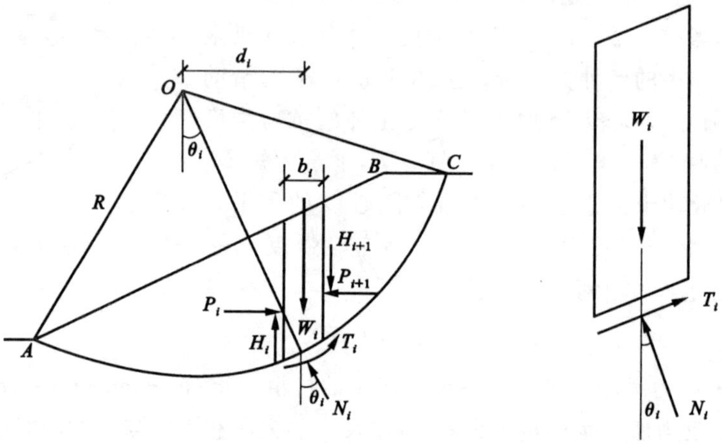

图 9.7 瑞典条分法作用力分析

取条块 i 进行分析，由于不考虑条块间的作用力，即 H_i 和 P_i 的合力与 H_{i+1} 和 P_{i+1} 的合力大小相等，方向相反，且作用在一条直线上，这样作用于该土条的力就仅有 W_i、N_i、T_i，根据径向力平衡条件，有：

$$N_i=W_i\cos\theta_i \tag{9.10}$$

根据滑动弧面上的极限平衡条件，有：

$$T_i=\frac{T_{fi}}{K}=\frac{c_il_i+N_i\tan\varphi_i}{K}=\frac{c_il_i+W_i\cos\theta_i\tan\varphi_i}{K} \tag{9.11}$$

式中 T_{fi}——条块 i 在滑动面上的抗剪强度(kPa)；

K——滑动圆弧的稳定安全系数；

θ_i——土条 i 的滑动面法线与竖直方向的夹角(°)；

l_i——第 i 个土条的滑面长度(m)。

另外，按照滑动土体的整体力矩平衡条件可知，外力对圆心力矩之和应为零。在条块的三个作用力中，法向力 N_i 通过圆心不产生力矩，重力 W_i 产生的滑动力矩为所有土条的重力产生力矩的代数和，即：

$$M_s = \sum W_i d_i = \sum W_i \sin\theta_i R \tag{9.12}$$

式中 d_i——土条 i 的重心至滑弧圆心的水平距离(m)，$d_i = R\sin\theta_i$；

R——滑动圆弧的半径(m)。

各土条抗滑力 T_i 对 O 点的总抗滑力矩为：

$$M_R = \sum T_i R = \sum \frac{c_i l_i + W_i \cos\theta_i \tan\varphi_i}{K} R \tag{9.13}$$

由于滑动土体的整体力矩平衡($\sum M=0$)，即滑动力矩等于抗滑力矩，故有：

$$\sum W_i \cdot d_i = \sum T_i \cdot R \tag{9.14}$$

将式(9.12)和式(9.13)代入式(9.14)，并进行简化推导出 K，有：

$$K = \frac{\sum (c_i l_i + W_i \cos\theta_i \tan\varphi_i)}{\sum W_i \sin\theta_i} \tag{9.15}$$

式(9.15)是最简单的条分法计算公式，因为它是由瑞典人费伦纽斯(W. Fellenius)等首先提出的，所以称为瑞典条分法，又称为费伦纽斯条分法。

从分析过程可以看出，瑞典条分法是基于极限平衡的条分法，是忽略了土条块之间力的相互影响的一种简化计算方法，因此只能满足滑动土体整体力矩平衡条件而不满足单个土条的静力平衡条件(土条上的三个力多边形不闭合)，理论上有不合理之处，这是它区别于后面将要讲述的其他条分法的主要特点。另外，使用瑞典条分法仍然要假设很多滑动面并通过试算分析，才能找到最小的安全系数 K_s，从而找到相应的最危险的滑动面。但该法应用的时间很长，在应用中积累了丰富的工程经验，一般得到的安全系数偏低，即偏于安全，所以目前仍然是工程上常用的方法。

9.3.3 毕肖甫条分法

在工程实践中，为了改进条分法的计算精度，许多人都认为应该考虑土条间的作用力，以求得比较合理的结果。目前已有许多解决问题的办法，其中以毕肖甫(A. N. Bishop，1955)提出的简化方法比较合理实用。

毕肖甫条分法仍然假定滑动面为圆弧面，并假定各土条底部滑动面上的抗滑安全系数均相同，都等于整个滑动面上的平均安全系数。毕肖甫条分法可以采用有效应力的形式表达，也可以用总应力的形式表达。该方法提出的土坡稳定系数的含义是整个滑动面上土的抗剪强度 τ_f 与实际产生剪应力 τ 的值，即 $K=\frac{\tau_f}{\tau}$，并考虑了各土条侧面间存在着作用力，故此法仍然是圆弧滑动条分法。其原理与方法如下：

如图 9.8 所示，假定滑动面是以 O 为圆心、R 为半径的滑弧，从中任取一土条 i 为分离体，作用在条块 i 上的力，除了重力 W_i 外，滑动面上还有切向力 T_i 和法向力 N_i，条块的侧面分别有法向力 P_i、P_{i+1} 和切向力 H_i、H_{i+1}。假设土条处于静力平衡状态，根据竖向力的平衡条件，应有：

$$W_i + \Delta H_i - N_i \cos\theta_i - T_i \sin\theta_i = 0$$

即

$$N_i \cos\theta_i = W_i + \Delta H_i - T_i \sin\theta_i \tag{9.16}$$

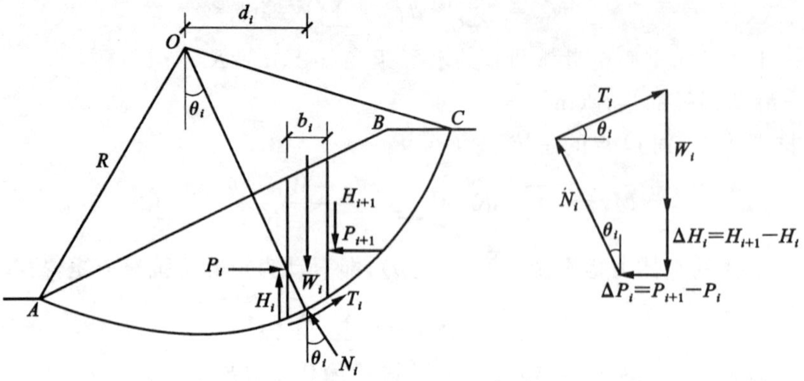

图 9.8 毕肖甫法条块作用力分析

若土坡的稳定安全因数为 K，毕肖甫假设土条 i 滑动面上的抗剪强度 τ_{fi} 与滑动面上的切向力 T_i 相平衡，则根据满足土坡稳定安全系数 K 的极限平衡条件，有：

$$T_i=\frac{c_i l_i+N_i\tan\varphi_i}{K} \tag{9.17}$$

将式(9.17)代入式(9.16)，整理后得：

$$N_i=\frac{W_i+\Delta H_i-\dfrac{c_i l_i}{K}\sin\theta_i}{\cos\theta_i+\dfrac{\sin\theta_i\tan\varphi_i}{K}}=\frac{1}{m_{\theta i}}\left(W_i+\Delta H_i-\frac{c_i l_i}{K}\sin\theta_i\right) \tag{9.18}$$

上式中

$$m_{\theta i}=\cos\theta_i+\frac{\sin\theta_i\tan\varphi_i}{K} \tag{9.19}$$

考虑整个滑动土体的整体力矩平衡条件，各个土条的作用力对圆心的力矩之和为零。这时条块之间的力 P_i 和 H_i 成对出现，大小相等，方向相反，相互抵消，对圆心不产生力矩；滑动面上的正压力 N_i 通过圆心，也不产生力矩。因此，只有重力 W_i 和滑动面上的切向力 T_i 对圆心产生力矩。则按式(9.14)，并将式(9.17)代入其中，得：

$$\sum W_i R\sin\theta_i=\sum\frac{1}{F_s}(c_i l_i+N_i\tan\varphi_i)R \tag{9.20}$$

再将式(9.18)的 N_i 值代入上式，简化后得：

$$K=\frac{\sum\dfrac{1}{m_{\theta i}}[c_i b_i+(W_i+\Delta H_i)\tan\varphi_i]}{\sum W_i\sin\theta_i} \tag{9.21}$$

此为毕肖甫条分法计算土坡稳定系数 K 的普遍公式，但式中的 $\Delta H_i=H_{i+1}-H_i$ 仍为未知，为了求出 K，需估算 ΔH_i 值，可通过逐次逼近法求解。毕肖甫证明，若令各土条的 $\Delta H_i=0$，即假定条块间只有水平作用力 P_i，而不存在切向作用力 H_i，所产生的误差仅为 1%，由此可得国内外相当普遍使用的毕肖甫法简化公式：

$$K=\frac{\sum\dfrac{1}{m_{\theta i}}(c_i b_i+W_i\tan\varphi_i)}{\sum W_i\sin\theta_i} \tag{9.22}$$

此式称为简化的毕肖甫公式。由于式中的参数 $m_{\theta i}$ 包含稳定安全系数 K，因此，不能直接求出土坡的稳定安全系数 K，须用迭代法求解，即先假定一个初始 K 值，按式(9.19)求得 $m_{\theta i}$ 初始值，代入式(9.22)中求 K 值。假若求得的 K 值与假定不相符合，则用求得的 K 值重新计算 $m_{\theta i}$ 以求得新的 K 值，如此反复迭代，直至求得的 K 值与假定的 K 值相近为止。为了便于迭代计算，将式(9.15)的值编制成 m_θ-θ 关系曲线，如图 9.9 所示。

试算时，可以先假定 $K=1.0$，由图 9.9 查出各个 θ_i 所相应的 $m_{\theta i}$ 值，并将其代入式(9.22)中，求得边坡的稳定安全系数 K'。若 K' 与 K 之差大于规定的误差，则用 K' 查 $m_{\theta i}$，再次计算出稳定安全系数 K''，如此这样反复迭代计算，直至前后两次计算的稳定安全系数非常接近，满足规定精度的要求为止。通常迭代总是收敛的，一般只要试算 3～4 次，就可以满足迭代精度的要求。

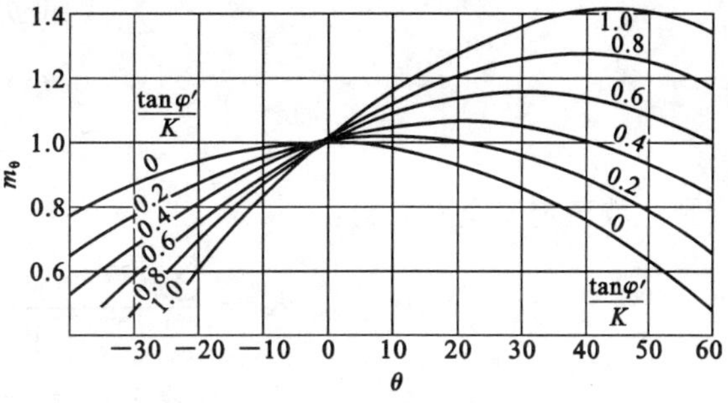

图 9.9　m_θ-θ 关系曲线图

必须指出，当 θ_i 很大时，$m_{\theta i}$ 有可能趋近于零，此时 N_i 将趋近于无限大，显然不合理，这时简化毕肖甫条分法就不能应用。根据国外学者的建议，当任一土条的 $m_{\theta i}\leqslant 0.2$ 时，计算的 K 就会产生较大的误差，此时最好采用别的计算方法。另外，当坡顶土条的 θ_i 很大时，会使该土条出现 $N_i<0$，此时可取 $N_i=0$。为了求得最小的安全系数 K，同样必须假定若干个滑动面，其最危险滑动面圆心位置的确定，仍可采用前述费伦纽斯经验法。

与瑞典条分法相比，简化的毕肖甫法是在不考虑条块间切向力的前提下，满足力的多边形闭合条件，也就是说，隐含着条块间有水平力的作用，虽然在公式中水平作用力并未出现。所以它的特点是：

(1) 满足整体力矩平衡条件；

(2) 满足各个条块力的多边形闭合条件，但不满足条块的力矩平衡条件；

(3) 假设条块间作用力只有法向力，没有切向力；

(4) 满足极限平衡条件。

由于考虑了条块间水平力的作用，得到的稳定安全系数较瑞典条分法略高一些。很多工程计算表明，毕肖甫法与严格的极限平衡分析法即满足全部静力平衡条件的方法(如下述的简布法)相比，结果甚为接近。由于计算过程不很复杂，精度也比较高，所以该方法是目前工程中较为常用的一种方法。

【例 9.2】 一简单的黏性土坡，高 25 m，坡比 1∶2.0，碾压土的重度 $\gamma=20\ \mathrm{kN/m^3}$，内摩擦角 $\varphi=26.6°$(相当于 $\varphi=0.5$)，黏聚力 $c=10$ kPa，滑动圆心 O 点如图 9.10 所示。试分别用瑞典条分法和简化毕肖甫法求该滑动圆弧的稳定安全系数，并对结果进行比较。

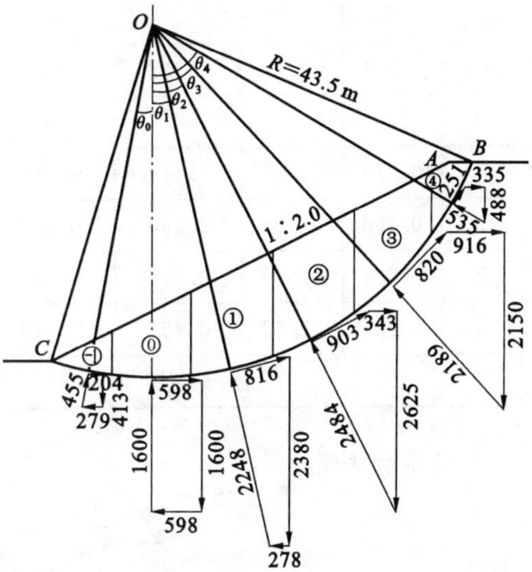

图 9.10　例 9.2 图

【解】 为了使例题计算简单，只将滑动土体分成 6 个土条，分别计算各条块的重量 W_i，滑动面长度 l_i，滑动面中心与过圆心铅垂线的圆心角 θ_i，然后，按照瑞典条分法和简化毕肖甫法进行稳定分析计算。

(1) 瑞典条分法

瑞典条分法分项计算结果见表 9.1 所示，则有：

$$\sum W_i \sin\theta_i = 3584 \text{ kN}$$

$$\sum W_i \cos\theta_i \tan\varphi_i = 4228 \text{ kN}$$

$$\sum c_i l_i = 650 \text{ kN}$$

则边坡稳定安全系数为：

$$K = \frac{\sum (W_i \cos\theta_i \tan\varphi_i + c_i l_i)}{\sum W_i \sin\theta_i} = 1.36$$

表 9.1　瑞典条分法计算结果

条块编号	θ_i(°)	W_i(kN)	$\sin\theta_i$	$\cos\theta_i$	$W_i\sin\theta_i$(kN)	$W_i\cos\theta_i$(kN)	$W_i\cos\theta_i\tan\varphi_i$(kN)	l_i(m)	c_il_i(kN)
−1	−9.93	412.5	−0.172	0.985	−71.0	406.3	203	8.0	80
0	0	1600	0	1.0	0	1600	800	10.0	100
1	13.29	2375	0.230	0.973	546	2311	1156	10.5	105
2	27.37	2625	0.460	0.888	1207	2331	1166	11.5	115
3	43.60	2150	0.690	0.724	1484	1557	779	14.0	140
4	59.55	487.5	0.862	0.507	420	247	124	11.0	110

(2) 简化毕肖甫法

根据瑞典条分法得到计算结果 $K=1.36$，由于毕肖甫法的稳定安全系数稍高于瑞典条分法，设 $K_1=1.55$，按简化的毕肖甫法列表计算，结果如表 9.2 所示。

表 9.2　简化毕肖甫条分法计算结果

条块编号	$\cos\theta_i$	$\sin\theta_i$	$\sin\theta_i\tan\varphi_i$	$\frac{\sin\theta_i\tan\varphi_i}{K}$	$m_{\theta i}$ (kN)	$W_i\sin\theta_i$ (kN)	c_ib_i (kN)	$W_i\tan\varphi_i$ (kN)	$\frac{c_ib_i+W_i\tan\varphi_i}{m_{\theta i}}$
−1	0.985	−0.172	−0.086	−0.055	0.93	−71	80	206.3	307.8
0	1.0	0	0	0	1.00	0	100	800	900
1	0.973	0.230	0.115	0.074	1.047	546	100	1188	1230
2	0.888	0.460	0.230	0.148	1.036	1207	100	1313	1364
3	0.724	0.690	0.345	0.223	0.947	1484	100	1075	1241
4	0.507	0.862	0.431	0.278	0.785	420	50	243.8	374.3
合　计						3586			5417.1

第一次迭代：

$$K_2 = \frac{\sum \frac{1}{m_{\theta i}}(c_ib_i + W_i\tan\varphi_i)}{\sum W_i\sin\theta_i} = \frac{5417.1}{3586} = 1.51$$

毕肖甫法稳定安全系数公式中的滑动力 $\sum W_i\sin\theta_i$ 与瑞典条分法相同。$K_1-K_2=0.04$，误差较大。按 $K_2=1.51$，进行第二次迭代计算，结果列于表 9.3 中。

表 9.3 毕肖甫第二次迭代计算结果

条块编号	$\cos\theta_i$	$\sin\theta_i$	$\sin\theta_i\tan\varphi_i$	$\frac{\sin\theta_i\tan\varphi_i}{K}$	$m_{\theta i}$ (kN)	$W_i\sin\theta_i$ (kN)	c_ib_i (kN)	$W_i\tan\varphi_i$ (kN)	$\frac{c_ib_i+W_i\tan\varphi_i}{m_{\theta i}}$
−1	0.985	−0.172	−0.086	−0.057	0.928	−71	80	206.3	308.5
0	1.0	0	0	0	1.00	0	100	800	900
1	0.973	0.230	0.115	0.076	1.045	546	100	1188	1232.5
2	0.888	0.460	0.230	0.152	1.040	1207	100	1313	1358.6
3	0.724	0.690	0.345	0.228	0.952	1484	100	1075	1234.2
4	0.507	0.862	0.431	0.285	0.792	420	50	243.8	371
合计						3586			5404.8

第二次迭代：

$$K_2=\frac{\sum\frac{1}{m_{\theta i}}(c_ib_i+W_i\tan\varphi_i)}{\sum W_i\sin\theta_i}=\frac{5404.8}{3586}=1.507$$

$K_1-K_2=0.003$，非常接近，因此，可以认为 $K=1.51$。

计算结果表明，简化毕肖甫条分法的稳定安全系数较瑞典条分法高，约大 0.15，与一般结论相同。

9.3.4 简布法

前面讲述的条分法都是假定滑动面为圆弧形的，但在实际工程中常常会遇到非圆弧滑动面的土坡稳定分析，如土坡下面有软弱夹层，或土坡位于倾斜岩层面上，滑动面形状受到夹层或硬层影响而呈非圆弧形状，此时前述圆弧滑动面分析方法就不再适用了。为了解决这一问题，简布(N. Janbu)提出了非圆弧普遍条分法，简称简布法。其基本假定为：① 滑动面上的切向力等于滑动面上土所发挥抗剪强度的合力；② 土条两侧法向力的作用点位置已知，且一般假定作用于土条底面以上 1/3 处。这些作用点的连线形成推力线。分析表明，条间作用点的位置对土坡整体稳定安全系数影响不大。在此假定前提下，每个土条块都满足全部的静力平衡条件和极限平衡条件，滑动土体的整体力矩平衡条件也自然得到满足。

如图 9.11(a)所示，从滑动土体 ABC 中取任意条块 i 进行静力分析。作用在条块上的力及其作用点见图 9.11(b)所示。竖向力的静力平衡条件按照式(9.16)计算，由水平向的静力平衡条件可得：

$$\Delta P_i=T_i\cos\theta_i-N_i\sin\theta_i \tag{9.23}$$

将式(9.16)代入式(9.23)整理后得：

$$\Delta P_i=T_i\left(\cos\theta_i+\frac{\sin^2\theta_i}{\cos\theta_i}\right)-(W_i+\Delta H_i)\tan\theta_i \tag{9.24}$$

根据满足土坡稳定安全系数 K 的极限平衡条件，由式(9.16)可得：

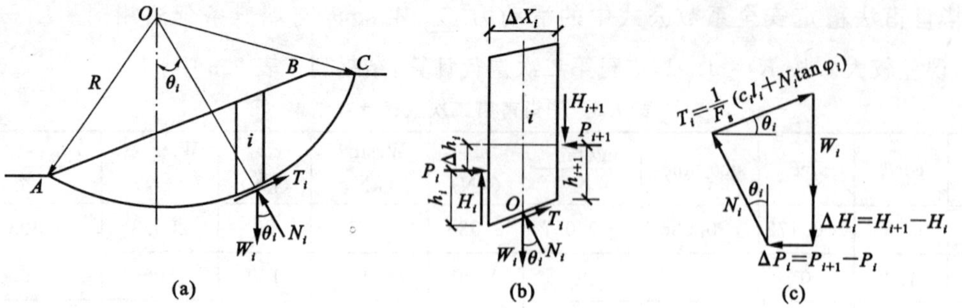

图 9.11　简布法条块作用力分析

$$N_i=\frac{1}{\cos\theta_i}(W_i+\Delta H_i-T_i\sin\theta_i) \tag{9.25}$$

代入极限平衡方程式(9.17),整理后得:

$$T_i=\frac{\frac{1}{K}\left[c_i l_i+\frac{1}{\cos\theta_i}(W_i+\Delta H_i\tan\varphi_i)\right]}{1+\frac{\tan\theta_i\tan\varphi_i}{K}} \tag{9.26}$$

再将式(9.26)代入式(9.24),得:

$$\Delta P_i=\frac{1}{K}\cdot\frac{\sec^2\theta_i}{1+\frac{\tan\theta_i\tan\varphi_i}{K}}[c_i l_i\cos\theta_i+(W_i+\Delta H_i)\tan\theta_i]-(W_i+\Delta H_i)\tan\theta_i \tag{9.27}$$

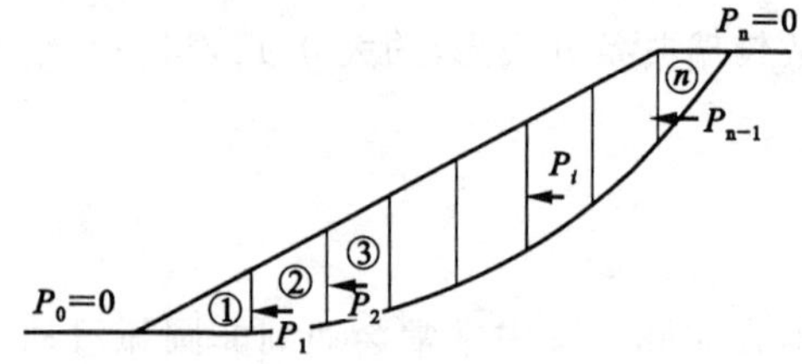

图 9.12　条块侧面法向力

图 9.12 所示为作用在土条条块侧面的法向力 P,显然有 $P_1=\Delta P_1$,$P_2=P_1+\Delta P_2=\Delta P_1+\Delta P_2$,依此类推,有:

$$P_i=\sum_{j=1}^{i}\Delta P_j \tag{9.28}$$

若全部土条条块的总数为 n,$P_{n+1}=0$,则有:

$$P_n=\sum_{i=1}^{n}\Delta P_i=0 \tag{9.29}$$

将式(9.28)代入式(9.29),得:

$$\sum\frac{1}{K}\cdot\frac{\sec^2\theta_i}{1+\frac{\tan\theta_i\cdot\tan\varphi_i}{K}}[c_i l_i\cos\theta_i+(W_i+\Delta H_i)\tan\varphi_i]-\sum(W_i+\Delta H_i)\tan\theta_i=0$$

整理后得:

$$\begin{aligned}K&=\frac{\sum[c_i l_i\cos\theta_i+(W_i+\Delta H_i)\tan\varphi_i]\frac{\sec^2\theta_i}{1+\tan\theta_i\tan\varphi_i/F_s}}{\sum(W_i+\Delta H_i)\tan\theta_i}\\&=\frac{\sum\frac{1}{m_{\theta i}}[c_i b_i+(W_i+\Delta H_i)\tan\varphi_i]}{\sum(W_i+\Delta H_i)\sin\theta_i}\end{aligned} \tag{9.30}$$

比较毕肖甫公式(9.22)和简布公式(9.30),可以看出两者很相似。毕肖甫公式是根据滑动面为圆弧面,滑动土体满足整体力矩平衡条件推导出的;简布公式则是利用力的多边形闭合和极限平衡条件，最后从 $\sum_{i=1}^{n}\Delta P_i=0$ 得出。显然，这些条件适用于任何形式的滑动面而不仅仅局限于圆弧面。在式(9.30)中，ΔH_i 仍然是待定的未知量。毕肖甫没有解出 ΔH_i，而让 $\Delta H_i=0$，从而成为简化的毕肖甫公式。而简布法则是利用条块的力矩平衡条件，因而整个滑动土体的整体力矩平衡也自然得到满足。

如图 9.11(b)所示，将作用在土条条块上的力对条块滑弧段中点 O_i 取矩，重力 W_i 和滑弧段上的力 N_i 和 T_i 均通过 O_i，不产生力矩，即 $\sum M_{Oi}=0$。条块间力的作用点位置已确定，根据平衡条件并略去高阶微量整理后得：

$$H_i=P_i\frac{\Delta h_i}{\Delta X_i}+\Delta P_i\frac{h_i}{\Delta X_i} \tag{9.31}$$

$$\Delta H_i=H_{i+1}-H_i \tag{9.32}$$

式(9.32)表示土条间切向力与法向力之间的关系。式中符号见图 9.11 所示。

这里，土坡稳定安全系数仍需利用迭代法求解。其步骤如下：

(1) 假定 $\Delta H_i=0$，利用式(9.30)，迭代求第一次近似的边坡稳定安全系数 K_1；

(2) 将 K_1 和 $\Delta H_i=0$ 代入式(9.27)，求相应的 ΔP_i(对每一条块，从 1 到 n)；

(3) 用式(9.28) $P_i=\sum_{j=1}^{i}\Delta P_j$ 求条块间的法向力(对每一条块，从 1 到 n)；

(4) 将 P_i 和 ΔP_i 代入式(9.31)和式(9.32)，求条块间的切向作用力 H_i(对每一条块，从 1 到 n)和 ΔH_i；

(5) 将 ΔH_i 重新代入式(9.30)，迭代求新的稳定安全系数 K_2。

如果 $K_2-K_1>\Delta$(Δ 为规定的计算精度)，重新按上述步骤(2)～(5)进行第二轮计算。如此反复进行，直至 $K_{(i)}-K_{(i-1)}\leqslant\Delta$ 为止，则 $K_{(i)}$ 就是该假定滑动面的稳定安全系数。边坡真正的稳定安全系数还要计算很多滑动面进行比较，找出最危险的滑动面，其边坡稳定安全系数才是真正的安全系数。这种计算工作量相当浩繁，一般要在计算机上计算。用普遍条分法计算一个滑动面稳定安全系数的流程如图 9.13 所示。

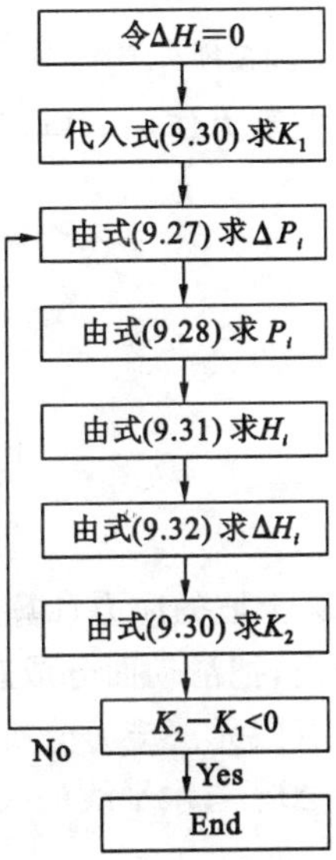

图 9.13　简布法计算程序流程

9.3.5　有限元法

9.3.5.1　基本思路

以上讲述的方法都是把滑动土体切成有限宽度的土体，把土体视为刚体，根据静力平衡条件和极限平衡条件求得滑动面上力的分布，从而可计算出稳定安全系数。而实际上由于土体是变形体，并不是刚体，用分析刚体的办法，不能满足变形协调条件，因而计算出滑动面上的应力状态并不是真实的。

有限元法全面满足静力许可、应变相容和应力、应变之间的本构关系。同时，因为是采用数值分析方法，可以不受边坡几何形状的不规则和材料的不均匀性限制，因此已成为岩土工程中比较理想地分析边坡应力、变形和稳定性的手段，并得到广泛应用。关于有限元基本知识请参照相关书籍，这里不再赘述。

有限元法就是把土坡当成变形体，按照土的变形特性计算出土坡内的应力分布，然后再引入圆弧滑动面的概念，验算滑动土体的整体抗滑稳定性。

9.3.5.2　有限元法分析边坡稳定性的基本步骤

(1) 将土坡划分成许多单元体，如图 9.14 所示。用有限元法可以计算出每个单元的应力、应变和每个结点的结点力和位移，再引入圆弧滑动面的假设就可以求出土坡的安全系数。

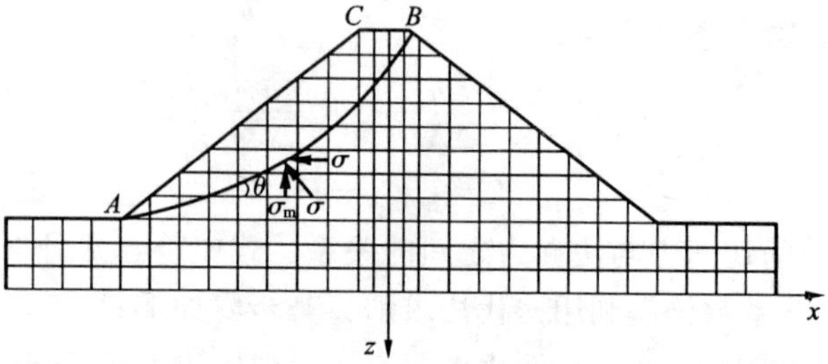

图 9.14　土坝的有限元网格和滑弧面

图 9.15 所示为一座土坝用有限元法分析所得竣工时坝体的剪应变分布图，可以清楚地看出坝坡在重力作用下剪切变形的轨迹类似于滑弧面。

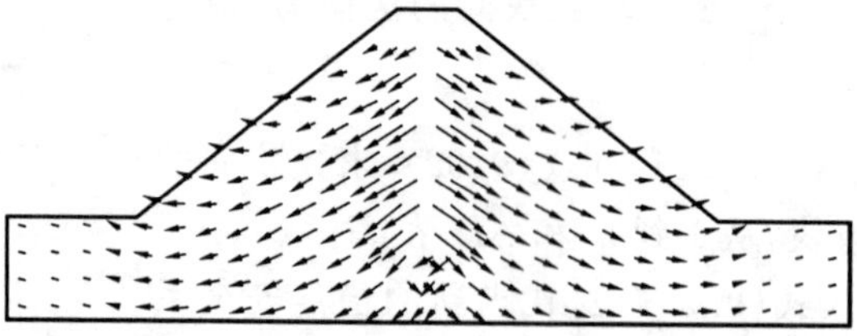

图 9.15　某坝竣工后的剪应变分布(有限元法分析)

(2) 土坡的应力计算出来以后，再引入圆弧滑动面的概念。图 9.14 中表示一个可能的圆弧滑动面，把滑动面分成若干小弧段 ΔL_i，小弧段 ΔL_i 上的应力用弧段中点的应力代表，其值可以按有限元法应力分析的结果，根据弧段中点所在的单元的应力确定，表示为 σ_{xi}、$\sigma_{zi}\tau_{xzi}$。设小弧段 ΔL_i 与水平线的夹角为 θ_i，则作用在弧段上的法向应力 σ_{ni} 和剪应力 τ_i 分别为：

$$\sigma_{ni}=\frac{1}{2}(\sigma_{xi}+\sigma_{zi})-\frac{1}{2}(\sigma_{xi}-\sigma_{zi})\cos2\theta_i+\tau_{xzi}\sin\theta_i \tag{9.33}$$

$$\tau_i=-\tau_{xzi}\cos2\theta_i-\frac{1}{2}(\sigma_{xi}-\sigma_{zi})\sin2\theta_i \tag{9.34}$$

根据莫尔-库仑强度理论，该点土的抗剪强度为：

$$\tau_{fi}=c_i+\sigma_{ni}\tan\varphi_i \tag{9.35}$$

(3) 求边坡稳定安全系数。

将滑动面上所有小弧段的剪应力和抗剪强度分别求出后，累加得到沿着滑动面的总的剪切力和抗剪力，则土坡稳定安全系数为：

$$K=\frac{抗剪力}{剪切力}=\frac{\sum_{i=1}^{n}(c_i+\sigma_{ni}\tan\varphi_i)\Delta l_i}{\sum_{i=1}^{n}\tau_i\Delta l_i} \tag{9.36}$$

用有限元法分析边坡稳定性时，由于将坡体“化整为零”，划分为有限个单元，因而使得复杂的问题归结为求解线性方程组，并可结合计算机辅助计算，有利于提高计算的速度和分析的精度。这种计算目前已经成为土石坝应力变形分析的常用方法，有各种现成的程序可供应用。

近年来，一种将强度折减技术与有限元分析相结合的方法已应用于边坡稳定性分析。这种“强度折减有限元分析法”分析边坡稳定性问题的基本思路与传统的极限平衡方法一致，均用强度储备安全系数来表示边坡的稳定性。

此外，山区一些土坡往往覆盖在起伏变化的基岩面上，土坡失稳多数沿着这些界面发生，对这种起伏不平的滑动面分析，国内常用不平衡推力传递法，土坡稳定分析也常用洛巴索夫图表法。

显然，有限元分析方法的优点是把边坡稳定分析与坝体的应力和变形分析结合起来。这时，滑动土体自然满足静力平衡条件，而不必如条分法那样引入人为的假定。但是，当边坡接近失稳时，滑裂面通过的大部分土单元处于临近破坏状态，这时，用有限元法分析边坡内的应力和变形所需要的土的基本特性，如变形特性、强度特性等均变得十分复杂，因此，要提出一种能反映土体实际受力状况的计算模型是很不容易的。如果说在边坡稳定性分析中极限平衡分析法是当前工程上主要应用的方法，那么，有限元方法则是一种潜在的具有很大发展前景的方法。

9.3.6 土体边坡稳定性的一点讨论

9.3.6.1 最危险滑裂面的确定方法

以上的稳定安全系数 K 并不代表边坡的真正稳定性，因为滑动面是任意假定的，并不是最危险的滑动面。通常在计算时须假定多个不同的滑动面，按照上述方法进行多次试算并分析求出相应的 K 值，其中最小值即该土坡的稳定安全系数，相应于最小稳定安全系数的滑动面称为最危险滑动面，显然其计算工作量颇大。

为此，费伦纽斯(Fellenius，1927)通过大量计算分析，提出了确定最危险滑动面圆心的经验方法，一直沿用至今。该法主要步骤如下：

(1) 对于均质黏性土坡，当土的内摩擦角 $\varphi=0°$时，其最危险滑动面常通过坡脚。其圆心位置可由图 9.16(a) 中 BO 与 CO 两线的交点确定，BO 与 CO 的方向由 β_1 及 β_2 确定，而 β_1 及 β_2 的值可根据坡角由表 9.4 查出。

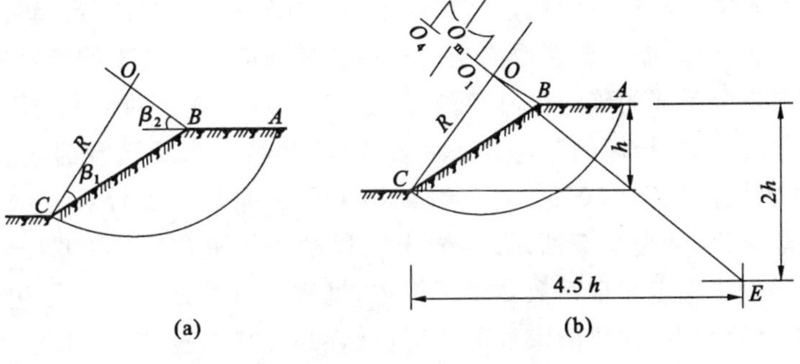

图 9.16 最危险滑动面圆心位置的确定

表 9.4 不同边坡的 β_1、β_2 数据表

坡比 1∶n	坡角 β(°)	β_1(°)	β_2(°)
1∶0.58	60	29	40
1∶1.0	45	28	37
1∶1.5	33.68	26	35
1∶2.0	26.57	25	35
1∶3.0	18.43	25	35
1∶4.0	14.05	25	36
1∶5.0	11.32	25	37

(2) 当 $\varphi>0°$时，最危险滑动面的圆心位置可能在图 9.16(b)中 EO 的延长线上。自 O 点向外取圆心 O_1、O_2、…，分别做过坡脚的试算滑弧，并求出相应的抗滑安全系数 K_1、K_2、…，然后绘曲线找出最小值，即所求最危险滑动面的圆心 O_m 和土坡的稳定安全系数 K_{min}。

(3) 当土坡非均质，或坡面形状及荷载情况比较复杂时，还需自 O_m 作 OE 线的垂直线，并在垂线上再取若干点作为圆心进行计算比较，才能找出最危险滑动面的圆心和土坡稳定安全系数。

当土坡外形和土层分布都比较复杂时，最危险滑动面不一定通过坡脚，此时费伦纽斯法不一定可靠。目前，电算分析表明，无论多么复杂的土坡，其最危险滑弧圆心的轨迹都是一根类似于双曲线的曲线，位于土坡坡线中心的竖直线与法线之间。若采用电算，可在此范围内有规律地选取若干圆心坐标，结合不同的滑弧面，求出相应滑弧的安全系数，再通过比较求得最小值 K_{min}。但需注意，对于成层土土坡，其低值区不止一个，可能存在多个 K_{min} 值。

9.3.6.2 安全系数的选择

对于土坡，从理论上讲，当边坡处于极限平衡状态时，其安全系数 $K_s=1$，也就是说，在进行边坡设计时，只要满足安全系数 $K_s>1$ 就可以保证土坡的安全。但在实际工程中，由于影响土坡稳定性的因素较多，特别是土体抗剪强度指标对稳定性分析结果有着重要影响，因此，对于给定的土坡而言，不同试验方法测定的土体抗剪强度指标对土坡稳定计算结果的影响幅度可能会超过计算方法本身对土坡稳定计算结果的影响。因此，在进行土坡的稳定性分析时，不仅要求分析的方法合理，而且要选取恰当的土体抗剪强度指标及土坡稳定安全系数值。

关于土坡稳定安全系数的确定，国内现行的国家、行业及地方的标准还不完全一致。在工程中应根据计算方法、强度指标的测定方法综合选取，并结合当地已有的实践经验加以确定。《建筑边坡工程技术规范》(GB 50330—2002)给出采用不同滑动面计算方法进行边坡稳定性评价时的稳定安全系数，见表 9.5 所示。《岩土工程勘察规范》(GB 50021—2001)中，则对工程安全等级划分和边坡稳定安全系数做出了规定，见表 9.6 所示。在选用边坡稳定安全系数时，可根据具体工程的特点，按照国家规范和行业标准中的有关规定综合确定。

表 9.5　边坡稳定安全系数(GB 50330—2002)

计算方法	边坡等级		
	一级	二级	三级
平面滑动法	1.35	1.30	1.25
折线滑动法			
圆弧滑动法	1.30	1.25	1.20

表 9.6　碾压式土石坝坝坡容许稳定安全系数(GB 50021—2001)

新设计边坡、重要工程	一般工程	次要工程	验算已有边坡
1.30～1.50	1.15～1.30	1.05～1.15	1.10～1.25

注：采用峰值强度时取最大值，采用残余强度时取最小值。

思考题与习题

9.1　什么是边坡？

9.2　什么是滑坡？为什么会滑坡？

9.3　何谓无黏性土坡的自然休止角？无黏性土坡的稳定性有何特点？其失稳形式有哪些？

9.4　条分法的基本原理是什么？

9.5　在进行黏性土边坡稳定分析时，有哪些方法？

9.6　有一砂质土坡，其浸水饱和重度 $\gamma_{sat}=18.8\ \text{kN/m}^3$，内摩擦角 $\varphi=28°$，坡角 $\theta=25°24'$。试问，在干坡或完全浸水条件下，土坡的稳定性安全系数分别为多少？当有顺坡方向的渗流时，土坡还能保持稳定吗？

9.7　有一简单黏土边坡，高 20 m，坡比 1∶2，填土的重度 $\gamma=20\ \text{kN/m}^3$，内摩擦角 $\varphi=20°$，黏聚力 $c=10\ \text{kPa}$。假设滑动圆弧半径为 50 m，并假定滑动面通过坡脚位置，试分别用瑞典条分法和毕肖甫法计算该边坡对应这一滑动圆弧的安全系数，并进行比较。

10 浅基础设计

学 习 要 点

(1) 掌握地基基础设计的原则和方法；
(2) 掌握浅基础的分类、设计与计算；
(3) 掌握影响基础埋置深度选择的因素，确定地基承载力的方法；
(4) 掌握减轻不均匀沉降危害的工程措施。

重点和难点

(1) 正确确定地基承载力；
(2) 浅基础的设计和计算。

10.1 概　　述

地基分为天然地基和人工地基。天然地层结构性质较好，可以直接作为建筑物地基时称为天然地基；经过人工处理的地层作为地基时称为人工地基。基础按其结构形式可分为浅基础和深基础。如果条件合适，在天然地基上直接建造浅基础，一般较为简单、经济；而人工地基或深基础，往往造价高，工期也长。因此，在保证建筑物安全可靠的条件下，应优先选用天然地基上浅基础的设计方案。

10.1.1 地基基础的设计等级

《建筑地基基础设计规范》(GB 50007—2002)根据地基复杂程度、建筑规模和功能特征以及由于地基问题可能造成建筑物破坏或影响正常使用的程度，将地基基础设计划分为三个设计等级，如表 10.1 所示。

表 10.1 地基基础设计等级

设计等级	建筑和基底类型
甲级	重要的工业与民用建筑； 30 层以上的高层建筑； 体积复杂，层数相差超过 10 层的高低层连成一体建筑物； 大面积的多层地下建筑物(如地下车库、商城、运动场等)； 对地基变形有特殊要求的建筑物； 复杂地质条件下的坡上建筑物(包括高边坡)； 对原有工程影响较大的新建建筑物； 场地和地基条件复杂的一般建筑物； 位于复杂地质条件及软土地区的 2 层及 2 层以上地下室的基坑工程

续表 10.1

设计等级	建筑和基底类型
乙级	除甲级、丙级以外的工业与民用建筑
丙级	场地和场基条件简单、荷载分布均匀的 7 层及 7 层以下民用建筑及一般工业建筑物；次要的轻型建筑物

在表 10.1 中，对原有工程影响较大的新建建筑物是指在原有建筑物旁和在地铁、地下隧道、重要地下管道上或它们旁边新建的建筑物。

10.1.2 地基基础的设计规定、内容和步骤

10.1.2.1 地基基础的设计规定

地基基础的设计与计算应满足承载力极限状态和正常使用极限状态，即：

(1) 基础应有足够的强度、刚度和耐久性。

(2) 地基应具有足够的强度和稳定性。《建筑地基基础设计规范》(GB 50007—2002)要求各级建筑物地基均应进行承载力验算，对经常承受水平荷载作用的高层建筑和高耸结构，以及建造在斜坡上或边坡附近的建筑物和构筑物，尚应验算其稳定性，以保证地基在防止整体剪切破坏方面有足够的安全系数。

(3) 地基应满足变形方面的要求。设计等级为甲级、乙级的建筑物，应按地基变形设计，建筑物情况和地基条件复杂的丙级建筑物地基也应做变形验算，以保证建筑物不因地基沉降影响正常使用。

(4) 设计地基基础时，所采用的荷载效应最不利组合与相应的抗力限制，应符合以下规定：

① 确定基础底面积及埋深时取荷载效应的标准组合值。传至基础底面的荷载效应应采用按正常使用极限状态下的荷载效应组合，相应的抗力应采用地基承载力特征值。

② 计算地基变形时，传至基础底面上的荷载效应应采用按正常使用极限状态下荷载效应的准永久组合值，且不计入风荷载和地震作用，相应的限值为地基变形允许值。

③ 计算地基稳定性时，传至基础底面上的荷载效应应按承载能力极限状态下荷载效应的基本组合值，但其分项系数均为 1.0。

④ 确定基础高度、内力和验算材料强度时，传至基础底面上的荷载效应应按承载能力极限状态下荷载效应的基本组合值，并采用相应的分项系数。

10.1.2.2 地基基础的设计内容和步骤

(1) 选择基础的材料、类型，确定平面布置；

(2) 选择地基持力层，即确定基础埋置深度；

(3) 确定地基承载力特征值；

(4) 根据传至基础底面上的荷载效应和地基承载力特征值，确定基础底面积；

(5) 根据传至基础底面上的荷载效应进行地基的变形和稳定性验算；

(6) 根据传至基础底面上的荷载效应确定基础构造尺寸，并进行结构计算；

(7) 编制可供指导施工的图件。

10.2 浅基础的类型

根据基础的平面形式，浅基础可分为扩展基础和连续基础两大类。

10.2.1 扩展基础

扩展基础通常指墙下条形基础和柱下独立基础。根据基础材料不同，扩展基础又可分为无筋扩展基础和(钢筋混凝土)扩展基础。

10.2.1.1 *无筋扩展基础*

无筋扩展基础适用于民用建筑和墙承重的厂房，多见于多层民用建筑和轻型厂房。常见的形式有砖基础、毛石基础、三合土基础、灰土基础、混凝土基础和毛石混凝土基础等。

由于上述基础材料承受拉应力和弯矩方面的不足，为保证基础不发生弯曲破坏或剪切破坏，通常无筋扩展基础都限制台阶的宽高比，以满足一定的刚度和强度要求，即：

$$\frac{b_2}{H_0} \leqslant \tan\alpha \tag{10.1}$$

式中，α 为无筋扩展基础的刚性角，而 $\tan\alpha$ 即台阶宽高比的允许值，$\tan\alpha$ 可按表 10.2 采用，其余参数如图 10.1 和图 10.2 所示。

表 10.2 无筋扩展基础台阶宽高比的允许值

基础材料	质量要求	台阶宽高比的允许值		
		$p_k \leqslant 100$	$100 < p_k \leqslant 200$	$200 < p_k \leqslant 300$
混凝土基础	C15 混凝土	1 : 1.00	1 : 1.00	1 : 1.25
毛石混凝土基础	C15 混凝土	1 : 1.00	1 : 1.25	1 : 1.50
砖基础	砖不低于 MU10；砂浆不低于 M5	1 : 1.50	1 : 1.50	1 : 1.50
毛石基础	砂浆不低于 M5	1 : 1.25	1 : 1.50	—
灰土基础	体积比 3 : 7 或 2 : 8 的灰土，其最小干密度要求粉土 1.55 t/m³，粉质黏土 1.50 t/m³，黏土 1.45 t/m³	1 : 1.25	1 : 1.50	—
三合土基础	体积比为 1 : 2 : 4～1 : 3 : 6(石灰 : 砂 : 骨料)，每层虚铺 220 mm，夯至 150 mm	1 : 1.50	1 : 2.00	—

注：① p_k 为基础底面处平均压力(kPa)；
② 阶梯形毛石基础的每阶伸出宽度不宜大于 200 mm；
③ 当基础由不同材料叠合组成时，应对接触部分做抗压计算；
④ 当混凝土基础底面处平均压力超过 300 kPa 时，应进行抗剪验算。

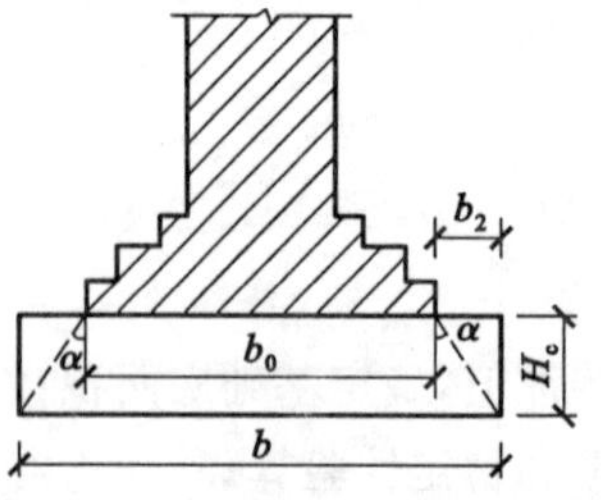

图 10.1 刚性基础受力示意图

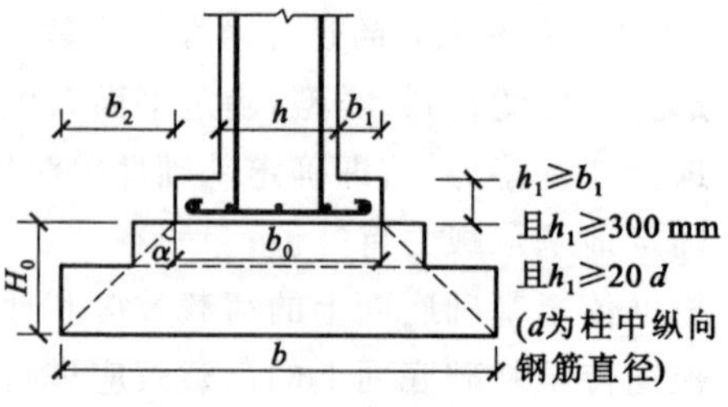

图 10.2 刚性基础构造示意图

可见，无筋扩展基础的底面宽度 b 应符合下式要求：

$$b \leqslant b_0 + 2H_0\tan\alpha \tag{10.2}$$

(1) 砖基础

对于砖基础，通常有等高砌法和二一间隔砌法两种，如图 10.3 所示。在基底宽度相同的情况下，二一间隔砌法可减小基础高度，并节省用砖量。

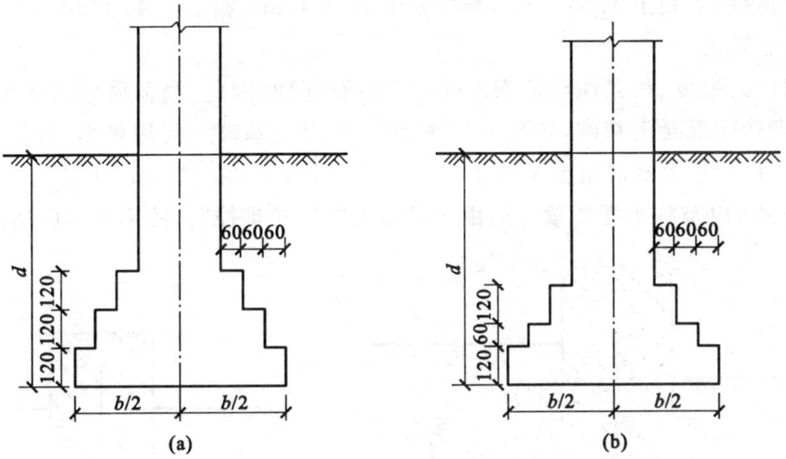

图 10.3　砖基础的通常砌法

(a) 等高砌法；(b) 二一间隔砌法

(2) 毛石基础

毛石基础是用未经人工加工的石材和砂浆砌筑而成，如图 10.4 所示。对于产石山区而言，其优点是能就地取材，价格低；缺点是施工劳动强度大。此外，在毛石基础设计中，基底一般不设混凝土垫层，这是由于在搬运毛石过程中，垫层极易被破坏的缘故。

(3) 三合土基础

三合土基础是用石灰、砂、碎砖或碎石三种材料混合铺设、压密而成。其体积比一般按 1∶2∶4～1∶3∶6 配制，经加入适量水拌和后，均匀铺入基槽，每层虚铺 220 mm，再压实至 150 mm，铺至一定高度后再在其上砌砖大放脚，如图 10.5 所示。三合土基础常用于我国南方地区，地下水位较低的 4 层及 4 层以下的民用建筑工程中。

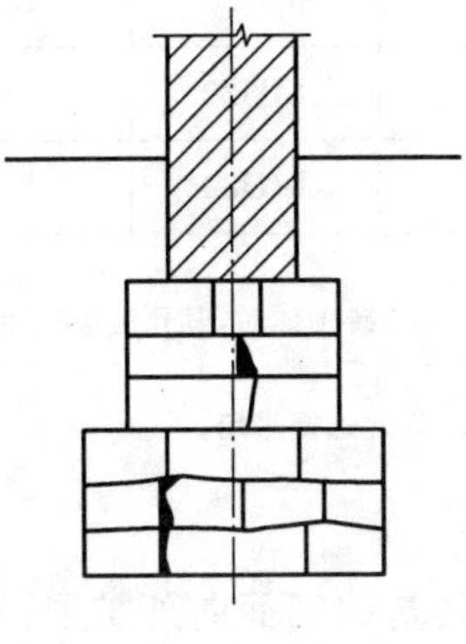

图 10.4　毛石基础

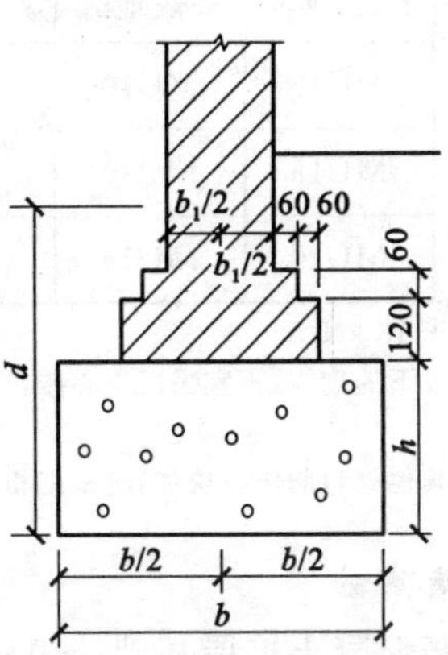

图 10.5　三合土基础

(4) 灰土基础

灰土基础是用石灰和黏性土材料混合铺设、压密而成，其体积比常为 3∶7 或 2∶8(称为三七灰土或二八灰土)，经加入适量水拌匀，分层压实。每层虚铺 220～250 mm，压实至 150 mm，如图 10.6 所示。施工中应严格控制灰土比例和拌和均匀的问题。每层压实结束后，按规定取灰土样，测定其干密度。压实后灰土的最小干密度应由试验值确定。当无试验资料时可按下列 a 值控制：粉土 1.55 t/m³，粉质黏土 1.50 t/m³，黏土 1.45 t/m³。

(5) 混凝土基础

混凝土基础的强度、耐久性与抗冻性都优于砖石基础，因此，当荷载较大或位于地下水位以下时，可考虑选用混凝土基础，如图 10.7 所示。混凝土基础水泥用量大，造价稍高，当基础体积较大时，可设计成毛石混凝土基础。毛石混凝土基础是在浇灌混凝土过程中，掺入少于总体积 30%的毛石，以节约水泥用量。但由于其施工质量较难控制，使用并不广泛。

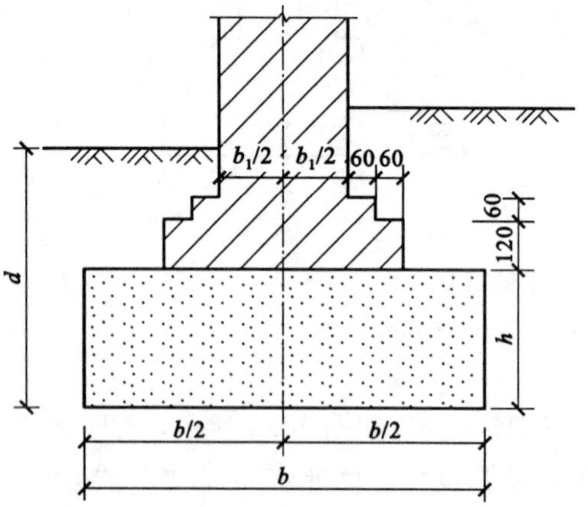

图 10.6 灰土基础

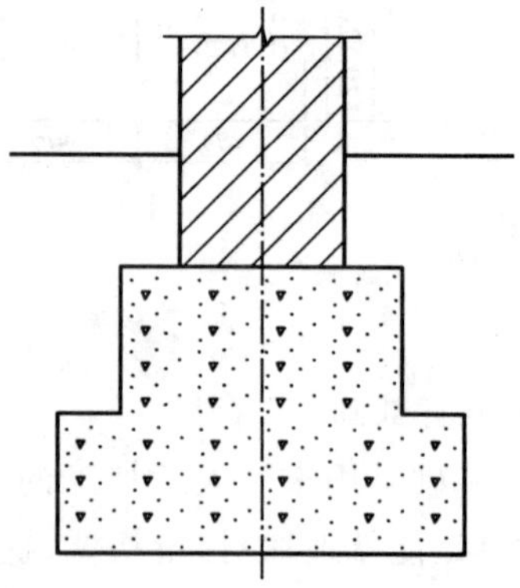

图 10.7 混凝土基础

此外，为保证基础材料有足够的强度和耐久性，根据地基的潮湿程度和地区的气候条件不同，砖、石、砂浆材料的最低强度等级应符合表 10.3 的要求。

表 10.3 基础用砖、石料及砂浆最低强度等级

基土的潮湿程度	黏土砖		混凝土砌块	石材	混合砂浆	水泥砂浆
	严寒地区	一般地区				
稍潮湿的	MU10	MU10	MU5	MU20	M5	M5
很潮湿的	MU15	MU10	MU7.5	MU20	—	M5
含水饱和的	MU20	MU15	MU7.5	MU30	—	M7.5

注：① 石材的重度不应低于 18 kN/m³；

② 地面以下或防潮层以下的砌体，不宜采用空心砖，当采用混凝土空心砖砌体时，其孔洞应采用强度等级不低于 C15 的混凝土灌实；

③ 各种硅酸盐材料及其他材料制作的块体，应根据相应材料标准的规定选择采用。

10.2.1.2 扩展基础

扩展基础是钢筋混凝土扩展基础的简称。由于其基础底面向外扩展，基础外伸的宽度大于基础的高度，基础材料承受拉力，因此扩展基础必须是钢筋混凝土材料。

柱下钢筋混凝土独立基础和墙下钢筋混凝土条形基础是常见的两类扩展基础。

这类基础适宜于上部结构荷载较大，有时为偏心荷载或承受弯矩和水平荷载的建筑物。在地基表层承载力较好、下部存在软弱地层的情况下，也可以采用扩展基础，以充分利用表层承载力较好的地基。

现浇柱下独立钢筋混凝土基础的横截面常做成台阶形或角锥形；预制柱下的钢筋混凝土独立基础一般做成杯形基础，如图 10.8 所示。

墙下钢筋混凝土条形基础多用于地质条件较差的多层建筑物，其截面形式可做成无肋式或有肋式两种，如图 10.9 所示。

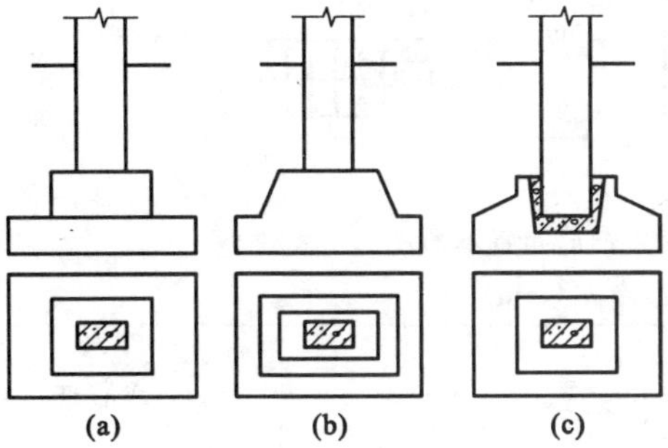

图 10.8　柱下独立基础图

(a) 阶梯形基础；(b) 角锥形基础；(c) 杯形基础

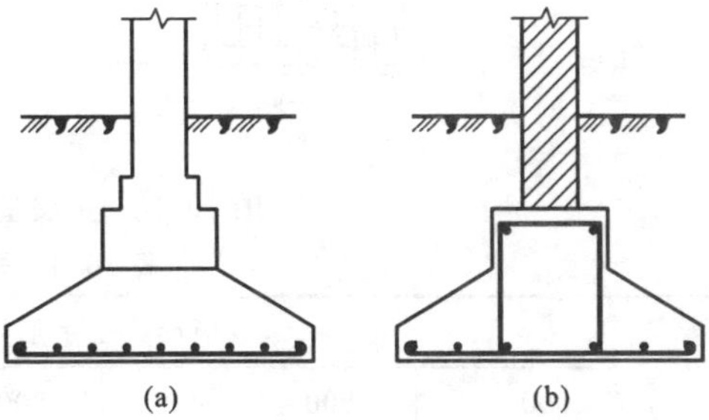

图 10.9　墙下钢筋混凝土条形基础

(a) 无肋式；(b) 有肋式

(1) 扩展基础的构造要求

① 锥形基础的边缘高度不宜小于 200 mm，阶梯形基础的每阶高度宜为 300～500 mm。

② 扩展基础的基础底面一般应设置混凝土垫层，垫层的厚度不宜小于 70 mm；垫层混凝土强度等级应为 C10。

③ 底板受力钢筋的最小直径不宜小于 10 mm，间距不宜大于 200 mm，也不宜小于 100 mm；墙下钢筋混凝土条形基础纵向分布钢筋的直径不小于 8 mm，间距不大于 300 mm，每延米分布钢筋的面积应不小于受力钢筋面积的 1/10；钢筋保护层的厚度，有垫层时不宜小于40 mm，无垫层时不宜小于 70 mm。

④ 基础本身的混凝土强度等级不宜低于 C20。

⑤ 当柱下钢筋混凝土独立基础的边长或者墙下钢筋混凝土条形基础的宽度大于或等于 2.5 m 时，底板受力钢筋的长度可取边长或宽度的 0.9 倍，并宜交错布置，如图 10.10(a)所示。

⑥ 钢筋混凝土条形基础底板在┳形及╋字形交接处，底板横向受力钢筋仅沿一个主要受力方向通长布置，另一方向的横向受力钢筋可布置到主要受力方向底板宽度 1/4 处，如图 10.10(b)所示；在拐角处底板横向受力钢筋应沿两个方向布置，如图 10.10(c)所示。

⑦ 钢筋混凝土柱和剪力墙纵向受力钢筋在基础内的锚固长度、有抗震设防要求时纵向受力钢筋的最小锚固长度、插筋的锚固长度和锚固方式等，应按现行规范选用。

⑧ 预制钢筋混凝土柱与杯口基础的连接，应符合下列要求：

柱的插入深度可按表 10.4 选用，并应满足锚固长度的要求和吊装时柱的稳定性(即不小于吊装时柱长的 0.05 倍)。

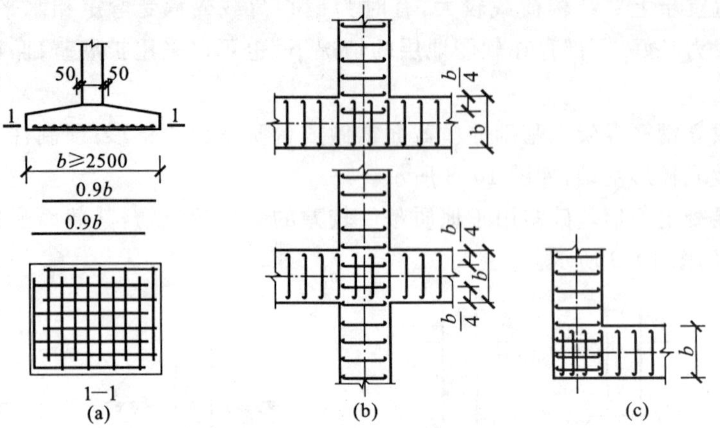

图 10.10　扩展基础底板受力钢筋布置示意图

表 10.4　柱的插入深度 h_1(mm)

矩形或工字形柱				双肢柱
$h<500$	$500\leqslant h<800$	$800\leqslant h\leqslant 1000$	$h>1000$	
$h\sim1.2h$	h	$0.9h$ 且$\geqslant 800$	$0.8h$ 且$\geqslant 1000$	$(1/3\sim2/3)h_a$ $(1.5\sim1.8)h_b$

注：① h 为柱截面长边尺寸；h_a 为双肢柱全截面长边尺寸；h_b 为双肢柱全截面短边尺寸；

② 柱轴心受压或小偏心受压时，h_1 可适当减小，偏心距大于 $2h$(或 $2d$)时，h_1 应适当加大。

基础的杯底厚度和杯壁厚度，可按表 10.5 选用。

表 10.5　基础的杯底厚度和杯壁厚度(mm)

柱截面长边尺寸 h	杯底厚度 a_1	杯壁厚度 t
$h<500$	$\geqslant 150$	$150\sim200$
$500\leqslant h<800$	$\geqslant 200$	$\geqslant 200$
$800\leqslant h<1000$	$\geqslant 200$	$\geqslant 300$
$1000\leqslant h<1500$	$\geqslant 250$	$\geqslant 350$
$1500\leqslant h<2000$	$\geqslant 300$	$\geqslant 400$

注：① 双肢柱的杯底厚度值，应适当加大；

② 当有基础梁时，基础梁下的杯壁厚度应满足其支承宽度的要求；

③ 柱子插入杯口部分的表面应凿毛，柱子与杯口之间的空隙应用比基础混凝土强度等级高一级的细石混凝土充填密实，当达到材料设计强度的 70%以上时方能进行上部吊装。

杯壁的配筋应满足以下规定：

当柱为轴心或小偏心受压且 $t/h_2\geqslant 0.65$，或大偏心受压且 $t/h_2\geqslant 0.75$ 时，杯壁可不配筋；

当柱为轴心或小偏心受压且 $0.5\leqslant t/h_2<0.65$ 时，杯壁可按表 10.6 构造配筋；

其他情况下应按计算配筋。

表 10.6　杯壁的构造配筋(mm)

柱截面长边尺寸	$h<1000$	$1000\leqslant h<1500$	$1500\leqslant h\leqslant 2000$
钢筋直径	$8\sim10$	$10\sim12$	$12\sim16$

注：表中钢筋置于杯口顶部，每边两根，如图 10.11 所示。

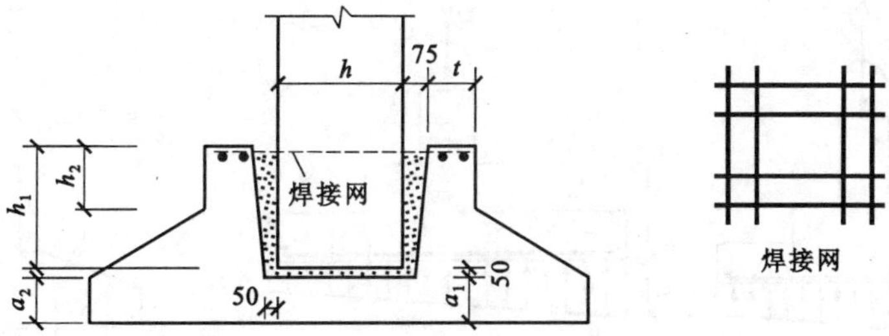

图 10.11　预制钢筋混凝土柱独立基础示意图

注：$a_2 \geqslant a_1$

(2) 扩展基础计算

① 扩展基础底面面积

$$A \geqslant \frac{N}{f-\overline{\gamma}d} \tag{10.3}$$

在墙下条形基础相交处，不应重复计入基础面积。

② 扩展基础高度和变阶处高度

对矩形截面柱的矩形基础，如图 10.12 所示，在柱与基础交接处和基础变阶处所受的冲切剪力，可按下式计算：

$$F_l \leqslant 0.7\beta_{bp} f_t a_m h_0 \tag{10.4}$$

其中

$$a_m = \frac{a_t + a_b}{2}$$

$$F_l = p_j A_l$$

式中 β_{bp}——受冲切承载力截面高度影响系数，当 $h \leqslant 800$ mm 时，β_{bp} 取 1.0；当 $h \geqslant 2000$ mm 时，β_{bp} 取 0.9；其间按线性内插法取用。

f_t——混凝土轴心抗拉强度设计值(kPa)。

h_0——基础冲切破坏锥体的有效高度(m)。

a_m——冲切破坏锥体最不利一侧计算长度(m)。

a_t——冲切破坏锥体最不利一侧斜截面的上边长，当计算柱与基础交接处的受冲切承载力时，取柱宽；当计算基础变阶处的受冲切承载力时，取阶宽。

a_b——冲切破坏锥体最不利一侧斜截面在基础底面积范围内的下边长，当冲切破坏锥体的底面落在基础底面以内[图 10.12(a)、图 10.12(b)]，计算柱与基础交接处的受冲切承载力时，取柱宽加两倍基础有效高度；当计算基础变阶处的受冲切承载力时，取上阶宽加两倍该处的基础有效高度；当冲切破坏锥体的底面在 l 方向落在基础底面以外，即 $a+2h_0 \geqslant l$ 时[图 10.12(c)]，$a_b = l$。

p_j——扣除基础自重及其上土重后相应于荷载效应基本组合时的地基土单位面积净反力，对偏心受压基础可取基础边缘处最大地基土单位面积净反力(kN)。

A_l——冲切验算时取用的部分基底面积(m^2)[图 10.12(a)、图 10.12(b)中的阴影面积 $ABCDEF$，或图 10.12(c)中的阴影面积 $ABCD$]。

F_l——相应于荷载效应基本组合时作用在 A_l 上的地基土净反力设计值(kN)。

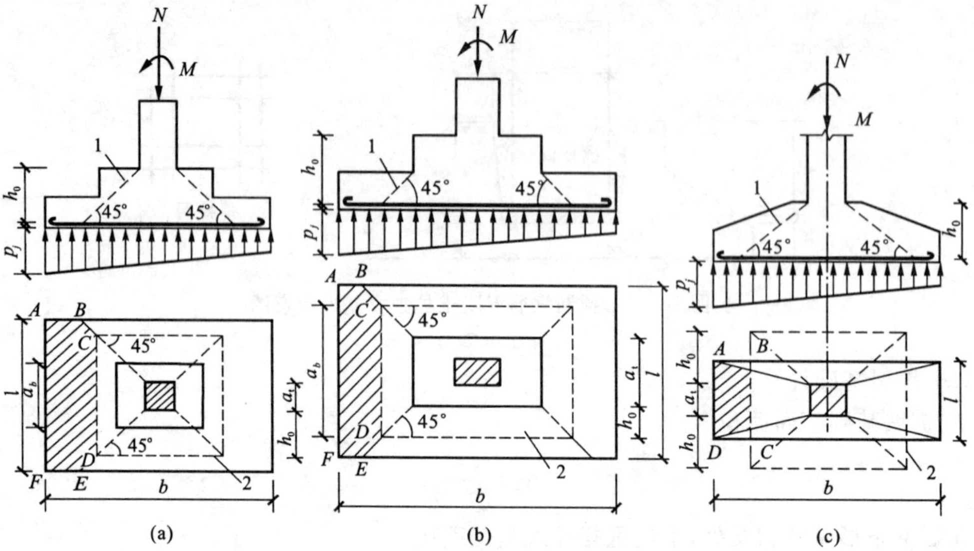

图 10.12　计算矩形基础的受冲切承载力截面位置

(a) 柱与基础交接处；(b) 基础变阶处；(c) 基础底面处

1—冲切破坏锥体最不利一侧的斜截面；2—冲切破坏锥体的底面线

③ 扩展基础的弯矩计算

在轴心荷载或单向偏心荷载作用下底板受弯可按下列简化方法计算：

a. 对于矩形基础，当台阶的宽高比小于或等于 2.5 和偏心距小于或等于 1/6 基础宽度时，如图 10.13 所示，任意截面的弯矩可按下式计算：

$$M_{\mathrm{I}}=\frac{1}{12}a_1^2\left[(2l+a')\left(p_{\max}+p-\frac{2G}{A}\right)+(p_{\max}-p)l\right] \tag{10.5}$$

$$M_{\mathrm{II}}=\frac{1}{48}(l-a')^2(2b+b')\left(p_{\max}+p_{\min}-\frac{2G}{A}\right) \tag{10.6}$$

式中　M_{I}、M_{II}——任意截面Ⅰ—Ⅰ、Ⅱ—Ⅱ处相应于荷载效应基本组合时的弯矩设计值(kN・m)；

a_1——任意截面Ⅰ—Ⅰ至基底边缘最大反力处的距离；

l、b——基础底面的边长(m)；

$p_{\max}$、$p_{\min}$——相应于荷载效应基本组合时的基础底面边缘最大和最小地基反力设计值(kN)；

p——相应于荷载效应基本组合时在任意截面Ⅰ—Ⅰ处基础底面地基反力设计值(kN)；

G——考虑荷载分项系数的基础自重及其上的土自重；当组合值由永久荷载控制时，$G=1.35\,G_k$(G_k 为基础及其上土的自重标准值)。

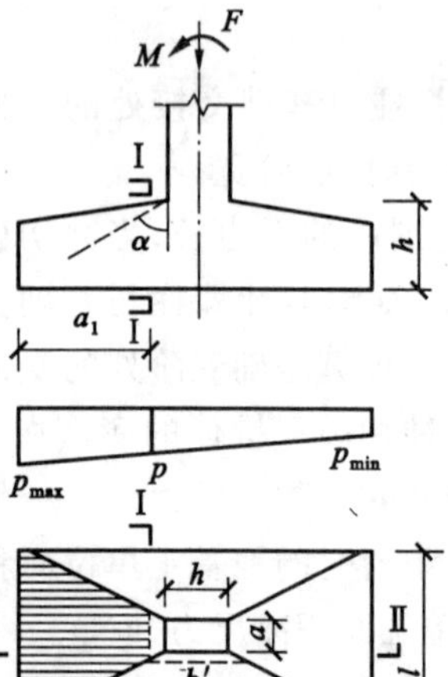

图 10.13　矩形基础底板的计算示意

b. 对于墙下条形基础任意截面的弯矩，如图 10.14 所示，其最大弯矩截面的位置，应符合下列规定：

当墙体材料为混凝土时，取 $a_1=b_1$；如为砖墙且放脚不大于 1/4 砖长时，取 $a_1=b_1+1/4$ 砖长。

应当指出的是，当扩展基础的混凝土强度等级小于柱的混凝土强度等级时，尚应验算柱下扩展基础顶面的局部受压承载力，以防止局部受压破坏。

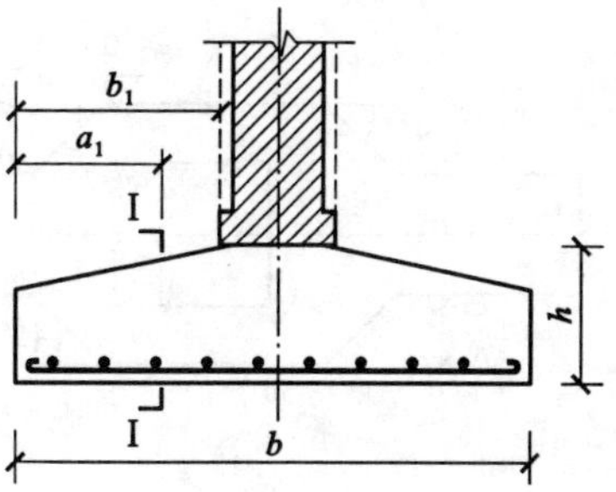

图 10.14　墙下条形基础的计算示意

10.2.2　连续基础

连续的钢筋混凝土梁板式基础主要有柱下条形基础、十字交叉条形基础、筏板基础和箱形基础等。这类基础的整体性好，抵抗不均匀沉降的能力比扩展式基础强。

10.2.2.1　柱下条形基础

当单柱荷载较大、地基承载力不能满足时，若按柱下独立基础进行设计，则基础底面积大，基础之间的净距较小，施工不方便。为方便施工，同时也使得基础受力更加合理，减少不均匀沉降，往往把各基础之间的净距取消，使之连为一体，即形成柱下条形基础，如图 10.15 所示。

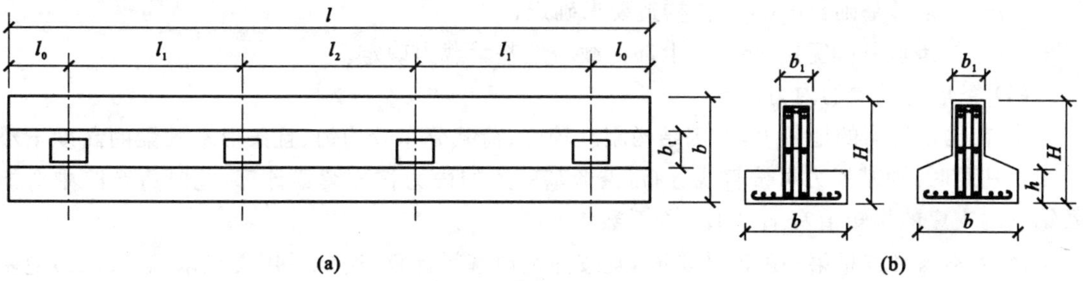

图 10.15　柱下条形基础

(a) 平面图；(b) 剖面图

柱下条形基础的设计应满足以下要求：

(1) 截面类型

根据柱子的数量、基础的剖面尺寸、上部荷载大小、分布以及结构刚度等情况，柱下条形基础可分别采用以下两种形式：

① 等截面条形基础　此类基础的横截面通常为倒 T 形，底部挑出部分为翼板，其余部分为肋部。

② 局部扩大条形基础　此类基础的横截面在柱位处局部加高或扩大，以适应柱与基础梁的荷载传递和牢固联接。

(2) 构造要求

柱下条形基础除满足扩展基础的构造要求外，尚应满足以下要求：

① 基础梁高 $H=\left(\frac{1}{4}\sim\frac{1}{8}\right)l_i$（$l_i$为柱距），通常梁高 $H=1.0\sim2.0$ m。

② 翼板厚度 h 不小于 200 mm，通常 $h=200\sim400$ mm。

当翼板厚 $h=200\sim250$ mm 时，采用等厚度翼板；当翼板厚 $h>250$ mm 时，采用变厚度翼板，其坡度 $i\leqslant1:3$。

③ 一般情况下，条形基础的端部应外伸，以扩大基底面积，并调整底面形心位置，使基底反力分布更为合理。两端基础外伸长度不宜太大，宜为第一跨的 0.25 倍。

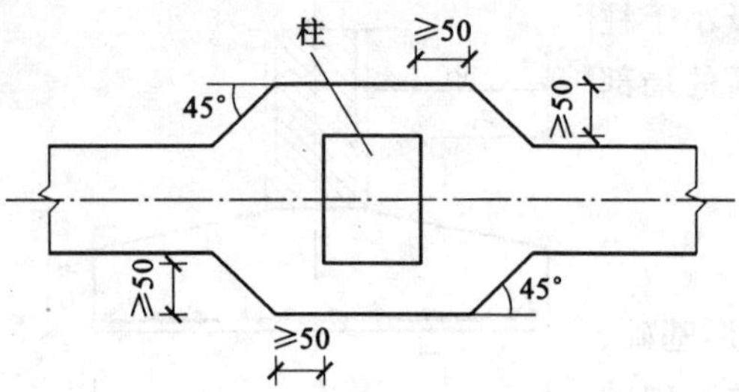

图 10.16　现浇柱与条形基础梁交接处平面尺寸

④ 现浇柱与条形基础梁的交接处，应放大尺寸，其平面尺寸不应小于图 10.16 中所示的规定。

⑤ 条形基础梁顶部和底部的纵向受力筋除满足计算要求外，顶部钢筋按计算配筋全部贯通，底部通长钢筋不应少于底部受力钢筋截面总面积的 1/3。

⑥ 柱下条形基础的混凝土强度等级不应低于 C20，一般采用 C20 或 C30 混凝土。

(3) 基础的底面面积

柱下条形基础可视为一狭长的矩形基础进行计算：

$$A = l \times b \geqslant \frac{N}{f - \overline{\gamma} d} \tag{10.7}$$

式中　A——条形基础底面面积(m^2)；

l——条形基础长度(m)，由构造要求确定；

b——条形基础宽度(m)，由上部荷载与地基承载力确定。

(4) 条形基础梁的内力计算

① 在比较均匀的地基上，上部结构刚度较好、荷载分布较均匀、且条形基础梁的高度不小于 1/6 柱距时，地基反力可按直线分布，条形基础梁的内力按连续梁计算，此时边跨跨中弯矩及第一内支座的弯矩值宜乘以 1.2 的系数。

② 当不满足本条第一款的要求时，宜按弹性地基梁计算，通常采用文克尔(Winkler)地基梁的基本解。

文克尔地基模型，假设地基上任一点所受的压应力 p 与该点的地基沉降量 s 成正比，即：

$$p = Ks \tag{10.8}$$

式中　K——基床系数。

K 值的大小与地基土的类型、密实程度、软硬状态、基础底面尺寸大小和形状，以及基础荷载和刚度等因素有关。K 值应根据实际条件，由现场载荷试验确定。如无载荷试验资料，可按表 10.7 选用。

表 10.7　基床系数 K 的经验值

土的分类	土的状态	K ($\times 10^3$ kN/m^3)
淤泥质黏土	流塑	3～5
淤泥质粉质黏土	流塑	5～10
黏土、粉质黏土	软塑 可塑 硬塑	5～20 20～40 40～100
砂土	松散 中密 密实	7～15 15～25 25～40
砾石	中密	25～40

在软弱地基或地基压缩层很薄的情况下，按上述方法计算可得到满意的结果。

③ 柱边缘处的基础梁应进行受剪承载力验算；

④ 当存在扭矩时，尚应做抗扭计算；

⑤ 当条形基础的混凝土强度等级小于柱的混凝土强度等级时，尚应验算柱下条形基础梁顶面的局部受压承载力。

10.2.2.2 十字交叉条形基础

当单柱的上部荷载较大、按条形基础设计无法满足地基承载力要求时，可采用交叉条形基础，即十字交叉条形基础，使基础底面面积和基础整体刚度相应增大，同时可以减小地基的附加应力和不均匀沉降。设计要点如下：

十字交叉梁为超静定空间结构，可采用弹性理论精确计算，但计算量较大，传统上采用如下简化计算法。

在基础交叉节点上，将柱荷载在纵横两个方向条形基础上进行分配，同时应满足变形协调关系，即分配后的荷载分别作用于纵向与横向基础梁上时，纵、横双向条形基础在各交叉节点处的变形相等。

简化计算时，假定纵、横梁的抗扭刚度均为零，每个交叉节点仅由下列两个方程组成：

$$\left.\begin{aligned} N_i &= N_{ix} + N_{iy} \\ W_{ix} &= W_{iy} \end{aligned}\right\} \qquad (10.9)$$

式中 N_i——第 i 节点的柱荷载(kN)；

N_{ix}——第 i 节点分配给 x 向条基的荷载(kN)；

N_{iy}——第 i 节点分配给 y 向条基的荷载(kN)；

W_{ix}——第 i 节点 x 向条基的挠度；

W_{iy}——第 i 节点 y 向条基的挠度。

用基床系数法文克尔模型计算基础梁的挠度。在交点处(荷载作用点)，$x=0$，式中的参数 $A_s=0$，$P_s=0$。

无限长地基梁

$$W=\frac{N}{2Kbs}$$

半无限长地基梁

$$W=\frac{2N}{Kbs} \qquad (10.10)$$

式中 s——系数，$s=\sqrt[4]{\dfrac{4E_cI}{Kb}}$；

K——基床系数；

I——基础横截面的惯性矩(m^4)；

E_c——混凝土弹性模量(kPa)。

十字交叉基础的节点有三种：╋字节点、┳字节点和┏字节点。由式(10.11)～式(10.19)，可以求解任意节点 i 柱荷载分配给纵、横方向条基的荷载 N_{ix}、N_{iy}。

① ╋字节点，适用于十字交叉基础的中柱

基本方程：$N_{ix}+N_{iy}=N_i$

$$W=\frac{N_{ix}}{2Kb_x s_x}=\frac{N_{iy}}{2Kb_y s_y} \tag{10.11}$$

联立方程得：

$$N_{ix}=\frac{b_x s_x}{b_x s_x+b_y s_y}N_i \tag{10.12}$$

$$N_{iy}=\frac{b_y s_y}{b_x s_x+b_y s_y}N_i \tag{10.13}$$

② ┳字节点，适用于十字交叉基础的边柱

基本方程：$N_{ix}+N_{iy}=N_i$

$$\frac{N_{ix}}{2Kb_x s_x}=\frac{2N_{iy}}{Kb_y s_y} \tag{10.14}$$

联立方程得：

$$N_{ix}=\frac{4b_x s_x}{4b_x s_x+b_y s_y}N_i \tag{10.15}$$

$$N_{iy}=\frac{b_y s_y}{4b_x s_x+4b_y s_y}N_i \tag{10.16}$$

③ ┏字节点，适用于十字交叉基础的角柱

基本方程：$N_{ix}+N_{iy}=N_i$

$$\frac{2N_{ix}}{Kb_x s_x}=\frac{2N_{iy}}{Kb_y s_y} \tag{10.17}$$

联立方程得：

$$N_{ix}=\frac{b_x s_x}{b_x s_x+b_y s_y}N_i \tag{10.18}$$

$$N_{iy}=\frac{b_y s_y}{b_x s_x+4b_y s_y}N_i \tag{10.19}$$

当求出十字交叉基础所有节点在纵、横向的分配荷载后，即可按柱下条形基础的方法进行设计。

应当指出，随着计算机的普及和相关商业软件的不断完善，上述基础形式受力的整体计算已较容易做到，但了解传统算法对建立相关力学模型的工程思维培养是有益和必要的。

10.2.2.3 墙下筏板基础

(1) 应用范围

① 若上部结构荷载较大，地基软弱，采用条形基础或十字交叉基础仍不能满足地基承载力要求，或基础底面积与建筑物第一层面积相差不大，可将基础连成整体时，称为筏板基础。带地下室的建筑，为使用方便，尤其是为了满足防渗要求，也常采用筏板基础。

② 墙下浅埋筏板基础，包括不埋式筏板，可适用于具有硬壳层（包括人工处理形成的硬壳层）比较均匀的软弱地基，以及 6 层及 6 层以下横墙较密的民用建筑。

③ 城市地表杂填土层很厚，挖除不经济或挖除后回填料难以取得时，也常采用不埋式筏板基础，置于杂填土上，可解决杂填土不均匀和承载力较低等问题。

我国南方湖沼、滨海区大量建筑工程实践表明：在软弱地基上采用墙下筏板基础，是适用于多层建筑的基础方案，其既安全、又经济，且施工方便。

(2) 构造要求

① 宜为等厚度的钢筋混凝土结构。

② 垫层厚度宜为 100 mm。

③ 筏板悬挑墙外的长度不宜过大，从轴线起算：横向限于 1500 mm，纵向限于 1000 mm。

④ 采用不埋式筏板基础时，基础四周必须有封闭式向下的边梁，边梁深度应大于 500 mm；底板四角应布置放射状附加钢筋。

⑤ 混凝土强度等级可采用 C20 或 C30。对于地下水位以下的地下室筏板基础，尚需考虑混凝土的防渗要求。

⑥ 钢筋保护层的厚度，有垫层时不小于 35 mm。

⑦ 底板钢筋配置：

受力钢筋的最小直径不宜小于 8 mm，一般采用ϕ10～ϕ14@100～200 mm 布置；

构造钢筋设置上下两层钢筋网时，通常采用ϕ6@150～250 mm；

墙下沿墙长加构造筋，常用 2ϕ12；

板的四角加 7～9 根ϕ12 或ϕ14 的扇形筋；

纵横方向支座钢筋应分别有 0.15%、0.10%配筋率连通，跨中钢筋应按实际配筋率全部连通；

不埋式板基四周下伸边梁按构造配筋，一般在下部配 2ϕ12。

(3) 墙下筏板基础设计

① 基础底面面积

$$A \geqslant \frac{N}{f-\overline{\gamma}d} \tag{10.20}$$

为减小偏心荷载，可设计筏板悬挑墙外适当长度。

② 筏板基础长度 l 不能过长，通常要求长度 $l \leqslant 40 \sim 50$ m，且宽度不宜过大，$l/b = 2.5 \sim 5.5$。

③ 筏板基础厚度按抗冲切、剪切要求计算确定。当层数较低(≤7 层)时筏板基础厚度可以按经验值确定。

④ 筏板基础内力简化计算：

a. 均匀地基、上部结构刚度较好时，不考虑整体弯曲；但在筏板端部第一、二开间内，应将地基反力增加 10%～20%，按上下均匀配筋。

b. 地基软弱，压缩模量 $E_s \leqslant 4$ MPa 时，以筏板局部弯曲计算，可按直线分布地基反力计算内力，并应进行抗裂验算。

c. 当筏板厚度较大，超过 1/6 墙间距离时，可取单位宽度的条板按直线分布地基反力计算内力。

如不满足上述条件时，可用文克尔弹性地基梁板方法计算内力。其关键是选用适宜的基床系数 K 值。基床系数可按表 10.7 选取，但甲级和乙级建筑最好用载荷试验数据，由 p-s 曲线第一阶段的直线段，取：

$$K = \frac{p_2 - p_1}{s_2 - s_1} \tag{10.21}$$

式中 p_2、p_1——p-s 曲线直线段上的两级荷载；

s_2、s_1——相应于 p_2、p_1 荷载时的沉降量。

10.2.2.4 箱形基础

箱形基础是指由底板、顶板、侧墙及一定数量内隔墙构成的整体刚度较好的钢筋混凝土箱形结构，简称箱基。

箱基是现场浇筑的钢筋混凝土大型基础，平面尺寸通常与整个建筑平面外形轮廓相同。为兼顾使用要求，箱基高度一般不应小于 3 m，超高层建筑的箱基高度超过 10 m，甚至 20 m。

我国第一个箱基工程是 1953 年设计的北京展览馆中央大厅的基础，此后，北京、上海与全国各省市很多高层建筑均采用箱基。

(1) 箱形基础的特点

① 箱基的基础整体性好

由于箱基整体刚度大，可将上部结构荷载有效地扩散传给地基，同时又能调整与抵抗地基的不均匀沉降，并减少不均匀沉降对上部结构的不利影响。

② 箱基的地基承载力高

箱基的宽度 b 和埋深 d 都比一般的独立基础或条形基础大得多，加之其本身对地基土的置换作用，因此地基承载力经基础宽度和埋深修正后，大幅度提高。

③ 箱基沉降量小

由于箱基的基槽开挖后基础的空心结构可以置换挖除土的自重，属于补偿性设计，由此可以减小基底的附加应力，使地基沉降量减小。

④ 箱基抗震性能好

箱基为整体现场浇筑的钢筋混凝土结构，底板、顶板与内外墙体厚度都较大。箱基不仅整体刚度大，而且箱基的长度、宽度和埋深都大，在地震作用下箱基不可能发生滑移或倾覆，箱基本身的变形也不大。因此，箱基是地震设防区一种良好的抗震性能优良的基础形式。

(2) 箱形基础的适用范围

① 高层建筑

高层建筑为了满足地基稳定性的要求，防止建筑物的滑动与倾覆，不仅要求基础整体刚度大，而且需要埋深大，常采用箱形基础。

② 重型设备

重型设备或对不均匀沉降有严格要求的建筑物，可采用箱形基础。

③ 需要地下室的各类建筑物

如人防、设备间，商店，文化厅，地下车库等，常可采用箱形基础。

④ 需要利用地下空间的各类建筑物

如用地下空间作为通风隔热层的建筑物。

⑤ 上部结构荷载大、地基土较差的各类建筑物

当上部结构荷载大、地基土较软弱或不均匀、无法采用独立基础或条形基础时，可采用天然地基箱形基础，避免打桩或人工加固地基。

⑥ 高地震烈度区的重要建筑物

(3) 箱基的设计要点

① 基底形心位置

箱基设计的关键是防止倾斜。因此，要求上部结构竖向静荷载的重心与基底平面的形心相重合，必要时可将箱基底板外伸。

如无法做到上述重心与形心重合，则要求小偏心的偏心距应满足：

$$e \leqslant 0.1\frac{W}{A} \tag{10.22}$$

式中 e——箱基偏心距(m)；

W——箱基底面的抵抗矩(m^3)；

A——箱基底面积(m^2)。

② 箱基埋深 d

箱基的埋深必须满足地基强度和稳定性的要求，防止建筑物的整体倾斜，避免倾覆及滑移。在地震区，箱基埋深要求应满足公式：

$$d \geqslant \frac{1}{10}H_g \tag{10.23}$$

式中 H_g——自天然地面算起的建筑物高度(m)。

③ 箱基高度 h

箱基高度根据使用要求和基础自身刚度确定，一般设计取值为：

$$h=(1/12\sim1/8)H_g \tag{10.24}$$

$$h \geqslant (1/18)l \tag{10.25}$$

式中 l——箱基长度，一般不计入底板悬挑部分。

④ 箱基墙体设计

箱基外墙：a. 箱基外墙应沿建筑物四周布置；b. 外墙厚度不应小于 250 mm；c. 外墙不得设置连续窗井，否则门洞应设在柱间居中部位，且洞边至柱中心的距离不宜小于 1.2 m，开口系数要求不大于 0.4。

箱基内墙：a. 箱基内墙一般沿上部结构柱网和剪力墙纵横向均匀布置；b. 内墙厚度不宜小于 200 mm。

墙体面积率：a. 为使箱基具有足够的整体刚度，要求具有一定的墙体面积率，即平均每平方米基础面积上，墙体长度不小于 40 cm，或墙体水平截面积不小于基础面积的 1/10；b. 纵墙配置量不小于总墙体的 3/5。

⑤ 箱基底板

箱基底板厚度应满足以下要求：a. 当地基平均反力 $p=200$ kPa 时，底板厚为隔墙间距 l_i 的 1/10；b. 当 $p=300$ kPa 时，底板厚为 $l_i/8$；c. 底板厚度通常大于 500 mm，但不宜超过 1500 mm，箱基底板配筋率也不宜大于 0.8%。

⑥ 箱基顶板

箱基顶板厚度不应小于 200 mm，一般为 200～400 mm，其配筋率不大于 0.80%。

⑦ 箱基的材料

箱基的材料必须用钢筋混凝土材料：混凝土的强度等级不应低于 C20，采用密实混凝土防水时，其外围结构的混凝土抗渗标号不应低于 S_b；钢筋按计算与构造配置。

⑧ 箱形基础地基计算

箱形基础地基计算除包括地基强度计算、地基变形计算外，尚应特别注意位于海滨、河岸、山坡或有水平荷载作用时的地基稳定性计算。

⑨ 箱形基础结构计算

箱基结构计算包括基底反力计算和箱基内力计算两部分。

基底反力是箱基结构计算的关键，基底反力的大小与分布，直接影响箱基承受的弯矩和剪力的大小、分布与方向。目前，基底反力计算方法，均以弹性理论为依据。假定地基的应力与应变为线性关系，选用不同的地基模型，建立不同的计算方法。在这些计算方法中，目前认为“实测基底反力系数法”是较好的计算方法。

由于上部结构的刚度和整体性不同，箱基内力计算分为以下两种算法：

a. 上部结构为现浇剪力墙体系时，上部结构刚度大，箱基变形以局部弯曲为主。箱基底板与顶板均按局部弯曲的内力设计。其中，顶板按普通楼盖实际荷载，采用双向板，考虑四边支承条件，分别计算跨中与支座弯矩；底板可按倒楼盖计算，基底反力取均布荷载，底板在外墙处可视为简支边，在内墙处可假定为固定边。

b. 上部结构为框架体系或框架剪力墙体系时，上部结构刚度较差，箱基的整体弯曲与局部弯曲同时存在，箱基顶板与底板应将整体弯曲与局部弯曲两种应力叠加进行设计。计算局部弯曲所产生的弯矩时，应乘以0.8的折减系数；计算整体弯曲所产生的弯矩时，应计入上部结构与箱基的共同作用，使箱基承担的弯矩可合理减小。

实测资料表明：框架结构或框架剪力墙结构有较多的砖砌体填充墙或挂板，增大了上部结构刚度，因此，箱基整体弯矩不及相应的局部弯矩的4%，此类结构也可考虑按局部弯曲方案设计，可在构造上加适量的整体弯曲钢筋，这样，既可省去繁杂的计算，又能满足安全要求。

10.3 地基设计

地基设计工作主要包括确定基础埋置深度，确定承载力特征值，确定基础底面尺寸和进行必要的变形、稳定验算等几部分内容。

10.3.1 基础埋置深度的选择

基础埋置深度一般是指室外设计地面到基础底面的距离。基础埋置深，基底两侧的超载大，地基承载力高，稳定性好；相反，基础埋置浅，工程量小，工程造价低。确定基础埋深，就是需要认真分析各方面的情况，选择较理想的土层作为持力层，处理好安全与经济之间的矛盾。

影响基础埋置深度因素较多，一般可从以下几方面考虑：

10.3.1.1 工程地质条件及地下水的情况

工程地质条件是影响基础埋深的最基本条件之一，设计者希望地基各土层的厚度均匀，层面水平，压缩性小，承载力高，但在实际工程中却常遇到上下各层土软硬不相同、厚度不均匀、层面倾斜等情况。

当地基上层土较好、下层土较软弱时，则基础尽量浅埋；反之，上层土软弱、下层土坚实，则需要区别对待。当上层软弱土较薄时，可将基础置于下层坚实土上；当上层软弱土较厚时，可考虑采用宽基浅埋的办法，也可考虑人工加固处理或桩基础方案。必要时，应从施工难易和材料用量等方面进行分析，综合比较决定。

考虑到地表一定深度内，由于气温变化、雨水侵蚀、动植物生长及人为活动的影响，基础埋深一般不小于0.5 m；为保护基础不外露，基础大放脚顶面应低于室外地坪至少0.1 m；此外，基础底面也应埋入持力层顶面以下不小于 0.1 m，如图 10.17 所示。

当建筑物各部分使用要求不同，或地基持力层顶面倾斜较大时，可将墙下条形基础按台阶状变化埋深，但应控制台阶的宽高比不小于 1∶2，且每级台阶高度不超过 0.5 m，如图 10.18 所示。

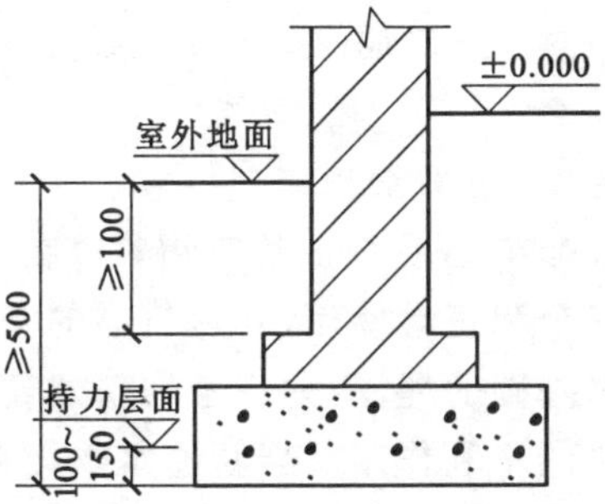

图 10.17　基础的最小埋置深度

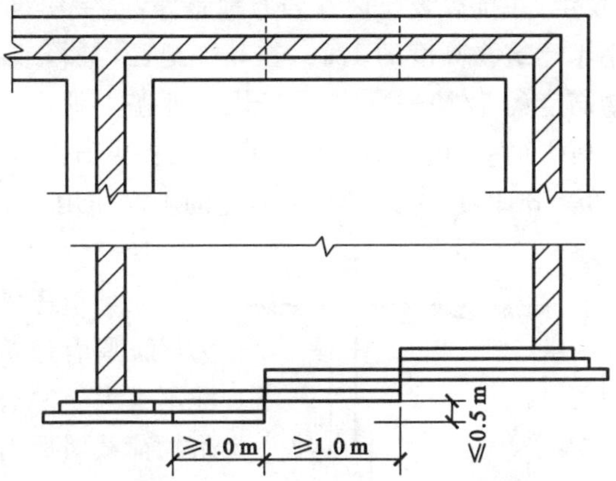

图 10.18　墙基础埋深变化时的台阶做法

位于稳定边坡之上的拟建工程，要保证地基有足够的稳定性。对于坡高 $H \leqslant 8$ m、坡角 $\beta \leqslant 45°$（见图 10.19），且 $b \leqslant 3$ m，$a \geqslant 2.5$ m 时，当基础埋深符合下列条件时：

条形基础

$$d \geqslant (3.5b - a)\tan\beta \tag{10.26}$$

矩形基础

$$d \geqslant (2.5b - a)\tan\beta \tag{10.27}$$

可以认为已满足稳定要求。当基础的赋存条件不满足以上要求时，应进行地基稳定性验算。

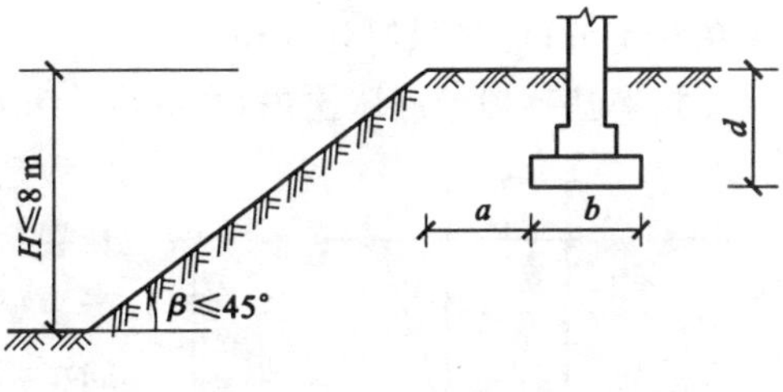

图 10.19　土坡坡顶处基础的最小埋深

选择基础埋深时尚应考虑水文地质条件的影响。当基础置于潜水面以上时，无需基坑排水，可避免涌土、流砂现象，方便施工，也不必考虑地下水的腐蚀作用和地下室的防渗漏问题等。因此，在地基稳定许可的条件下，基础应尽量置于地下水位之上。

10.3.1.2　*建筑物的自身条件*

(1) 建筑功能及其结构形式

确定基础埋深，首先应考虑建筑的功能。当建筑物设有地下室时，基础埋深要受地下室地面标高的影响，在平面上仅局部有地下室时，基础可按台阶形式变化埋深或整体加深。当设计的工程是冷藏库或高温炉窑时，其基础埋深应考虑热传导引起地基土因低温而冻胀或因高温而干缩的不利影响。在确定基础埋深时，还需考虑给排水、供热等管道的标高。原则上不允许管道从基础底下通过，一般可以在基础上设洞口，且洞口顶面与管道之间要留有足够的净空高度，以防止基础沉降压裂管道，造成事故。

(2) 荷载效应

确定基础埋深还应该考虑建筑的荷载效应。对于竖向荷载大，地震力和风力等水平荷载作用也大的高层建筑，基础埋深应适当增大，以满足稳定性要求。高层建筑筏形和箱形基础的埋置深度还应满足地基承载力变形和稳定性要求。《建筑地基基础设计规范》(GB 50007—2002)规定：在抗震设防区除岩石地基外，高层建筑天然地基上的箱形和筏形基础其埋置深度不宜小于建筑物高度的1/15；在其他地区，桩箱或桩筏基础的埋置深度(不计桩长)不宜小于建筑物高度的1/20～1/18；位于岩石地基上的高层建筑其基础埋深应满足抗滑要求；对于受上拔力较大的基础，应有较大的埋深以提供所需的抗拔力；对于室内地面荷载较大或有设备基础的厂房、仓库，应考虑对基础内侧的不利作用。

10.3.1.3 相邻建筑物基础的埋深

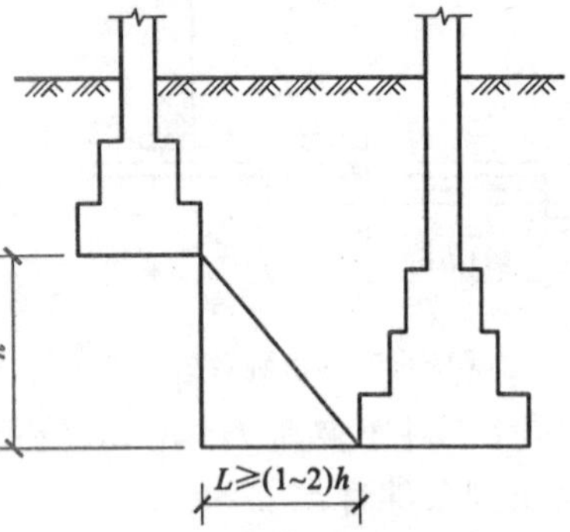

图 10.20 相邻基础的埋深

在城市房屋密集的地方，往往新旧建筑物紧靠在一起，为保证原有建筑物的安全和正常使用，新建筑物的基础埋深不宜大于原有建筑物基础的埋深，并应考虑新建建筑的附加荷载对原有建筑物的不利作用。当新建筑物楼层高，附加荷载大，基础埋深要求大于原有建筑物基础埋深时，新旧两基础之间应有一定的净距，如图10.20所示。根据荷载大小、土质情况和基础形式，新旧建筑基础之间的净距一般可取相邻基础底面高差的1～2倍，即$L \geq (1 \sim 2)h$。当不能满足净距方面的要求时，应采取分段施工，或采取设临时支撑、打板桩和地下连续墙，加固地基和基础托换等措施，对原有建筑物地基进行保护。

10.3.1.4 地基冻融条件

季节性冻土是指一年内冻结与解冻交替出现的土层，在全国分布很广。季节性冻土层厚度在0.5 m以上，最厚达3 m。

如果基础埋于冻胀土内，当冻胀力和由此产生的剪切力足够大时，如图10.21所示，则会导致建筑物发生不均匀的上抬，门窗不能开启，严重时墙体开裂。当温度升高解冻时，冰晶体融化，含水量增大，地基产生融沉，加之土的强度降低，使建筑物产生沉降或不均匀的沉降。在气温低、冻结深度大的地区，由于冻害使墙体开裂的情况较多，应引起足够的重视。

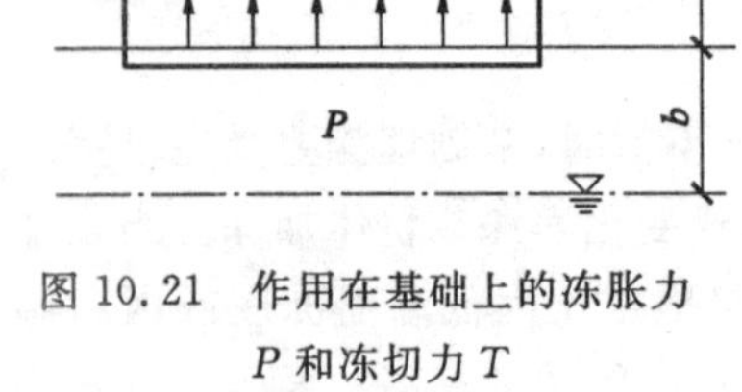

图 10.21 作用在基础上的冻胀力 P 和冻切力 T

影响冻胀的因素主要是土的级配和粒径情况、土中含水量的多少以及地下水补给条件等。对于黏粒含量很少的细砂以上的土，孔隙集中，毛细作用极小，基本不存在冻胀问题，在相同条件下，黏性土的冻胀就不容忽视。《建筑地基基础设计规范》(GB 50007—2002)根据冻土层的平均冻胀率的大小，将地基冻胀性分为不冻胀、弱冻胀、冻胀、强冻胀和特强冻胀五个等级，如表10.8所示。

表 10.8　地基土冻胀性分类

土的名称	冻前天然含水量 w(%)	冻结期间地下水位低于冻深的最小距离(m)	平均冻胀率 η(%)	冻胀等级	冻胀类别
碎(卵)石、砾、粗中砂、细砂	$w \leqslant 12$	>1.0	$\eta \leqslant 1$	Ⅰ	不冻胀
		≤1.0	$1<\eta \leqslant 3.5$	Ⅱ	弱冻胀
	$12<w \leqslant 18$	>1.0			
		≤1.0	$3.5<\eta \leqslant 6$	Ⅲ	冻胀
	$w>18$	>0.5			
		≤0.5	$6<\eta \leqslant 12$	Ⅳ	强冻胀
粉砂	$w \leqslant 14$	>1.0	$\eta \leqslant 1$	Ⅰ	不冻胀
		≤1.0	$1<\eta \leqslant 3.5$	Ⅱ	弱冻胀
	$14<w \leqslant 19$	>1.0			
		≤1.0	$3.5<\eta \leqslant 6$	Ⅲ	冻胀
	$19<w \leqslant 23$	>1.0			
		≤1.0	$6<\eta \leqslant 12$	Ⅳ	强冻胀
	$w>23$	不考虑	$\eta>12$	Ⅴ	特强冻胀
粉土	$w \leqslant 19$	>1.5	$\eta \leqslant 1$	Ⅰ	不冻胀
		≤1.5	$1<\eta \leqslant 3.5$	Ⅱ	弱冻胀
	$19<w \leqslant 22$	>1.5			
		≤1.5	$3.5<\eta \leqslant 6$	Ⅲ	冻胀
	$22<w \leqslant 26$	>1.5			
		≤1.5	$6<\eta \leqslant 12$	Ⅳ	强冻胀
	$26<w \leqslant 30$	>1.5			
		≤1.5	$\eta>12$	Ⅴ	特强冻胀
	$w>30$	不考虑			
黏性土	$w \leqslant w_{p+7}$	>2.0	$\eta \leqslant 1$	Ⅰ	不冻胀
		≤2.0	$1<\eta \leqslant 3.5$	Ⅱ	弱冻胀
	$w_{p+2}<w \leqslant w_{p+5}$	>2.0			
		≤2.0	$3.5<\eta \leqslant 6$	Ⅲ	冻胀
	$w_{p+5}<w \leqslant w_{p+9}$	>2.0			
		≤2.0	$6<\eta \leqslant 12$	Ⅳ	强冻胀
	$w_{p+9}<w \leqslant w_{p+13}$	>2.0			
		2.0	$\eta>12$	Ⅴ	特强冻胀
	$w>w_{p+15}$	不考虑			

注：① w_p为塑限含水量(%)；w为在冻土层内冻前天然含水量的平均值。

② 盐渍化冻土不在表列。

③ 塑性指数大于 22 时冻胀性降低一级。

④ 粒径小于 0.005 mm 的颗粒含量大于 60%时为不冻胀土。

⑤ 碎石类土当充填物大于全部质量的 40%时，其冻胀性按充填物土的类别判断。

⑥ 碎石土、砾砂、粗砂、中砂(粒径小于 0.075 mm 颗粒含量不大于 15%)、细砂(粒径小于 0.075 mm 颗粒含量不大于 10%)均按不冻胀考虑。

对于冻胀性地基，基础最小埋深应满足下式：

$$d_{min}=Z_d-h_{max} \tag{10.28a}$$

$$Z_d=Z_0\varphi_{zs}\varphi_{zw}\varphi_{ze} \tag{10.28b}$$

式中 Z_d——设计冻深(m)；

Z_0——地区标准冻深，按《建筑地基基础设计规范》(GB 50007—2002)附录F采用；

φ_{zs}、φ_{zw}、φ_{ze}——影响系数，分别按表10.9、表10.10和表10.11确定；

h_{max}——基础底面下允许残留冻土层的最大厚度(m)，按表10.12采用。

表10.9 土的类别对冻深的影响系数 φ_{zs}

土的类别	影响系数 φ_{zs}	土的类别	影响系数 φ_{zs}
黏性土	1.00	中、粗、砾砂	1.30
细砂、粉砂、粉土	1.20	碎石土	1.40

表10.10 土的冻胀性对冻深的影响系数 φ_{zw}

冻胀性	影响系数 φ_{zw}	冻胀性	影响系数 φ_{zw}
不冻胀	1.00	强冻胀	0.85
弱冻胀	0.95	特强冻胀	0.80
冻胀	0.90		

表10.11 环境对冻深的影响系数 φ_{ze}

周围环境	影响系数 φ_{ze}	周围环境	影响系数 φ_{ze}
村、镇、旷野	1.00	城市市区	0.90
城市近郊	0.95		

注：环境影响系数一项，当城市市区人口为20万～50万人时，按城市近郊取值；当城市市区人口大于50万人且小于或等于100万人时，按城市市区取值；当城市市区人口超过100万人时，按城市市区取值，5km以内的郊区应按城市近郊取值。

表10.12 建筑基底下允许残留冻土层厚度 h_{max}(m)

冻胀性	基础形式	采暖情况	基底平均压力(kPa)						
			90	110	130	150	170	190	210
弱冻胀土	方形基础	采暖	—	0.94	0.99	1.04	1.11	1.05	1.2
		不采暖	—	0.78	0.84	0.91	0.97	1.04	1.1
	条形基础	采暖	—	>2.50	>2.50	>2.50	>2.50	>2.50	>2.50
		不采暖	—	2.2	2.5	>2.50	>2.50	>2.50	>2.50
冻胀土	方形基础	采暖	—	0.64	0.7	0.75	0.81	0.86	—
		不采暖	—	0.55	0.6	0.65	0.69	0.74	—
	条形基础	采暖	—	1.55	1.79	2.03	2.26	2.5	—
		不采暖	—	1.15	1.35	1.55	1.75	1.95	—

续表 10.12

冻胀性	基础形式	采暖情况	基底平均压力(kPa)						
			90	110	130	150	170	190	210
强冻胀土	方形基础	采暖	—	0.42	0.47	0.51	0.56	—	—
		不采暖	—	0.36	0.4	0.43	0.47	—	—
	条形基础	采暖	—	0.74	0.88	1	1.13	—	—
		不采暖	—	0.56	0.66	0.75	0.84	—	—
特强冻胀土	方形基础	采暖	0.3	0.34	0.38	0.41	—	—	—
		不采暖	0.24	0.27	0.31	0.34	—	—	—
	条形基础	采暖	0.43	0.52	0.61	0.7	—	—	—
		不采暖	0.33	0.4	0.47	0.53	—	—	—

注:① 本表只计算法向冻胀力,如果基侧存在切向冻胀力,应采取防切向力措施。

② 本表不适用于宽度小于 0.6 m 的基础,矩形基础可取短边尺寸,按方形基础计算。

③ 表中数据不适用于淤泥、淤泥质土和欠固结土。

④ 表中基底平均压力数值为永久荷载标准值乘以 0.9,可以内插。

10.3.2 地基承载力的确定

地基土层单位面积所能承受的具有一定可靠度的最大荷载,称为该土层的承载力。影响承载力的因素主要有土的成因及堆积年代、物理力学性质、基础埋深、基底尺寸和上部结构形式等。确定土层的承载力不能单纯按土的强度理论考虑,还必须考虑上部结构形式对地基变形的适应性,即在满足建筑物正常使用极限状态下的承载力,才具有实际的价值,这种满足强度和变形要求的承载力称为承载力特征值。目前,确定承载力特征值的方法有按载荷试验确定,按动力、静力触探等方法确定,根据土的强度理论公式确定和经验法确定等几种。

10.3.2.1 载荷试验确定承载力特征值

载荷试验主要有浅层平板载荷试验和深层平板载荷试验。浅层平板载荷试验的承压板面积不应小于 0.25 m^2(对于软土不应小于 0.5 m^2),可测定浅部地基土层在承压板下应力主要影响范围内的承载力。深层载荷试验的承压板一般采用直径为 0.8 m 的刚性板,紧靠承压板周围外侧的土层高度应不小于 80 cm,可测定深部地基土层在承压板下应力主要影响范围内的承载力。

载荷试验都是按分级加荷、逐级稳定直到破坏的试验步骤进行,最后得到如图 10.22 所示的 p-s 曲线。《建筑地基基础设计规范》(GB 50007—2002),规定了具体的试验要点和土层压坏标准。根据 p-s 曲线可确定承载力特征值 f_{ak}:

(1) 当 p-s 曲线上有比例界限时,取该比例界限所对应的荷载值;当极限荷载小于比例界限荷载值的 2 倍时,取其极限荷载值的一半。

(2) 当不能按以上方法确定时,可取 $s/b=0.010\sim0.015$ 所对应的荷载值,但其值不应大于最大加载量的一半。

(3) 同一土层参加统计的试验点不应少于三点,当试验实测值的极差不超过其平均值的 30%时,取其平均值作为该土层的地基承载力特征值 f_{ak}。

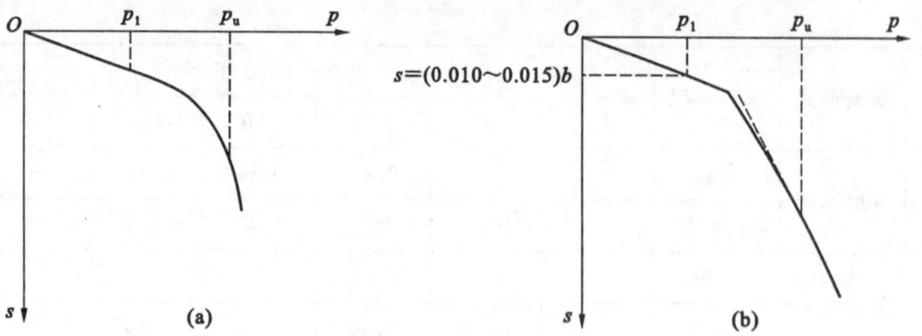

图 10.22 按载荷试验成果确定地基承载力标准值

(a) 低压缩性土;(b) 高压缩性土

10.3.2.2 按动力、静力触探等方法确定承载力特征值

原位测试方法除载荷试验外,还有动力触探、静力触探、十字板剪切试验和旁压试验等方法。动力触探有轻型(N10)、重型(N63.5)和超重型(N120)之分,静力触探有单桥探头和双桥探头之分,各地应以载荷试验数据为基础,积累和建立相应的测试数据与土承载力的相关关系。这种相关关系具有地区性、经验性,对于大量建设的丙级建筑的地基基础来说非常适用、经济,对于设计等级为甲、乙级建筑的地基基础,应按确定承载力特征值的多种方法综合确定。

10.3.2.3 修正后的承载力特征值

按照载荷试验或触探等原位测试、经验值等方法确定的承载力特征值,在地基基础设计中,应考虑基础埋深效应和基底尺寸效应。《建筑地基基础设计规范》(GB 50007—2002)规定,对基础宽度大于 3 m,或埋置深度大于 0.5 m 时,尚应按式(8.49)进行修正。

10.3.2.4 根据土的强度理论公式确定承载力特征值

根据建筑物地基等级、荷载性质、抗剪强度指标的可靠程度以及地基条件等因素,可取临塑荷载 p_{cr} 作为承载力值,也可用汉森公式、太沙基公式等所得的极限荷载除以安全系数,得到承载力特征值。

《建筑地基基础设计规范》(GB 50007—2002)规定,当基底偏心距 $e \leqslant b/30$(b 为基础边长)时,根据土的抗剪强度指标确定的地基承载力特征值可按式(8.50)计算。

事实上,式(8.50)相当于临界荷载 p_{1-1},只不过规范对 $\varphi_k \geqslant 24°$ 的 M_b 值结合载荷试验数据予以提高。此外,对偏心距的限制,主要是避免基底压力分布很不均匀的情况出现。使用土的强度理论公式确定承载力特征值时,应进行地基变形验算。

10.3.3 基底尺寸的确定

基础底面尺寸的确定,必须满足地基承载力的要求,即基础底面的附加应力不大于持力层和下卧层承载力。

10.3.3.1 按持力层承载力确定基底尺寸

(1) 轴心受压基础

作用在基底形心的荷载只有竖向荷载,没有力矩荷载存在的情况,为轴心受压基础。在轴心荷载作用下,要求基底压力小于或等于修正后的地基承载力特征值,即:

$$p_k \leqslant f_a \tag{10.29}$$

或

$$\frac{F_k+\gamma_G Ad}{A}\leqslant f_a \tag{10.30}$$

则基础底面积应满足：

$$A\geqslant\frac{F_k}{f_a-\gamma_G d} \tag{10.31}$$

式中 F_k——相应于荷载强度效应标准组合时，上部结构传至基础顶面的竖向荷载值(kN)；

γ_G——基础及基础上填土的平均重度(kN/m³)，一般取 $\gamma_G=20$ kN/m³ 计算，在地下水下取 $\gamma_G=10$ kN/m³ 计算；

d——基础平均埋置深度(m)；

f_a——持力层修正后的承载力特征值；

A——基础底面积(m²)。

对于单独基础，轴心荷载作用下常采用正方形基础，式(10.31)可变为：

$$b=\sqrt{A}\geqslant\sqrt{\frac{F_k}{f_a-\gamma_G d}}$$

式中 b——正方形基础边长(m)。

对于条形基础，沿基础长度方向取 1 m 作为计算单元，则式(10.31)可变成：

$$b\geqslant\frac{F_k}{f_a-\gamma_G d} \tag{10.32}$$

式中 b——条形基础基底宽度(m)；

F_k——相应于荷载效应标准组合时，上部墙体传至基础顶面的竖向力值(kN/m)。

注意：按式(10.29)、式(10.30)和式(10.31)计算时，承载力特征值 f_a 只能先按基础埋深 d 确定。待基底尺寸算出之后，再看基底宽度 b 是否超过3.0 m，若 $b>3.0$ m 时，需重新修正承载力特征值，再确定基底尺寸。

(2) 偏心受压基础

当作用在基底形心处的荷载不仅有竖向荷载，而且有力矩存在的情况时，为偏心受压基础，如图 10.23 所示。基底压力需满足以下承载力要求，即：

$$p_k\leqslant f_a \tag{10.33}$$

$$p_{kmax}\leqslant 1.2f_a \tag{10.34}$$

需要指出，设计上通常要求 $p_{kmin}>0$，以控制基底压力呈梯形分布，防止基础过分倾斜。但对低压缩性土，p_{kmin} 可放宽至等于或小于零，但宜将偏心距控制在 $b/4$ 内。

偏心受压基础基底面积的确定，通常是根据中心受压基础底面积的公式并适当增大底面积(考虑力矩作用)进行试估，再验算承载力，直到满足为止。试算法步骤如下：

第一步：试估基础底面积 A

$$A=(1.1\sim1.4)\frac{F_k}{f_a-\gamma_G d} \tag{10.35}$$

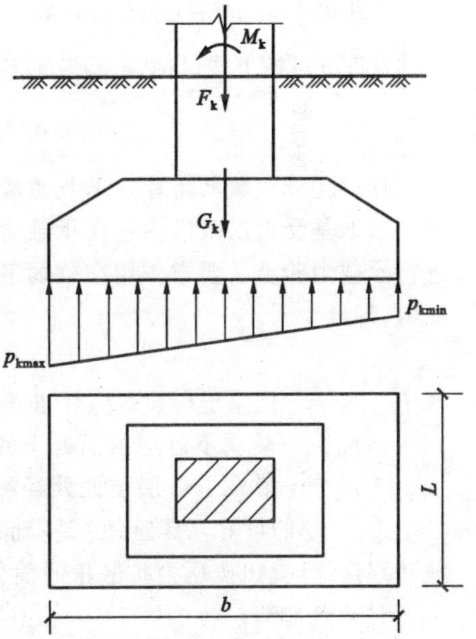

图 10.23 偏心受压基础

由上式计算出 A 后，再取定 b、l 的尺寸。对单独基础，常取 $b/l=1.5$。

第二步：计算基底压力

平均压力为：

$$p_k=\frac{F_k+G_k}{bl} \tag{10.36}$$

最大最小压力为：

$$p_{kmin}^{kmax}=\frac{F_k+G_k}{bl}\pm\frac{M_k}{W} \tag{10.37}$$

对于矩形基础：

$$p_{kmin}^{kmax}=\frac{F_k+G_k}{bl}\left(1\pm\frac{6e}{l}\right)$$

其中

$$e=\frac{M_k}{F_k+G_k}$$

当 $p_{kmin}<0$ 或 $e/b>1/6$ 时，最大压力 p_{kmax} 应按下式计算：

$$p_{kmax}=\frac{2(F_k+G_k)}{3b(l/2-e)} \tag{10.38}$$

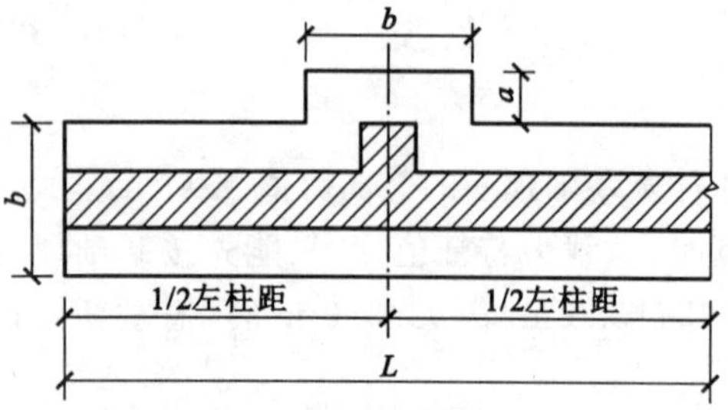

图 10.24　带壁柱墙基础计算单元

第三步：验算持力层承载力

$$p_{kmax}\leqslant 1.2f_a \tag{10.39}$$

如果上式不满足，则应加大基础面积，再行验算。

对带壁柱的条形基础底面尺寸的确定，可取壁柱间距离 1 作为计算单元长度，如图 10.24 所示。通常壁柱基础宽度和条形基础宽度一样，均为 b；壁柱基础凸出部分长度 a 可按基础构造要求确定。条形基础宽度 b 可按下式试估，再验算地基承载力。

$$b=(1.1\sim1.4)\frac{F_k}{f_a-\gamma_G d} \tag{10.40}$$

10.3.3.2　*软弱下卧层承载力验算*

当地基受力层范围内存在承载力显著低于持力层的软弱下卧层时，还必须对软弱下卧层进行承载力验算。要求作用在软弱下卧层顶面处的总压力不超过它经深度修正后的承载力特征值，即：

$$p_z+p_{az}\leqslant f_{az} \tag{10.41}$$

式中　p_z——相应于荷载效应标准组合时软弱下卧层顶面处的附加压力值(kPa)；

p_{az}——软弱下卧层顶面处土的自重压力值(kPa)；

f_{az}——软弱下卧层顶面处经深度修正后的承载力特征值(kPa)。

关于 p_z 的计算，《建筑地基基础设计规范》(GB 50007—2002)通过试验研究并参照双层地基理论解，提出按压力扩散角的简化计算方法，如图 10.25 所示。

对条形基础：

$$p_z=\frac{p_{0k}b}{b+2z\tan\theta} \tag{10.42}$$

对矩形基础：

$$p_z=\frac{p_{0k}bl}{(b+2z\tan\theta)(l+2z\tan\theta)} \tag{10.43}$$

其中

$$p_{0k}=p_k-p_{c0}$$

式中 θ——压力扩散角，按表 10.13 采用；

p_k——基底压力平均值(kPa)；

p_{c0}——基础底面处土的自重压力值(kPa)。

对软弱下卧层强度不满足的情况，在条件许可时可增加基础底面积以减小 p_{0k}，从而减小 p_z；也可减小基础埋置深度 d，使 p_{0k} 扩散至软弱下卧层顶面处的面积加大，相应也减小 p_z 值。在某些情况下可能需要改变基础的类型。

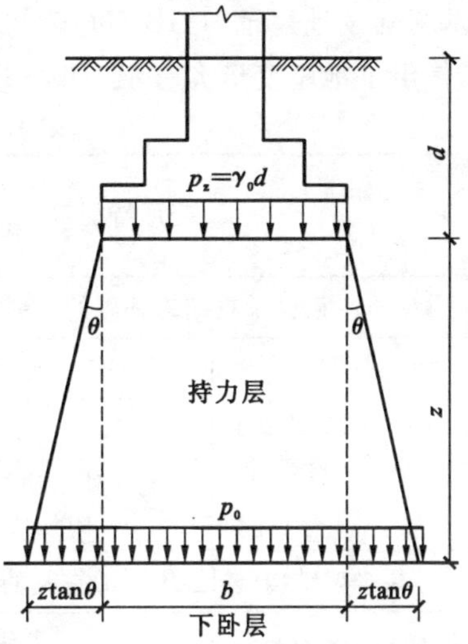

图 10.25　验算软弱下卧层的计算图示

表 10.13　地基压力扩散角 θ

$a=E_{s1}-E_{s2}$	$z/b=0.25$	$z/b=0.50$
3	6°	23°
5	10°	25°
10	20°	30°

注：① E_{s1}为上层土压缩模量；E_{s2}为下层土压缩模量。

② 当 $z/b<0.25$ 时，一般取 $\theta=0°$，必要时由试验确定；$z/b>0.5$ 时，θ 值不变。

10.3.4　地基变形的计算和验算

10.3.4.1　地基特征变形

由于不同建筑物的结构类型、整体刚度、使用要求的差异，对地基变形的敏感程度、危害、变形要求也不同。因此，对于各类建筑物，如何控制对其不利的沉降形式使之不会影响建筑物的正常使用甚至破坏，也是地基基础设计中必须予以考虑的一个基本问题。

地基特征变形一般分为沉降量、沉降差、倾斜和局部倾斜。

(1) 沉降量：指基础某一点的沉降量，通常指基础中点的沉降量。沉降量若过大，将影响建筑物的正常使用，如造成室内外上下水管、煤气管道的断裂等。

(2) 沉降差：一般指相邻柱基中点的沉降量之差。相邻柱基沉降差过大，就会导致上部结构产生额外的应力，严重时，建筑物将发生裂缝、倾斜甚至破坏。对于框架结构和排架结构，设计时应由相邻柱基的沉降差控制。

(3) 倾斜：指基础倾斜方向两端点的沉降差与其距离的比值。对于高耸结构及长高比很小的高层建筑，其地基的主要特征变形是建筑物的整体倾斜。

(4) 局部倾斜：指砌体承重结构沿纵墙 6～10 m 内基础两点的沉降差与其距离的比值。墙体局部倾斜大时，将会使其挠曲变形、开裂，影响正常使用。

对不同的建筑结构类型，应控制不同的地基特征变形值，使其不超过变形允许值。《建筑地基基础设计规范》(GB 50007—2002)通过对各类建筑物的实际沉降观测资料的分析和综合,提出了地基变形允许值,如表 10.14 所示。

表 10.14　建筑物地基特征变形允许值

变形特征		地基土类别	
		中、低压缩性土	高压缩性土
砌体承重结构基础的局部倾斜		0.002	0.003
工业与民用建筑相邻桩基的沉降差	框架结构	0.0021	0.0031
	砖石墙填充的边排柱	0.00071	0.0031
	当基础不均匀沉降时不产生附加应力的结构	0.0051	0.0051
单层排架结构(柱距为 6 m)柱基的沉降量(mm)		(120)	200
桥式吊车轨面的倾斜(按不调整轨道考虑)	纵向	0.004	
	横向	0.003	
多层和高层建筑基础的倾斜	$H_g \leqslant 24$	0.004	
	$24 < H_g \leqslant 60$	0.003	
	$60 < H_g \leqslant 100$	0.002	
	$H_g > 100$	0.0015	
高耸结构基础的倾斜	$H_g \leqslant 20$	0.008	
	$20 < H_g \leqslant 50$	0.006	
	$50 < H_g \leqslant 100$	0.005	
	$100 < H_g \leqslant 150$	0.004	
	$150 < H_g \leqslant 200$	0.003	
	$200 < H_g \leqslant 250$	0.002	
高耸结构基础的沉降量(mm)	$H_g \leqslant 100$	400	
	$100 < H_g \leqslant 200$	300	
	$200 < H_g \leqslant 250$	200	

注:① 括号内数字仅适用于压缩性土。

② l 为相邻柱基的中心距离(mm);H_g 为自室外地面起算的建筑物高度(m)。

10.3.4.2　地基特征变形验算

地基特征变形验算公式如下:

$$s < [s] \tag{10.44}$$

式中　s——地基特征变形计算值;

$[s]$——地基特征变形允许值。

上式中的地基特征变形计算值 s,可按《建筑地基基础设计规范》(GB 50007—2002)中建议的分层总和法计算。现实操作中也可按其他方法计算。

验算地基特征变形时,传到基础顶面的荷载校正常使用极限状态下荷载效应的准永久组合值计算。当地基特征变形验算不满足允许值要求时，通常先考虑能否适当调整基础底面尺寸予以解决。在调整基础底面尺寸时，应注意地基、基础和上部结构共同作用的问题，以及在基底附加压力相同的条件下，基底尺寸大者，其沉降也大的概念。

《建筑地基基础设计规范》(GB 50007—2002)规定，对设计等级为甲级、乙级的建筑应进行地基变形设计，并规定了地基变形验算的范围：

① 甲级、乙级地基；

② 表 10.15 所列范围以外的丙级地基。

表 10.15　丙级建筑物可不作地基变形计算的范围

<table>
<tr><td rowspan="2">地基主要受力情况</td><td colspan="3">地基土承载力特征值 f_{ak}(kPa)</td><td>60～80</td><td>80～100</td><td>100～130</td><td>130～160</td><td>160～200</td><td>200～300</td></tr>
<tr><td colspan="3">各土层坡度(%)</td><td>≤5</td><td>≤5</td><td>≤10</td><td>≤10</td><td>≤10</td><td>≤10</td></tr>
<tr><td rowspan="8">建筑类型</td><td colspan="3">砌体承重结构、框架结构(层数)</td><td>≤5</td><td>≤5</td><td>≤5</td><td>≤6</td><td>≤6</td><td>≤7</td></tr>
<tr><td rowspan="7">(6 m 柱距)单层排架</td><td rowspan="2">单跨</td><td>吊车额定起重量(t)</td><td>5～10</td><td>10～15</td><td>15～20</td><td>20～30</td><td>30～50</td><td>50～100</td></tr>
<tr><td>厂房跨度(m)</td><td>≤12</td><td>≤18</td><td>≤24</td><td>≤30</td><td>≤30</td><td>≤30</td></tr>
<tr><td rowspan="2">多跨</td><td>吊车额定起重量(t)</td><td>3～5</td><td>5～10</td><td>10～15</td><td>15～20</td><td>20～30</td><td>30～75</td></tr>
<tr><td>厂房跨度(m)</td><td>≤12</td><td>≤18</td><td>≤24</td><td>≤30</td><td>≤30</td><td>≤30</td></tr>
<tr><td>烟囱</td><td>高度(m)</td><td>≤30</td><td>≤40</td><td>≤50</td><td colspan="2">≤75</td><td>≤100</td></tr>
<tr><td rowspan="2">水塔</td><td>高度(m)</td><td>≤15</td><td>≤20</td><td>≤30</td><td colspan="2">≤30</td><td>≤30</td></tr>
<tr><td>容积(m^3)</td><td>≤50</td><td>50～100</td><td>100～200</td><td>200～300</td><td>300～500</td><td>500～1000</td></tr>
</table>

注：① 地基主要受力层系指条形基础底面下深度为 $3b$(b 为基础底面宽度)，独立基础下为 $1.5b$，厚度均不小于 5 m 的范围(两层以下的民用建筑除外)。

② 地基主要受力层中如有承载力特征值小于 130 kPa 的土层时，表中砌体承重结构的设计应采取地基处理或采取减轻不均匀沉降的一些措施。

③ 表中砌体承重结构和框架结构均指民用建筑，对于工业建筑可按厂房高度、荷载情况折合成与其相当的民用建筑层数。表中额定吊车起重量、烟囱高度和水塔容积的数值系指最大值。

表 10.15 所列范围内的丙级地基如有下列情况之一时，仍应做变形验算。

① 地基承载力特征值小于 130 kPa，且体型复杂的建筑；

② 在基础上及其附近有地面堆载或相邻基础荷载差异较大，引起地基产生过大的不均匀沉降时；

③ 软弱地基上的建筑物存在偏心荷载或相邻建筑距离过近，可能发生倾斜时；

④ 地基内有厚度较大或厚薄不均的填土，其自重固结未完成时。

10.3.5　减轻不均匀沉降危害的措施

一般来说，地基产生的均匀沉降可以通过预留沉降标高加以解决，对建筑物本身影响不大，但对地基不均匀沉降，应当引起注意。当不均匀沉降超过建筑物承受的限度时，即产生结构体开裂破坏，严重倾斜，影响建筑使用，甚至危及安全。

产生不均匀沉降的原因是：

① 上部荷载突变，高低交界处产生不均匀沉降；

② 地基土的压缩性质相差悬殊，土层水平方向软硬突变处产生不均匀沉降；

③ 地基土压缩层相差悬殊，软弱土层厚度变化大。

防止和减轻不均匀沉降的危害，常用的方法包括对地基某一深度内或局部进行人工处理，采用桩基或其他深基础方案，或在建筑设计、结构设计和施工等方面采取某些工程措施等。

10.3.5.1　建筑措施

建筑物的体型系指建筑物的平面和立面形状。为减少建筑物的不均匀沉降，一般要求：

① 平面形状简单，如用"一"字形建筑物；

② 立面上建筑物紧接高差不超过一层；

③ 控制长高比在 2.5～3.0 以内；

④ 内外纵墙避免中断、转折，缩小横墙间距，以增强整体刚度。

如果难以做到以上要求，则应当在以下位置设置沉降缝：

① 平面形状复杂的建筑物转折部位；

② 建筑物高度或荷载突变处；

③ 建筑物结构类型不同处；

④ 长高比过大的建筑物的适当部位；

⑤ 地基土软硬交界处；

⑥ 地基基础处理方法不同处；

⑦ 局部地下室的边缘；

⑧ 分期建造房屋的分界面。

一般沉降缝宽度：二三层房屋为 5～8 cm，四五层房屋为 8～12 cm，六层以上不小于 12 cm。

控制相邻建筑物之间的净距，尤其是软弱地基相邻建筑物的净距，也可以防止和减少建筑物的不均匀沉降。在软弱地基上，相邻建筑物的间隔距离太近时，由于相互影响产生的附加荷载引起的不均匀沉降，可能造成建筑物的开裂和互倾。

相邻建筑物基础之间所需的净距，可按表 10.16 选用。

表 10.16　建筑物基础之间所需的净距(m)

影响建筑物的预估平均沉降量(cm)	被影响建筑物的长高比	
	$2.0 \leqslant l/H_f < 3.0$	$3.0 \leqslant l/H_f < 5.0$
7～15	2～3	3～6
16～25	3～6	6～9
26～40	6～9	9～12
>40	9～12	≥12

注：① 表中 l 为房屋长度或沉降缝分隔的单元长度(m)；H_f 为自基础底面起算的房屋高度(m)。

② 当被影响建筑物的长高比为 $1.5 < l/H_f < 2.0$ 时，其间隔距离可适当减小。

调整建筑物某些标高，为建筑的沉降和不均匀沉降预留变形净空，也是减少建筑物沉降和不均匀沉降的好方法：

① 根据预估沉降量，适当提高室内地坪和地下设施的标高；

② 建筑物各部分(或设备之间)有联系时，可将沉降较大者提高；

③ 在建筑物与设备间应留有足够的净空；

④ 当管道穿过建筑物时，应预留足够尺寸的孔洞或采用柔性管道接头。

10.3.5.2 结构措施

(1) 减轻建筑物自重：

建筑物的自重在基底压力中占有重要的比例。工业建筑中约占 50%，民用建筑中可高达 60%～70%，因而减少沉降量常可以从减轻建筑物自重着手：

① 采用轻型材料；

② 选用轻型结构；

③ 减轻基础及其上回填土的重量。

(2) 设置圈梁和钢筋混凝土构造柱。

(3) 减小或调整基础底面的附加压力。

(4) 设置连系梁。

(5) 采用联合基础或连续基础。

(6) 使用能适应不均匀沉降的结构。

10.3.5.3 施工措施

细的黏性土，尤其是淤泥和淤泥质土具有一定的结构强度，因此地基土保持原状结构很有必要。在开挖基槽时，暂不挖到基底标高，保留 20 cm 左右的原土，等基础施工时再人工挖除。如基槽底已扰动，可先铺一层中粗砂，再铺碎石、片石块等进行处理。适当安排施工顺序，先盖重的、高的部分，后盖轻的、低的部分；先主体建筑，后附属建筑。另外，根据地基土的渗透性，适当调整施工速度等也可以减轻建筑物的不均匀沉降。

思考题与习题

10.1 试分析图 10.26 所示情况中哪个基础沉降量大？为什么？

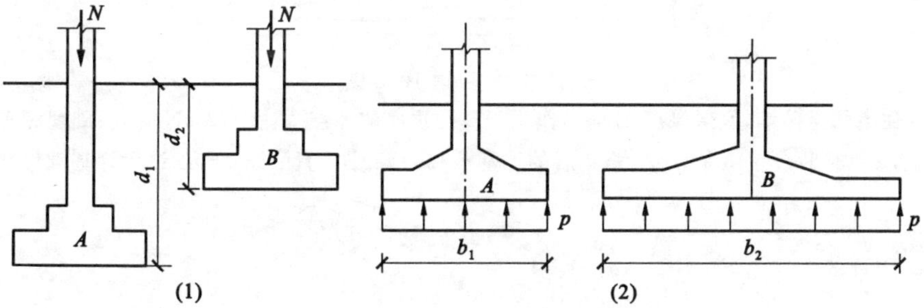

图 10.26 习题 10.1 图

(1) 地基条件相同，基础底面尺寸相同，外荷相同，接触应力相等，但 $d_1>d_2$；

(2) 地基条件相同的条形基础，埋深相同，基底应力 p 相同，而 $b_1<b_2$。

10.2 如何由静荷载试验确定地基承载力的特征值 f_{ak}？

10.3 已知某工程甲、乙两处地基土的性质如图 10.27 所示。试比较当基础宽 2.0 m，埋深 d 分别为 0.0 m、1.0 m、2.0 m、4.0 m 时，甲、乙两地基的承载力。

10.4 某工厂厂房墙基础，上部荷重 $N_k=180$ kN/m，埋深 1.1 m，地基为粉质黏土，$\gamma=20$ kN/m^3，$e=0.85$，$I_p=12.5$，$I_L=0.75$，地基承载力特征值 $f_{ak}=183$ kPa。地面以下砖砌墙厚 38 cm，基础用砖砌体，试确定所需基础宽度，并绘出基础剖面图。

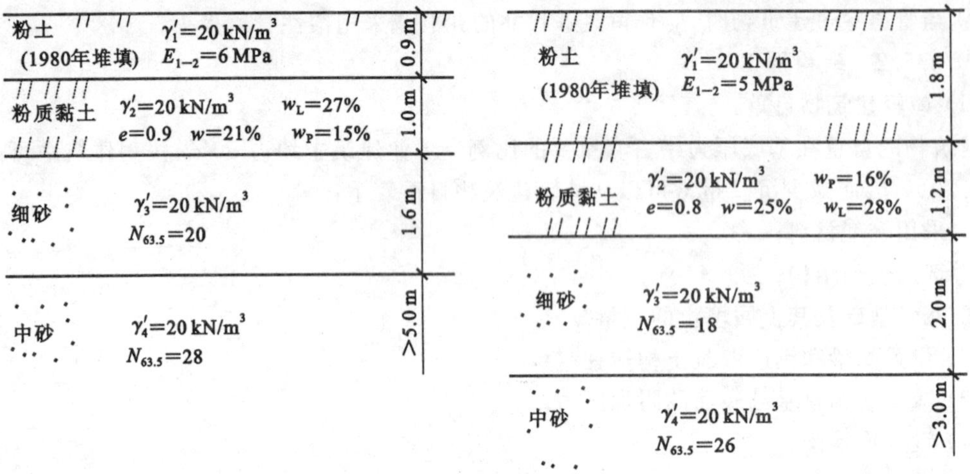

图 10.27　习题 10.3 图

10.5　厂房柱基上部荷重为 $N_k=2400$ kN，$M_k=850$ kN·m，$Q_k=60$ kN，基础埋深 1.9 m，如图 10.28 所示。地基持力层为粉质黏土，$\gamma=18.5$ kN/m³，$e=0.9$，$I_L=0.25$，基底以上土的平均重度 $\gamma_0=18$ kN/m³，修正后的地基承载力特征值 $f_a=250$ kPa。试设计基础底面尺寸。

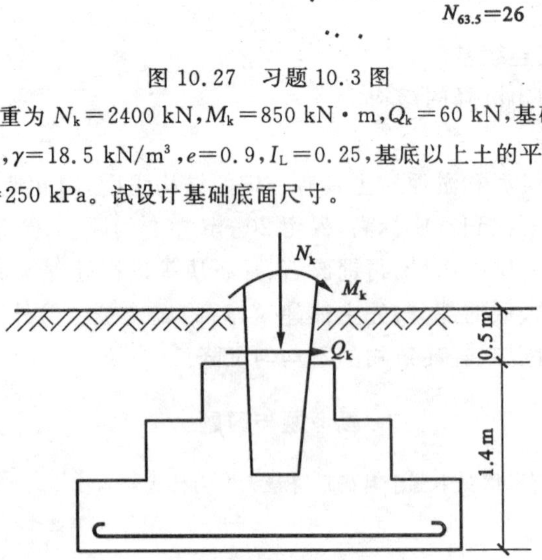

图 10.28　习题 10.5 图

10.6　某住宅承重砖墙，底层厚度 37 cm，作用于基础顶面的荷载 $N_k=172$ kN/m，基础埋深 1.6 m，地基为淤泥质粘土，$w=38\%$，$\gamma=19$ kN/m³，修正后的地基承载力特征值 $f_a=88$ kPa。试设计基础尺寸。

11　桩基础及其他深基础

学习要点

(1) 掌握桩基础的类型；
(2) 掌握单桩承载力、群桩承载力、桩基的沉降计算；
(3) 掌握桩基软弱下卧层承载力验算，承台计算；
(4) 掌握基础设计。

重点和难点

桩基础的设计及验算。

11.1　概　　述

天然地基中的浅基础具有造价低、施工简易的特点，是通过基础底面把所承受的荷载扩散分布在地基土体中。但当上部建筑荷载较大，浅层地基土体土质不良，并且适于作为持力层的土层埋藏较深，采用浅基础无法满足结构物对地基强度、变形及稳定性方面的要求，且又不适合采用地基处理措施时，可以考虑采用深基础。

深基础主要有桩基础、沉井基础和地下连续墙等几种类型。深基础的埋深较大，选择地基深层较坚实的土层或基岩作为持力层，把荷载传递到深层坚硬的土层或基岩上，从而保证建筑物的稳定性及对变形的要求。

桩基础是一种应用广泛的深基础形式。桩基础由单根或若干根桩和承台两部分组成，如图 11.1 所示。如一柱一桩形式，也可以由一排或几排桩组成群桩。所有桩的顶部由承台联结成整体。桩基础中的单桩叫做基桩。在承台上修建上部结构、桥墩或桥台。上部建筑物的荷载通过承台分配给各个桩体，各个桩通过桩侧土的摩阻力及桩端土的抵抗力将荷载传给桩周土及持力层。桩基础具有承载力高、沉降变形量小、抗液化，并且能承受垂直荷载、水平荷载及上拔力等优点。

本章内容主要以《建筑桩基技术规范》(JGJ 94—2008)为依据进行介绍。

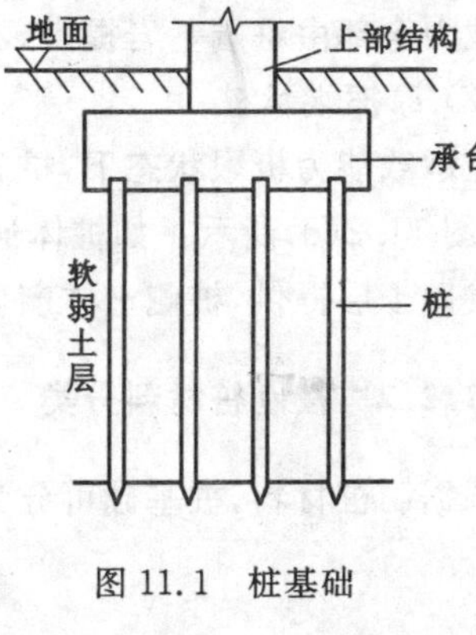

图 11.1　桩基础

11.2　桩及桩基础的分类

桩基础根据承载性状、桩的材料、桩径大小、构造形式及施工技术做如下分类：

11.2.1　按承载性状分类

11.2.1.1　摩擦型桩

(1) 摩擦桩

在承载能力极限状态下，桩顶竖向荷载由桩侧摩擦阻力承受，桩端土体支撑阻力小到可忽略不计，如图 11.2(a)所示。例如桩体穿过软弱土层，桩体在外部荷载的作用下相对于土体有向下移动的趋势，周围土体对桩体有向上的摩擦力，阻止桩体下沉，从而由桩侧的摩阻力来承担外部荷载。

(2) 端承摩擦桩

在承载能力极限状态下，桩顶竖向荷载主要由桩侧摩阻力承受，桩端土体阻力占少量比例但不能忽略，如图 11.2(b)所示。例如桩体穿过软弱土层嵌入较坚实的黏土层。

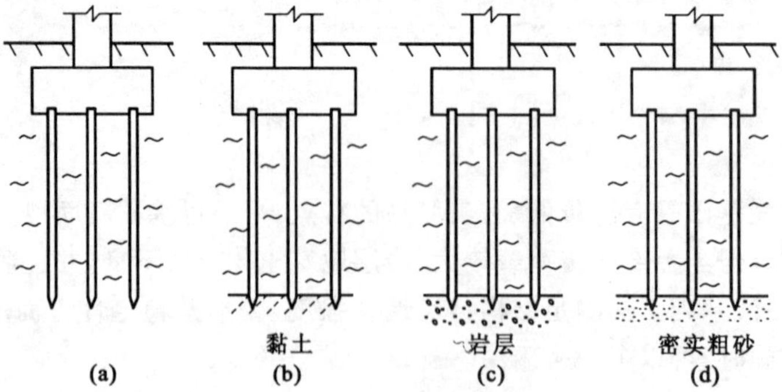

图 11.2　桩按承载性状分类

(a) 摩擦桩；(b) 端承摩擦桩；(c) 端承桩；(d) 摩擦端承桩

11.2.1.2　端承型桩

(1) 端承桩

在承载能力极限状态下，桩顶竖向荷载由桩端阻力承受，桩侧阻力小到可忽略不计，如图 11.2(c)所示。如桩体通过软弱土层，桩尖嵌入基岩，外部荷载通过桩身直接传给基岩，桩的承载力全部由桩端基岩提供，不考虑桩侧摩阻力的作用。

(2) 摩擦端承桩

在承载能力极限状态下，桩顶竖向荷载主要由桩端阻力承受，桩侧摩阻力较小但不能忽略，如图 11.2(d)所示。如桩体通过软弱土层，桩尖嵌入密实的砂土层，桩的承载力主要由桩端密实砂土层提供，桩侧土体产生的摩阻力也支撑部分荷载。

11.2.2　按制桩材料分类

根据制桩材料，桩基础可分为木桩、混凝土桩、钢筋混凝土桩、钢桩和组合材料桩等。

11.2.3 按桩径(设计直径 d)大小分类

根据桩径大小,桩基础可分为小直径桩:$d\leqslant 250$ mm;中等直径桩:250 mm$<d<$800 mm;大直径桩:$d\geqslant 800$ mm。

11.2.4 按施工方法分类

根据施工方法,桩基础可分为预制桩和灌注桩两大类。

(1) 预制桩

预制桩是指在工厂或施工现场制作成型的桩,多为钢筋混凝土桩。采用沉桩设备锤击、振动打入、静压或旋入等方式沉入地基中。预制桩的接桩可采用焊接、法兰连接或机械快速连接(螺纹式、啮合式)等方式。预制桩具有质量易保证、承载力高等优点,但分节接头质量要求较高。

(2) 灌注桩

灌注桩是指直接在所设计桩位处进行机械或人工成孔,然后在孔内下放钢筋笼(素混凝土灌注桩不加钢筋笼)再浇灌混凝土而制成。灌注桩根据地质条件、工程实际情况及施工机械等大体可以分为沉管灌注桩、钻(冲、磨)孔灌注桩、挖孔灌注桩和爆扩孔灌注桩等。近年来灌注桩得到了广泛而迅速的发展。与预制桩相比,灌注桩具有造价低,节省钢材,当持力层顶面起伏不平时容易处理等优点,但施工质量要求严格。

11.2.5 按成桩方法分类

根据成桩方法,桩基础可分为非挤土桩、部分挤土桩和挤土桩,如表 11.1 所示。

表 11.1 常用桩的适用范围、桩长及桩径

桩类		桩径(mm)	最大桩长(m)	适用范围
非挤土桩	长(短)螺旋钻孔灌注桩	300～800	28/20	地下水位以上的一般的黏土及其填土、粉土、季节性的冻土膨胀土、非自重湿陷性黄土
	人工挖孔桩	800～2000	30	地下水位以上的一般的黏土及其填土、季节性的冻土膨胀土、黄土
	正(反)循环钻孔灌注桩	600～1200	80	一般的黏土及其填土、粉土、淤泥和淤泥质土、黄土
部分挤土桩	冲击成孔灌注桩	600～1200	50	一般的黏土及其填土,碎石土,中间有硬夹层、砂夹层、砾石夹层的土
	静压混凝土桩、敞口管桩	800	60	一般的黏土及其填土、粉土、淤泥和淤泥质土、黄土
挤土桩	内夯沉管灌注桩	325,377	25	一般的黏土及其填土、粉土、淤泥和淤泥质土、黄土、季节性的冻土膨胀土
	打入式混凝土预制桩	500×500 1000	60	一般的黏土及其填土,粉土,淤泥和淤泥质土,黄土,中间有硬夹层、砂夹层的土
	静压桩	1000	60	一般的黏土及其填土、淤泥和淤泥质土

(1) 非挤土桩

非挤土桩包括干作业法钻(挖)孔灌注桩、泥浆护壁法钻(挖)孔灌注桩、套管护壁法钻(挖)

孔灌注桩。

(2) 部分挤土桩

部分挤土桩包括冲孔灌注桩、钻孔挤扩灌注桩、预钻孔打入(静压)预制桩、打入(静压)式敞口钢管桩、敞口预应力混凝土空心桩和H型钢桩。

(3) 挤土桩

挤土桩包括沉管灌注桩、沉管夯(挤)扩灌注桩、打入(静压)预制桩、闭口预应力混凝土空心桩和闭口钢桩。

11.3 单桩竖向承载力的确定

单桩竖向承载力的确定,首先要了解施加于桩顶的竖向荷载如何通过桩土相互作用传递给地基,以及单桩如何达到承载力极限状态。单桩竖向承载力主要取决于土对桩的阻力,一般主要由桩侧土体的摩阻力和桩端土体的抗力之和决定,如图11.3(a)所示;也取决于桩身材料的强度。

通过单桩竖向静载试验可总结出单桩轴向荷载的传递机理。逐级增加单桩桩顶荷载时,桩身上部受到压缩而产生相对于土的向下位移,如图11.3(b)所示,从而桩侧表面受到土体向上的摩阻力。随着荷载增加,桩身压缩和位移随之增大,这样使土体施加在桩侧的摩阻力从桩身上段向下渐次发挥,逐渐传递到桩底的持力层,如图11.3(c)所示。桩底持力层也因受压引起桩端反力,导致桩端下沉,桩身随之整体下移,这又加大了桩身各截面的位移,引发桩侧上下各处摩阻力的进一步发挥。当桩身全长的摩阻力都达到极限值之后,桩顶荷载的增量就全由桩端阻力承担,直到桩底持力层破坏、无力支撑更大的桩顶荷载为止。此时桩顶所承受的荷载就是桩的极限承载力。

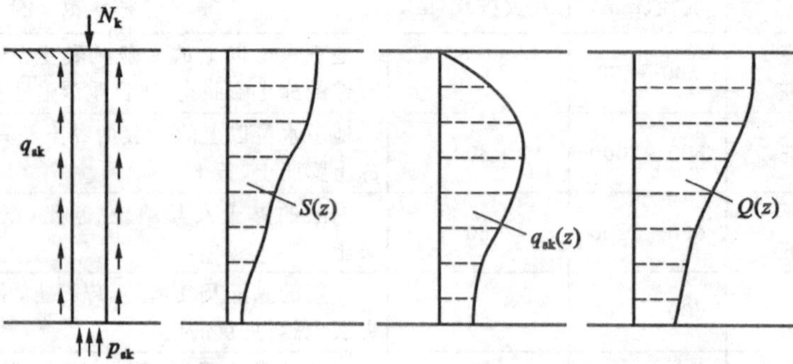

图11.3 桩土体系荷载传递

(a) 单桩竖向承载力分布;(b) 桩截面位移曲线;(c) 摩阻力分布曲线;(d) 轴力分布曲线

由此,单桩轴向荷载传递过程就是桩侧阻力与桩端阻力发挥发展的过程。桩顶荷载通过发挥出来的桩侧摩阻力传递到桩周土层中去,从而使桩身轴力与桩身压缩变形随深度增加而递减。一般来说,靠近桩身上部土层的桩侧摩阻力先于下部土层发挥,桩侧摩阻力先于桩端阻力发挥。

11.3.1　确定单桩竖向极限承载力 Q_{uk}

设计等级为甲级的建筑桩基,单桩竖向极限承载力标准值应通过单桩静载试验确定;设计等级为乙级的建筑桩基,当地质条件简单时,单桩竖向极限承载力标准值可参照地质条件相同的试桩资料,结合静力触探等原位测试和经验参数综合确定,其余均应根据单桩静载试验确定;设计等级为丙级的建筑桩基,单桩竖向极限承载力标准值可通过原位测试和经验参数确定。

11.3.1.1　经验参数法确定一般预制桩中小直径灌注桩单桩竖向极限承载力标准值

根据土的物理指标与承载力参数之间的经验关系确定直径 $d<0.8$ m 的灌注桩和预制桩单桩竖向极限承载力标准值时,采用以下公式估算:

$$Q_{uk}=Q_{sk}+Q_{pk}=u\sum q_{sik}l_i+q_{pk}A_p \tag{11.1}$$

式中　Q_{uk}——单桩竖向极限承载力标准值(kN);

Q_{sk}——总极限侧阻力标准值(kN);

Q_{pk}——总极限端阻力标准值(kN);

u——桩身周长(m);

q_{sik}——桩周第 i 层土的极限侧阻力标准值(kPa),查表 11.2;

l_i——桩周第 i 层土的厚度(m);

q_{pk}——极限桩端阻力标准值(kPa),查表 11.3;

A_p——桩端面积(m^2)。

11.3.1.2　经验参数法确定大直径单桩竖向极限承载力标准值

根据土的物理指标与承载力参数之间的经验关系确定大直径桩单桩($d\geqslant0.8$ m)竖向极限承载力标准值时,采用以下公式估算:

$$Q_{uk}=Q_{sk}+Q_{pk}=u\sum \psi_{si}q_{sik}l_i+\psi_p q_{pk}A_p \tag{11.2}$$

式中　q_{sik}——桩周第 i 层土的极限侧阻力标准值(kPa),查表 11.2;

q_{pk}——桩径为 800 mm 的极限桩端阻力标准值(kPa),查表 11.4;

ψ_{si}、ψ_p——大直径桩侧阻力、端阻力尺寸效应系数,按表 11.5 取值。

11.3.1.3　嵌岩桩单桩竖向极限承载力标准值

桩端置于完整、较完整基岩的嵌岩桩单桩竖向极限承载力,由桩周土总极限侧阻力和嵌岩段总极限阻力组成。当根据岩石单轴抗压强度确定单桩竖向极限承载力标准值时,按下式计算:

$$Q_{uk}=Q_{sk}+Q_{rk}=u\sum q_{sik}l_i+\zeta_r f_{rk}A_p \tag{11.3}$$

式中　Q_{sk}——土的总极限侧阻力标准值(kN);

Q_{rk}——嵌岩段总极限阻力标准值(kN);

q_{sik}——桩周第 i 层土的极限侧阻力标准值(kPa),查表 11.2;

f_{rk}——岩石饱和单轴抗压强度标准值;

ζ_r——桩嵌岩段侧阻和端阻综合系数,查表 11.6;

A_p——桩端面积(m^2)。

表 11.2　桩的极限侧阻力标准值 q_{sik}(kPa)

土的名称	土的状态		混凝土预制桩	水下钻(冲)孔桩	干作业钻孔桩
填　土	—		22～30	20～28	20～28
淤　泥	—		14～20	12～18	12～18
淤泥质土	—		22～30	20～28	20～28
黏性土	流塑	$I_L>1$	24～40	21～38	21～38
	软塑	$0.75<I_L\leqslant1$	40～55	38～53	38～53
	可塑	$0.50<I_L\leqslant0.75$	55～70	53～68	53～66
	硬可塑	$0.25<I_L\leqslant0.50$	70～86	68～84	66～82
	硬塑	$0<I_L\leqslant0.25$	86～98	84～96	82～94
	坚硬	$I_L\leqslant0$	98～105	96～102	94～104
红黏土	$0.7<\alpha_w\leqslant1$		13～32	12～30	12～30
	$0.5<\alpha_w\leqslant0.7$		32～74	30～70	30～70
粉　土	稍密	$e>0.9$	26～46	24～42	24～42
	中密	$0.75\leqslant e\leqslant0.9$	48～66	42～62	42～62
	密实	$e<0.75$	66～88	62～82	62～82
粉细砂	稍密	$10<N\leqslant15$	24～48	22～46	22～46
	中密	$15<N\leqslant30$	48～66	46～64	46～64
	密实	$N>30$	66～88	64～86	64～86
中砂	中密	$15<N\leqslant30$	54～74	53～72	53～72
	密实	$N>30$	74～95	72～94	72～94
粗砂	中密	$15<N\leqslant30$	74～95	74～95	76～98
	密实	$N>30$	95～116	95～116	98～120
砾砂	稍密	$5<N_{63.5}\leqslant15$	70～110	50～90	60～100
	中密(密实)	$N_{63.5}>15$	116～138	116～130	112～130
圆砾、角砾	中密、密实	$N_{63.5}>10$	160～200	135～150	135～150
碎石、卵石	中密、密实	$N_{63.5}>10$	200～300	140～170	150～170
全风化软质岩	—	$30<N\leqslant50$	100～120	80～100	80～100
全风化硬质岩	—	$30<N\leqslant50$	140～160	120～140	120～150
强风化软质岩	—	$N_{63.5}>10$	160～240	140～200	140～220
强风化硬质岩	—	$N_{63.5}>10$	220～300	160～240	160～260

注：① 对于尚未完成自重固结的填土和以生活垃圾为主的杂填土，不计算其侧阻力；

② α_w 为含水比，$\alpha_w=w/w_L$；

③ N 为标准贯入击数，$N_{63.5}$ 为重型圆锥动力触探击数；

④ 全风化、强风化软质岩和全风化、强风化硬质岩指其母岩分别为 $f_{rk}\leqslant15$ MPa、$f_{rk}>30$ MPa 的岩石。

表 11.3 桩的极限端阻力标准值 q_{pk}(kPa)

土的名称	土的状态	桩型	混凝土预制桩桩长 l(m)				泥浆护壁钻(冲)孔桩桩长 l(m)			
			$l\leqslant 9$	$9<l\leqslant 16$	$16<l\leqslant 30$	$l>30$	$5\leqslant l<10$	$10\leqslant l<15$	$15\leqslant l<30$	$30\leqslant l$
黏性土	软塑	$0.75<I_L\leqslant 1$	210～850	650～1400	1200～1800	1300～1900	150～250	250～300	300～450	300～450
	可塑	$0.50<I_L\leqslant 0.75$	850～1700	1400～2200	1900～2800	2300～3600	350～450	450～600	600～750	750～800
	硬可塑	$0.25<I_L\leqslant 0.5$	1500～2300	2300～3300	2700～3600	3600～4400	800～900	900～1000	1000～1200	1200～1400
	硬塑	$0<I_L\leqslant 0.25$	2500～3800	3800～5500	5500～6000	6000～6800	1100～1200	1200～1400	1400～1600	1600～1800
粉　土	中密	$0.75\leqslant e\leqslant 0.9$	950～1700	1400～2100	1900～2700	2500～3400	300～500	500～650	650～750	750～850
	密实	$e<0.75$	1500～2600	2100～3000	2700～3600	3600～4400	650～900	750～950	900～1000	1100～1200
粉　砂	稍密	$10<N\leqslant 15$	1000～1600	1500～2300	1900～2700	2100～3000	350～500	450～600	600～700	650～750
	中密、密实	$N>15$	1400～2200	2100～3000	3000～4500	3800～5500	600～750	750～900	900～1100	1100～1200
细　砂	中密、密实	$N>15$	2500～4000	3600～5000	4400～6000	5300～7000	650～850	900～1200	1200～1500	1500～1800
中　砂			4000～6000	5500～7000	6500～8000	7500～9000	850～1050	1100～1500	1500～1900	1900～2100
粗　砂			5700～7500	7500～8500	8500～10000	9500～11000	1500～1800	2100～2400	2400～2600	2600～2800
砾　砂	中密、密实	$N>15$	6000～9500		9000～10500		1400～2000		2000～3200	
角砾、圆砾		$N_{63.5}>10$	7000～10000		9500～11500		1800～2200		2200～3600	
碎石、卵石		$N_{63.5}>10$	8000～11000		10500～13000		2000～3000		3000～4000	
全风化软质岩	—	$30\leqslant N<50$	4000～6000				1000～1600			
全风化硬质岩	—	$30\leqslant N<50$	5000～8000				1200～2000			
强风化软质岩	—	$N_{63.5}>10$	6000～9000				1400～2200			
强风化硬质岩	—	$N_{63.5}>10$	7000～11000				1800～2800			

续表 11.3

土的名称	土的状态	桩型	干作业钻孔桩桩长 l(m)		
			$5 \leqslant l < 10$	$10 \leqslant l < 15$	$15 \leqslant l$
黏性土	软塑	$0.75 < I_L \leqslant 1$	200～400	400～700	700～950
	可塑	$0.50 < I_L \leqslant 0.75$	500～700	800～1100	1000～1600
	硬可塑	$0.25 < I_L \leqslant 0.5$	850～1100	1500～1700	1700～1900
	硬塑	$0 < I_L \leqslant 0.25$	1600～1800	2200～2400	2600～2800
粉土	中密	$e \leqslant 0.75$	800～1200	1200～1400	1400～1600
	密实	$0.75 < e \leqslant 0.9$	1200～1700	1400～1900	1600～2100
粉砂	稍密	$10 < N \leqslant 15$	500～950	1300～1600	1500～1700
	中密、密实	$N > 15$	900～1000	1700～1900	1700～1900
细砂	中密、密实	$N > 15$	1200～1600	2000～2400	2400～2700
中砂			1800～2400	2800～3800	3600～4400
粗砂			2900～3600	4000～4600	4600～5200
砾砂	中密、密实	$N > 15$	3500～5000		
角砾、圆砾		$N_{63.5} > 10$	4000～5500		
碎石、卵石		$N_{63.5} > 10$	4500～6500		
全风化软质岩	—	$30 \leqslant N < 50$	1200～2000		
全风化硬质岩	—	$30 \leqslant N < 50$	1400～2400		
强风化软质岩	—	$N_{63.5} > 10$	1600～2600		
强风化硬质岩	—	$N_{63.5} > 10$	2000～3000		

注：① 对于砂土和碎石类土，要综合考虑土的密实度、桩端进入持力层的深径比 h_b/d 来确定；土愈密实，h_b/d 愈大，取值愈高；

② 预制桩的岩石极限端阻力指桩端支承于中、微风化基岩表面或进入强风化软质岩一定深度条件下的极限端阻力；

③ 全风化、强风化软质岩和全风化、强风化硬质岩指其母岩分别为 $f_{rk} \leqslant 15$ MPa、$f_{rk} > 30$ MPa 的岩石。

表 11.4　干作业桩(清底干净，$d=0.8$ m)极限端阻力标准值 q_{pk}(kPa)

名称		状态		
黏性土		$0.25<I_L\leqslant 0.75$	$0<I_L\leqslant 0.25$	$I_L\leqslant 0$
		800～1800	1800～2400	2400～3000
粉土		$0.75<e\leqslant 0.9$	$e\leqslant 0.75$	—
		1000～1500	1500～2000	—
砂土、碎石类土		稍密	中密	密实
	粉砂	500～700	800～1100	1200～2000
	细砂	700～1100	1200～1800	2000～2500
	中砂	1000～2000	2200～3200	3500～5000
	粗砂	1200～2200	2500～3500	4000～5500
	砾砂	1400～2400	2600～4000	5000～7000
	圆砾、角砾	1600～3000	3200～5000	6000～9000
	卵石、碎石	2000～3000	3300～5000	7000～11000

注：① q_{pk}取值宜考虑桩端持力层土的状态及桩进入持力层的深度效应，当进入持力层深度 h_b 为：$h_b\leqslant D$，$D<h_b<4D$，$h_b\geqslant 4D$ 时；q_{pk}可分别取较低值、中值、较高值，D 为桩端直径。

② 砂土密实度可根据标准贯入击数 N 判定，$N\leqslant 10$ 为松散，$10<N\leqslant 15$ 为稍密，$15<N\leqslant 30$ 为中密，$N>30$ 为密实。

③ 当桩的长径比 $l/d\leqslant 8$ 时，q_{pk}宜取较低值。

④ 当对沉降要求不严时，可适当提高 q_{pk}值。

表 11.5　大直径桩侧阻力尺寸效应系数 ψ_{si}、端阻力尺寸效应系数 ψ_p

土类别	黏性土粉土	砂石碎石类土	土类别	黏性土粉土	砂石碎石类土
ψ_{si}	$\left(\frac{0.8}{d}\right)^{1/5}$	$\left(\frac{0.8}{d}\right)^{1/3}$	ψ_p	$\left(\frac{0.8}{D}\right)^{1/4}$	$\left(\frac{0.8}{D}\right)^{1/3}$

表 11.6　桩嵌岩段侧阻和端阻综合系数 ζ_r

嵌岩深径比 h_r/d	0	0.5	1.0	2.0	3.0	4.0	5.0	6.0	7.0	8.0
极软岩、软岩	0.60	0.80	0.95	1.18	1.35	1.48	1.57	1.63	1.66	1.70
较硬岩、坚硬岩	0.45	0.65	0.81	0.90	1.00	1.04	—	—	—	—

注：① 极软岩、软岩指 $f_{rk}\leqslant 15$ MPa，较硬岩、坚硬岩指 $f_{rk}>30$ MPa；介于两者之间可内插取值。

② h_r 为桩身嵌岩深度，当岩面倾斜时，以坡下方的嵌岩深度为准；当 h_r/d 为非表列数值时可内插取值。

11.3.2　确定基桩或复合基桩竖向承载力特征值 R

基桩指桩基础中的单桩，复合基桩指单桩及其对应面积的承台下地基土组成的复合承载基桩。

单桩竖向承载力特征值 R_a 按下式确定：

$$R_a=\frac{Q_{uk}}{K} \tag{11.4}$$

式中　Q_{uk}——单桩竖向极限承载力标准值(kN)；

K——安全系数，取 $K=2$。

对于端承型桩基、桩数少于 4 根的摩擦型柱下桩基，或由于地层土性、使用条件等因素不宜考虑承台效应时,基桩竖向承载力特征值取单桩竖向承载力特征值,即 $R=R_a$。

考虑承台效应的复合基桩竖向承载力特征值 R 可按下式确定:

不考虑地震作用时

$$R = R_a + \eta_c f_{ak} A_c \tag{11.5}$$

考虑地震作用时

$$R = R_a + \frac{\xi_a}{1.25}\eta_c f_{ak} A_c \tag{11.6}$$

其中

$$A_c = \frac{A - nA_{ps}}{n} \tag{11.7}$$

式中 R_a——单桩竖向承载力特征值,按式(11.4)计算;

η_c——承台效应系数,按表 11.7 选取;

f_{ak}——承台下 1/2 承台宽度且不超过 5 m 深度范围内各层土的地基承载力特征值,按厚度加权的平均值取值;

ξ_a——地基抗震承载力调整系数,查《建筑抗震设计规范》;

A——承台总面积(m^2);

A_{ps}——桩身截面面积(m^2);

A_c——计算基桩所对应的承台底净面积(m^2);

n——桩的根数。

表 11.7 承台效应系数 η_c

<table>
<tr><th>s_a/d
B_c/l</th><th>3</th><th>4</th><th>5</th><th>6</th><th>>6</th></tr>
<tr><td>≤0.4</td><td>0.06~0.08</td><td>0.14~0.17</td><td>0.22~0.26</td><td>0.32~0.38</td><td rowspan="4">0.50~0.80</td></tr>
<tr><td>0.4~0.8</td><td>0.08~0.10</td><td>0.17~0.20</td><td>0.26~0.30</td><td>0.38~0.44</td></tr>
<tr><td>>0.8</td><td>0.10~0.12</td><td>0.20~0.22</td><td>0.30~0.34</td><td>0.44~0.50</td></tr>
<tr><td>单排桩条形承台</td><td>0.15~0.18</td><td>0.25~0.30</td><td>0.38~0.45</td><td>0.50~0.60</td></tr>
</table>

注:s_a/d 为桩中心距与桩径的比值;B_c/l 为承台宽度与桩长的比值。

当承台底为可液化土、湿陷性土、高灵敏度软土、欠固结土等地质条件时,不考虑承台效应,即认为 $\eta_c=0$。

11.3.3 确定作用在基桩或复合基桩顶的荷载

轴心竖向力作用

$$N_k = \frac{F_k + G_k}{n} \tag{11.8}$$

偏心竖向力作用

$$N_{ik} = \frac{F_k + G_k}{n} \pm \frac{M_{xk} y_i}{\sum y_j^2} \pm \frac{M_{yk} x_i}{\sum x_j^2} \tag{11.9}$$

水平力作用

$$H_{ik} = \frac{H_k}{n} \tag{11.10}$$

式中　N_k——基桩或复合基桩所受的平均竖向力(kN)；

N_{ik}——第 i 根基桩或复合基桩所受的竖向力(kN)；

F_k——作用在承台顶面的竖向力(kN)；

G_k——承台和承台上土的自重(kN)；

M_{xk}、M_{yk}——作用于承台底面绕通过桩群形心的 x、y 轴的力矩(kN·m)；

x_i、x_j、y_i、y_j——第 i、j 基桩或复合基桩至 y、x 轴的距离；

H_k——作用于承台底面的水平力(kN)；

H_{ik}——作用于第 i 根基桩或复合基桩的水平力(kN)；

n——桩数。

【例 11.1】　承台顶面所受到的荷载 $F=1200$ kN，$H=100$ kN，$M=200$ kN·m。承台埋深 2 m，承台尺寸及柱间距如图 11.4 所示。试求作用在基桩顶的平均竖向力 N_k、最大竖向力 N_{max}、最小竖向力 N_{min}及水平力。

【解】　(1)求竖向作用力及力矩

$$G_k = \gamma_d A d = 20 \times 4.2 \times 3.6 \times 2 = 604.8 \text{ kN}$$

绕 y 轴的力矩：

$$M_y = M + H \times 1.2 = 200 + 100 \times 1.2 = 320 \text{ kN·m}$$

作用在基桩顶的平均竖向力：

$$N_k = \frac{F_k + G_k}{n} = \frac{1200 + 604.8}{4} = 451.2 \text{ kN}$$

作用在基桩顶的最大、最小竖向力：

$$N_{min}^{max} = \frac{F_k + G_k}{n} \pm \frac{M_{yk} x_{max}}{\sum x_j^2} = 451.2 \pm \frac{320 \times 1.5}{4 \times 1.5^2} = \begin{matrix} 504.5 \text{ kN} \\ 397.9 \text{ kN} \end{matrix}$$

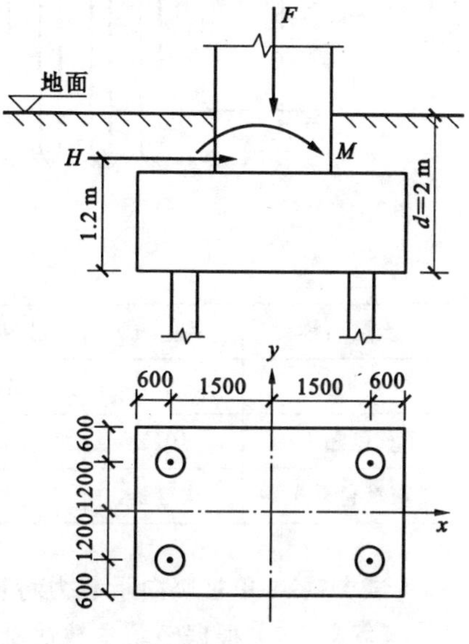

图 11.4　例 11.1 图

(2) 求作用在基桩顶的水平作用力

$$H_{ik} = \frac{H}{n} = \frac{100}{4} = 25 \text{ kN}$$

11.3.4　桩基竖向承载力的验算

轴心荷载作用下满足

$$N_k \leqslant R \tag{11.11}$$

偏心荷载作用下除应满足式(11.11)外，还应满足：

$$N_{kmax} \leqslant 1.2R \tag{11.12}$$

式中　N_k——基桩或复合基桩所受的平均竖向力(kN)；

N_{kmax}——桩顶所受最大竖向力(kN);

R——基桩或复合基桩竖向承载力特征值。

【例 11.2】 某厂房柱底内力分别是 F=3400 kN,H=40 kN,M=500 kN·m。承台埋深 2 m,承台尺寸及柱间距如图 11.5 所示。选择灰黄色粉土为桩端持力层,采用截面边长为 300 mm的混凝土预制方桩,桩端进入持力层 1050 mm,其中桩尖为 450 mm。伸入承台 50 mm,桩全长为 11.6 m。不考虑地震作用,地质资料如表 11.8 所示。

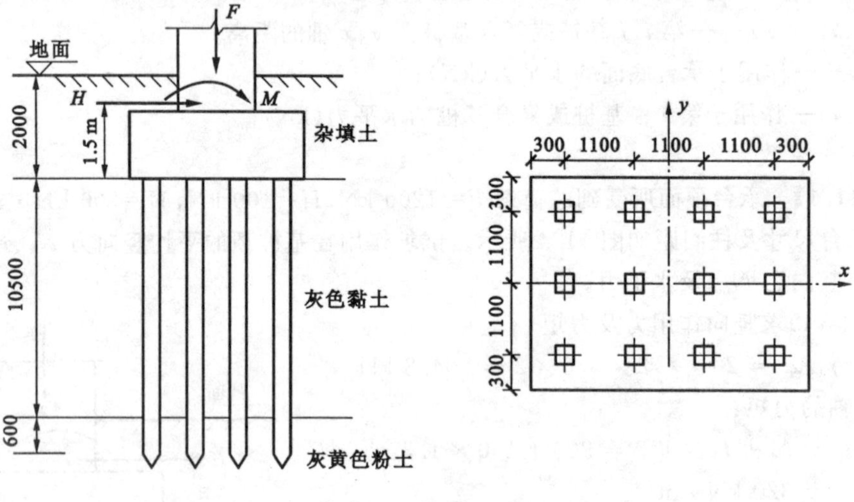

图 11.5 例 11.2 图

表 11.8 某厂房地质资料

土层名称	厚度(m)	γ(kN/m³)	e	S_r	I_p	I_L	φ	f_{ak}(kPa)
杂填土	2	16	—	—	—	—	—	—
灰色黏土	10.5	18.9	1.0	95.6%	18.4	1.0	20	220
灰黄色粉土	未穿透	19.6	0.75	96.5%	15	0.6	23	500

试求:(1) 单桩竖向承载力特征值;(2) 基桩竖向承载力特征值;(3) 基桩承载力验算。

【解】 (1) 根据经验参数法确定单桩竖向承载力特征值

① 确定桩的极限端阻力标准值

由混凝土预制桩长为 11.6 m,持力层为粉土,空隙比 e=0.75,查表 11.3,取 q_{pk}= 2100 kPa。

② 确定桩的极限侧阻力标准值

第一层黏土,I_L=1.0,查表 11.2,取 q_{s1k}=40 kPa;

第二层黏土,e=0.75,查表 11.2,取 q_{sik}=66 kPa。

③ 单桩竖向承载力标准值:

$$Q_{uk}=Q_{sk}+Q_{pk}=u\sum q_{sik}l_i+q_{pk}A_p$$
$$=4\times(40\times10.5+66\times0.6)\times0.3+2100\times0.3\times0.3$$
$$=740.5\ \text{kN}$$

④ 单桩竖向承载力特征值

$$R_a = \frac{Q_{uk}}{K} = \frac{740.5}{2} = 370 \text{ kN}$$

(2) 确定基桩竖向承载力特征值

在考虑承台效应、不考虑地震作用的条件下来计算基桩竖向承载力特征值。

根据桩中心距与桩径的比值 $s_a/d=1.1/0.3=3.7$，承台宽度与桩长的比值 $B_c/l=2.8/11.55=0.24$，查表 11.7，取承台效应系数 $\eta_c=0.13$。取承台下 1/2 承台宽度且不超过 5 m深度范围内黏土的地基承载力特征值 $f_{ak}=220$ kPa。基桩所对应的承台底净面积为：

$$A_c = \frac{A - nA_{ps}}{n} = (2.8 \times 3.9 - 12 \times 0.3 \times 0.3)/12 = 0.82 \text{ m}^2$$

基桩竖向承载力特征值：

$$R = R_a + \eta_c f_{ak} A_c = 370 + 0.13 \times 220 \times 0.82 = 393.5 \text{ kN}$$

(3) 基桩承载力验算

承台及上填土的重量：

$$G_k = \gamma_d A d = 20 \times 2.8 \times 3.9 \times 2 = 436.8 \text{ kN}$$

绕 y 轴的力矩：

$$M_y = M + H \times 1.2 = 500 + 40 \times 1.5 = 560 \text{ kN} \cdot \text{m}$$

作用在基桩顶的平均竖向力：

$$N_k = \frac{F_k + G_k}{n} = \frac{3400 + 436.8}{12} = 319.7 \text{ kN}$$

则作用在基桩顶的最大竖向力：

$$N_{max} = \frac{F_k + G_k}{n} + \frac{M_{yk} x_{max}}{\sum x_j^2} = 319.7 + \frac{560 \times 1.65}{6 \times (1.65^2 + 0.55^2)} = 370.6 \text{ kN}$$

由以上计算可知，$N_k=319.7\text{ kN}\leqslant R=393.5\text{ kN}$，$N_{kmax}=370.6\text{ kN}\leqslant 1.2R=1.2\times 393.5=472.2\text{ kN}$，基桩承载力同时满足上述两个条件。

11.4 桩的负摩阻力

11.4.1 负摩阻力产生的原因

桩在桩顶竖向荷载作用下有相对于土体的位移，桩土之间相对位移的方向决定了桩侧摩阻力的方向。当桩受轴向荷载作用后，相对于桩周土有向下的位移，土对桩产生向上作用的摩阻力，称为正摩阻力，如图 11.6(a)所示。当桩相对于桩周土有向上的位移，桩周土相对于桩有向下的位移，那么桩周土对桩产生向下的摩阻力，称为负摩阻力，如图 11.6(b)所示。

桩的垂直位移与桩周地基土的垂直位移相等，也就是桩土之间不产生相对位移的截面位置，称为中性点。在中性点之上桩周土相对桩向下位移，出现负摩阻力；在中性点以下桩相对于桩周土向下位移，出现正摩阻力；桩侧土将部分土的重力和地面荷载通过负摩阻力传递给桩，因此这是施加给桩上的外荷载，会导致桩的承载力相对降低，桩基沉降加大。

在以下情况计算基桩承载力时应考虑负摩阻力：桩穿越较厚松散填土、自重湿陷性黄土、欠固结土、液化土层进入相对较硬土层时；桩周存在软弱土层，邻近桩侧地面承受局部较大的

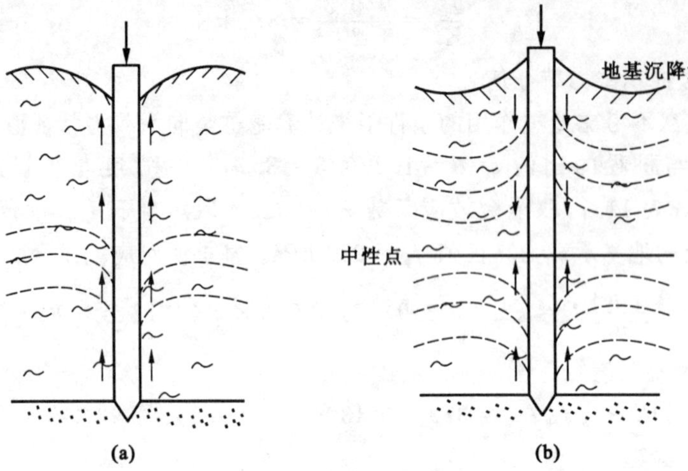

图 11.6 桩摩阻力示意图

(a) 正摩阻力;(b) 负摩阻力

长期荷载,或地面大面积堆载(包括填土)时;由于降低地下水位,使桩周土有效应力增大,并产生显著压缩沉降时。

11.4.2 负摩阻力的计算

11.4.2.1 中性点的确定

为了计算桩的负摩阻力,首先应确定中性点的位置,这样就可以得知负摩阻力在桩上的作用范围。一般来说,桩周欠固结土层越厚,欠固结程度越大,桩底持力层越硬,中性点深度越深;并且地表堆载的强度和范围越大,或地下水降低幅度和范围越大,中心点位置也越深。由此,目前中心点深度一般依据一定的试验结果采用经验值,即自桩顶算起的中性点的深度 l_n 和桩周软弱土层下限的深度 l_0 的比值 l_n/l_0 的经验数值来确定。中性点深度比 l_n/l_0 值如表 11.9所示。

表 11.9 中性点深度 l_n

持力层性质	黏性土、粉土	中密以上砂	砾石、卵石	基岩
中性点深度比 l_n/l_0	0.5～0.6	0.7～0.8	0.9	1.0

注:① l_n、l_0 分别为自桩顶算起的中性点深度和桩周软弱土层下限深度;

② 桩穿过自重湿陷性黄土层时,l_n 可按表列值增大 10%(持力层为基岩除外);

③ 当桩周土层固结与桩基固结沉降同时完成时,取 $l_n=0$;

④ 当桩周土层计算沉降量小于 20 mm 时,l_n 应按表列值乘以 0.4～0.8 折减。

11.4.2.2 负摩阻力产生的下拉荷载计算

由桩侧负摩阻力对桩体产生的下拉荷载由下式计算:

$$Q_g^n = u\sum_{i=1}^{n} q_{si}^n l_i \tag{11.13}$$

式中 Q_g^n——下拉荷载(kN);

l_i——中性点以上第 i 层土的厚度(m);

u——桩身周长(m);

q_{si}^n——中性点以上第 i 层土桩侧负摩阻力标准值,按下式计算:

$$q_{si}^{n} = \xi_{ni}\sigma_i' \tag{11.14}$$

当填土、自重湿陷性黄土、欠固结土层产生固结和地下水降低时，$\sigma_i'=\sigma_{ri}'$；当地面分布有大面积荷载时，$\sigma_i'=p+\sigma_{ri}'$。其中：

$$\sigma_{ri}' = \sum_{e=1}^{i-1}\gamma_e\Delta z_e + \frac{1}{2}\gamma_i\Delta z_i \tag{11.15}$$

式中 q_{si}^{n}——中性点以上第 i 层土桩侧负摩阻力标准值，若计算值大于正摩阻力标准值时，取正摩阻力标准值进行设计；

ξ_{ni}——桩周第 i 层土负摩阻力系数，查表 11.10；

σ_i'——桩周第 i 层土平均竖向有效应力(kPa)；

σ_{ri}'——由土自重引起的桩周第 i 层土平均竖向有效应力(kPa)；

γ_i、γ_e——第 i 计算土层和其上第 e 土层的重度(kN/m³)，地下水位以下取浮重度；

Δz_i、Δz_e——第 i 土层、第 e 土层的厚度(m)；

p——地面均布荷载(kPa)。

表 11.10 负摩阻力系数 ξ_n

土　类	ξ_n
饱和软土	0.15～0.25
黏性土、粉土	0.25～0.40
砂土	0.35～0.50
自重湿陷性黄土	0.20～0.35

注：在同类土中，对于挤土桩，取表中较大值；对于非挤土桩，取表中较小值。

【例 11.3】 如图 11.7 所示钻孔灌注桩，桩的直径 $d=400$ mm，穿越 10 m 厚饱和软土，软土正摩阻力标准值 $q_s=25$ kN/m³，支承在密实卵石上。试求作用在桩上的下拉荷载为多少？

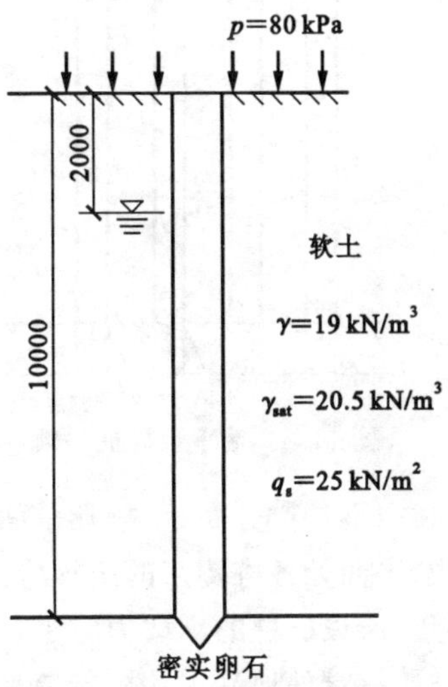

图 11.7 例 11.3 图

【解】 (1) 首先确定中性点的深度

桩体支承在密实的卵石上，所以查表 11.9，取中性点深度比 $l_n/l_0=0.9$，则有：

$$l_n = 0.9\times 10 = 9\ \text{m}$$

(2) 求各土层负摩阻力标准值

钻孔灌注桩属于非挤土桩，且桩侧土为软土，查表11.10，取负摩阻力系数 $\xi_n=0.15$。

① 地表以下至地下水位以上：

$$\sigma_1'=p+\sigma_{r1}'=p+\frac{1}{2}\gamma_i\Delta z_i$$

$$=80+\frac{1}{2}\times 19\times 2=99\ \text{kPa}$$

$$q_{s1}^{n}=\xi_n\sigma_1'=0.15\times 99=14.85\ \text{kN/m}^2<q_s=25\ \text{kN/m}^2$$

② 地下水位以下至中性点：

$$\sigma_2' = p + \sigma_{r2}' = p + \sum_{e=1}^{2-1} \gamma_e \Delta z_e + \frac{1}{2}\gamma_2 \Delta z_2$$

$$= 80 + 19 \times 2 + \frac{1}{2} \times (20.5 - 10) \times 7 = 154.8 \text{ kPa}$$

$$q_{s2}^{n} = \xi_n \sigma_2' = 0.15 \times 154.8 = 23.22 \text{ kPa} < q_s = 25 \text{ kPa}$$

(3) 求下拉荷载 Q_g^n

$$Q_g^n = u \sum_{i=1}^{n} q_{si}^n l_i = 3.14 \times 0.4 \times (14.85 \times 2 + 23.22 \times 7) = 241.5 \text{ kN}$$

11.5 群桩的竖向承载力

11.5.1 群桩效应

有 2 根以上桩组成的桩基称为群桩基础。在竖向荷载作用下，由于承台、柱、土相互作用，群桩基础中的一根桩单独受荷时的承载力和沉降性状与相同地质条件和设置方法的同样独立单桩有显著差别。群桩基础的承载力通常不等于其中各个单桩的承载力之和，这种现象称为群桩效应。在荷载作用下，群桩中承台底面土、桩间土及桩端以下土都参与工作，形成承台、桩、土相互影响、共同作用的体系。

11.5.1.1 端承型群桩基础

对于端承型群桩基础，由于持力层坚硬，桩顶沉降小，桩侧摩阻力发挥有限，由桩身压缩引起的桩顶沉降也不大，因而承台底面土反力很小，可以不考虑承台效应。这样桩顶荷载基本上通过桩身直接传到桩端处土层上，并按照一定的压力角 α 向下扩散。虽然在距桩底某一深度产生应力叠加，但引起坚实持力层的附加变形很小，所以端承型群桩基础中各根单桩的工作性状接近于独立单桩，群桩基础承载力等于各根单桩承载力之和，如图 11.8 所示。

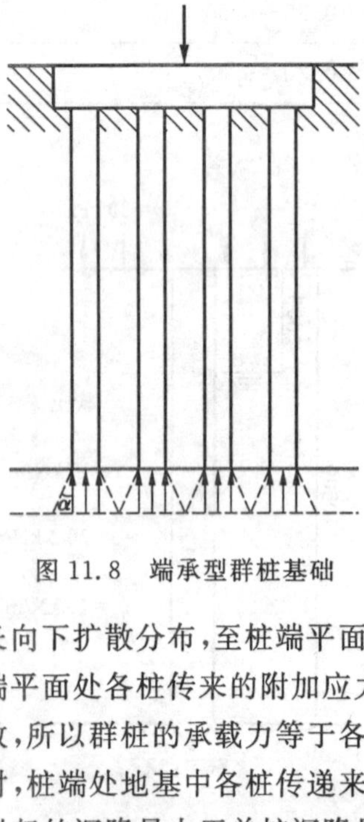

图 11.8 端承型群桩基础

11.5.1.2 摩擦型群桩基础

对于摩擦型群桩基础，桩顶荷载主要是通过桩侧摩擦阻力传递到桩周和桩端下土层中。桩端土层承载力较低，容易变形。桩侧摩阻力在土中引起的附加应力按照某一角度 β 沿桩长向下扩散分布，至桩端平面处，如图 11.9 中阴影部分所示。当桩数少、桩中心距较大时，桩端平面处各桩传来的附加应力互不叠加或者叠加不多，此时群桩中各桩的工作情况与单桩一致，所以群桩的承载力等于各单桩承载力之和，如图 11.9(a)所示。但当桩数较多、桩距较小时，桩端处地基中各桩传递来的附加应力相互叠加，引起地基土附加变形比单桩大，此时群桩引起的沉降量大于单桩沉降量，群桩承载力则小于各单桩承载力之和，如图 11.9(b)所示。

摩擦型群桩在竖向荷载作用下，由于桩土相对位移，承台底部土体对承台产生一定的竖向抗力，成为桩基竖向承载力的一部分而分担荷载，这种效应叫做承台效应。根据现场试验表明，承台分担的承载力随着荷载的增大、桩距的增加、地基土强度的增加而增大，但随着桩长的

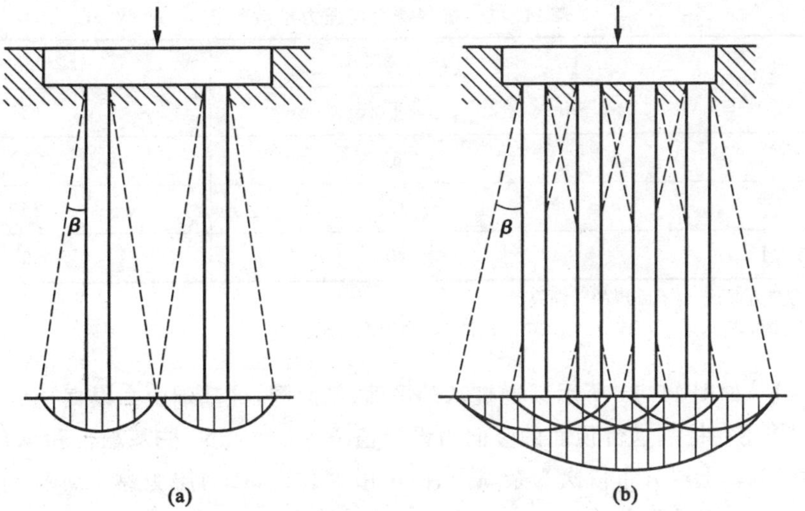

图 11.9　摩擦型群桩桩端平面附加应力分布

增加而减小。

11.5.2　软弱下卧层承载力验算

对于桩距不超过 $6d$ 的群桩基础，如图 11.10 所示，桩端持力层下存在承载力低于桩端持力层承载力的 1/3 的软弱下卧层时，按下式进行验算（这时桩基础可作为实体埋深基础来考虑）：

$$\sigma_z + \gamma_m z \leqslant f_{az} \tag{11.16}$$

其中

$$\sigma_z = \frac{F_k + G_k - \frac{3}{2}(A_0 + B_0) \cdot \sum q_{sik} l_i}{(A_0 + 2t\tan\theta)(B_0 + 2t\tan\theta)} \tag{11.17}$$

式中　σ_z——作用于软弱下卧层顶面的附加应力（kPa）；

γ_m——软弱层顶面以上各土层重度（kN/m^3）（地下水位以下取浮重度），按厚度加权平均；

z——承台底到软弱下卧层顶面之间的距离（m）；

t——持力层厚度（m）；

θ——持力层压力扩散角（°），查表 11.11；

f_{az}——软弱下卧层经深度 z 修正的地基承载力特征值；

A_0、B_0——桩群外缘矩形底面的长、短边边长（m）；

q_{sik}——桩周第 i 层土的极限侧阻力标准值，查表 11.2。

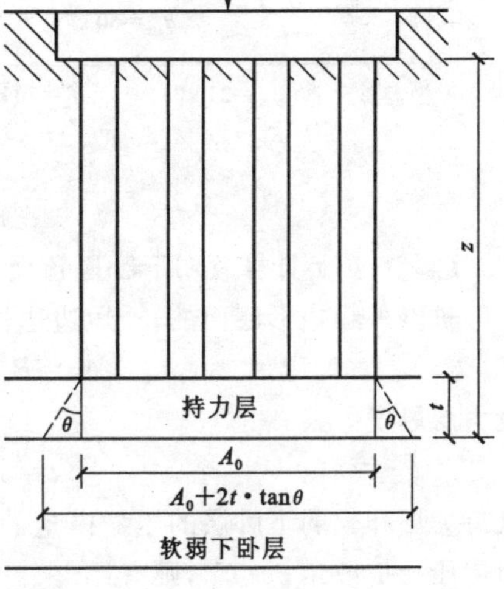

图 11.10　软弱下卧层承载力验算

表 11.11　桩端持力层压力扩散角 θ

E_{s1}/E_{s2}	$t=0.25\ B_0$	$t\geqslant 0.5\ B_0$
1	4°	12°
3	6°	23°
5	10°	25°
10	20°	30°

注：① E_{s1}、E_{s2}为持力层、软弱下卧层的压缩模量；
② $t<0.25\ B_0$ 时，取 $\theta=0°$；$0.25\ B_0<t<0.5\ B_0$ 时，可内插取值。

【例 11.4】 如图 11.11 所示某群桩基础平面、剖面图，桩基础由 9 根直径为 400 mm 沉管灌注桩组成，作用在桩基承台顶面的竖向力设计值 $F=4200$ kN，桩基承台和承台上土自重设计值 $G=580$ kN。土层分布依次为杂填土、高灵敏度黏土，持力层为黏土、淤泥质土。试验算下卧层承载力是否满足要求。

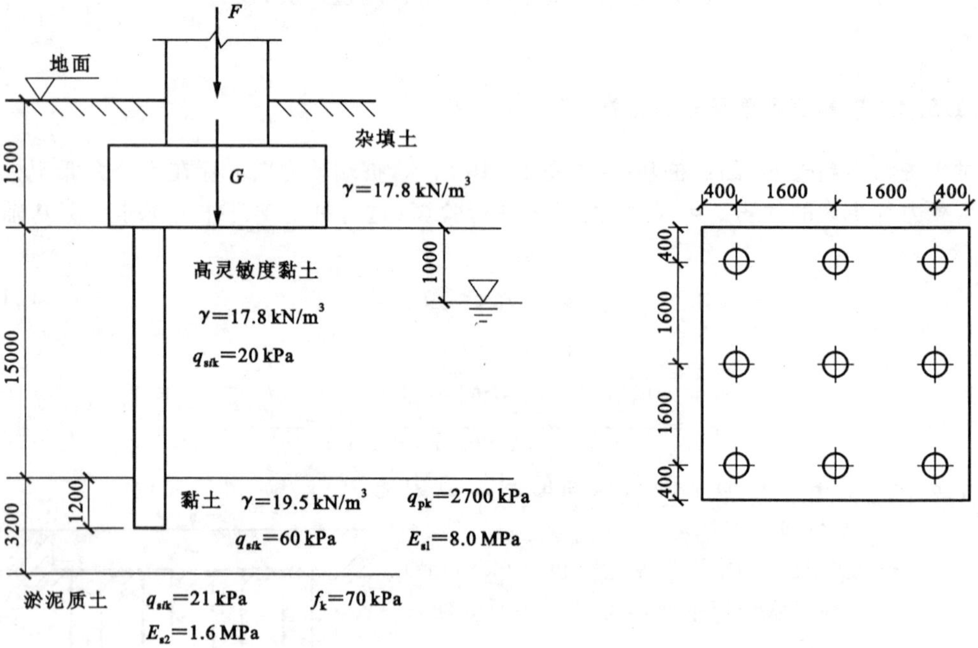

图 11.11　例 11.4 图

【解】 (1) 计算软弱下卧层顶面处的附加应力

桩群外缘矩形底面的长、短边边长为：

$$A_0=B_0=1.6+1.6+0.4=3.6\ \text{m}$$

持力层厚度

$$t=3.2-1.2=2\ \text{m}>1.8\ \text{m}$$

且持力层和软弱下卧层的压缩模量的比值为 $E_{s1}/E_{s2}=8.0/1.6=5$，查表 11.11 取得桩端持力层压力扩散角 $\theta=25°$，则有：

$$\sigma_z = \frac{(F_k + G_k) - \frac{3}{2}(A_0 + B_0)\cdot \sum q_{sik} l_i}{(A_0 + 2t\tan\theta)(B_0 + 2t\tan\theta)}$$

$$= \frac{(4200 + 580) - \frac{3}{2}\times(3.6 + 3.6)\times(20\times 15 + 60\times 1.2)}{(3.6 + 2\times 2\times \tan 25^\circ)\times(3.6 + 2\times 2\times \tan 25^\circ)} = 25.5\ \text{kPa}$$

(2) 计算软弱下卧层顶面处的自重应力

软弱下卧层顶面以上各土层加权平均重度为：

$$\gamma_m = (17.8\times 1.5 + 17.8\times 1.0 + 7.8\times 14 + 9.5\times 3.2)/19.7 = 9.35\ \text{kN/m}^3$$

则有
$$\gamma_m z = 9.35\times 18.2 = 170.2\ \text{kPa}$$

(3) 计算软弱下卧层地基承载力设计值

只经深度 z 修正，修正系数查《建筑地基基础设计规范》取得 $\eta_d = 1.0$，则有：

$$f_{az} = f_k + \eta_d \gamma_m (d - 0.5) = 70 + 1.0\times 9.35\times(1.5 + 15 + 3.2 - 0.5) = 249.5\ \text{kPa}$$

(4) 验算

$$\sigma_z + \gamma_m z = 25.5 + 170.2 = 195.7\ \text{kPa} \leqslant f_{az} = 249.5\ \text{kPa}$$

所以软弱下卧层地基承载力满足要求。

11.6 桩基础承台的设计

11.6.1 桩平面布置的原则

布置桩位时，桩的中心距一般采用3～4倍的桩径。桩间距太大会增加承台的体积，太小对于摩擦桩来说又有群桩效应，加大桩基础的沉降量，而且施工困难。另外，在确定桩间距时还应考虑施工工艺中挤土桩对邻近桩的影响。群桩中的基桩最小中心距可按表11.12取值。

表 11.12 基桩的最小中心距 s

土类与成桩工艺		排数不少于3排且桩数不少于9根的摩擦型桩	其他情况
非挤土灌注桩		$3.0d$	$3.0d$
部分挤土桩	非饱和土、饱和非黏性土	$3.5d$	$3.0d$
	饱和黏性土	$4.0d$	$3.5d$
挤土桩	非饱和土、饱和非黏性土	$4.0d$	$3.5d$
	饱和黏性土	$4.5d$	$4.0d$

桩的平面布置可采用对称式、梅花式、行列式等。为了使桩基中各桩受力比较均匀，群桩横截面的重心应与竖向永久荷载合力的作用点重合或接近。在工程实践中，群桩的常用平面布置形式有以下几种：柱下桩基多采用对称多边形，墙下桩基采用梅花式或行列式，筏板基础或箱形基础尽量沿柱网、肋梁或隔墙的轴线布置，如图11.12所示。

11.6.2 承台的构造要求

柱下独立桩基承台的最小宽度不应小于500 mm，最小厚度不应小于300 mm，边桩中心

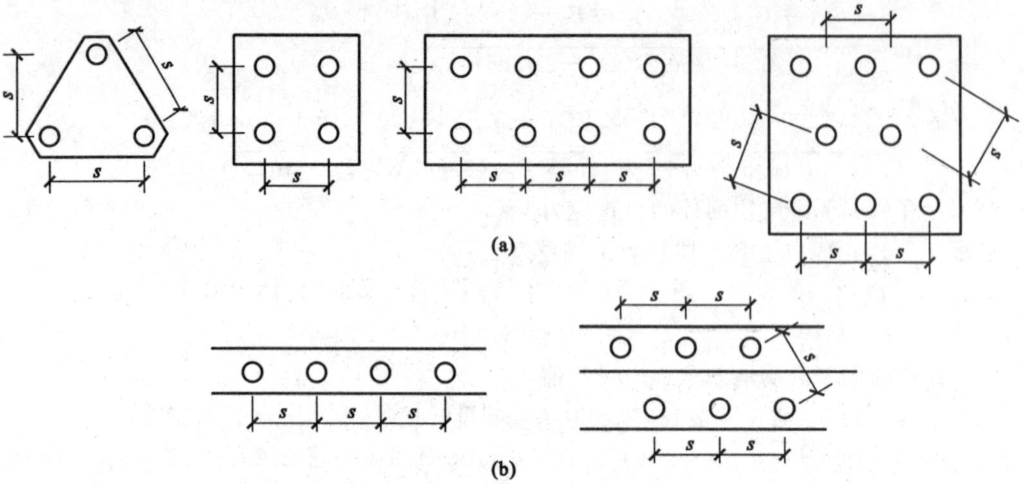

图 11.12　桩的常用布置形式

(a) 柱下桩基;(b) 墙下桩基

至承台边缘的距离不应小于桩的直径或边长,且桩的外边缘至承台边缘的距离不应小于 150 mm。对于墙下条形承台梁,桩的外边缘至承台梁边缘的距离厚度不应小于 300 mm;多层建筑墙下布桩的筏形承台的最小厚度不应小于 200 mm。承台混凝土材料及其强度等级不应小于 C20,高层建筑平板式或梁板式筏形承台的最小厚度应满足耐久性和抗渗要求。桩嵌入承台内的长度,对中等直径桩不宜小于 50 mm,对大直径桩不宜小于 100 mm。

11.6.3　承台的计算

桩基承台的构造除满足以上要求外,还应满足抗弯承载力、抗冲切、抗剪切验算。

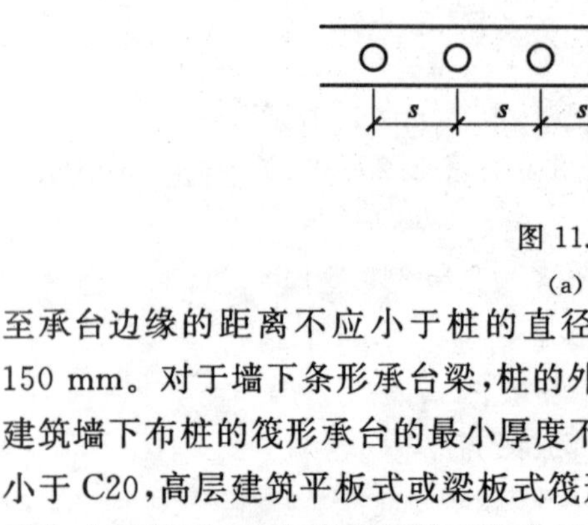

图 11.13　矩形多桩承台

11.6.3.1　抗弯计算

柱下独立桩基承台(两桩条形承台和多桩矩形承台)的正截面弯矩计算截面取在柱边和承台变阶处,如图 11.13 所示。正截面弯矩设计值按下式计算:

$$M_x = \sum N_i y_i \tag{11.18}$$

$$M_y = \sum N_i x_i \tag{11.19}$$

式中　M_x、M_y——绕 x 轴和绕 y 轴方向计算截面处的弯矩设计值(kN·m);

x_i、y_i——垂直于 y 轴和垂直于 x 轴方向自桩轴线到相应计算截面的距离(m);

N_i——第 i 根基桩竖向反力设计值(kN)(不计承台及其上土重)。

柱下独立桩基承台(三桩承台)的正截面弯矩设计值按下式计算(如图 11.14 所示),等边三桩承台

$$M = \frac{N_{max}}{3}\left(s_a - \frac{\sqrt{3}}{4}c\right) \tag{11.20}$$

式中　M——通过承台形心至各边边缘正交截面范围内板带的弯矩设计值(kN·m);

s_a——桩中心距(m)；

N_{max}——不计承台及其上土重，三桩中最大基桩竖向反力设计值(kN)；

c——对方桩为其边长，对圆柱，$c=0.8d$(d 为圆柱直径)。

等腰三桩承台

$$M_1=\frac{N_{max}}{3}\left(s_a-\frac{0.75}{\sqrt{4-\alpha^2}}c_1\right) \quad (11.21)$$

$$M_2=\frac{N_{max}}{3}\left(\alpha s_a-\frac{0.75}{\sqrt{4-\alpha^2}}c_2\right) \quad (11.22)$$

式中 M_1、M_2——通过承台形心至两腰边缘和底边边缘正交截面范围内板带的弯矩设计值(kN·m)；

c_1、c_2——垂直、平行于承台底边的柱截面边长(m)；

s_a——桩中心距(m)；

α——短向桩中心距与长向桩中心距之比。

11.6.3.2 抗冲切计算

当柱或墙体施加给承台冲切力、桩基承台的有效高度不足时，承台会产生冲切破坏。承台受冲切破坏的方式有两种，即柱(墙)对承台的冲切和角桩对承台的冲切。

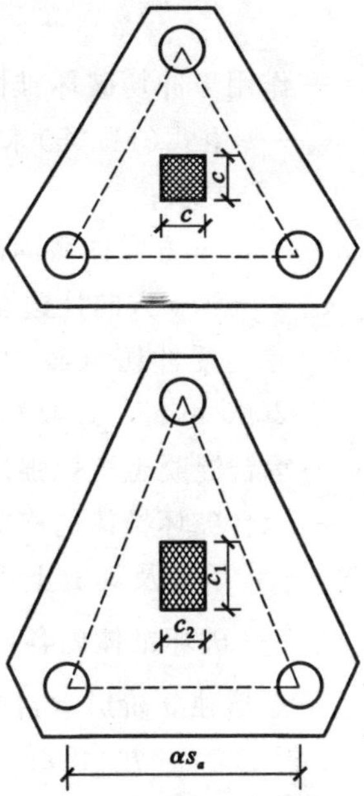

图 11.14 等边、等腰三角形三桩承台

(1) 柱(墙)对承台的冲切

冲切破坏锥体应采用自柱(墙)边或承台变阶处至相应桩顶边缘连线所构成的锥体，锥体斜面与承台底面夹角不应小于45°，如图 11.15 所示。

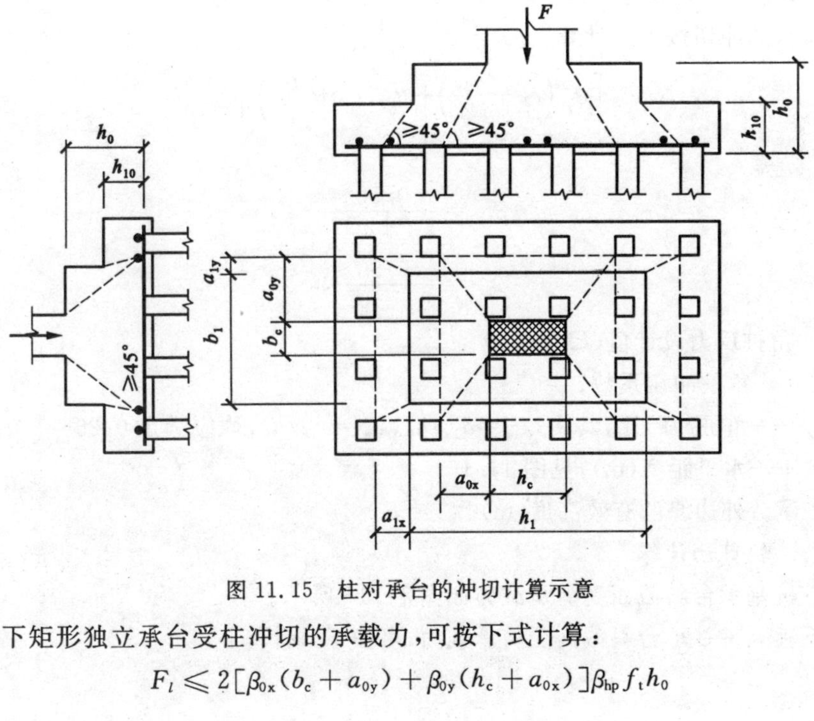

图 11.15 柱对承台的冲切计算示意

对于柱下矩形独立承台受柱冲切的承载力，可按下式计算：

$$F_l \leqslant 2[\beta_{0x}(b_c+a_{0y})+\beta_{0y}(h_c+a_{0x})]\beta_{hp}f_t h_0 \quad (11.23)$$

其中

$$F_l = F - \sum Q_i \tag{11.24}$$

$$\beta_0 = \frac{0.84}{\lambda + 0.2} \tag{11.25}$$

式中 F_l——作用于冲切破坏锥体上的冲切力设计值(kN)；

β_{0x}、β_{0y}——由式(11.25)求得，其中，$\lambda_{0x}=a_{0x}/h_0$，$\lambda_{0y}=a_{0y}/h_0$，均应满足 0.25～1.0 的要求；

h_c、b_c——x、y 方向柱截面的边长(m)；

a_{0x}、a_{0y}——x、y 方向柱边至最近桩边的水平距离(m)；

β_{hp}——承台受冲切承载力截面高度影响系数，当 $h \leqslant 800$ mm 时 β_{hp} 取 1.0，当 $h \geqslant 2000$ mm时 β_{hp} 取 0.9，其间按线性内插；

f_t——承台混凝土抗拉强度设计值(kPa)；

h_0——承台破坏锥体的有效高度(m)；

F——不计承台及其上土重，作用在柱(墙)底的竖向荷载设计值(kN)；

$\sum Q_i$——破坏锥体内各基桩的反力设计值之和(kN)。

对于柱下矩形独立阶形承台受上阶冲切的承载力，可按下式计算：

$$F_l \leqslant 2[\beta_{1x}(b_1 + a_{1y}) + \beta_{1y}(h_1 + a_{1x})]\beta_{hp} f_t h_{10} \tag{11.26}$$

式中 β_{1x}、β_{1y}——由式(11.25)求得，其中，$\lambda_{1x}=a_{1x}/h_{10}$，$\lambda_{1y}=a_{1y}/h_{10}$，均应满足 0.25～1.0 的要求；

h_1、b_1——x、y 方向承台上阶的边长(m)；

a_{1x}、a_{1y}——x、y 方向承台上阶边至最近桩边的水平距离(m)。

(2) 角桩对承台的冲切

角桩对承台的冲切按下式计算：

$$N_l \leqslant \left[\beta_{1x}\left(c_2 + \frac{a_{1y}}{2}\right) + \beta_{1y}\left(c_1 + \frac{a_{1x}}{2}\right)\right]\beta_{hp} f_t h_0 \tag{11.27}$$

其中

$$\beta_{1x} = \frac{0.56}{\lambda_{1x} + 0.2} \tag{11.28}$$

$$\beta_{1y} = \frac{0.56}{\lambda_{1y} + 0.2} \tag{11.29}$$

式中 N_l——角桩反力设计值(kN)；

β_{1x}、β_{1y}——角桩冲切系数；

λ_{1x}、λ_{1y}——角桩冲跨比，其中，$\lambda_{1x}=a_{1x}/h_0$，$\lambda_{1y}=a_{1y}/h_0$，均应满足 0.25～1.0 的要求；

a_{1x}、a_{1y}——水平距离(m)，见图 11.16；

h_0——承台外边缘的有效高度(m)。

11.6.3.3 抗剪切计算

柱下独立桩基承台斜截面受剪承载力如图 11.17 所示。

对于柱下独立桩基承台斜截面受剪承载力，可按下式计算：

$$V \leqslant \beta_{hs} \alpha f_t b_0 h_0 \tag{11.30}$$

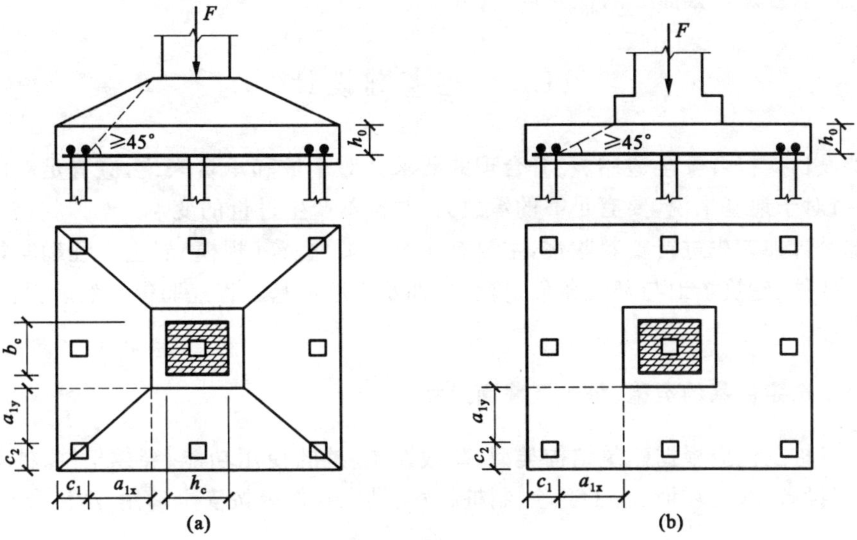

图 11.16　承台角桩的冲切计算示意

(a) 锥形承台;(b) 阶形承台

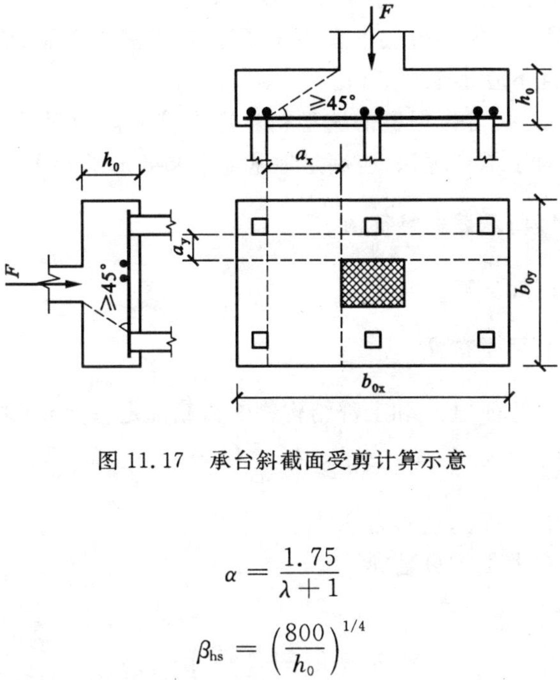

图 11.17　承台斜截面受剪计算示意

其中

$$\alpha = \frac{1.75}{\lambda + 1} \tag{11.31}$$

$$\beta_{hs} = \left(\frac{800}{h_0}\right)^{1/4} \tag{11.32}$$

式中　V——斜截面的最大剪力设计值(kN);

β_{hs}——受剪切承载力截面高度影响系数,当 $h_0 < 800$ mm 时,h_0 取 800 mm,当 $h_0 >$ 2000 mm 时,h_0 取 2000 mm,其间按线性内插;

f_t——混凝土轴心抗拉强度设计值(kPa);

λ——计算截面的剪跨比,其中,$\lambda_x = a_x / h_0$,$\lambda_y = a_y / h_0$,其值均应满足 0.25～3.0 的要求;

α——剪切系数;

h_0——承台计算截面处的有效高度(m);

b_0——承台计算截面处的计算宽度(m)。

11.7 桩基础设计

桩基础设计应符合安全适用、经济合理的要求。对于桩和承台来说,应有足够的强度、刚度及耐久性;对于地基来说,要有足够的承载力,并且不产生过量的变形。

桩基础设计前首先进行资料收集,主要有建筑物类型及其规模、岩土工程勘察报告、施工机具和技术条件、建筑场地与环境条件、检测条件及当地桩基工程经验等。然后根据以上资料进行桩基设计。

11.7.1 选定桩基的类型、桩长及截面尺寸

桩型与成桩工艺应根据建筑结构类型、荷载性质、桩的使用功能、穿越土层、桩端持力层、地下水、施工设备、施工环境、施工经验、制桩材料、供应条件等按安全适用、经济合理的原则进行选择。

确定桩长的关键是选择桩端持力层,应选择较硬土层作为桩端持力层。桩端全断面进入持力层的深度,对于黏性土、粉土不宜小于 $2d$,砂土不宜小于 $1.5\ d$,碎石土不宜小于 $1d$。当存在软弱下卧层时,桩端以下硬持力层不宜小于 $3d$。对于嵌入平整、完整的坚硬岩和较硬岩的深度不宜小于 $0.2d$,且不应小于 0.2 m。

桩长及桩型初步确定后,可根据桩的选型初步定出桩的截面尺寸(可查表 11.1),并初步确定承台底面的标高。对于承台埋深,应满足地基稳定和变形的要求,并不宜小于 0.5 m。

11.7.2 确定单桩竖向承载力特征值 R

参考 11.3 节内容,此处从略。

11.7.3 确定桩数及平面布置

根据单桩竖向承载力特征值 R 和上部结构物的荷载确定桩数 n。中心受荷时:

$$n \geqslant \frac{F_k + G_k}{R} \tag{11.33}$$

式中 F_k——作用在承台顶面的竖向力(kN);

G_k——承台和承台上土的自重(kN)。

偏心受荷时:

$$n \geqslant \mu\left(\frac{F_k + G_k}{R}\right) \tag{11.34}$$

式中 μ——取值为 1.1~1.2。

所选桩数是否合适,还应进行桩受力验算、桩基沉降及软弱下卧层验算后确定。桩的间距(中心距)一般采用 3~4 倍的桩径。根据土类与成桩工艺查表 11.12。

桩的平面布置形式可根据图 11.8 所示进行选取。

11.7.4 桩基础的验算

单桩承载力验算参考 11.3.4 节。软弱下卧层验算参考 11.5.2 节。

【例 11.5】 某柱下独立桩基础，柱的截面尺寸为 $b_c=400$ mm，$h_c=600$ mm。作用在承台顶面的荷载，$F_k=2500$ kN，$H=60$ kN，$M=250$ kN·m。拟采用混凝土预制桩基础，桩的方形截面采用 350 mm×350 mm，桩长 15 m。已确定基桩竖向承载力特征值 $R=490$ kN，承台埋深为 1.5 m，承台混凝土强度等级为 C20，抗拉强度设计值 $f_t=1100$ kPa。试设计该桩基础。

【解】 (1) 由于桩型及尺寸已经给出，先初步估计桩数

$$n=\frac{F_k}{R}=\frac{2500}{490}=5.1$$

暂取 6 根。

桩间中心距：

$$s=3\times350=1050$$

取 1.1 m。

根据边桩中心至承台边缘的距离不应小于桩的边长，且桩的外边缘至承台边缘的距离不应小于 150 mm，取边桩中心至承台边缘的距离为 400 mm。

(2) 确定承台尺寸及有效高度

承台长边：

$$L=2\times(1.1+0.4)=3.0\ \text{m}$$

承台短边：

$$B=2\times0.4+1.1=1.9\ \text{m}$$

承台埋深为 1.5 m，承台高度取 1.0 m，桩顶伸入承台 50 mm，钢筋保护层厚度为 70 mm，那么承台有效高度为 $h_0=0.93$ m。承台尺寸及布桩形式如图 11.18 所示。

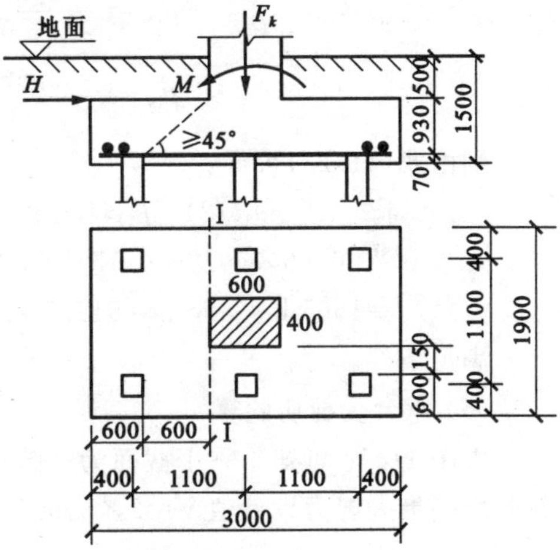

图 11.18 例题 11.5 图

(3) 计算桩顶荷载设计值

承台及上填土的重量：

$$G_k=\gamma_d Ad=20\times3\times1.9\times1.5=171\ \text{kN}$$

绕 y 轴的力矩：

$$M_y=M+H\times1.2=250+60\times1.0=310\ \text{kN}\cdot\text{m}$$

则作用在基桩顶的平均竖向力为：

$$N_k=\frac{F_k+G_k}{n}=\frac{2500+171}{6}=445.2\ \text{kN}$$

作用在基桩顶的最大竖向力为：

$$N_{max}=\frac{F_k+G_k}{n}+\frac{M_{yk}x_{max}}{\sum x_j^2}=445.2+\frac{310\times1.1}{4\times1.1^2}=515.7\ \text{kN}$$

由以上计算可知，$N_k=445.2$ kN$\leqslant R=490$ kN，$N_{kmax}=515.7$ kN$\leqslant1.2R=1.2\times490=588$ kN，基桩承载力同时满足上述两个条件。

(4) 承台受冲切验算

① 柱边冲切力验算

冲切力设计值：

$$F_l=F-\sum Q_i=2500-0=2500\ \text{kN}$$

利用内插法求承台受冲切承载力截面高度影响系数 $\beta_{hp}=0.98$，$\lambda_{0x}=a_{0x}/h_0=600/930=0.65$，$\lambda_{0y}=a_{0y}/h_0=150/930=0.16<0.25$，取 $\lambda_{0y}=0.25$，则有：

$$\beta_{0x}=\frac{0.84}{\lambda_{0x}+0.2}=\frac{0.84}{0.65+0.2}=0.99$$

$$\beta_{0y}=\frac{0.84}{\lambda_{0y}+0.2}=\frac{0.84}{0.25+0.2}=1.87$$

则由式(11.26)可得：

$$\begin{aligned}&2[\beta_{0x}(b_c+a_{0y})+\beta_{0y}(h_c+a_{0x})]\beta_{hp}f_t h_0\\&=2\times[0.99\times(0.4+0.15)+1.87\times(0.6+0.6)]\times0.98\times1100\times0.93\\&=5591\ \text{kN}>F_l=2500\ \text{kN}\end{aligned}$$

满足条件。

② 角桩向上冲切验算

由于 $c_1=c_2=0.6\ \text{m}$，$a_{1x}=a_{0x}$，$a_{1y}=a_{0y}$，$\lambda_{1x}=\lambda_{0x}$，$\lambda_{1y}=\lambda_{0y}$，则有：

$$\beta_{1x}=\frac{0.56}{\lambda_{1x}+0.2}=\frac{0.56}{0.65+0.2}=0.66$$

$$\beta_{1y}=\frac{0.56}{\lambda_{1y}+0.2}=\frac{0.56}{0.25+0.2}=1.24$$

则由式(11.27)可得：

$$\begin{aligned}&[\beta_{1x}(c_2+a_{1y}/2)+\beta_{1y}(c_1+a_{1x}/2)]\beta_{hp}f_t h_0\\&=[0.66\times(0.6+0.15/2)+1.24\times(0.6+0.6/2)]\times0.98\times1100\times0.93\\&=1565\ \text{kN}>N_{max}=515.7\ \text{kN}\end{aligned}$$

满足条件。

(5) 承台受剪切验算

由图 11.18 可知Ⅰ—Ⅰ截面为危险截面，Ⅰ—Ⅰ截面左侧有两根单桩，荷载均为 N_{max}，则斜截面的最大剪力设计值 $V=2\times515.7=1031.4\ \text{kN}$。又由式(11.31)和式(11.32)可得：

$$\beta_{hs}=\left(\frac{800}{h_0}\right)^{1/4}=\left(\frac{800}{930}\right)^{1/4}=0.96$$

$$\lambda_x=\frac{a_x}{h_0}=\frac{600}{930}=0.65$$

$$\alpha=\frac{1.75}{\lambda_x+1}=\frac{1.75}{0.65+1}=1.06$$

代入式(11.30)可得：

$$\beta_{hs}f_t b_0 h_0=0.96\times1100\times1.9\times0.93=1866\ \text{kN}>V=1031.4\ \text{kN}$$

满足条件。

所以，根据以上验算，对桩的设计满足要求。

11.8 其他深基础简介

当建筑物荷载很大，而浅层土满足不了承载力要求，也满足不了建筑物对地基变形的要求，并且又不宜采用地基处理措施来提高地基承载力时，常常需要采用深基础方案。深基础主要类型除了桩基础外，还有沉井基础、沉箱基础及地下连续墙等。

11.8.1 沉井基础

沉井通常用混凝土或钢筋混凝土制作成一种四周有壁、下部无底、上部无盖的筒形结构物。井筒分筒身和刃脚两部分组成。施工时，先在场地上平整地面，铺设砂垫层，设支承枕木，按设计位置在地面先浇注刃脚和一部分筒身，等筒身材料达到设计所要求的强度后，把井筒内的土挖出，筒身因失去支撑靠自重而逐渐下沉。当浇好的筒身大部分已沉入土中，再接着浇筑另一段井筒，接长筒身，再继续挖土下沉，一直到井底到达设计标高为止。然后用混凝土将井底封闭，再用土、石或混凝土将筒内空间填实，使整个筒体成为一个支墩。如果需要，也可以利用井筒内的空间作为地下结构使用，这时只要密封井底即可，然后在顶部浇注钢筋混凝土盖板，并在其上建造上部结构。

沉井的优点结构刚度大，占地面积小，且在施工过程中井筒可作为支承围护结构，不需另外加挡土结构，可作为基础的一部分，技术上操作简便，挖土量少，施工稳定可靠。

沉井可作为桥梁墩台或其他建筑的基础，地下构筑物的外壳，矿井的竖井等。适用于地基深层土的承载力大，而上部土层比较松软、易于开挖的地层。

11.8.2 地下连续墙

地下连续墙是近代发展起来的一种新的支护型式，可以单独作为地下结构的外墙，有时也可以兼作地下主体结构的一部分。

地下连续墙是沿着深基础或地下结构物的周边划分若干个单元槽段，也就是一次性的浇注混凝土段，在泥浆护壁条件下，使用专门的成槽机械，在该槽段开挖一条深槽，然后在槽内设置钢筋笼，浇注混凝土，形成一段钢筋混凝土墙体，然后多个单元槽段连接形成一道连续的地下钢筋混凝土连续墙。

地下连续墙的优点有防渗、截水、承重、挡土、抗滑，适用于各种地质条件，尤其便于在软土中施工；结构刚度大，对邻近建筑物和地下设施没有什么影响。缺点在于施工技术比较复杂，成本高，施工过程中会产生泥浆，污染环境等。

思考题与习题

11.1 桩基础由哪几部分组成？各个部分的作用分别是什么？

11.2 试分别根据桩的承载力性状和桩的施工方法对桩进行分类。

11.3 试简述摩擦桩和端承桩的受力特点。

11.4 什么叫负摩阻力和中性点？如何确定中性点的位置？如何计算负摩阻力及下拉力？

11.5 什么叫群桩效应？什么叫承台效应？

11.6 如何验算桩基竖向承载力？

11.7 场地地层条件如表 11.13 所示，桩基为混凝土预制方桩，边长为 400 mm。桩顶在地表以下 2.0 m，桩底进入第⑤层中砂层 1.0 m。试确定单桩竖向承载力标准值。

表 11.13 场地地层条件

序号	土层	厚度(m)	状态指标
①	杂填土	2.0	—
②	粉质黏土	3.0	$I_L=0.51$

续表 11.13

序号	土层	厚度(m)	状态指标
③	黏土	3.5	$I_L=0.45$
④	粉砂	2.0	中密
⑤	中砂	4.0	密实

11.8 如图 11.19 所示，承台顶面所受到的荷载 $F=1500$ kN，$H=60$ kN，$M=150$ kN·m。承台埋深 2 m，承台尺寸及柱间距如图 11.19 所示。试求作用在基桩顶的平均竖向力 N_k、最大竖向力 N_{max}、最小竖向力 N_{min}及水平力。

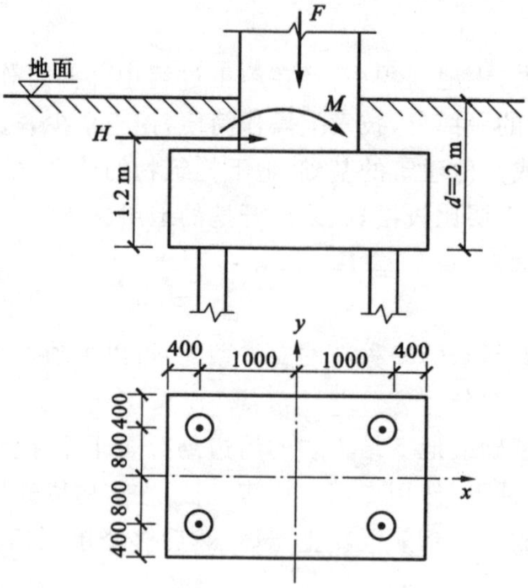

图 11.19 习题 11.8 图

12 地基处理

学习要点

(1) 熟悉常用地基处理方法的使用范围、作用原理；
(2) 掌握常用地基处理方法的设计和施工；
(3) 了解特殊土类的特征和相应的处理方法。

重点和难点

(1) 常用的地基处理方法；
(2) 常用地基处理方法的设计与施工。

12.1 概　　述

在现代土木工程建设中，土木工程师常会遇到各种各样的软弱地基或不良地基，主要包括软土、杂填土、冻土、盐渍土、岩溶、土洞、山区不良地基等。这些地基通常情况下不能满足建(构)筑物对地基的强度和变形要求，需要进行加固处理。地基处理的目的主要是改善地基土的性质，以满足建筑物对地基稳定和变形的要求，包括改善地基土的变形特性和渗透性，提高其抗剪强度和抗液化能力。当前地基处理方法众多，各有其适用和局限性，在实际应用中应针对具体工程进行具体分析，从地基条件、处理要求等方面进行综合比较分析，以确定合适的地基处理办法。

本章将着重从介绍软弱土的性质和工程特征出发，介绍几种常见的地基处理方法。

12.2 软黏土地基处理

软黏土一般是指土质疏松、压缩性高、抗剪强度低、天然含水量大、承载能力低的一种呈软塑状态到流塑状态的饱和黏性土。

12.2.1 形成条件

软黏土一般是在静水或缓慢的流水环境中沉积，经生物、化学作用形成的。软土按其沉积环境主要可分为滨海相沉积、湖相沉积、沼泽沉积、河滩沉积、谷地沉积以及残积土。

我国沿海地区、内陆平原及山区都广泛地分布有软黏土，如河流中下游的河滩沉积；内蒙、东北的森林地区的沼泽沉积；广州等地的三角洲沉积；连云港、天津、塘沽、温州、宁波等地的滨海相沉积；洞庭湖、洪泽湖、太湖流域的湖相沉积等。沿海软黏土主要分布在河流的入海处，山区软黏土则多分布于多雨地区的山间谷地、冲沟、河滩阶地以及各种洼地等区域。

12.2.2 结构成分及特点

(1) 软黏土常为蜂窝状结构、疏松多孔，定向排列明显、层理较发育，具有薄层状构造。

(2) 软黏土一般含大量黏土矿物和部分石英、长石、云母，有机质含量较多(5%～15%)，主要是粉质黏土和粉质砂土。

(3) 软黏土一般呈灰、灰蓝、灰绿或灰黑等暗淡的颜色，并有臭味。

12.2.3 软黏土划分标准

软黏土的划分标准采用 $w \geqslant 35\%$、$e > 1.0$、十字板剪切强度小于 35 kPa 三项指标，凡符合以上三项指标的黏性土均称为软黏土。

珠江三角洲地区软黏土一般指淤泥、淤泥质土。淤泥和淤泥质土的定量划分指标为：$e > 1.5$时，为淤泥；$1 < e \leqslant 1.5$ 时，为淤泥质土。

12.2.4 物理力学性质

(1) 高孔隙比、饱水，天然含水率大于液限，孔隙比 e 常见值为 1.0～2.0；液限 w_L 一般为 35%～60%，饱和度 S_r 一般大于 90%，天然含水率 w 多为 50%～70%。未扰动时，处于软塑状态，一经扰动，结构破坏，处于流动状态。

(2) 透水性低

由于大部分软黏土中，有时夹有一种带状黏土层，厚度可达数米，所以一般垂直方向的渗透系数较水平方向小些。软土的固结需要相当长的时间。

(3) 高压缩性

软黏土孔隙比大，具有高压缩的特性。软黏土的压缩系数 a_{1-2}一般为 0.5～2.0 MPa^{-1}，最大可达 4.5 MPa^{-1}，且随天然含水率的增大而增大。

(4) 抗剪强度低

确定软黏土地基的抗剪强度，关键是选择正确的试验方法，应根据地基的排水条件、应力状态、加荷速率等确定。对排水条件差、加荷速率快的地基，宜采用不排水剪；当地基在加荷作用下有可能达到一定程度固结时，可采用固结不排水剪；当有条件计算出地基中的孔隙水压力的分布时，则可用有效应力法，以确定有效应力的抗剪强度指标。

在不排水条件下，三轴快剪，$\varphi \approx 0$；直剪，$\varphi = 2° \sim 5°$，$c = 0.02$ MPa。在排水条件下，抗剪强度随固结程度提高而增大，固结快剪的 $\varphi = 10° \sim 15°$，$c = 0.02$ MPa。

12.2.5 较显著的触变性和蠕变性

软黏土具有絮状结构，是结构性沉积物，具有触变性和蠕变性。当其结构未被破坏时，具有一定的结构强度，但一经扰动，土的结构强度便被破坏，强度迅速降低。

在软黏土层厚度较大的地区，常有一层厚度不等的软黏土硬壳层或表土层，其承载力较下层软黏土高，压缩性也较小，可以考虑作为浅基础的持力层。

软黏土具有压缩性高、强度低的特点，因此变形问题是软土地基的一个主要问题，主要表现为建筑的沉降量大且不均匀，沉降速率大，以及沉降稳定历时较长的特点。软黏土地基的不均匀沉降，是造成建筑物开裂损坏或严重影响使用等工程事故的主要原因。

常用的地基处理方法可以分为置换拌入法、排水固结法、土工合成材料、重锤夯实法、强夯法、振冲挤密法六种。各种地基处理方法的采用,应从当地地基条件、目的要求、工程费用、施工进度、材料来源、可能达到的效果以及环境影响等方面综合考虑,并通过试验和比较来确定,必要时还应在建筑物设计与施工中采取相应的措施。

12.2.6 置换拌入法

置换拌入法包含换土垫层法、高压旋喷注浆法、深层搅拌法等。

12.2.6.1 换土垫层法

(1) 换土垫层法的作用

当地基表层存在不厚的软弱土层且不能满足使用需要时,一个最简单的方法就是将其挖除,另外填筑易于压实的材料,或者如果软黏土层较厚而全部挖除存在困难时,可将其部分挖除,然后铺设密实的垫层材料,但必须进行换填层以下土层的承载力及变形验算。

目前,常用的垫层有:砂垫层、砂卵石垫层、碎石垫层、灰土或素土垫层、煤渣垫层、矿渣垫层以及用其他性能稳定、无侵蚀性的材料做的垫层等。

换土垫层法按其原理可体现以下五个方面的作用:

① 提高浅层地基承载力

因地基中的剪切破坏从基础底面开始,并随应力的增大而向纵深发展,故以抗剪强度较高的砂或其他填筑材料置换基础下较弱的土层,可避免地基的破坏。

② 减少沉降量

一般浅层地基的沉降量占总沉降量比例较大,如以密实砂或其他填筑材料代替上层软弱土层,就可以减少这部分的沉降量。由于砂层或其他垫层对应力有扩散作用,使作用在下卧层土上的压力较小,这样也会相应减少下卧层土的沉降量。

③ 加速软弱土层的排水固结

砂垫层和砂石垫层等垫层材料透水性强,软弱土层受压后会呈现出良好的排水面,使基础下面的孔隙水压力迅速消散,加速垫层下软弱土层的固结,提高其强度,从而避免地基发生塑性破坏。

④ 防止冻胀

因为粗颗粒的垫层材料孔隙大,不易产生毛细管现象,因此可以防止寒冷地区土中结冰所造成的冻胀。

⑤ 消除膨胀土的胀缩

上述作用中以前三种为主要作用,并且在各类工程中,垫层所起的主要作用有时也是不同的,如房屋建筑物基础下的砂垫层主要起换土的作用,而在路堤及土坝等工程中,往往以排水固结为主要作用。

垫层剖面如图 12.1 所示,设计应满足地基变形和稳定要求,重点是确定合理的垫层宽度和厚度,以防止产生局部破坏。

(2) 垫层设计

① 垫层厚度计算

垫层厚度一般不宜大于 3 m,太厚施工较困难,太薄(<0.5 m)则换土垫层的作用不显著。根据下卧层的承载力可先假定一个厚度,按下式进行验算:

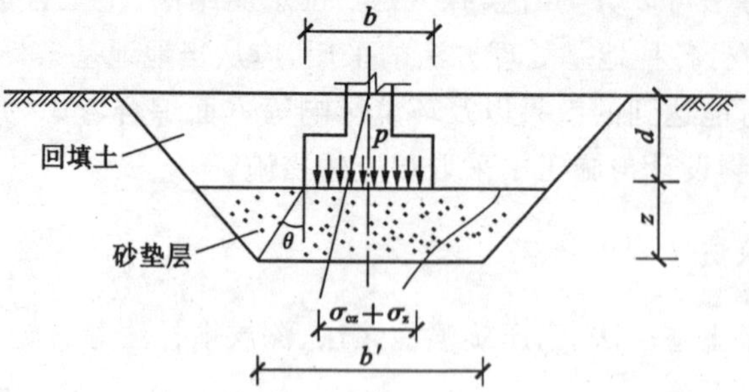

图 12.1　垫层剖面图

$$\sigma_{cz}+\sigma_z \leqslant f_z \tag{12.1}$$

式中　σ_{cz}——垫层底面处土的自重应力(kPa)；

σ_z——垫层底面处土的附加应力(kPa)；

f_z——垫层底面处软弱土层的承载力设计值(kPa)。

垫层底面处的附加应力，可按应力扩散法简化计算：

条形基础

$$\sigma_z=\frac{(p-\sigma_c)b}{b+2z\cdot\tan\theta} \tag{12.2a}$$

矩形基础

$$\sigma_z=\frac{(p-\sigma_c)l\cdot b}{(l+2z\cdot\tan\theta)(b+2z\cdot\tan\theta)} \tag{12.2b}$$

式中　p——基础底面平均压力设计值(kPa)；

σ_c——基础底面标高处的自重应力(kPa)；

l——矩形基础底面长度(m)；

b——基础底面的宽度(m)；

z——垫层的厚度(m)；

θ——垫层的应力扩散角(°)，按表 12.1 选取。

表 12.1　垫层应力扩散角 θ

换填材料 / $\frac{z}{b}$	中砂、粗砂、砾砂、碎石类土、石屑	黏性土和粉土 ($8<I_p<14$)	灰土
0.25	20°	6°	30°
⩾0.50	30°	23°	

注：① 表中当$\frac{z}{b}<0.5$时，除灰土仍取$\theta=30°$外，其余材料均取$\theta=0°$；

② 当$0.25<\frac{z}{b}<0.50$时，θ值可用线性内插法求得。

计算时，一般先初步拟定一个垫层厚度，再用式(12.1)验算。如不合要求，则改变厚度，重新验算，直至满足要求为止。

② 垫层底面宽度 b'计算

垫层的宽度除要满足应力扩散的要求外，还应防止垫层向两边挤动。如果垫层宽度不足，四周侧面土质又较软弱时，垫层就有可能部分挤入侧面软弱土中，使基础沉降增大。宽度计算通常可按扩散角法，如对条形基础，垫层宽度 b' 可按下式计算：

$$b' \geqslant b + 2z \cdot \tan\theta \tag{12.3}$$

扩散角 θ 仍按表 12.1 选取。垫层底面宽度确定后，再根据开挖基坑所要求的坡度延伸至地面，即得垫层的设计断面。

【例 12.1】 某砖混结构办公楼，承重墙下为条形基础，宽 1.2 m，埋深 1 m，承重墙传至基础的荷载 $F=180$ kN/m，地表为 1.5 m 厚的杂填土，$\gamma=16$ kN/m³，$\gamma_{sat}=17$ kN/m³，下面为淤泥层，$\gamma_{sat}=19$ kN/m³，地基承载力标准值 $f_k=66.5$ kPa，地下水距地表深 1 m。试设计基础的垫层。

【解】 ① 垫层材料选中砂，并设垫层厚度 $z=1.5$ m，$z/b=1.5/1.2\geqslant 0.5$，则垫层的应力扩散角 $\theta=30°$。

② 垫层厚度的验算

据题意，基础底面平均压力设计值为：

$$p=\frac{F+G}{b}=\frac{180+1.2\times 1\times 20}{1.2}=170 \text{ kPa}$$

又基底处的自重应力 $\sigma_c=16$ kPa，垫层底面处的附加应力由式(12.2a)得：

$$\sigma_z=\frac{(p-\sigma_c)b}{b+2\times z\tan\theta}=\frac{(170-16)\times 1.2}{1.2+2\times 1.5\tan 30°}=63.0 \text{ kPa}$$

垫层底面处的自重应力

$$\sigma_{cz}=16\times 1.0+(17-10)\times 0.5+(19-10)\times 1.0=28.5 \text{ kPa}$$

地基承载力标准值 $f_k=66.5$ kPa，经深度修正得地基承载力设计值(查表得 $\eta_d=1.1$)为：

$$f_z=f_k+\eta_d\gamma_0(d-0.5)$$

$$=66.5+1.1\times(2.5-0.5)\times\frac{16\times 1.0+(17-10)\times 0.5+(19-10)\times 1.0}{2.5}=91.6 \text{ kPa}$$

则 $\sigma_z+\sigma_{cz}=63.0+28.5=91.5$ kPa $\leqslant 91.6$ kPa，说明满足强度要求，垫层厚度选定为 1.5 m合适。

③ 确定垫层底宽 b'

$$b'=b+2z\cdot\tan\theta=1.2+2\times 1.5\times\tan 30°=2.93 \text{ m}$$

取 b' 为 3 m，按 1 : 1.5 边坡开挖。

(3) 换土垫层法施工

① 垫层材料选择

a. 砂石：宜选用中、粗、砾砂，也可用石屑(粒径小于 2 mm 的部分不超过总量的 45%)，应级配良好，不含植物残体、垃圾等杂质，泥的质量分数不宜超过 3%。当使用粉细砂或石粉(粒径小于 0.075 mm 的部分的质量分数不超过总量的 9%)时，应掺入质量分数不少于 30%的碎石或卵石。最大粒径不宜大于 50 mm。对湿陷性黄土地基，不得选用砂石等透水材料。

b. 粉质黏土：土料中有机质含量不得超过 5%，亦不得含有冻土或膨胀土。当含有碎石时，其粒径不宜大于 50 mm。用于湿陷性黄土或膨胀土的土料中不得夹杂砖、瓦和石块等。

c. 灰土：体积配合比宜为 2 : 8 或 3 : 7。土料宜用黏性土及塑性指数大于 4 的粉土，不得含有松软杂质，并应过筛，其颗粒不得大于 15 mm。灰土宜用新鲜的消石灰，其颗粒不得大于 5 mm。

d. 粉煤灰：可分为湿排灰和调湿灰，可用于道路、堆场和中、小型建（构）筑物换填垫层。粉煤灰垫层上宜覆土0.3～0.5 m。

e. 矿渣：垫层使用的矿渣是指高炉重矿渣，可分为分级矿渣、混合矿渣及原状矿渣。矿渣垫层主要用于堆场、道路和地坪，也可用于中、小型建（构）筑物地基。

f. 其他工业废渣：在有可靠试验结果或成功工程经验时，质地坚硬、性能稳定的工业废渣均可用于填筑换填垫层。

g. 土工合成材料：由分层铺设的土工合成材料及地基土构成加筋垫层。用于垫层的土工合成材料包括机织土工织物、土工格栅、土工垫、土工格室等。其选型应根据工程特性、土质条件与土工合成材料的原材料类型、物理力学性质、耐久性及抗腐蚀性等确定。

对于工程量较大的换填垫层，应根据选用的施工机械、换填材料及场地的天然土质条件进行现场试验，以确定压实效果。垫层材料的选择必须满足无污染、无侵蚀性及放射性等要求。

② 施工注意事项

a. 垫层施工应根据不同的换填材料进行施工。素填土、灰土宜采用平碾、振动碾或羊足碾，中小型工程也可采用蛙式夯、柴油夯；砂石等宜用振动碾和振动压实机；粉煤灰宜采用平碾、振动碾、平板振动器、蛙式夯；矿渣宜采用平板振动器或平碾，也可采用振动碾。

b. 垫层的施工方法、分层铺填厚度、每层压实遍数等宜通过试验确定。除接触下卧软土层的垫层底层应根据施工机械设备及下卧层土质条件的要求具有足够的厚度外，一般情况下，垫层的分层铺填厚度可取200～300 mm。为保证分层压实质量，应控制机械碾压速度。

c. 素土和灰土垫层土料的施工含水量宜控制在最优含水量 $w_{op}\pm 2\%$ 的范围内，粉煤灰垫层的施工含水量宜控制在最优含水量 $w_{op}\pm 4\%$ 范围内。最优含水量可通过击实试验确定，也可按当地经验选取。

d. 基坑开挖时应避免坑底土层受扰动，可保留约200 mm厚的土层暂不挖去，待铺填垫层前再挖至设计标高。严禁扰动垫层下卧层的淤泥或淤泥质土层，防止其被践踏、受冻或受浸泡。在碎石或卵石垫层底部宜设置150～300 mm厚的砂垫层，以防止淤泥或淤泥质土层表面的局部破坏，同时必须防止基坑边坡坍土混入垫层。

e. 换填垫层施工应注意基坑排水，必要时应采用降低地下水位的措施，严禁水下换填。

f. 垫层底面宜设在同一标高上，如深度不同，基坑底面应挖成阶梯或斜坡搭接，并按先深后浅的顺序进行垫层施工，搭接处应碾压密实。

g. 当碾压或夯击振动对邻近既有或正在施工中的建筑产生有害影响时，必须采取有效预防措施。

12.2.6.2 高压喷射注浆法

高压喷射注浆法是用钻机先钻出直径为100～200 mm的钻孔，然后用带有特殊喷嘴的注浆管插至孔底，通过地面的高压设备使浆液（水泥浆）等形成压力为20 MPa左右的高压射流，从喷嘴喷出冲击切割土体，使浆液和冲下的土体强制混合，待凝结后便在土中形成具有一定强度的加固体，从而达到加固改良地基的目的。

高压喷射注浆法的注浆形式有旋转喷射注浆（旋喷）、定向注浆喷射（定喷）和在某一角度范围内摆动喷射注浆（摆喷）三种。旋喷注浆形成的水泥土加固体呈圆柱状，称为旋喷桩。

高压喷射注浆法适用于处理淤泥、淤泥质土、流塑至可塑的黏性土、粉土、砂土、黄土、素填土和碎石土等地基，可用于既有建筑物和新建筑物地基加固，以及深基坑与地铁等工程的加固或防水等。

12.2.6.3 深层搅拌法

深层搅拌法是利用一种特制的深层搅拌机械，将水泥或石灰等固化剂，在地层深处与土体强制拌合，使软弱土硬结成整体，形成具有水稳性和足够强度的水泥(或石灰)土桩或地下连续墙。这些加固体可以是柱状、壁状和块状等不同形状，与周围地基土形成复合地基，共同承担建筑物荷载。

深层搅拌法的施工程序如图 12.2 所示。搅拌机就位后，将搅拌头沉至设计标高，搅拌头强烈搅拌，破坏土体结构使其变成泥浆，同时，输浆管输入的水泥浆从搅拌机底部喷出。并与泥浆均匀拌合，逐渐匀速提搅拌机直至地表。重复多次搅拌，直到达到设计要求为止。

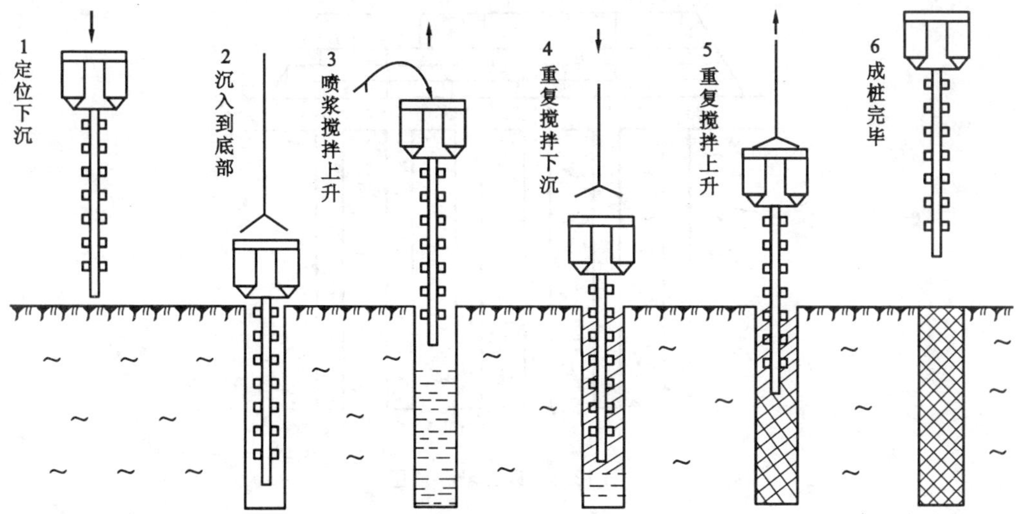

图 12.2 深层搅拌法的工艺流程

深层搅拌法适用于处理淤泥、淤泥质土、粉土和含水量较高且地基承载力标准值不大于 120 kPa 的黏性土地基。该法是将固化剂直接与原有土体搅拌混合，与桩基相比没有成孔过程，不存在横向挤压问题，施工时振动和噪声都较小，对邻近建筑物影响不大。同时经处理后的土体重度基本上不变，对软弱下卧层不会引起附加沉降。与高压旋喷桩相比，桩体强度不如旋喷桩，但水泥用量少得多，造价约为旋喷桩的 1/6～1/5。

12.2.7 排水固结法

在软弱地基中，由于存在较多的孔隙水，使地基的抗剪强度降低，在不大的荷载作用下，地基土就会产生剪切破坏，或产生较大的沉降。故在工程实践中常用排水预压的原理，使土达到压密的效果。

预压原理是使孔隙水压力消散，有效应力增长，抗剪强度提高。由于孔隙水被排出，土体被压缩，使地基土大量的沉降在建筑物修建前已完成。地基土经过预压处理后，可以提高地基的强度，减小建筑物的沉降量。

12.2.7.1 预压固结法

此法是在软弱地基上堆放重物，使地基在预压荷载作用下逐渐固结。预压荷载宜接近设计荷载，必要时可超过设计荷载的 10％～20％，以缩短预压时间。但预压荷载不能超过地基土的极限荷载，以防止土体破坏。

当预压荷载较大时，须采用逐级加荷的方法，并应控制加荷速率，使之与地基强度的增长相适应。同样在卸荷时也应分级进行。

关于加荷速率，现场观测时应注意：地基最大下沉量每日不得超过 10 mm，水平位移量每日不超过 10 mm，孔隙水压力不宜超过预压荷载所产生地基应力的 60%，如果超过上列数值，应立即停止加荷。荷载小(小于 60 kPa)时加荷速率可不受限制。

12.2.7.2 *砂井预压加固*

预压固结法的效果与所加荷载大小、土质以及土层的厚度有关。当饱和黏土层很厚，排水固结时间很长，为了提高预压效果，可以采用砂井预压加固法，如图 12.3 所示。

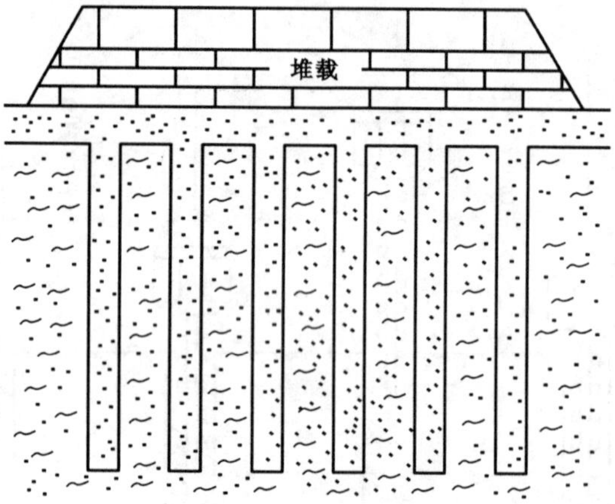

图 12.3 砂井堆载预压

此法是用钢管成孔后灌满砂土，形成砂井，再铺设垫层，堆加荷载预压，使土中的孔隙水通过砂井与砂垫层排出。

砂井的直径多为 30～40 cm，砂井之间的间距可为 8～10 倍的砂井直径。一般情况下，直径越小越经济，但要防止缩颈。砂井的长度应根据软土层的厚度而定。当软土层不厚时应贯通土层；如软土层较厚，地基中又夹有砂层时，应使砂井贯通至砂层；当土层厚度大、土层深处的附加应力小时，砂井的排水作用不大，应选择经济长度。

在平面布置上，砂井可排列成方形或梅花形。

12.2.8 土工合成材料

土工合成材料包括土工纤维、土工模、土工隔栅、土工垫以及各种组合的复合聚合材料。由于它具有优良的力学、水理及抗腐蚀等性能，因而在软弱地基处理中得到了较广泛的应用。

土工合成材料的特点是：质地柔软，重量轻，整体连续性好；施工方便，抗拉强度高，没有显著的方向性，各向强度基本一致；弹性、耐磨、耐腐蚀性、耐久性和抗微生物侵蚀性好，不易霉烂和虫侵蚀。土工纤维具有毛细作用，内部具有大小不等的网眼，有较好的渗透性和良好的疏导作用，水可竖向、横向排出。材料为工厂制品，材质易保证，施工简捷，造价较低，与砂垫层相比可节省大量砂石材料，节省费用 1/3 左右。用于加固软弱土地基或边坡时，作为加筋使用形成复合地基，可提高土体强度，承载力增大 3～4 倍，显著地减少沉降，提高地基稳定性。但土工合成材料存在抗紫外线能力较低的缺点，如埋在土中，不受阳光紫外线照射，则不受影响，可使用40年以上。

土工合成材料适用于加固软弱土地基，以加速土的固结，提高土体强度。用于公路、铁路路基作为加固层，防止路基翻浆、下沉；用于堤岸边坡，可使结构坡角加大，又能充分压实；用于挡土墙后的加固，可代替砂井。

土工合成材料在岩土工程中应用的主要作用有排水、反滤、隔离和加固补强等。

(1) 排水作用

土工合成材料具有良好的三维透水特性，这种透水特性可使水经过它的平面迅速地沿水平方向排走，构成水平排水层。它还可与其他材料共同构成排水系统或深层排水井。土工材料所形成的排水层，其排水作用的效果取决于在相应的受力条件下的导水性的大小，及其所需排水量和所接触土层的土质条件。

(2) 反滤作用

多数渗水性土工合成材料在单向渗流的情况下，发生细粒逐渐向渗滤层移动现象，自然形成一个反滤带和一层骨架网，阻止细的颗粒被滤过，防止土粒的继续流失，最后趋向平衡，使土工合成材料与其相接触的部分土层共同形成一个完整的反滤体系，有效地起到反滤作用，防止土粒流失，使土体保持稳定。

(3) 隔离作用

土工合成材料可设置在两种不同土或材料，或者土与其他材料之间，将它们相互隔离，避免混杂产生不良效果，并可依靠其优良特性以适应受力、变形和各种环境变化的影响而不破损。当用于受力的结构体中时，则有助于保证结构的状态和设计功能；当用于材料的储存堆放场地时，可以避免材料损失和劣化，对于废料还有助于防止污染，但用做隔离的土工材料，其渗透性应大于所隔离土的渗透性；当承受动荷载作用时，土工纤维应有足够的耐磨性和抗拉强度；当土工材料用于路基工程时，可防止软弱土层侵入路基引起翻浆冒泥，同时有利于排水，加速土体固结，增强地基承载能力。

(4) 加固补强作用

利用土工合成材料的高强度和韧性等力学性能，以及与其上填土间有较大的摩擦力特点，可分散荷载，扩散应力，将作用在土层上的力均匀地分布传递于地基，从而起到加筋作用，有利于阻止填土的侧向位移和沉降，减少地基的不均匀变形和沉陷，防止浅层地基的极限破坏，并避免局部基础的破损，同时增大土体的刚度模量，提高地基的承载力和稳定性，由此可作为筋材构成加筋土以及各种土工结构。

12.3 松散土地基处理

12.3.1 重锤夯实法

重锤夯实法是利用起重机械将质量大于1.5 t的重锤提升到一定高度让其自由下落，重复夯打以夯实地基。它使地基表层密实形成硬壳层，从而提高地基持力层强度，扩散地基附加应力，减少沉降变形。

重锤夯实法的效果与土的含水量密切相关，只有在最佳含水量的条件下才能取得最佳的夯实效果。此外，夯实效果还与锤重、锤底直径、落距、夯击遍数等有关。只有合理选定这些参数，才能达到预期效果。

重锤夯实法适用于处理稍湿的粉土、砂土、湿陷性黄土及杂填土地基。一般锤重1.5～3.2 t，落距2.5～4.5 m，夯打6～8遍，有效夯实深度可达1.2 m。经重锤夯实后的杂填土，地基承载力可达100～150 kPa。

12.3.2 强夯法

强夯法是在重锤夯实法基础上发展起来的一种地基处理新技术，又称动力固结法，其加固机理与重锤夯实法截然不同。施工方法是将特大重锤(一般10～40 t)提起，让其从几十米(一般为10～40 m)高处自由下落，对土进行强力冲击。强夯的实质是利用巨大的冲击能(一般为1000～10000 kN·m)，冲击地表后在土中产生巨大的冲击波及应力，迫使土中孔隙压缩，土体局部液化，夯击点周围产生裂缝，形成良好排水通道，加速土体固结和触变的恢复。

强夯法可广泛用于对杂填土、碎石土、砂土、黏性土、湿陷性黄土等地基的加固处理。经强夯法处理后的地基，其承载力可提高2～5倍，压缩性降低200%～1000%，处理深度达10 m以上，效果十分明显。强夯法的特点是效果好、速度快、省材料，而且不受土类及含水量的限制。但施工时噪声和振动太大，不宜在城市建筑密集区采用。

12.3.3 振冲挤密法

振冲挤密法是通过桩管的挤压或振动作用使土体孔隙减少，密实度增加，地基土的强度随之增强。

(1) 挤密砂石桩法

挤密砂石桩法可采用振动成桩法或锤击成桩法施工。锤击成桩法可分为单管法和双管法。单管法施工是用打桩机将桩管打入土中，达到设计深度后，用料斗向桩管内灌砂石，最后按规定的拔管速度从土中拔出桩管。双管法施工则是将底端封闭的内管和底端开口的外管套在一起同时打入土中，在拔出内管后在外管内灌入砂石，再将内管放回至外管内的砂石面上，提升外管使两管底面齐平，然后将内外管共同打下，从而将砂石压实，形成一段直径大于管径的砂石桩。桩体材料为砂时，称为砂桩。

砂石桩适用于挤密松散砂土、素填土和杂填土地基。砂桩成孔宜采用锤击或振动沉管方法。对砂土地基，通过振动或冲击挤密，可增大砂土地基的相对密实度，从而对防止振动液化、减小沉降、增大抗剪强度均有利；对于软黏土地基，因砂井直径较大，间距较小，砂井与周围粘土层共同作用而形成复合地基，使应力向砂桩集中，从而减小了沉降与不均匀沉降，提高了地基承载力。

在施工中，基土处于饱和状态时，应采用饱和状态的砂土作为砂桩的填料，砂料的含泥量应不大于5%；基土为非饱和土且土质较坚硬、可形成孔壁时，为增大挤密效果，施工应从外围或两侧向中间进行。捣实时，砂采用7%～9%的含水量。设置砂桩时，基坑应在设计标高以上预留三倍桩径的覆土厚度，因为打桩后基坑一般会隆起，待砂桩施工结束后再挖除覆土。

(2) 振冲法

振冲法是使用振冲器进行施工，其由潜水电动机、偏心块和通水管三部分组成。振冲器在吊机就位后，通过同时启动电动机和射水泵，在高频振动和高压水流的联合作用下下沉到预定深度。然后进行清孔，用循环水带出孔中较稠泥浆。清孔后，一边向孔中逐段填入砂石料，一边喷水振动，使填料振捣密实；逐段填料振密，逐段提升振冲器，直至地面，从而在地基中形成一根较大直径的密实碎石桩体以加固地基，如图 12.4 所示。

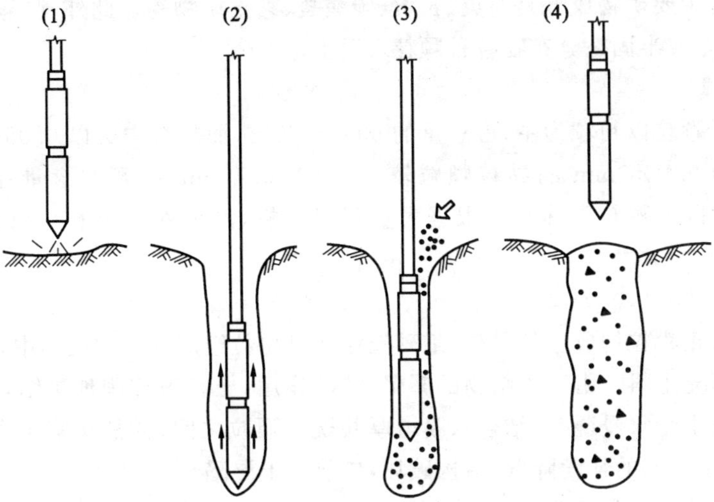

图 12.4 振冲法施工程序示意图

振冲法可分为振冲置换法和振冲密实法两种。振冲置换法适用于处理不排水、抗剪强度不小于 20 kPa 的黏性土、粉土、饱和黄土和人工填土等地基；振冲密实法适用于处理砂土和粉土等地基。

12.4 特殊土地基处理

12.4.1 湿陷性黄土地基

湿陷性黄土是指饱和浸水的湿陷系数超过 0.015 的黄土和黄土状土。黄土因其特殊的生成条件，常具有密度小、湿度低、黏粒少、欠压密、大空隙、垂直节理、富含碳酸盐类等特点。黄土在一定压力作用下受水浸湿，土结构迅速破坏，强度迅速降低并发生显著附加下沉，导致建筑物破坏，这称为黄土的湿陷性。天然状态的黄土，如未受水浸湿，一般强度较高，压缩性较小，其物质主要来源于沙漠与戈壁。

12.4.1.1 黄土的分布及特征

(1) 黄土的分布

黄土在全世界的分布比较广泛，分布面积达 1300 万 km^2，约占陆地总面积的 9.3%，主要分布于中纬度干旱或半干旱地区。我国黄土分布非常广泛，面积达 64 万 km^2，其中湿陷性黄土约占四分之三。以黄河中游最发育，主要分布在甘肃、陕西、山西、宁夏、河南、青海等省区，其他地区也有零星分布。

(2) 湿陷性黄土的特征

黄土是第四纪地质历史时期干旱条件下形成的黄色粉状沉积物，它的内部物质成分和外部形态特征都不同于同时期的其他沉积物，主要是具有大孔隙和湿陷性。在自然界中用肉眼可见土中有大孔隙，在一定压力下浸水，则土的结构迅速破坏，并发生显著沉陷。黄土的湿陷性主要是由黄土的矿物成分与结构构造决定的。

① 矿物成分

湿陷性黄土主要矿物成分是石英、长石、碳酸盐、黏土矿物等。此外，湿陷黄土中含有较多的水溶盐，呈固态或半固态分布在各种颗粒表面上。

② 颗粒组成

湿陷性黄土颗粒以粉粒为主，占总重的50%～70%，而粉粒中又以0.05～0.01 mm的粗粉粒为多，小于0.005 mm的黏粒颗粒较少，大于0.1 mm的颗粒含量在5%以内，大于0.25 mm的中砂以上颗粒不多见。根据大量资料分析，湿陷性黄土有从西北向东南变细的趋势。

③ 黄土的结构

黄土主要由粗粉粒构成土的骨架，细砂粒浮在以粉粒组成的架空结构中，以石英与碳酸钙等细粉粒作为填充土料。由于胶结物的凝聚、结晶作用，土粒被牢固地黏结，使黄土具有较高的强度。但当黄土受水浸湿时，结合水膜增厚并楔入颗粒之间，使盐类溶于水中，各种胶结物软化，从而使黄土骨架的强度降低，结构破坏，导致黄土湿陷。

12.4.1.2 物理力学性质

(1) 黄土外观比较杂乱，一般具肉眼可见的大孔隙，主要呈黄色、褐黄色、灰黄色；

(2) 黄土以粉粒为主，其比重一般大于60%；

(3) 含水量低，一般 $w=10\%\sim20\%$；

(4) 孔隙比大，$e>1.0$；

(5) 天然密度小，$\rho=(1.40\sim1.65)\text{g/cm}^3$；

(6) 含有较多的可溶性盐类，如重碳酸盐、硫酸盐、氯化物等；

(7) 塑性指数偏低，$I_p=7\sim13$，属粉土或粉质黏土；

(8) 压缩系数值 $a_v=(0.2\sim0.6)\ \text{MPa}^{-1}$，属中、高压缩性土。

12.4.1.3 工程性质

黄土在天然含水量时往往具有较高的强度和较小的压缩性，但遇水浸湿后强烈崩解，有的黄土即使在其自重作用下也会发生急剧而大量的变形，强度也随着迅速降低，膨胀量较小，透水性较强，称为自重湿陷性黄土。黄土的湿陷性随天然含水量的增加而减弱，天然孔隙比愈大，湿陷性愈强。它还随着压力增大而增加，当压力增加到一定后，湿陷量又随压力增加而减小。

12.4.1.4 湿陷性评价

在黄土地区勘察中，湿陷性评价正确与否，直接影响设计措施的采取。黄土的湿陷性计算与评价内容主要有判别湿陷性与非湿陷性黄土、判别自重与非自重湿陷性黄土、判别湿陷性黄土场地的湿陷类型、判别湿陷等级等。

(1) 湿陷性与非湿陷性黄土的判别

① 湿陷性系数 δ_s

黄土的湿陷性试验是在室内的固结仪内进行的，其方法是：分级加荷至规定压力，当下沉稳定后，使土样浸水直至湿陷稳定为止，其湿陷性系数 δ_s 的计算式为：

$$\delta_s=\frac{h_p-h_p'}{h_0} \tag{12.4}$$

式中 h_0——原状土样的原始高度(cm)；

h_p——原状土样在规定压力下，下沉稳定后的高度(cm)；

h_p'——加压稳定后的土样在浸水作用下下沉稳定后的高度(cm)。

② 判别标准

利用 δ_s 的值，可判定黄土是否有湿陷性。

当 $\delta_s<0.015$ 时，为非湿陷性黄土；当 $\delta_s \geqslant 0.015$ 时，为湿陷性黄土，且该值越大，湿陷性越强烈。

工程实际中认为(一般在压力为 200 kPa 作用下)：δ_s 为 0.015～0.03 时，属于轻微湿陷性黄土；δ_s 为 0.03～0.07 时，属于中等湿陷性黄土；$\delta_s>0.07$ 时，属于强烈湿陷性黄土。

(2) 自重与非自重湿陷性黄土的判别

① 基本概念

某一深处的黄土层被水浸湿后，仅在其上覆土层的自重压力(饱和度 $S_r=85\%$)下产生湿陷变形的，称自重湿陷性黄土。相反，非自重湿陷性黄土是指某一深度处的黄土层浸水后，除上覆土的饱和自重外，尚需要一定的附加荷载才能发生湿陷的黄土。

② 自重湿陷系数 δ_{zs}

测定方法：在室内固结仪上分级加荷至上覆土层的饱和自重压力，当下沉稳定后，使土样浸水湿陷，直到稳定为止。自重湿陷系数 δ_{zs} 可按下式计算：

$$\delta_{zs}=\frac{h_z-h_z'}{h_0} \tag{12.5}$$

式中 h_o——土样的原始高度(cm)；

h_z——原始土样加压至土的饱和自重压力时下沉稳定后的高度(cm)；

h_z'——上述加压稳定后的土样在浸水作用下下沉稳定后的高度(cm)。

③ 判别标准

当 $\delta_{zs}<0.015$ 时，为非自重湿陷性黄土；当 $\delta_{zs}\geqslant 0.015$ 时，为自重湿陷性黄土。

黄土的湿陷性一般是自地表以下逐渐减弱，埋深 7～8 m 以上的黄土湿陷性较强。不同地区、不同时代的黄土其湿陷性不同，这与土的成因、固结作用、所处的环境等条件有关。

(3) 湿陷性黄土场地湿陷类型的划分

在黄土地区地基勘察中，应按照实测自重湿陷量或计算自重湿陷量制定建筑物场地的湿陷类型。

① 自重湿陷量 Δ_{zs}

实测自重湿陷量应根据现场试坑浸水试验确定。自重湿陷量按下式计算：

$$\Delta_{zs}=\beta_0\sum_{i=1}^{n}\delta_{zsi}h_i \tag{12.6}$$

式中 δ_{zsi}——第 i 层土在上覆土的饱和($S_r=85\%$)自重应力作用下的湿陷系数；

h_i——第 i 层土的厚度(cm)；

n——总计算厚度内湿陷土层的数目，总计算厚度应从天然地面算起(当挖、填方厚度及面积较大时，自设计地面算起)，至其下全部湿陷性黄土层的底面为止，但其中 $\delta_{sz}<0.015$ 的土层不计；

β_0——修正系数，对陕西地区取 1.5，陇东地区取 1.2，关中地区取 0.7，其他地区取 0.5。

② 判别标准

实际工程中，当 $\Delta_{zs} \leqslant 7$ cm 时，定为非自重湿陷性黄土场地；当 $\Delta_{zs} > 7$ cm 时，定为自重湿陷性黄土场地。

(4) 黄土地基的湿陷等级

① 总湿陷量 Δ_s

总湿陷量可按下式计算：

$$\Delta_s = \beta_0 \sum_{i=1}^{n} \delta_{si} \cdot h_i \tag{12.7}$$

式中 δ_{si}——第 i 层土的湿陷系数；

h_i——第 i 层土的厚度(cm)。

计算时，土层厚度自基础底面(初勘时从地面下 1.5 m)算起。对非自重湿陷性黄土地基，累计算至其下 5 m 深度或沉降计算深度为止；对自重湿陷性黄土，应根据建筑物类别和地区建筑经验决定，其中非湿陷性土层不累计。

② 湿陷性黄土地基的湿陷等级

湿陷性黄土地基的湿陷等级，应根据基底下各土层累积的总湿陷量、计算自重湿陷量的大小和场地湿陷类型等因素，判别为Ⅰ、Ⅱ、Ⅲ、Ⅳ四级，详见表 12.2 所示。

表 12.2　湿陷性黄土地基的湿陷等级

湿陷类型 / 自重湿陷量(cm) / 总湿陷量(cm)	非自重湿陷性场地	自重湿陷性场地	
	$\Delta_{zs} \leqslant 7$	$7 < \Delta_{zs} \leqslant 35$	$\Delta_{zs} > 35$
$\Delta_s \leqslant 30$	Ⅰ(轻微)	Ⅱ(中等)	—
$30 < \Delta_s \leqslant 60$	Ⅱ(中等)	Ⅱ(中等)或Ⅲ(严重)	Ⅲ(严重)
$\Delta_s > 60$	—	Ⅲ(严重)	Ⅳ(很严重)

12.4.1.5　湿陷性黄土的设计措施

当湿陷性黄土地基的压缩变形、湿陷变形或强度不能满足工程要求时，应针对不同的土质条件和建筑物的类别，采取相应的措施：

(1) 地理处理措施

消除地基的全部或部分湿陷量，或采用深基础、桩基础穿透全部湿陷土层。

(2) 防水措施

在建筑物布置、场地排水、地面排水、散水、排水沟挖设、管道敷设、管道材料和接口选择等方面，应采取防止雨水或生产、生活用水渗入浸湿地基。

(3) 结构措施

减小建筑物的不均匀沉降，或使结构适应地基变形。

12.4.2　膨胀土地基

在工程建设中，经常会遇到一种具有特殊变形性质的黏性土，它的体积随含水量增加而膨胀，随含水量减少而收缩，具有这种膨胀和收缩性的土称为膨胀土。

我国膨胀土常给人类活动带来危害，还常是崩塌、滑坡、泥石流等地质灾害产生的渊源。

据估计，全世界每年因膨胀土造成的经济损失在50亿美元以上。

12.4.2.1　分布和成因

膨胀土在我国分布广泛，以黄河流域和南方地区较多，先后已有20多个省区发现有膨胀土。一般分布在丘陵地带和山前缓坡地带以及二、三级阶地上。所处地形平缓，无明显自然陡坎。

我国膨胀土形成年代大多数是晚更新世及其以前的，具有黄、红、灰、白等色，大多数为残坡积，也有冲积、洪积物，也有晚第三纪至第四纪的湖泊沉积及其风化层。埋藏较浅，常见于地表。

12.4.2.2　一般特征

膨胀土以黏土为主，土中黏粒成分主要是由亲水性矿物组成，黏土占总数的98%以上，黏土矿物多为蒙脱石、伊利石和高岭石。蒙脱石含量越多，膨胀性越强烈，有显著的吸水膨胀软化和失水收缩开裂的特点。裂隙发育是膨胀土的一个重要特征，常见光滑面或擦痕。结构致密，压缩性较低。膨胀土往复变形特性非常显著，造成建在膨胀土地基上的建筑物随季节气候变化会反复产生不均匀的抬升和下沉，从而使建筑物破坏。

12.4.2.3　物理力学特性

(1) 黏粒含量高，一般占24%～40%。

(2) 膨胀土的液限、塑限和塑性指数都较大，液性指数小。液限 w_L 为38%～55%，塑限 w_p 为17%～35%，塑性指数 I_p 为18～35，在天然状态下呈硬塑或坚硬状态。

(3) 膨胀土的饱和度 S_r 一般较大，常在85%以上。天然含水率较小，一般在17%～30%。

(4) 天然孔隙偏小，e 一般为0.5～0.8。

(5) 抗剪强度指标浸水前后相差较大，尤其是 c 值可差2～3倍。

(6) 压缩性小，多属于低压缩性土。

12.4.2.4　膨胀土的工程特性指标

(1) 自由膨胀率 δ_{ef}

自由膨胀率指人工制备的烘干土，在水中增加的体积与原体积的比以百分率表示。按下式计算：

$$\delta_{ef} = \frac{V_w - V_0}{V_0} \tag{12.8}$$

式中　V_w——土样在水中膨胀稳定后的体积(mL)；

V_0——土样原有体积(mL)。

(2) 膨胀率

膨胀率是在一定压力作用下，浸水膨胀后，试样增高的高度与原高度之比。按下式计算：

$$\delta_{ep} = \frac{h_w - h_0}{h_0} \tag{12.9}$$

(3) 收缩系数 λ_s

原状土在直线收缩阶段，含水量减少1%时竖向线缩率之差(%)。按下式计算：

$$\lambda_s = \frac{\Delta\delta_s}{\Delta w} \tag{12.10}$$

式中 $\Delta\delta_s$——收缩过程中与两点含水量之差对应的竖向线缩率之差(%)；

Δw——收缩过程中直线变化阶段两点含水量之差(%)。

12.4.2.5　膨胀土判别

凡是具有前面所述的特征，且自由膨胀率 $\delta_{ef} \geq 40\%$者，应判定为膨胀土。

12.4.2.6　膨胀土地基处理措施

在膨胀土地基上修建筑物，应从上部结构、地基基础设计各个方面采取措施，以保证建筑物的安全可靠。如水利工程上采用预湿法，工业与民用建筑工程中采用设置沉降缝、换土垫层与排水、适当增大基底压力，或加大基础埋深、设置钢筋混凝土圈梁等措施，以减小或消除膨胀土的危害。

膨胀土一般避免作为土坝填料，如必须用膨胀土作填料时，在施工与设计中应采取必要的措施，如填筑标准(干容重 γ_d)不宜过高，施工含水量较最优含水量略高即可，这样对减小膨胀有利。

12.4.3　红黏土地基

红黏土是指碳酸盐类岩石(石灰岩、白云岩、泥质泥岩等)，在亚热带温湿气候条件下，经风化而成的残积、坡积或残-坡积的褐红色、棕红色或黄褐色的高塑性黏土。一般具有表面收缩、上硬下软、裂隙发育的特点。

12.4.3.1　分布与成因

红黏土在我国云南、贵州、广西、安徽、四川东部等地分布最为广泛，通常堆积在山坡、山麓、盆地或洼地中，成因类型主要为残积、坡积和残-坡积，一般上部为坡积、下部为残积的情况居多。常为岩溶地区的覆盖层，因受基岩起伏影响，厚度变化较大。

12.4.3.2　工程地质特征

红黏土的黏粒组分(粒径<0.005 mm)含量高，一般可达 55%～70%，粒度较均匀，高分散性。黏土颗粒主要以多水高岭石、水云母、伊利石类黏土矿物为主。

主要化学成分以 SiO_2(33.5%～68.9%)、Al_2O_3(9.6%～12.7%)、Fe_2O_3(13.4%～36.4%)为主，硅铝率一般均小于 2。

红黏土常呈蜂窝状结构，且常有很多裂隙(网状裂隙)、结核和土洞。

12.4.3.3　物理力学性质

(1) 高塑性和分散性

液限 w_L 一般为 50%～80%，塑限 w_p 为 30%～60%，塑性指数 I_p 一般为 20～50，饱和度大于 85%，孔隙率在 1.1～1.7 之间。

(2) 高含水率、低密度

天然含水率 w 一般为 30%～60%，S_r>85%，密实度低，大孔隙明显；e>1.0，I_L<0.4，多呈坚硬和硬塑状态。

(3) 强度较高，压缩性较低

固结快剪 φ 值 8°～18°，c 值可达 0.04～0.09 MPa，多属中压缩性土或低压缩性土，压缩模量 5～15 MPa^{-1}。

(4) 不具湿陷性，但收缩性明显

失水后强烈收缩，原状土体压缩率可达 25%。

(5) 上硬下软现象

红黏土地层从地表向下由硬变软。上部坚硬、硬塑状态的土占红黏土层的75%以上，厚度一般都大于5 m；可塑状态的占10%～20%，接近基岩处；软塑、流塑状态的土约小于10%，位于基岩凹部溶槽内。相应地，土的强度逐渐降低，压缩性逐渐增大。

红黏土具有这些特殊性质，是与其生成环境及其相应的组成物质有关。

① 在竖直方向上，随着深度的加大，红黏土的天然含水率、孔隙比、压缩系数都有较大的增高，状态由坚硬、硬塑可变为可塑、软塑，而强度则大幅度降低。

② 在水平方向上，由于地形地貌、下伏基岩起伏变化，性质变化也很大。地势较高的，由于排水条件好，天然含水率和压缩性较低，强度较高，而地势较低的则相反。

12.4.3.4 红黏土的工程性质评价

在红黏土地区修建建筑物，应根据其工程性质特征，采取适当的工程措施：

(1) 岩溶地区的红黏土常有土洞，应注意进行处理。

(2) 当土层下部存在局部软弱下卧层，或岩层起伏过大时，容易引起不均匀沉降，需要进行必要的变形计算，通过分析研究，可采取适当处理措施，如改变基宽、调整相邻地段的基底压力、增减基础埋深、使基底下可压缩土层厚相对均匀等。

(3) 红黏土的底层接近下卧基岩面，尤其是基岩面低洼处，常因地下水聚集呈软塑或流塑状态，其强度较低，应进行处理。

(4) 红黏土表层常常呈坚硬至硬塑状态，强度高，压缩性低，为良好地基，基础应尽量浅埋，可以用其作为天然持力层。

(5) 红黏土在浸水时膨胀，失水时干缩，并具有网状裂隙等特征，对建筑物有不利的影响。在施工时不能让基槽受日晒风干以及水的浸泡影响，以减小胀缩的不利影响。

12.4.4 季节性冻土地基

当温度在摄氏零度以下，含有冰的土称为冻土。

12.4.4.1 冻土的类别

根据冻土存在的时间，可分为多年冻土与季节性冻土。

(1) 多年冻土

所谓多年冻土，是指冻结状态持续3年以上的冻土。这种冻土很厚，常年不融化，具有特殊的性质。当温度变化时，其物理力学性质也随之变化，并产生冻胀、融陷、热融滑塌等现象。

(2) 季节性冻土

季节性冻土又称融冻层，是指每年冬季冻结、夏季融化的冻土。因此冻土深度不大，冻结深度随气候条件不同而不同，一般为0.5～2.0 m。对于多年冻土的地基表层，在受到温度影响时，也会产生冻融现象。

12.4.4.2 冻土的分布

我国季节性冻土分布广泛，普遍分布于长江流域以北十余个省，如东北、华北、西北等地区；多年冻土主要分布于黑龙江、大兴安岭、青藏高原和甘肃、新疆的高山地区，总面积约为215万 km^2，约占我国国土面积的22%。

12.4.4.3 季节性冻土及其对建筑物的危害

对于季节性冻土，冻胀的危害是主要的；对于多年冻土，融陷性的危害是主要的。

由于温度的变化，土中水分冻结与融化引起物态的变化，严重地影响土的性质，从而影响建筑物的稳定性。多年冻土地区每年融化季节所能影响到冻土的最大深度，称为季节融化层。它将随季节变化产生冻胀和融化沉陷，使建筑物丧失稳定性或产生强度破坏。一些建筑物，常常因为这种不均匀冻胀与沉陷而不能正常使用。融化期间，季节融化层内含水量较大，可能使地基饱和，甚至超饱和状态而丧失承载力，道路出现翻浆冒泥，房屋由于沉陷而遭受破坏。

12.4.4.4 防止冻害的措施

(1) 换填法

用粗砂、砾石等不冻胀材料填筑在基础底下。

(2) 物理化学法

① 人工盐渍化改良土，如加入 NaCl、$CaCl_2$、KCl 等降低冰点的温度，减轻冻害。

② 用憎水物质改良土，以减少地基的含水量。

③ 使土颗粒聚集，以降低冻胀。

(3) 排水隔水法

在建筑物基础底部或四周设排水沟，防止雨水渗入地基，同时在基础的两侧与底部填入石料，并设排水管将渗水排除。

(4) 结构措施

① 采用深基础，埋于当地冻深以下。

② 采用锚固式基础，包括深桩基础与扩大基础。

③ 采用回避性措施，如架空法、埋入法、隔离法等。

思考题与习题

12.1 何谓软黏土地基？它有何特性？

12.2 换土垫层法的原理是什么？如何确定垫层的厚度和宽度？

12.3 挤密砂桩的作用原理是什么？

12.4 用振冲法加固地基的原理是什么？它适用于加固什么土层？

12.5 何谓高压喷射注浆法？试说明其特点和适用范围。

12.6 深层搅拌法是如何加固地基的？

12.7 土工合成材料有哪些作用用于加固地基？

参 考 文 献

[1] 赵成刚,白洋,等.土力学原理.北京:清华大学出版社,北京交通大学出版社,2004.

[2] 刘增荣.土力学.上海:同济大学出版社,2005.

[3] 张孟喜.土力学原理.武汉:华中科技大学出版社,2007.

[4] 陈希哲.土力学地基基础.北京:清华大学出版社,2004.

[5] 周景星,王洪瑾,等.基础工程.北京:清华大学出版社,1996.

[6] 钱家欢,隐宗泽,等.土工原理与计算.北京:水利水电出版社,2000.

[7] 高大钊.土质学与土力学.北京:人民交通出版社,2006.

[8] 刘干斌, 刘红军.土质学与土力学.北京:科学出版社,2009.

[9] 赵明华.土力学与基础工程.武汉:武汉理工大学出版社,2004.

[10] 王秀丽.基础工程.重庆:重庆大学出版社,2001.

[11] 莫海鸿,杨小平.基础工程.北京:中国建筑工业出版社,2003.

[12] 张明义.基础工程.北京:中国建材工业出版社,2002.

[13] 石明磊,龚维明,季鹏.基础工程.南京:东南大学出版社,2002.

[14] 王钊.基础工程原理.武汉:武汉大学出版社,2001.

[15] 陈仲颐,叶书麟,等.基础工程学.北京:中国建筑工业出版社,1990.

[16] 建筑地基基础设计规范(GB 50007—2002).北京:中国建筑工业出版社,2002.

[17] 岩土工程勘察规范(GB 50021—2001).北京:中国建筑工业出版社,2002.

[18] 土的工程分类标准(GB/T 50145—2007).北京:中国计划出版社,2008.

[19] 公路土工试验规程(JTJ 051—1993).北京:人民交通出版社,2002.

[20] 建筑桩基技术规范(JGJ 94—2008).北京:中国建筑工业出版社,2008.

[21] 建筑地基处理技术规范(JGJ 79—2002).北京:中国建筑工业出版社,2003.

[22] 湿陷性黄土地区建筑规范(GB 50025—2004).北京:中国建筑工业出版社,2004.

[23] 膨胀土地区建筑技术规范(GBJ 112—87).北京:中国计划出版社,2003.